아이디어와 과학의 앙상블

기계의 오묘한 세상

시어도어 그레이 지음

닉 만 사진 • 김수환 옮김

지은이 _ 시어도어 그레이

전 세계에서 100만 부 이상 판매된 베스트셀러 《세상의 모든 원소 118》의 저자다. 《세상을 만드는 분자》, 《세상을 바꾸는 반응》, 《괴짜과학》 등 특유의 위트를 담아 과학의 세상을 쉽게 이해시키는 명저들도 내놓았다. 세계적인 대중과학잡지 〈파퓰러 사이언스(Popular Science)〉에 '그레이 매터(Gray Matter)'라는 칼럼을 연재했다. 교육용 애플리케이션 개발회사인 터치프레스(Touch Press), 컴퓨터 시스템 개발회사인 매스매티카(Mathematica)와 울프럼 알파(Wolfram/Alpha)를 탄생시킨 울프럼 연구소의 공동설립자이기도 하다.

사진 _ 닉 만

프리랜서 사진작가이다. 시어도어 그레이가 집필한 《세상의 모든 원소 118》, 《세상을 만드는 분자》, 《세상을 바꾸는 반응》 등에 수록된 원소와 분자 사진을 촬영했다. 이외에도 풍경 및 스포츠 사진을 전문적으로 다루고 있다.

옮긴이 _ 김수환

미네소타대학에서 수학을 전공하고 응용수학으로 석사 학위를, 앨버타대학에서 통계학으로 박사 학위를 받았다. 기업체와 잡지사 등에서 다년간 번역 일을 했고, 현재 번역에이전시 엔터스코리아에서 전문 번역가로 활동하고 있다. 옮긴 책으로는 《수학과 예술》, 《통계적으로 생각하기》, 《미적분으로 바라본 하루》, 《달콤새콤, 수학 한 입》이 있다.

아이디어와 과학의 앙상블

기계의 오묘한 세상

시계, 저울, 자물쇠, 재봉틀 … 내부 구조와 작동 원리를 파헤친다

시어도어 그레이 지음

닉 만 사진 • 김수환 옮김

기계의 오묘한 세상

2020년 10월 20일 1판 1쇄 발행
2023년 11월 10일 1판 3쇄 발행

지은이 | 시어도어 그레이
옮긴이 | 김수환
펴낸이 | 양승윤
펴낸곳 | (주)와이엘씨
서울특별시 강남구 강남대로 354 혜천빌딩
(전화) 555-3200 (팩스) 552-0436
출판등록 | 1987. 12. 8. 제1987-000005호
http://www.ylc21.co.kr

값 35,000원
ISBN 978-89-8401-237-0 (04400)
ISBN 978-89-8401-007-9 (세트)

HOW THINGS WORK
by Theodore Gray and photographs by Nick Mann

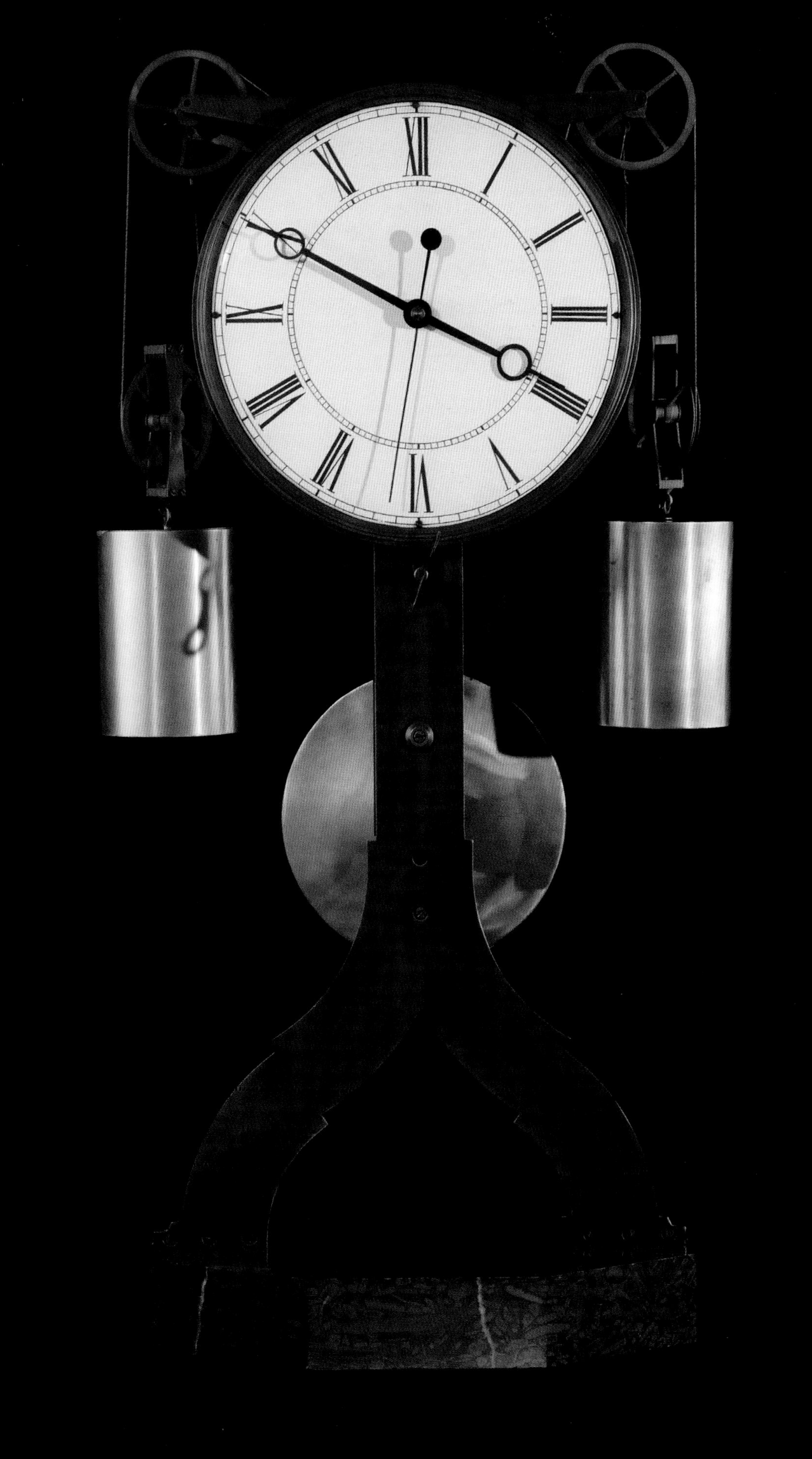

차례

5
4
3

사물 속의 편안함

사람들은 골치 아픈 존재다. 그들의 행동은 복잡하며 종을 잡기 어려워 당신을 다치게 하거나 마음에 상처를 입힐 수 있다. 기계는 다르다. 그저 기계라서 거짓말을 하거나 속임수를 쓰지 않는다. 나사가 당신에게 치명상을 입히게 된다면 그 나사를 돌리지 않는다(기계류에서 사이코패스라고 할 수 있는 프린터는 제외). 기계는 규칙을 따른다. 우리가 처음에는 기계의 규칙을 모른다 할지라도 배우고 나면 그 규칙은 변하지 않는다. 기계의 규칙은 영원히 그리고 언제나 변하지 않은 채 그대로 남아 있다. 당신 자신이 만든 기계라면 특히 그렇다.

다른 사람이 복잡하게 만든 기계나 물건들은 규칙을 익히는 데 어렵거나 애를 먹을 수 있다(라스베이거스에 당신의 프린터를 가져다 권총이나 돌격용 소총, 또는 산탄총 등으로 깨부술만한 사격장이 있는 것은 그래서가 아닐까?). 하지만 당신 자신이 만든 기계나 물건은 오픈 북이나 다름없다. 당신이 설계해서 만드는 기계는 제작 과정의 단계마다 속성을 드러내 다른 누구보다 당신 자신이 그 기계를 꿰뚫어 볼 수 있다. 결국 당신은 완성된 기계는 물론 아직은 생소한 다른 모든 모형이나 작동 방식도 시도해볼 수 있었음을 알게 된다. 다른 사람이 제조한 기계가 고장 날 때 고치기란 거의 불가능하지만, 자신이 제조한 기계가 고장 나면 한 번 해본 만큼 얼마든지 다시 만들어 낼 수 있다.

물건을 직접 만들며 산다면 훌륭한 삶을 사는 것이다. 당신이 만드는 물건들은 삶의 큰 부분을 차지한다. 또한 당신은 물건을 만들면서 물건들이 결국 당신을 만들고 있다는 사실을 때때로 알게 된다.

여러 해 동안, 나는 매스매티카(Mathematica)라는 컴퓨터 프로그램의 개발에 매달려 왔다. 물론 다른 여러 사람들과 함께 벌인 작업이었지만…. 나는 처음 몇 년 동안 이 프로그램에서 노트북 사용자 인터페이스의 개발을 전담했다. 수년에 걸쳐 여러 사람들의 노력이 모아져 완성된 매스매티카를 나는 무척 만족스러워했다. 그것은 내 삶 자체였다(말 그대로, 나에게 지난 십여 년 동안 연애 한번 하지 않았을 정도로 다른 삶이 없었다).

오늘날에도 나의 눈에는 이 프로그램의 내부 구조와 작동 논리, 그리고 부분적인 결함들이 쏙쏙 들어온다. 내가 실행 코드를 확인한 지는 몇 년 되었지만, 만약 지금 확인한다면 정겨운 원래 코드들과 함께 다른 프로그래머들이 입력한 새로운 코드들을 알아볼 수 있을 것이다.

나는 여전히 매스매티카로 일을 하고 있다. 하지만 가끔 내가 고칠 만한 버그를 발견하거나 나 말고는 누구도 신경을 쓰지 않아 사장되고 있는 기능들을 발견할 때마다 과거의 나를 탓하곤 한다. 매스매티카는 내 자식이지만 더 이상 자라지 않는다. 아주 작았던 시절을 지나 다 자란 내 아이들처럼 말이다. 나는 내 자식과 같은 매스매티카를 더 훌륭하게 만들지 못해 한탄하기보다는 이제 있는 그대로 받아들여야 한다.

매스매티카를 만들었던 지난 23년의 세월이 나라는 인격체를 빚어냈다. 이는 세상에서 중요한 일이었고, 나는 그 일에 매달려온 게 자랑스럽다. 다른 일들을 할 여러 기회가 주어졌을 때 내가 매스매티카를 선택한 것에 감사한다.

나는 우연하게 원소들을 수집하기 시작했다. 하지만 그 후로 많은 시간을 원소들과 어울려 보냈고, 관련한 책도 몇 권 썼다. 원소는 좋은 것이다. 마치 아이들처럼 원초적이고 순수하며 독특하면서 모든 것에 영향을 미친다. 우리가 아는 모든 것, 우리를 구성하는 모든 것은 원소로 만들어져 있다. 아이들 또한 원소로 만들어져 있다. 물질의 기본 단위인 분자는 일종의 기계다. 분자는 현존하는 세상의 모든 기계 중 가장 복잡하고 신비롭다. DNA라는 기계와 단백질이라는 기계들 또한 우리의 생명 그 자체이다. 원소와 함께 시간을 보내며 내 삶이 달라졌고, 나 자신은 더욱 발전했다. 더욱 흥미로운 사람이 됐다고나 할까.

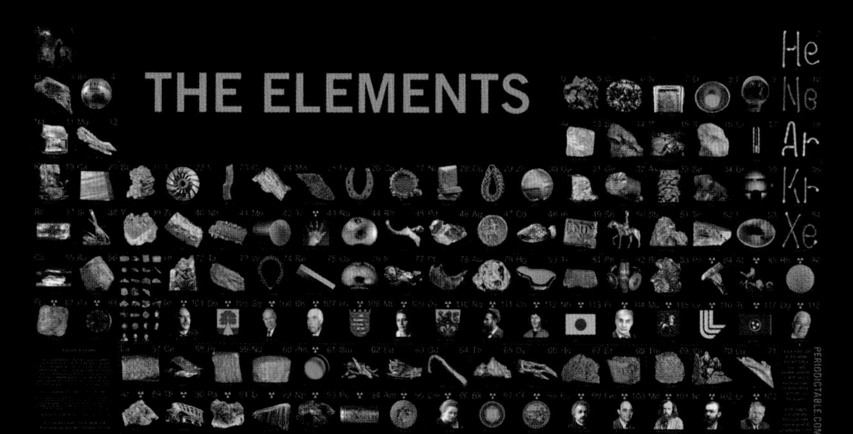

우리는 기계들과 함께 자란다

소프트웨어와 원소들은 위대하다. 하지만 이 책은 소프트웨어나 원소에 관한 게 아니다. 예측가능하고 편리한 기계들의 세상에 관한 책이다. 나는 어릴 적부터 물건들을 만들고, 가지고 놀며 분해하고, 또 고치며 자라왔다. 그러면서 많은 것을 배웠지만 가장 중요하게 터득한 것은 물건들을 사랑하는 방법이었다. 물건들은 나를 바꾸었고 나와 동고동락했다. 나의 삶을 이끄는 동력으로 작용했으며 내게 새로운 세상을 열어주기도 했다. 어떤 물건은 이제 내 과거의 일부고, 다른 어떤 물건은 현재 내 삶의 큰 부분이며 아마 당신의 큰 부분이 될 수도 있을 것이다. 나는 이 책에서 당신이 보고 배울 만한 여러 가지 흥미로운 물건들을 모았다. 비록 숨은 쉬지 않지만 생기가 흘러넘치는 사물들의 멋진 세상을 만끽하기를 소망한다.

▶ 174페이지에서 내가 어떻게 지붕 방수판 조각으로 이것을 만들었는지 읽어보라.

▼ 과거의 계산기 모습이다. 나는 이 계산기를 좋아했지만 나이가 들어 지금은 이 물건이 사용되던 시기를 겨우 기억해낼 뿐이다. 더 이상 작동하지 않아도 정성스레 간직해왔는데, 어쩌면 언젠가는 고쳐 쓸 수 있지 않을까 생각한다.

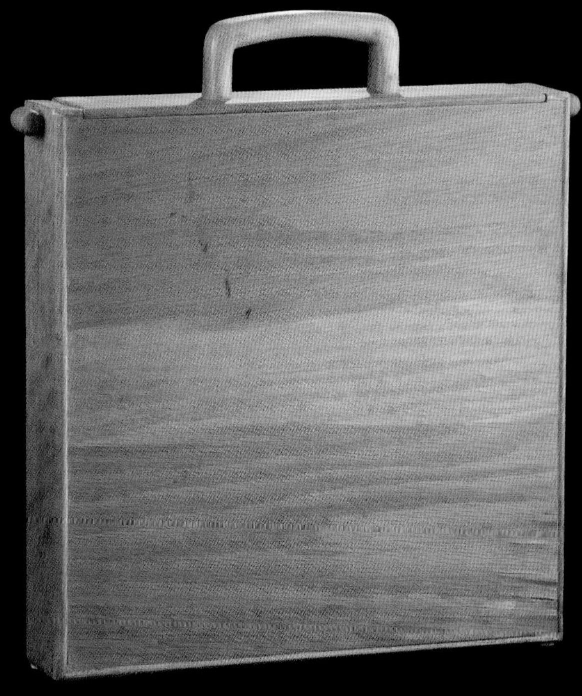

▲ LP 레코드를 기억하는가? 요즈음 다시 유행한다고 들었다. 나는 파티에 초대받으면 LP 레코드를 가져가기 위해 이 가방을 만들었다. 유감스럽게도 파티에 초대받지 못했지만.

▶ 250~251페이지의 터치 키보드에 대해 읽어보라.

▶ 이 노턴 폭격 조준기는 당시 비장의 군용기기 중 하나였다. 내 아버지가 여분으로 생산된 것을 하나 받아온 것이었다. 나는 이 기계의 자이로스코프를 돌려보려고 이런저런 궁리를 했다. 폭격기의 고도와 속도, 풍속과 방향을 따져 폭탄 투하 시점을 정밀하게 계산하기 위해 설계된 정교한 컴퓨터이다.

◀ 내가 만든 물건인데, 만든 후 떨어뜨렸다.

▲ 나는 부모님이 키우던 여러 동물들의 모형을 공작(工作)했다. 동물을 키울 기회를 주신 부모님에게 한없이 감사한다.

▲ 17세 무렵에는 닥터 후의 스카프(영국의 TV시리즈 '닥터 후' 주인공이 매던 스카프-옮긴이)를 정교하게 짰다. 당연히 딱 맞는 색상과 열의 숫자를 지켰다. 아버지가 누이가 죽었다는 소식을 전하러 내 방에 들어오셨을 때, 나는 이 스카프를 만들고 있었다. 당시의 기억이 너무 강렬해 내가 어떤 색으로 짜고 있었는지 항상 기억하리라 생각했지만 현실은 그렇지 않았다. 창문 너머의 태양, 방의 냄새, 문이 열리는 소리, 무엇이라 형언하기 어려웠던 감정.

▲ 독일에서 대학을 다니던 크리스마스 방학 때, 나는 스위스의 알프스 높은 곳에 위치한 할아버지 아르민(163쪽 참조)의 오두막 작은 선반 위에서 나무 링을 만드는 방법을 보여드렸다. 내 할아버지는 전문 발명가였고 알프스의 작은 오두막에는 개인 공작실이 있었다. 그 공작실은 내가 평생 본 것 중 가장 멋있는 공간이었다. 할아버지가 초라한 유아 딸랑이를 만드는 내 기술을 극찬해주실 때 나는 진정한 설렘을 느꼈다. 아직도 할아버지의 말씀이 고스란히 생각난다. "Ein rechtes Lehrlingsstück". 스위스 방언으로 "훌륭한 도제의 작품이구나"라는 뜻이다.

▶ 나는 금속 물체의 진동을 듣기 위해 이 물건을 개발했다. 정교한 전선 코일 뒤에 자석을 부착해 주변의 어떤 금속이 움직일 때 코일이 반응해서 움직임을 감지하고 증폭하게 된다. 전자 기타의 피크업(줄의 울림을 전기신호로 변환해 앰프로 보내는 장치-옮긴이)과 같은 아이디어다. 진동하는 모든 기계들에 들어가는 '메카노폰'으로 널리 쓰이고 있다. 그때는 적절한 사용처를 찾지 못했지만 이 책을 쓰면서 보니 162페이지의 소리 등급에 매우 적절하지 않은가! 당신이 만든 기계나 기기를 절대 버리지 말기 바란다.

이 책의 구조

이 책은 크게 속이 훤히 들여다보이는 투명한 케이스의 제품과 자물쇠, 시계, 저울, 냄비집게 헝겊(potholder)의 제작에 필요한 기계 등 5개 주제로 나뉘어 있다. 이 5개의 물건들은 (서로 관련 없이) 아무렇게나 선택한 것처럼 보인다. 음, 투명한 케이스의 물건은 정말 느닷없게 받아들일지 모르겠다. 하지만 분명 재밌을 것이라고 장담한다.

자물쇠나 시계, 저울, 그리고 냄비집게 헝겊을 만드는 기계는 아무렇게나 선정한 게 결코 아니다. 이 4개의 물건들은 인류가 세상을 측정하며 삶의 터를 마련하고, 경이롭게 세워진 오늘날의 세계로 우리를 이끄는 데 기여한 오랜 전통의 기초적인 기계류이다. 세상에는 무수히 많은 발명품이 있기 때문에 되도록 더 많은 발명품을 다루고 싶다. 그러나 이 책에서 다루는 물건이나 기계들이 하나의 훌륭한 출발점이 되리라 생각한다. 이 기계들의 메커니즘을 이해하면, 기계의 세상이 어떻게 돌아가는지를 거의 파악하게 될 것이다.

책을 쓰는 것은 너무나 즐거운 일이었다. 내가 책에서 다룬 물건들을 하나하나 만나면서 그것들을 이해하고 즐겼던 순간을 독자들과 함께 나눌 수 있기를 바란다.

▼ **투명한 물건들:** 여러 가지 현대의 발명품들을 사례로 들어, 고대부터 물건을 손바닥에 올려놓고 그 내부를 들여다보며 작동의 원리를 이해하고자 했던 사람들의 욕구를 드러낸다. 인류 최초의 기계들은 매우 단순해서 그 내부에서 움직이는 부품들을 그대로 눈으로 볼 수 있었다. 투명한 케이스의 물건들을 통해 그러한 태곳적 감성을 되살려가며 현대 기기들을 살펴보자.

▶ **시계**는 이 책에서 다루는 기기 중 가장 늦게 나왔다. 대략 3,500년 이상 된 것으로 알려져 있다. 물론 그 당시의 시계는 바닥에 꽂아놓은 막대기(해시계)에 지나지 않았을 것이다. 수 천년에 걸쳐 시계는 정교한 기계의 면모를 갖추고 전기를 동력으로 활용해가며 환상적으로 진화해왔다. 그러면서 1954년에 이르러 마침내 해시계보다 더 정교해졌다. 이는 지구 자체보다 더 정교해졌음을 뜻한다. 시계는 모든 기계들의 축소판이다. 바퀴에서 마이크로 칩까지 각 시대의 획기적인 발명품들은 시계를 응용해 만들어진 것들이다.

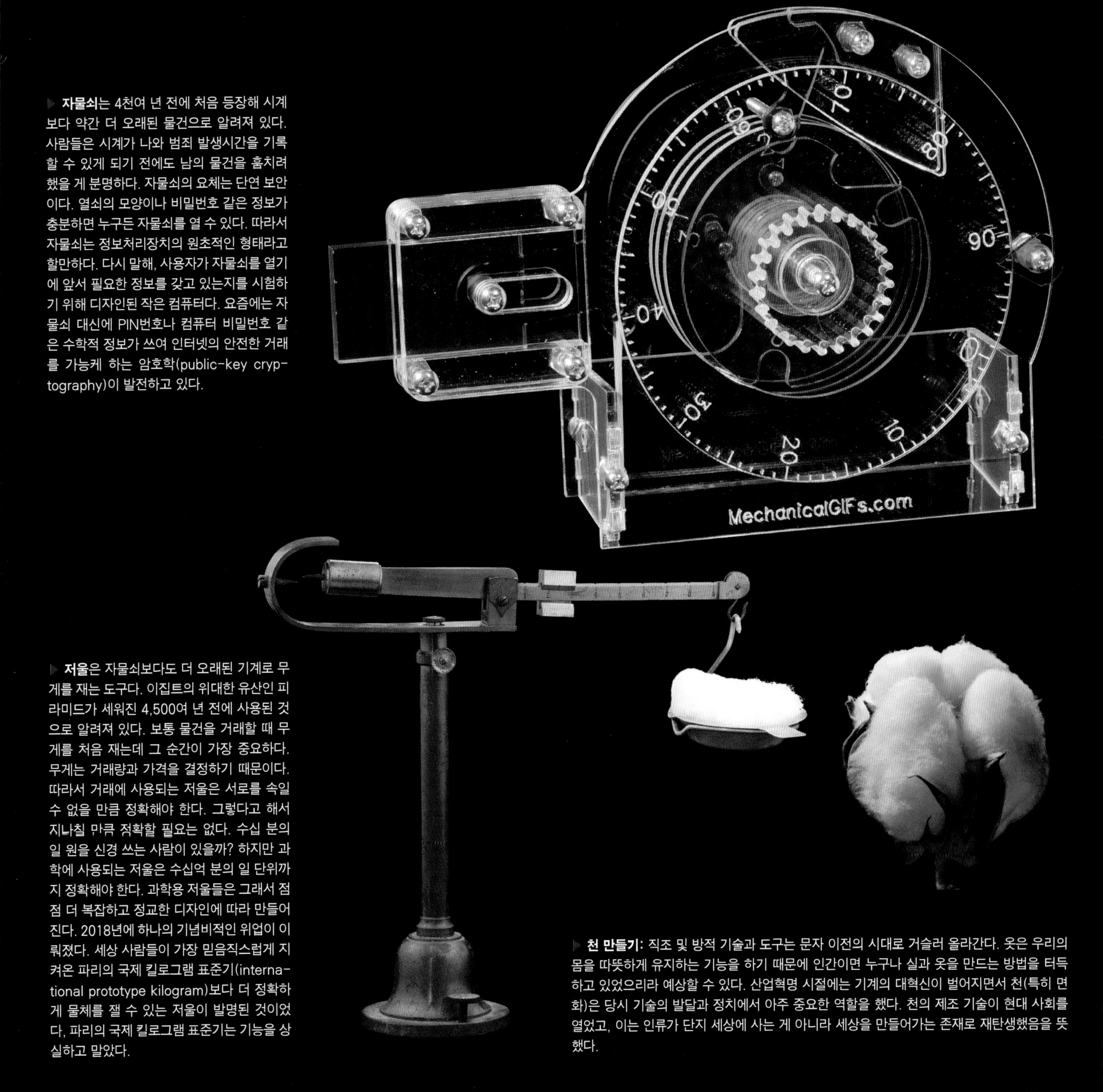

▶ **자물쇠**는 4천여 년 전에 처음 등장해 시계보다 약간 더 오래된 물건으로 알려져 있다. 사람들은 시계가 나와 범죄 발생시간을 기록할 수 있게 되기 전에도 남의 물건을 훔치려 했을 게 분명하다. 자물쇠의 요체는 단연 보안이다. 열쇠의 모양이나 비밀번호 같은 정보가 충분하면 누구든 자물쇠를 열 수 있다. 따라서 자물쇠는 정보처리장치의 원초적인 형태라고 할만하다. 다시 말해, 사용자가 자물쇠를 열기에 앞서 필요한 정보를 갖고 있는지를 시험하기 위해 디자인된 작은 컴퓨터다. 요즘에는 자물쇠 대신에 PIN번호나 컴퓨터 비밀번호 같은 수학적 정보가 쓰여 인터넷의 안전한 거래를 가능케 하는 암호학(public-key cryptography)이 발전하고 있다.

▶ **저울**은 자물쇠보다도 더 오래된 기계로 무게를 재는 도구다. 이집트의 위대한 유산인 피라미드가 세워진 4,500여 년 전에 사용된 것으로 알려져 있다. 보통 물건을 거래할 때 무게를 처음 재는데 그 순간이 가장 중요하다. 무게는 거래량과 가격을 결정하기 때문이다. 따라서 거래에 사용되는 저울은 서로를 속일 수 없을 만큼 정확해야 한다. 그렇다고 해서 지나칠 만큼 정확할 필요는 없다. 수십 분의 일 원을 신경 쓰는 사람이 있을까? 하지만 과학에 사용되는 저울은 수십억 분의 일 단위까지 정확해야 한다. 과학용 저울들은 그래서 점점 더 복잡하고 정교한 디자인에 따라 만들어진다. 2018년에 하나의 기념비적인 위업이 이뤄졌다. 세상 사람들이 가장 믿음직스럽게 지켜온 파리의 국제 킬로그램 표준기(international prototype kilogram)보다 더 정확하게 물체를 잴 수 있는 저울이 발명된 것이었다, 파리의 국제 킬로그램 표준기는 기능을 상실하고 말았다.

▶ **천 만들기:** 직조 및 방적 기술과 도구는 문자 이전의 시대로 거슬러 올라간다. 옷은 우리의 몸을 따뜻하게 유지하는 기능을 하기 때문에 인간이면 누구나 실과 옷을 만드는 방법을 터득하고 있었으리라 예상할 수 있다. 산업혁명 시절에는 기계의 대혁신이 벌어지면서 천(특히 면화)은 당시 기술의 발달과 정치에서 아주 중요한 역할을 했다. 천의 제조 기술이 현대 사회를 열었고, 이는 인류가 단지 세상에 사는 게 아니라 세상을 만들어가는 존재로 재탄생했음을 뜻했다.

물건들

나는 어릴 적에 처음으로 투명한 케이스의 전화기 사진을 보았다. 전화기를 작동시키는 모든 전자 부품들을 들여다볼 수 있다니! '와우! 이거 멋진데'라는 탄성이 스쳐갔고 이어 "하나 갖고 싶어!"라고 생각했다. 하지만 이내 마음이 불편해졌다.

다른 전화기들보다 분명히 더 멋져 보이는데 왜 모든 전화기를 투명한 케이스로 만들지 않는 것일까? 대체 누가 이 멋진 물건을 둔탁한 케이스로 아무렇게나 가린 전화기를 원하는 것일까? 나는 투명한 플라스틱이 둔탁한 색의 플라스틱보다 더 비싸지 않다는 것을 알았다. 전화기 제조사들이 투명한 플라스틱을 사용해도 된다는 사실을 미처 모르고 있는 것은 아닐까? 전화기 하나를 완성할 수 있을 만큼 똑똑한 사람들이 그렇게 멍청한 것일까? 내가 일종의 상실감을 느끼던 그 순간 모든 사람들이 전화기 내부를 들여다보기를 원하는 것은 아닐지 모른다고 깨닫게 되었다. 어쩌면 많은 사람들은 전화기에 들어있는 부품보다는 케이스의 색에 더 신경 쓰고 있는지도 모른다. 나는 여전히 이런 사실들이 불편했다.

나는 어릴 적에 투명한 전화기를 손에 넣지 못했지만 지금은 하나 갖고 있다. 하지만 우리 집만 해도 유선전화를 사용하지 않은 지 수년이 지나다 보니 그것을 사용하기에는 너무 늦었다.

사물들이 어떻게 작동하는지를 집필하다 보니 투명한 케이스의 수많은 물건들을 수집하는 게 아주 좋은 핑곗거리가 되었다. 물론 투명한 기계들은 제품이 만들어지는 과정을 이해하는 데 도움이 된다. 내가 수집한 물건들은 상상한 그대로 매우 흥미롭고 멋진 기계들이었다. 하지만 적지 않은 투명한 기계들이 교도소 같은 수용시설용으로만 제작되고 있다는 것은 상상하지 못했다.

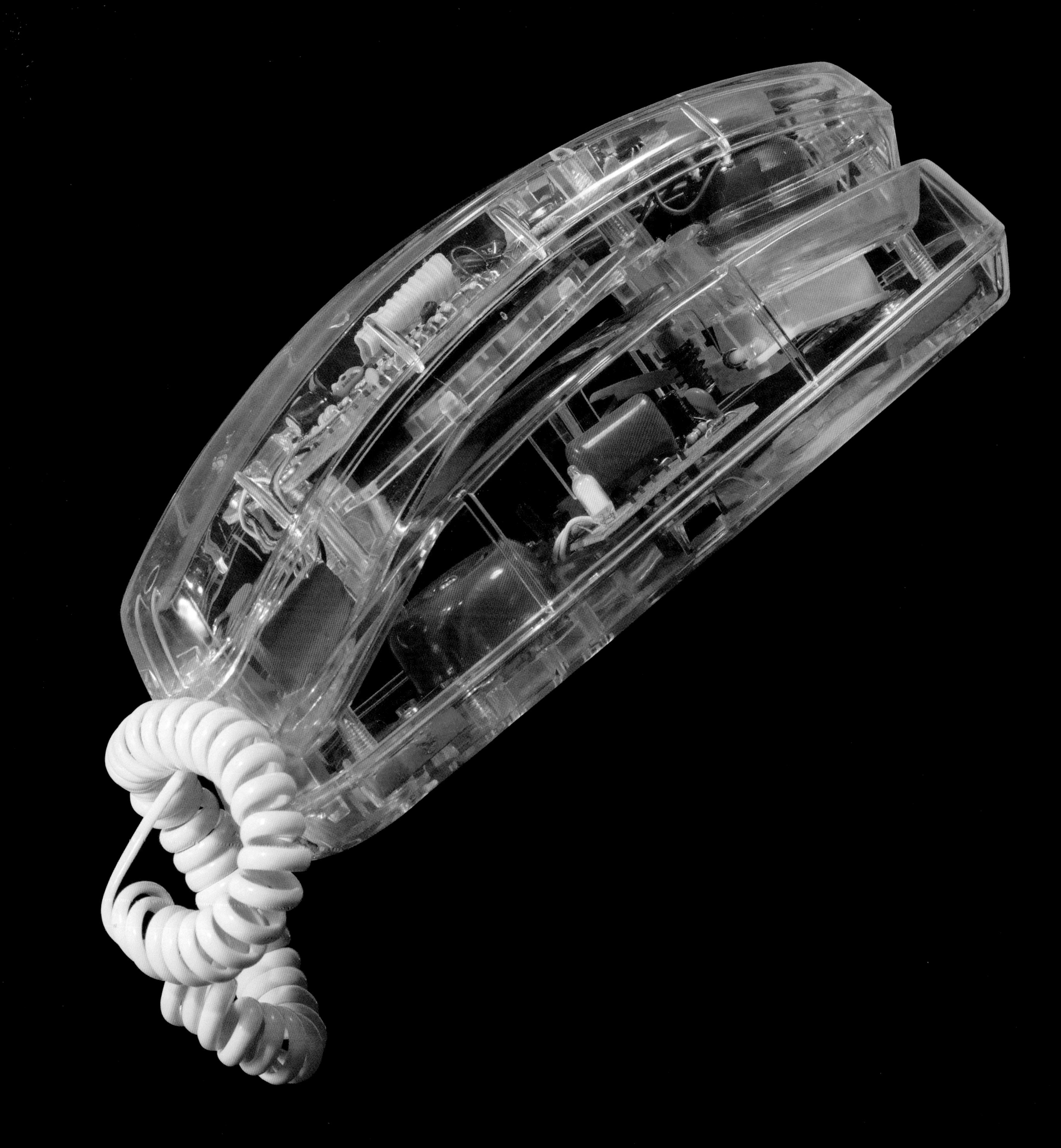

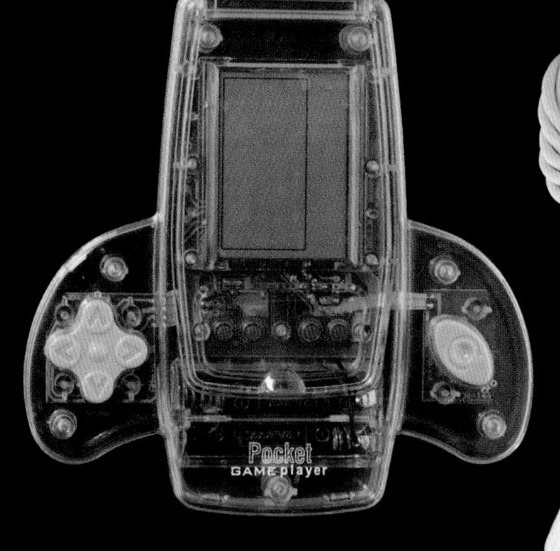

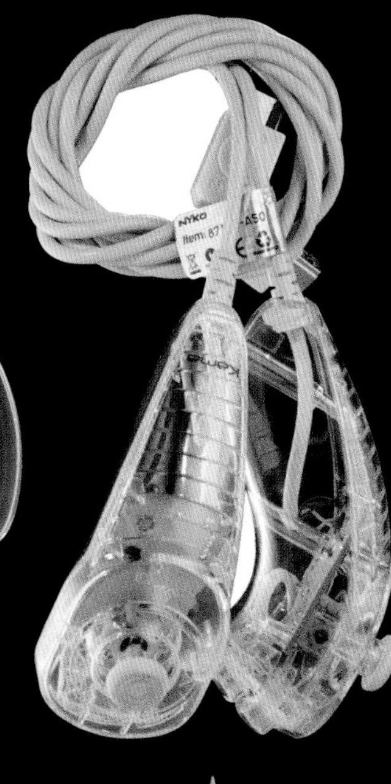

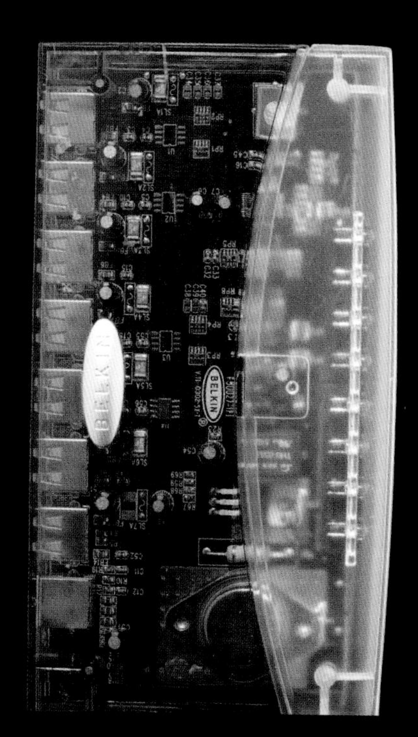

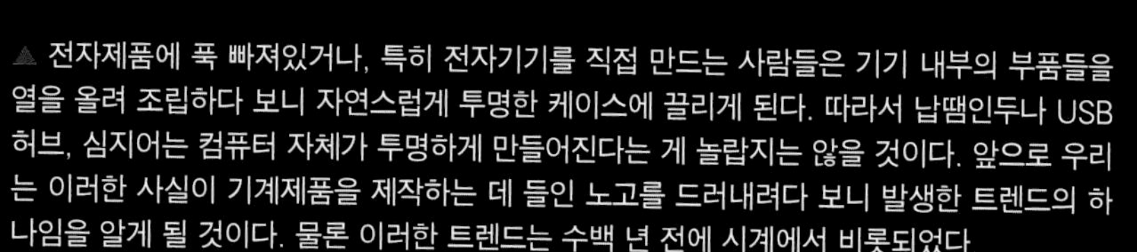

▲ 전자제품에 푹 빠져있거나, 특히 전자기기를 직접 만드는 사람들은 기기 내부의 부품들을 열을 올려 조립하다 보니 자연스럽게 투명한 케이스에 끌리게 된다. 따라서 납땜인두나 USB 허브, 심지어는 컴퓨터 자체가 투명하게 만들어진다는 게 놀랍지는 않을 것이다. 앞으로 우리는 이러한 사실이 기계제품을 제작하는 데 들인 노고를 드러내려다 보니 발생한 트렌드의 하나임을 알게 될 것이다. 물론 이러한 트렌드는 수백 년 전에 시계에서 비롯되었다

▼ 나와는 달리 불투명한 플라스틱 커버의 제품을 더 선호하는 사람들이 많을지 모르겠다. 그러나 이 아름다운 제품을 보면 투명한 물건의 우수성을 인정하는 사람이 나 뿐만이 아님을 증명할 수 있다. 시장에서 이 제품들을 구매해 게임기와 컨트롤러를 덮고 있는 둔탁한 색깔의 껍데기를 날려버리고 찬란하게 빛나는 투명한 커버를 씌워봄 직하다.

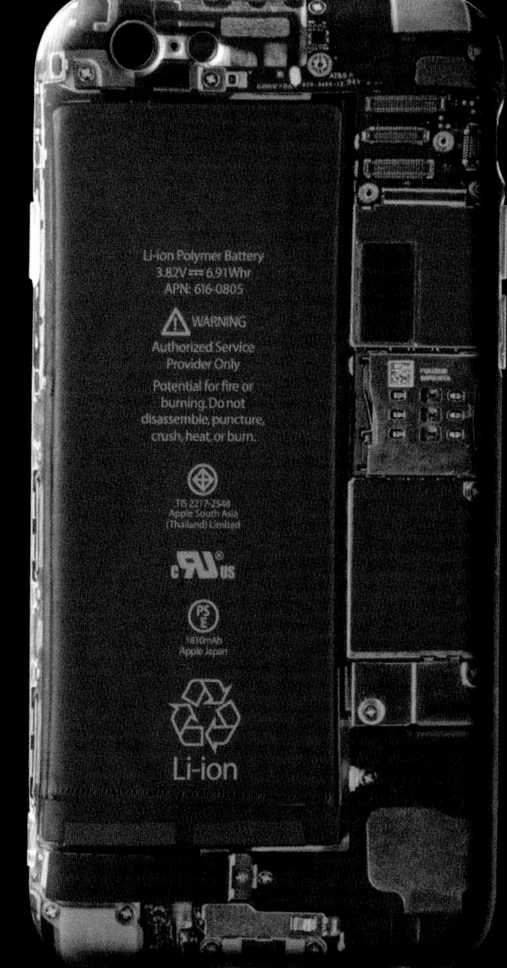

▲ 심지어는 아이폰도 투명한 커버로 교체해 내부의 모든 전기 회로망을 들여다볼 수 있다! 음, 미안하지만 이것은 그저 아이폰 내부 사진을 프린트해 붙인 보호 케이스이다. 하지만 나는 이 제품을 보고 실제 투명 케이스인 줄 알고 깜짝 놀라는 사람을 여럿 보았다.

죄의 대가도 투명하게

몇 년 전, 친구 코티의 집에서 투명한 케이스에 싸인 TV를 보며 이렇게 투명한 기기를 생산하는 교정(矯正)산업체가 있을 수 있다는 생각을 떠올린 적이 있었다. 나는 코티가 유행을 잘 따르는 친구라고 여겼지만, 그녀는 오래전에 교도소에서 보았던 TV라고 설명했다(그녀는 범죄를 저질러 수감생활을 했었다). 교도소에서는 재소자들이 마약과 칼처럼 소지를 금지하는 물건들을 숨기지 못하게끔 투명한 케이스를 사용한다. 당시 나는 이러한 TV가 사소한 사례에 불과할 뿐임을 알지 못했다.

사실 교도소에는 다양한 브랜드와 스타일의 구식 브라운관(CRT) TV들이 수년간 쓰여 왔다. 스크린 뒤의 커다란 회색 유리 덩어리가 '관(tube)'이다. 보통 텔레비전의 관은 속이 비어 있고 컴컴해 은밀한 물건을 숨기기에는 안성맞춤이다. 하지만 실제로 관은 진공상태의 공간이라서 그 안에 무엇을 숨기려고 칼집을 내는 순간 TV 전체가 폭음을 내며 파열하게 된다.

브라운관 TV는 전원이 끊긴 뒤에도 며칠 동안 아주 위험한 고전압으로 가득 차 있다(전원 장치의 콘덴서가 일정 시간 과도한 양의 전하를 담고 있기 때문이다). 케이스를 제거하고 TV를 작동시킨다는 것은 올바른 생각이 아니다. (교도소에서는) 투명한 케이스로 둘러싸서 안전하게 작동시키고 보는 게 좋다.

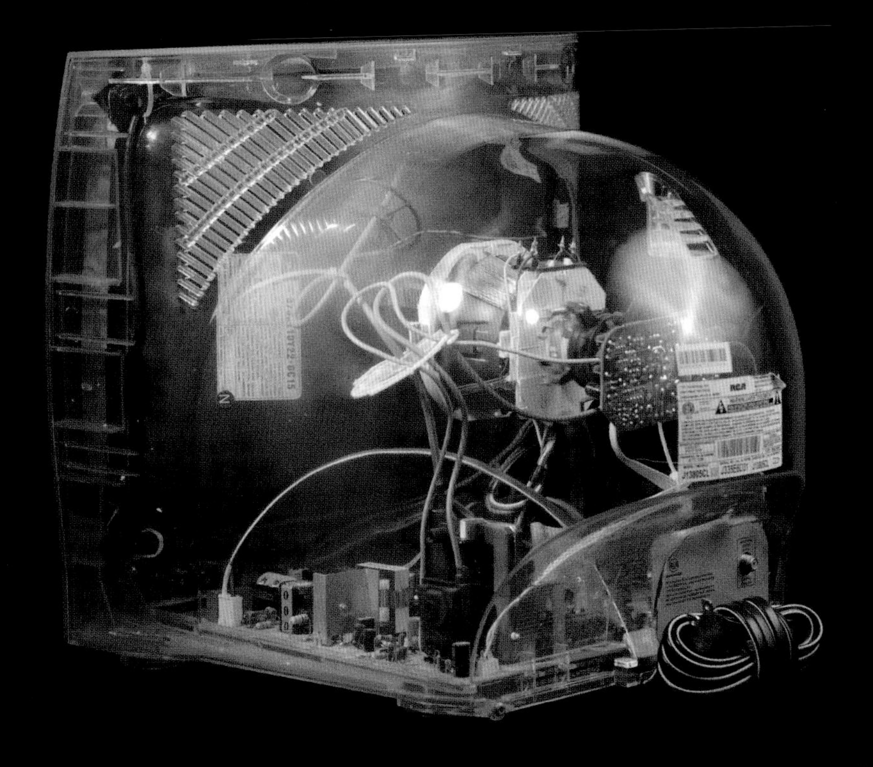

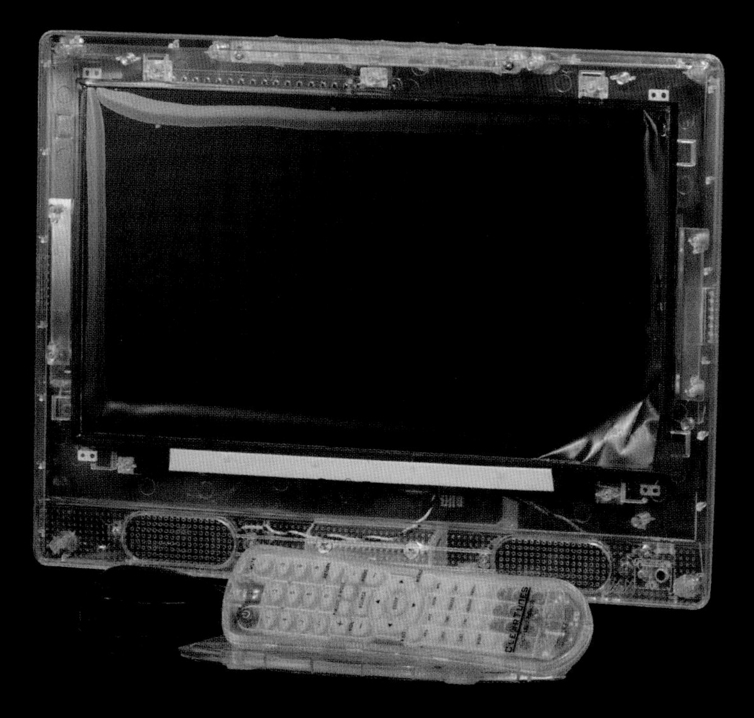

▲ 물론 오늘날 교도소의 TV는 평면이라서 그 안에 숨길 공간이 거의 없다. 브라운관 TV에 자석과 고전압 변압기가 있던 자리를 이제는 마이크로칩과 LCD 스크린이 차지하고 있다(스크린들이 어떻게 작동하는지는 127페이지를 참조하라).

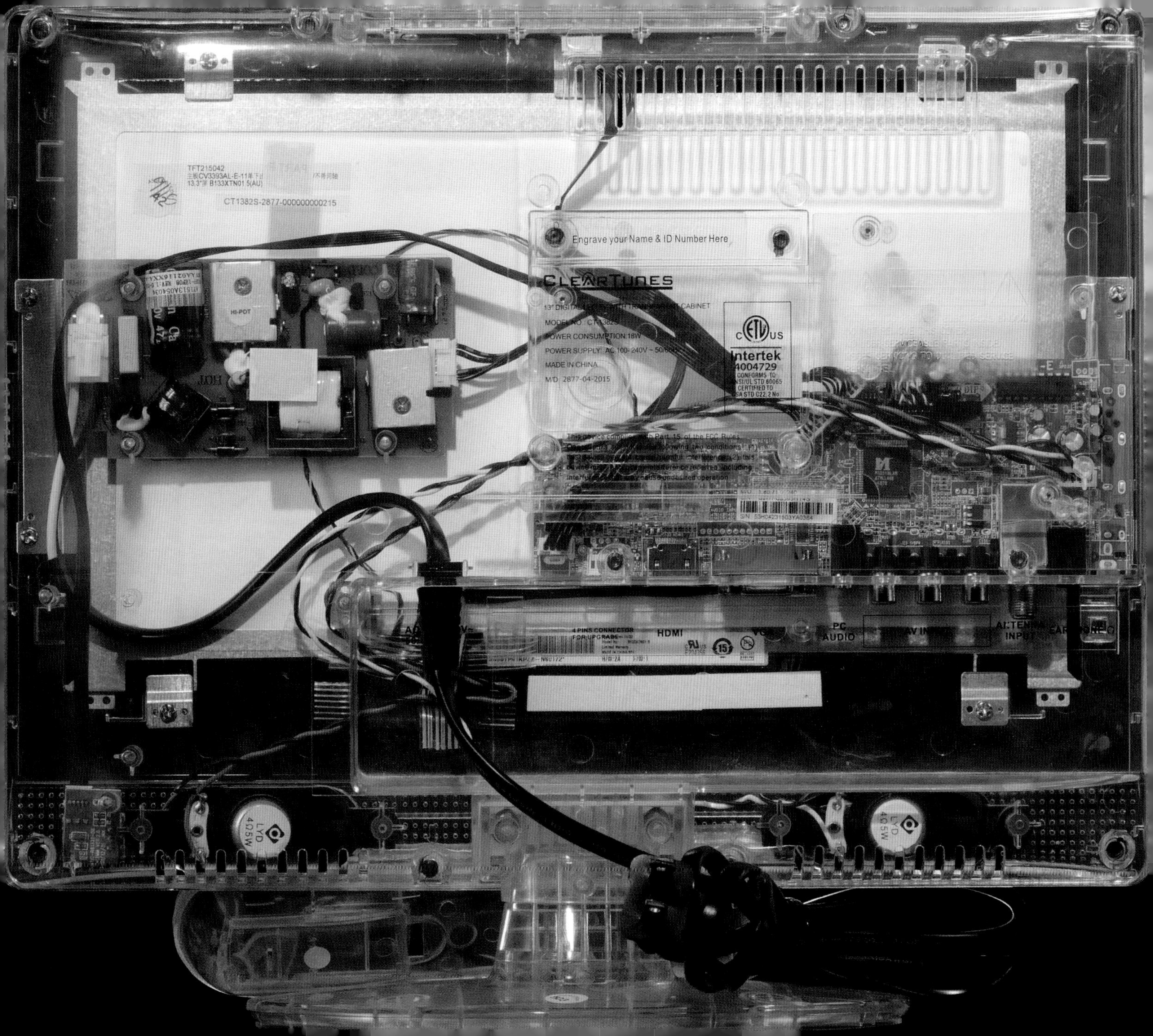
TFT215042
13.3"屏 B133XTN01.5(AU)
CT1382S-2877-000000000215
Engrave your Name & ID Number Here
ClearTunes
POWER CONSUMPTION:18W
MADE IN CHINA
M/D: 2877-04-2015
Intertek
4004729
HI-POT
4 PINS CONNECTOR
FOR UPGRADE
HDMI
PC
AUDIO
LYD
4Ω5W

◀ 지난 수년 동안 교도소에 라디오가 보급되면서 기술이 유사하게 진보해왔음을 알 수 있다. 커다랗고 따로따로 위치했던 구형 모델의 부품들(콘덴서, 인덕터, 레지스터, 변압기 등)은 마이크로칩으로 대체되었다. 오늘날 라디오는 빵 조각보다 작은 하나의 마이크로칩으로 만들 수 있다.

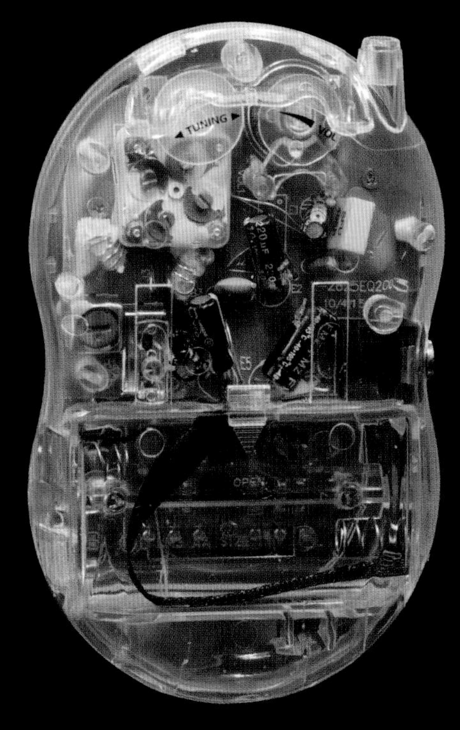

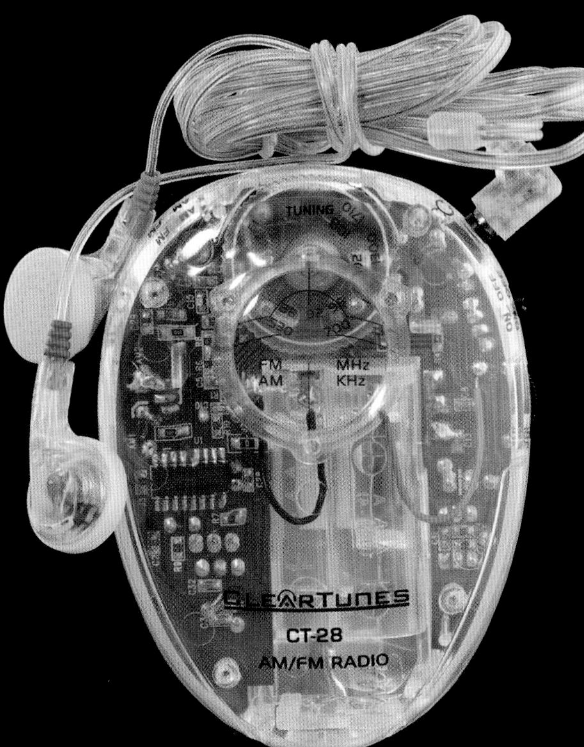

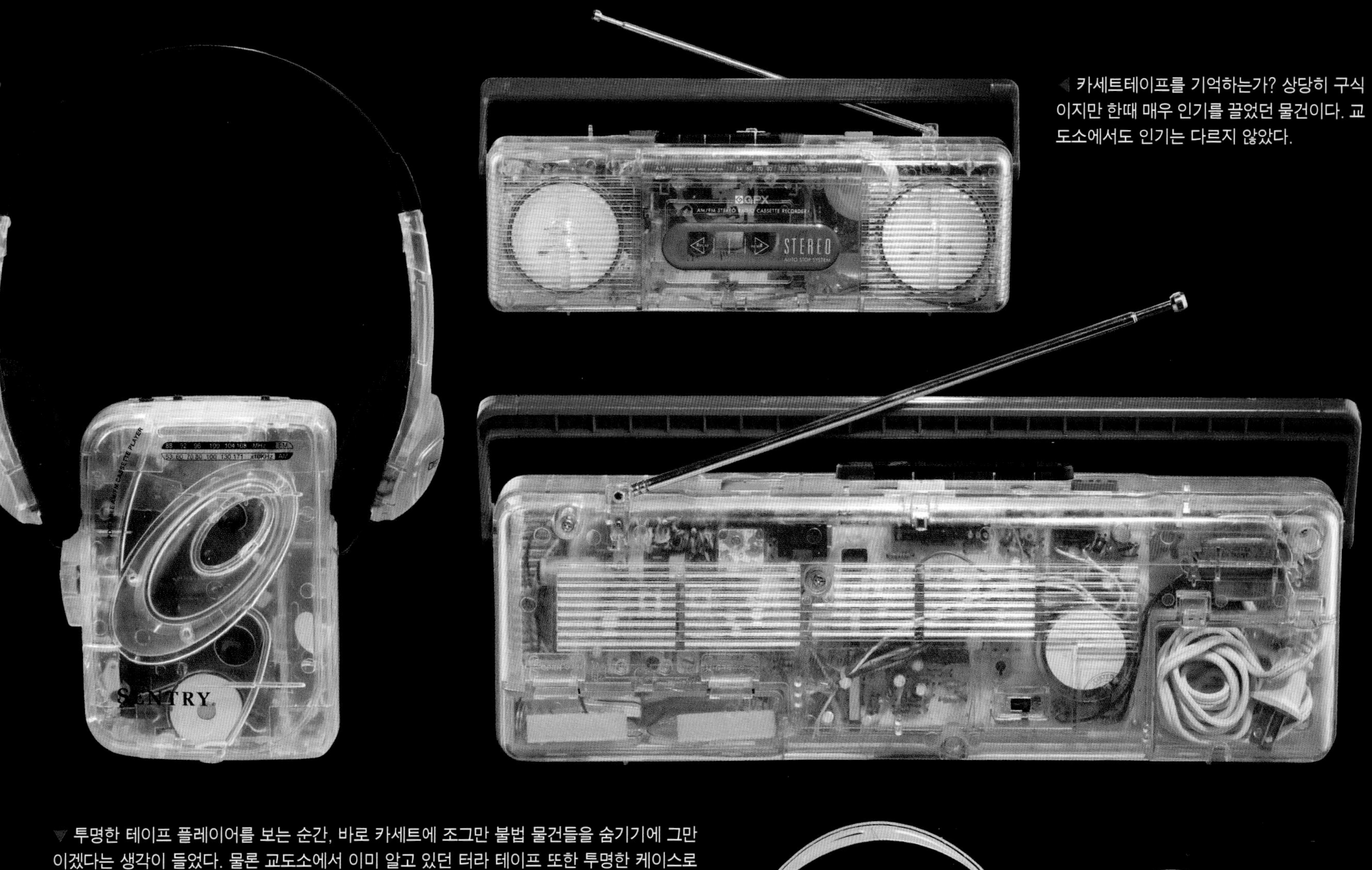

◀ 카세트테이프를 기억하는가? 상당히 구식이지만 한때 매우 인기를 끌었던 물건이다. 교도소에서도 인기는 다르지 않았다.

▼ 투명한 테이프 플레이어를 보는 순간, 바로 카세트에 조그만 불법 물건들을 숨기기에 그만이겠다는 생각이 들었다. 물론 교도소에서 이미 알고 있던 터라 테이프 또한 투명한 케이스로 씌웠다.

▶ 카세트테이프는 CD플레이어로 대체되었다.

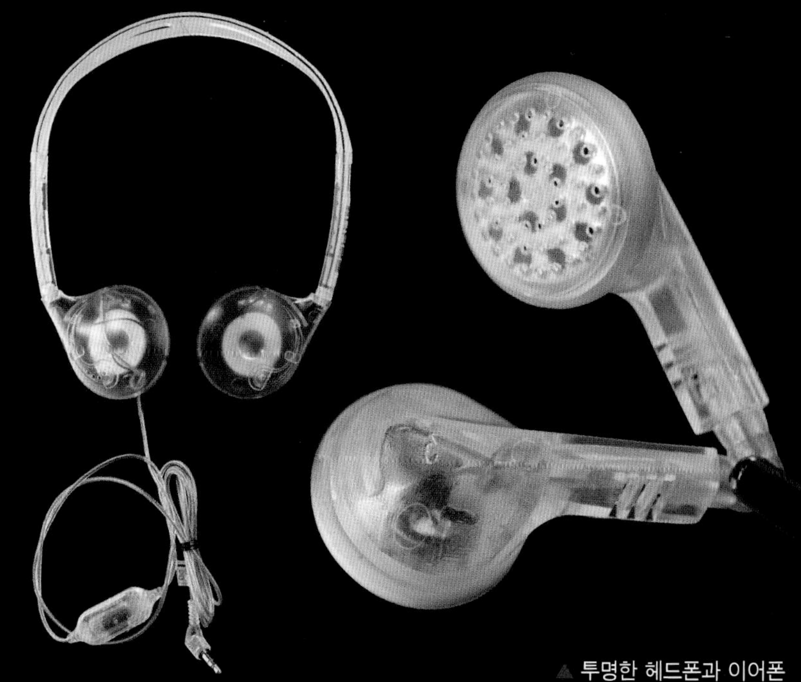

▲ 투명한 헤드폰과 이어폰

시계태엽과 라디오의 만남

시계태엽과 전자 기술을 결합한 이 제품이야말로 내가 가장 좋아하는 투명한 물건이다. 손으로 비틀어 돌리는 태엽 발전기를 사용하기 때문에 배터리가 필요 없다.

발전기에서 생산되는 초당 전기의 양은 여러 차례 오르락내리락하지만 평균적으로 라디오를 켜기에 충분하다. 전기회로에 일정한 전력을 공급하기 위해 콘덴서(축전기)를 사용해 전기를 만든다. 그 양이 많을 때는 남은 전기를 비축하고 적을 때는 저장된 전기를 꺼내 내보낸다. 이러한 식으로 라디오에 흐르는 전압을 균일하게 유지한다.

콘덴서에는 또 다른 기발한 기능이 있다. 바로 축적된 전압을 발전기로 돌려보내서 스프링이 작동하는 반대 방향으로 힘을 가해 풀리는 속도를 늦추는 것이다. 라디오의 볼륨을 낮추면 필요한 동력이 줄어 콘덴서는 한동안 충전 상태에 놓인다. 그러면 발전기는 몇 초마다 단 한 번만 빠르게 회전한다. 하지만 라디오의 볼륨을 높이면 필요한 동력이 늘어 발전기가 내내 빠르게 돈다.

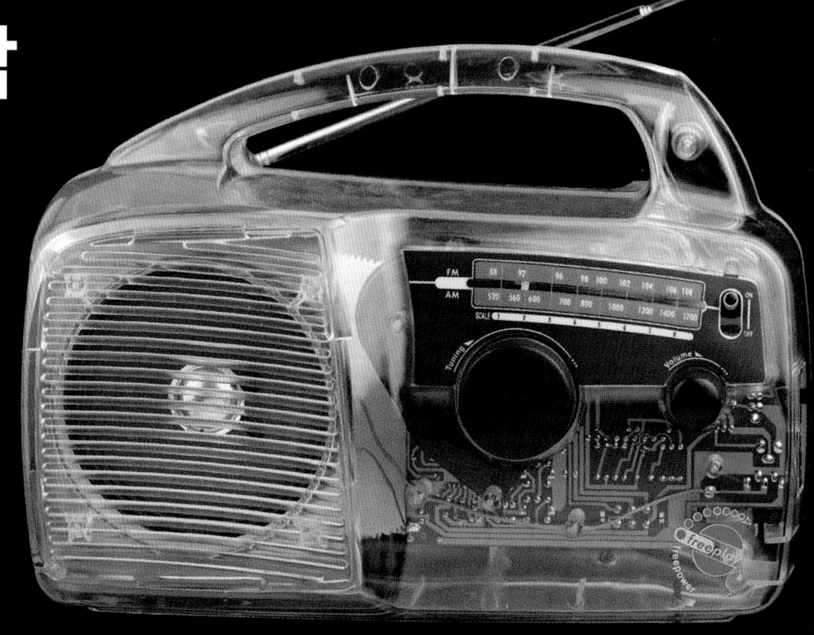

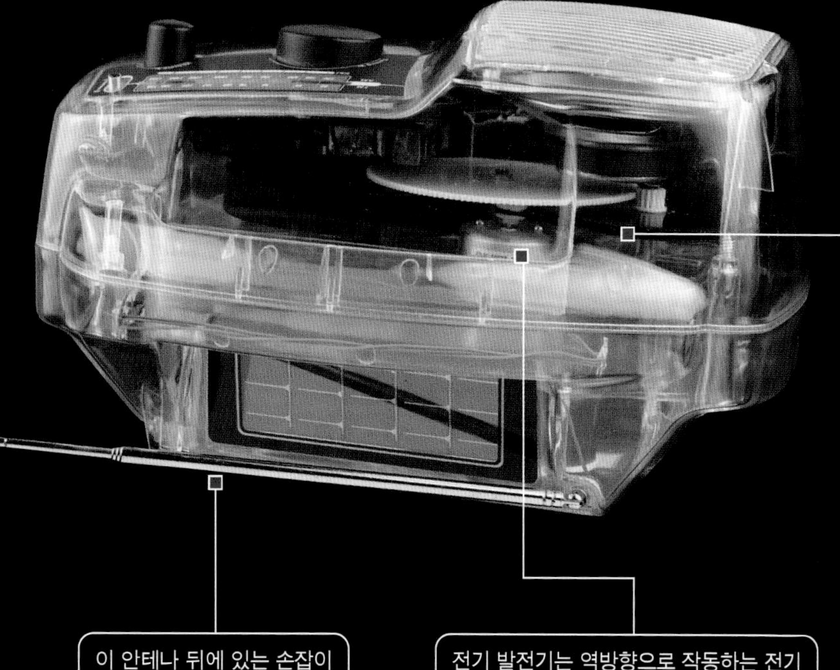

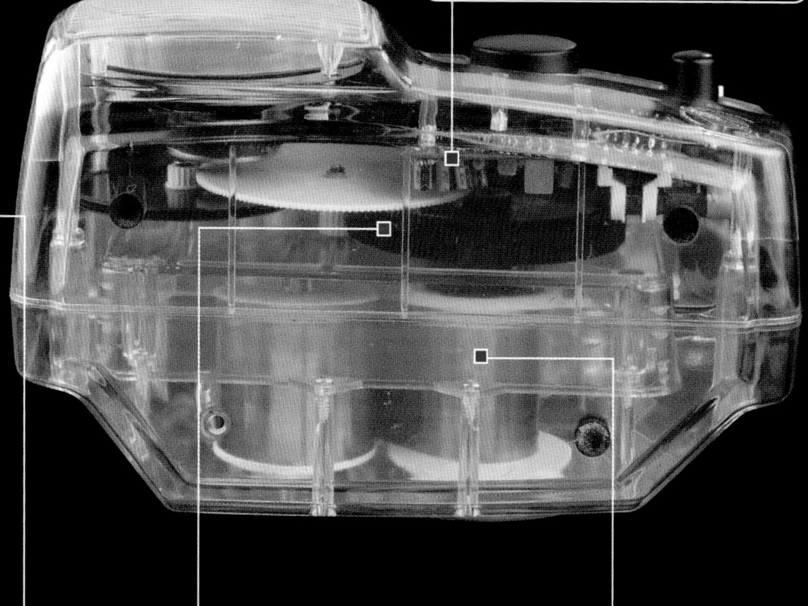

타자기

투명한 타자기는 여러 시대에 걸쳐 내려온 기술들을 환상적으로 조합한 것이다. 이 타자기는 컴퓨터와 기계장치의 중간쯤에 있다. 타자기 내부의 마이크로칩은 아주 작지만 한 번에 한 글자를 저장할 수 있는 메모리를 갖고 있다. 따라서 타자기의 키를 치면 그 글자가 메모리에 저장된다. 타자기의 리턴 키(엔터 키)를 누르면 한 줄이 인쇄되는데 그 키를 누르기 전에 저장된 글자를 수정할 수 있다. 이러한 점은 컴퓨터와 유사하다고 할 수 있다. 하지만 반대로 기계적인 요소도 있다. 바퀴의 살은 각각 하나의 글자 또는 부호를 나타내며, 바퀴가 빠르게 회전하면서 글자에 해당하는 살을 위로 밀어 올린다. 그런 다음에 솔레노이드(solenoid)라고 불리는 전자 망치가 매우 빠르게 살을 때리면서 살 위의 글자가 잉크 리본을 눌러 종이에 찍히게 된다. 글자는 그렇게 해서 페이지를 장식한다.

물론 바깥세상에서는 요즘 타자기 대신 컴퓨터를 사용하지만, 전국의 교도소에서는 마치 시간이 멈춘 듯 투명한 케이스의 타자기들이 사용되고 있다.

헤어드라이어

투명한 헤어드라이어라니! 하나도 아니고 여러 가지 모델이 있다니! 이베이와 교도소 보급품 목록에서 이 물건을 찾았을 때 나는 이전에 생각해보지 못한 투명한 물건들이 다양하게 존재하다는 것을 깨달았다. 헤어드라이어를 투명하게 만들 수 있다면 그 어떤 것이라도 투명하게 만들 수 있을 것이다.

헤어드라이어의 특징은 흔히 사용하는 소형 전자기기 중에 매우 많은 전기를 사용한다는 점이다. 실제로 헤어드라이어를 최고의 세기로 맞추었을 때 사용되는 전력은 보통 벽 콘센트에서 합법적으로 끌어올 수 있는 전력량의 최대치에 맞게 디자인되어 있다. 만약 법적으로 더 많은 전력을 사용할 수 있다면 제조사들은 틀림없이 거기에 맞게 헤어드라이어를 만들었을 것이다.

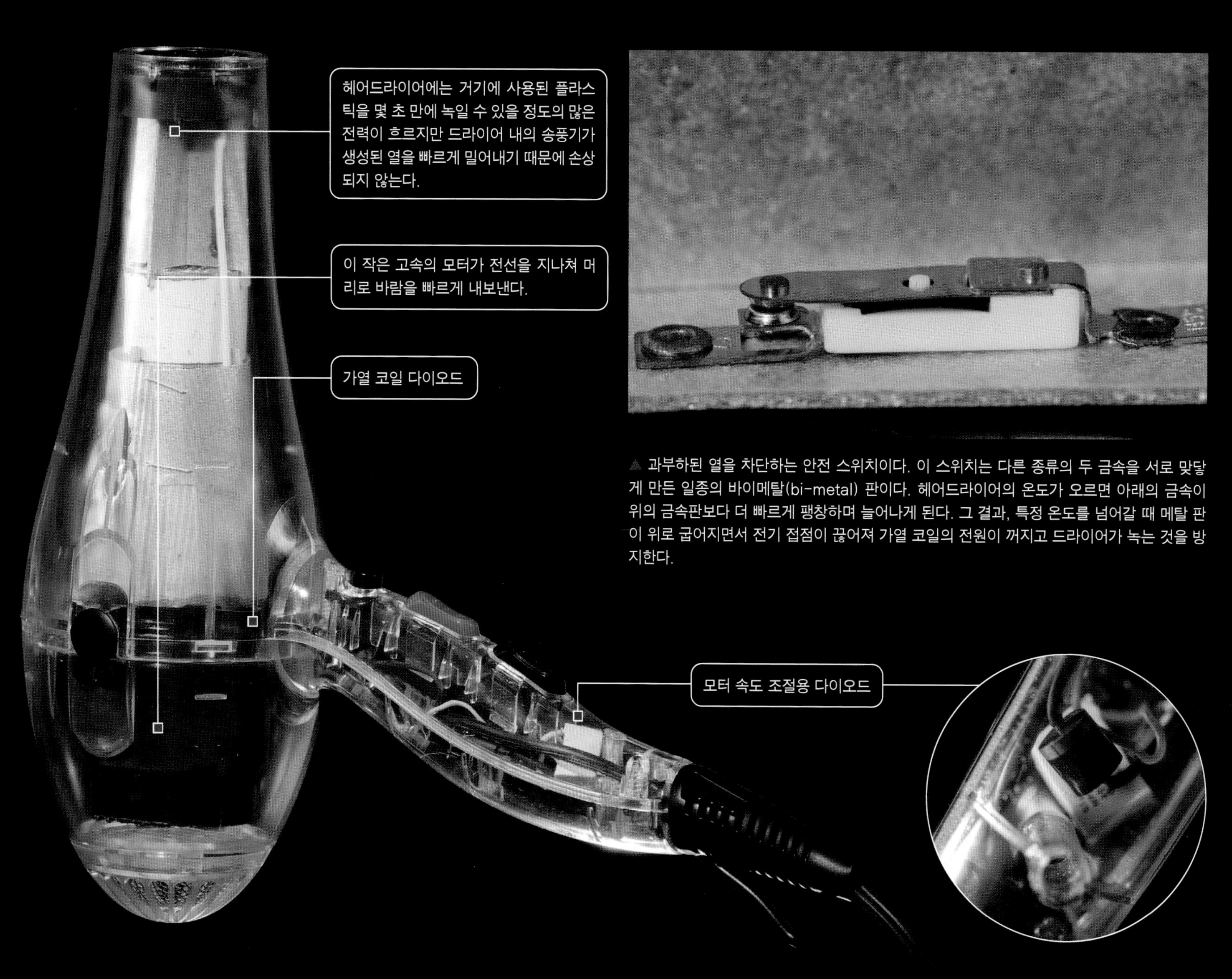

▲ 과부하된 열을 차단하는 안전 스위치이다. 이 스위치는 다른 종류의 두 금속을 서로 맞닿게 만든 일종의 바이메탈(bi-metal) 판이다. 헤어드라이어의 온도가 오르면 아래의 금속이 위의 금속판보다 더 빠르게 팽창하며 늘어나게 된다. 그 결과, 특정 온도를 넘어갈 때 메탈 판이 위로 굽어지면서 전기 접점이 끊어져 가열 코일의 전원이 꺼지고 드라이어가 녹는 것을 방지한다.

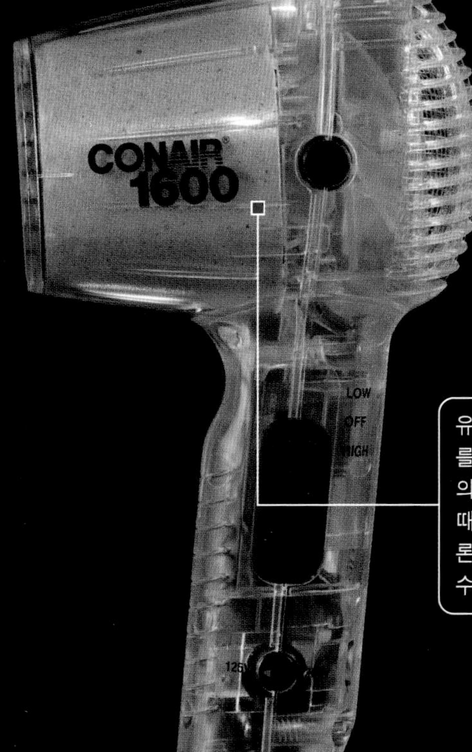

값싼 플라스틱 헤어드라이어의 모든 안전 기능들(열 과부하 스위치, 운모 열차단기, 송풍 전동기)을 제거하자 이러한 몰골로 변했다. 몇 초간 연기가 난 후 가열 코일 주변이 녹기 시작한다. 그렇지만 불이 나지는 않아 솔직히 살짝 놀랐다. 나는 플라스틱 헤어드라이어가 원래 위험한 물건이라고 생각했지만, 실제로 불이 쉽게 나지 않는다는 사실을 확인하고는 걱정을 조금 덜게 되었다.

유감스럽게도 투명치 못한 이 공간에 전기를 열로 변환하는 가열 코일이 있다. 코일의 열을 버틸 만한 투명 플라스틱이 없기 때문에 혼탁한 색의 부품을 사용한다. 이론적으로 석영 유리로 이 코일들을 만들 수 있지만 매우 비싸서 경제성이 없다.

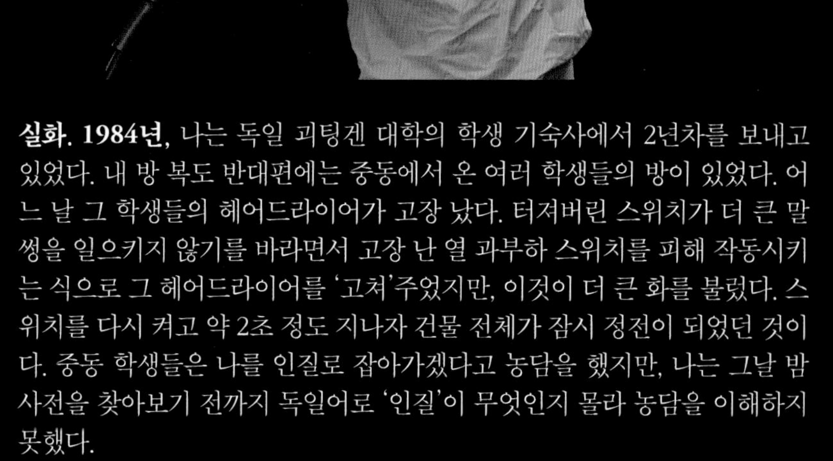

보통 모든 헤어드라이어에 정확히 세 가지의 열 설정(냉풍, 저온, 고온) 기능과 바람세기(정지, 약, 강) 기능이 있는데, 그 이유가 있다. 벽의 콘센트 전력은 교류전기인 AC로 양과 음의 전압이 초당 60회 오고 간다(1/120초 간격으로 양의 전압과 음의 전압이 서로 바뀌는 과정을 반복한다). 이러한 설정이 가능한 것은 전기의 흐름을 한 방향으로 유지하고 반대 방향을 막는 매우 저렴하고 효율적인 다이오드라는 장치가 존재하기 때문이다.

교류전력이 목적지에 도착하기 전에 다이오드를 통하게 하면 오직 절반의 전력(붉은색으로 칠해진 부분)만이 통과하게 된다. 헤어드라이어의 약/강 스위치는 이처럼 단순히 다이오드를 회로에 붙이거나 떼는 것으로 구현된다. 다이오드가 붙으면 전력의 절반만 지나가 약한 바람 모드를 사용할 수 있다.

두 가지 이상의 세기로 조절할 수 있는 기기가 기능을 제대로 하려면 구조가 더욱 복잡하고 제작 비용을 더 들여야 한다. 실제로 두 가지 이상의 세기를 설정하고 싶다면 아예 수많은 세기를 설정하는 게 나은데 트라이액(triac)이라고 부르는 기기를 사용하면 된다. 이 장치는 고가의 헤어드라이어나 조광기의 벽스위치에 쓰인다.

실화. 1984년, 나는 독일 괴팅겐 대학의 학생 기숙사에서 2년차를 보내고 있었다. 내 방 복도 반대편에는 중동에서 온 여러 학생들의 방이 있었다. 어느 날 그 학생들의 헤어드라이어가 고장 났다. 터져버린 스위치가 더 큰 말썽을 일으키지 않기를 바라면서 고장 난 열 과부하 스위치를 피해 작동시키는 식으로 그 헤어드라이어를 '고쳐'주었지만, 이것이 더 큰 화를 불렀다. 스위치를 다시 켜고 약 2초 정도 지나자 건물 전체가 잠시 정전이 되었던 것이다. 중동 학생들은 나를 인질로 잡아가겠다고 농담을 했지만, 나는 그날 밤 사전을 찾아보기 전까지 독일어로 '인질'이 무엇인지 몰라 농담을 이해하지 못했다.

훗날 공용실의 전축에 불이 난 적이 있었다. 물론 내가 불을 낸 게 아니고 앞선 헤어드라이어 사고와는 전혀 관련이 없는 일이었다. 함께 있었던 학생들 중 당장 소화기를 사용해야 한다고 생각한 사람은 나 혼자였던 것 같다(물론 사용했다). 다른 학생들은 내가 소화 분말을 방 전체에 뿌리자 짜증을 냈던 것 같지만, 나는 많은 학생들의 수고를 덜어줬고 심지어는 생명을 구했다고 확신한다. 나는 거의 일 년 동안 같이 살았던 학생들의 이름이나 얼굴은

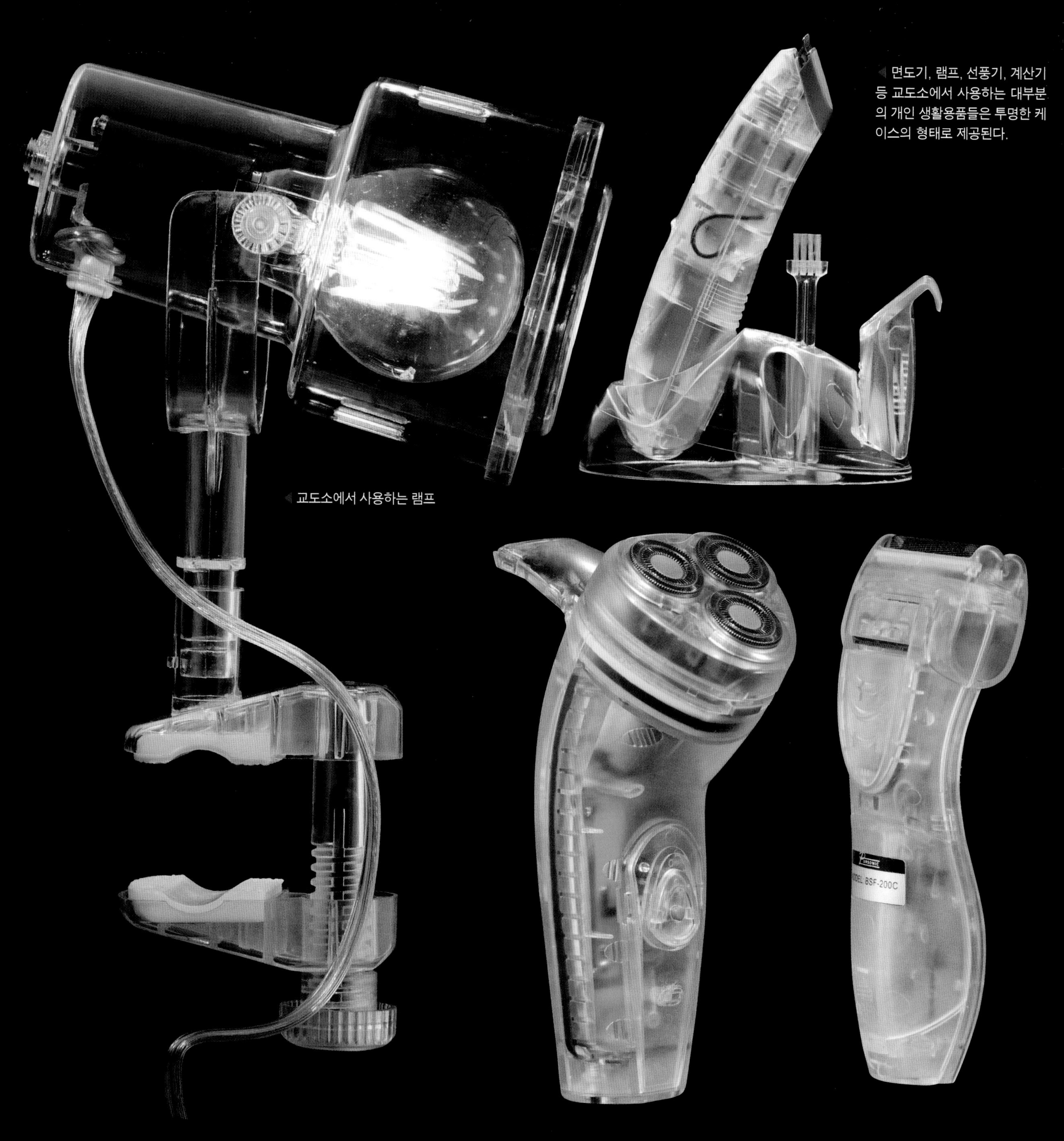

면도기, 램프, 선풍기, 계산기 등 교도소에서 사용하는 대부분의 개인 생활용품들은 투명한 케이스의 형태로 제공된다.

교도소에서 사용하는 램프

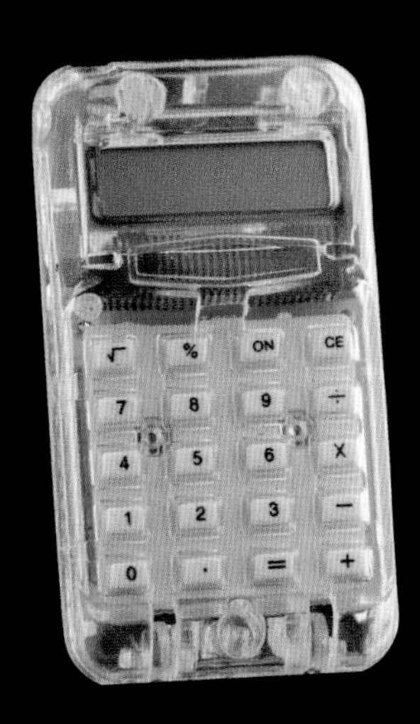

교도소용 계산기 인가? 아니다. 아주 작은 장난감 계산기 이다. 별 이유 없이 그냥 투명할 뿐이다.

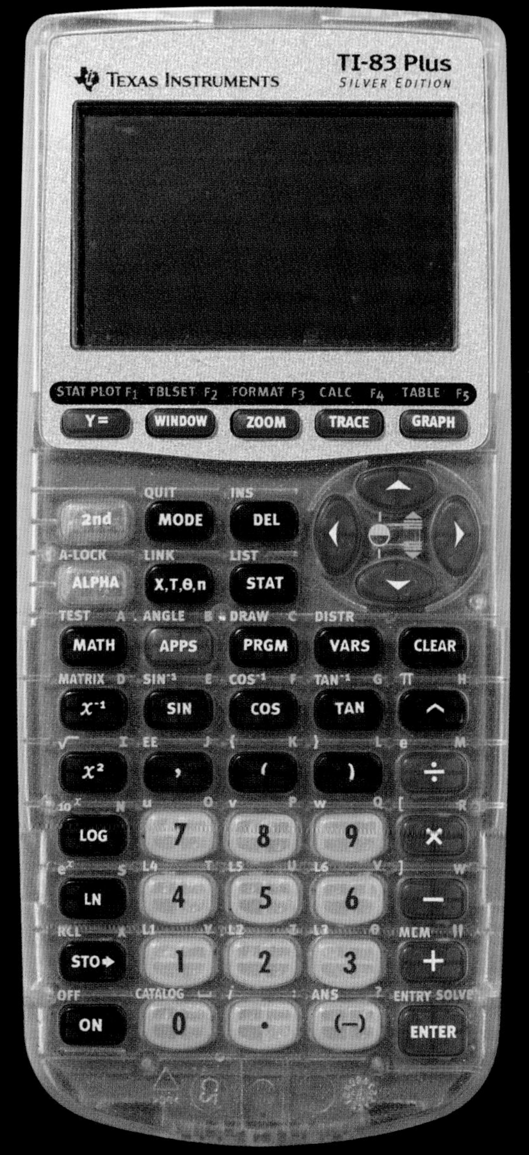

이것은 실제 교도소에서 사용하는 계산기이다.

교도소용 선풍기

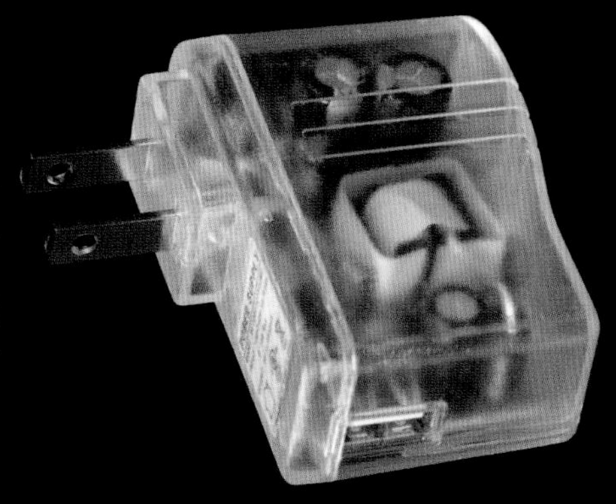

▲ 여러 종류의 전자기기들을 사용할 수 있는 보안 단계가 낮은 (경범죄자) 교도소의 감방은 표준 콘센트와 전원 어댑터들이 필요하다. 따라서 교정산업체에서는 이에 맞춰 관련 제품들을 투명한 형태로 만든다.

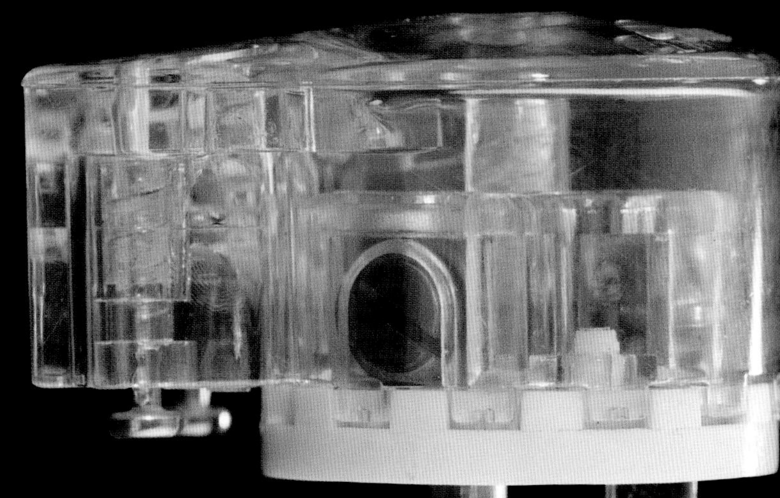

▶ 모든 투명한 전원 플러그들이 교도소용으로 만들어진 것은 아니다. 이것은 병원용 플러그이다. 전선이 튼튼하게 연결되어 있고 (부식했을 경우) 과열이 발생하거나 제때 전류를 차단할 수 있는지를 확인하기 위해 투명하게 만들어졌다.

◀ 회로 차단기는 너무 많은 전력이 공급될 때 전기회로의 전원을 차단하는 장치이다. 과부하가 일어날 때 스위치를 작동시키는 내부의 전자기를 이 투명한 제품들을 통해 확인할 수 있다. 나는 생명과 안전을 지켜야하는 중요한 순간에서 상황을 쉽게 점검하고자 투명하게 만든 것이라고 생각한다.

▲ 이 투명한 가방은 학생용으로 판매된다. 교도소에서 사용되는 물건들과 같은 이유로 투명하게 만들어졌다. 우리가 학생들을 죄를 저지른 재소자들처럼 의심해야 한다는 현실이 슬프다.

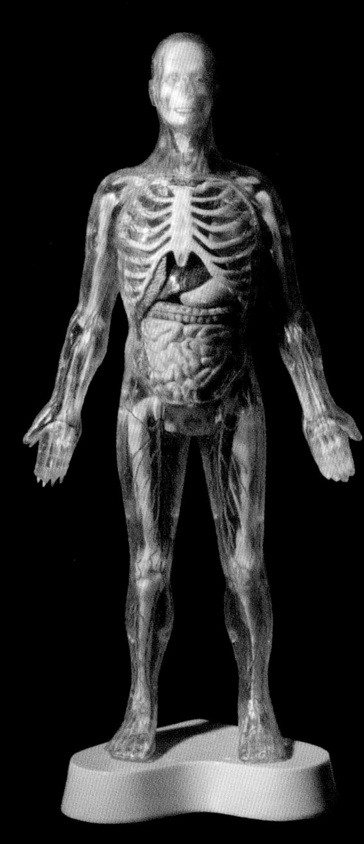

◀ 교도소 관계자들이 얼마나 투명한 제품을 사랑하는지는 재소자들 스스로 투명해지기를 바란다는 데서 알 수 있다. 너무나 투명해서 도망갈 수 있을 정도로 말이다.

▶ 나는 교도소 관계자들이 투명한 재소자를 옹호하는 사례를 보지는 못했지만, 재소자들에게 투명한 유니폼을 입혀 문제가 된 교도관에 관한 뉴스는 접한 적이 있다. 이는 분명히 선을 넘은 행위이다.

▼ 물론 죄가 없는 사람들이 범죄자처럼 취급되는 다른 장소가 또 하나 있다. 바로 공항이다. 투명한 이 손가방은 액체 폭발물이 공항 보안검색을 통과할 때 감지되도록 만들어졌다(여담이지만 미국의 투명 가방은 잠재적으로 폭발 가능한 액체를 감지하는 데 비효율적이다. 단순히 눈으로 보고 엑스레이로 찍어보아서는 물인지 샴푸인지, 아니면 다른 액체인지 알기 어렵다. 중국의 시스템이 더 낫다. 중국인들은 사람이 직접 물건에 코를 대고 냄새를 맡아본다. 사람은 물건에 코를 가까이 대면 거의 개만큼 냄새를 잘 맡을 수 있다. 따라서 수백 가지 다른 물체의 냄새와 이름을 인식하게끔 학습할 수도 있다).

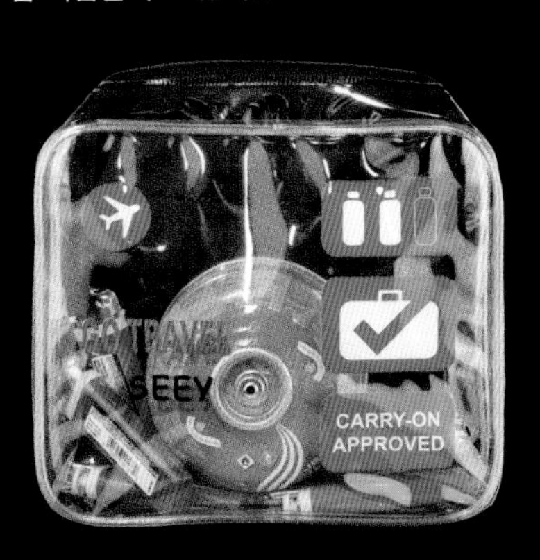

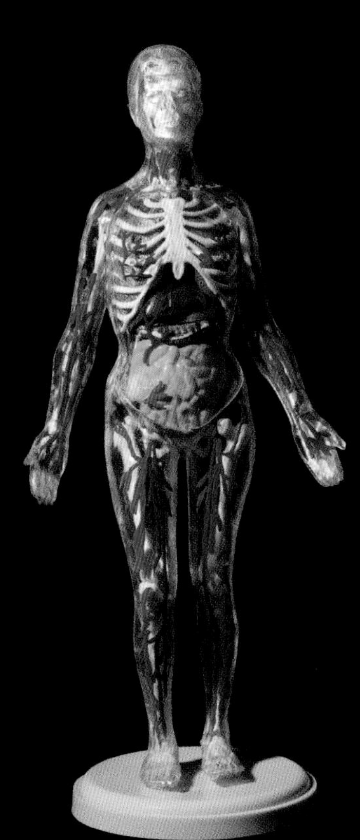

▼ 투명 인간은 (아직) 존재하지 않는다. 하지만 몇 가지 투명한 동물들이 있다. 그중에는 물고기가 있고, 이렇게 사랑스러운 개구리도 있다.

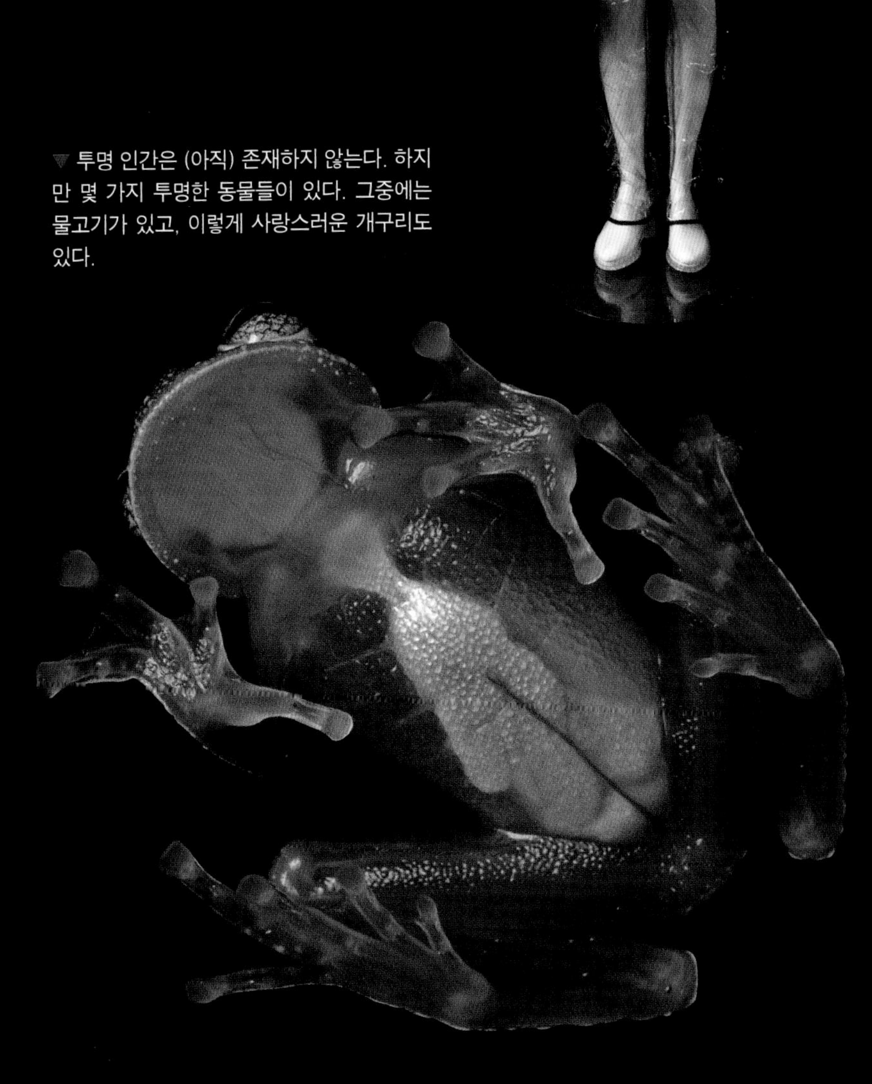

투명 시계의 시간 유희

감옥에 관한 이야기는 충분히 한 만큼 여기서 끝내자. 세상에는 다른 투명한 물건들이 숱하다. 시계의 경우, 내부의 작동 구조를 훤히 들여다 볼 수 있는 게 아주 오래전에 나왔다. 수 세기 동안 이렇게 정교한 시계보다 더 정확하거나 아름다운 메커니즘을 나타내는 물건들은 없었다. 그래서 시계 제작자들이 자신의 작품을 자랑하려드는 것은 놀랄만한 일이 아니었다. '시계'를 다루는 부분에서 아름다운 골동품인 '스켈레톤(skeleton) 시계'(투명한 앞면 케이스를 통해 내부의 움직임을 볼 수 있는 시계-옮긴이)의 작동 원리를 알아보자.

나는 투명 시계들이 아주 오래된 예술작품임에도 완벽하게 현대적인 면모를 지녀 좋아한다. 우선, 내부를 금속이나 유리를 재단하는 대신 투명한 아크릴로 꾸몄다. 또, 옛 시계들처럼 스프링이나 매달린 추로 작동하는 게 아니라 전기로 동력을 사용한다. 마지막으로, 빛으로 벽에다 시계의 이미지를 투사한다.

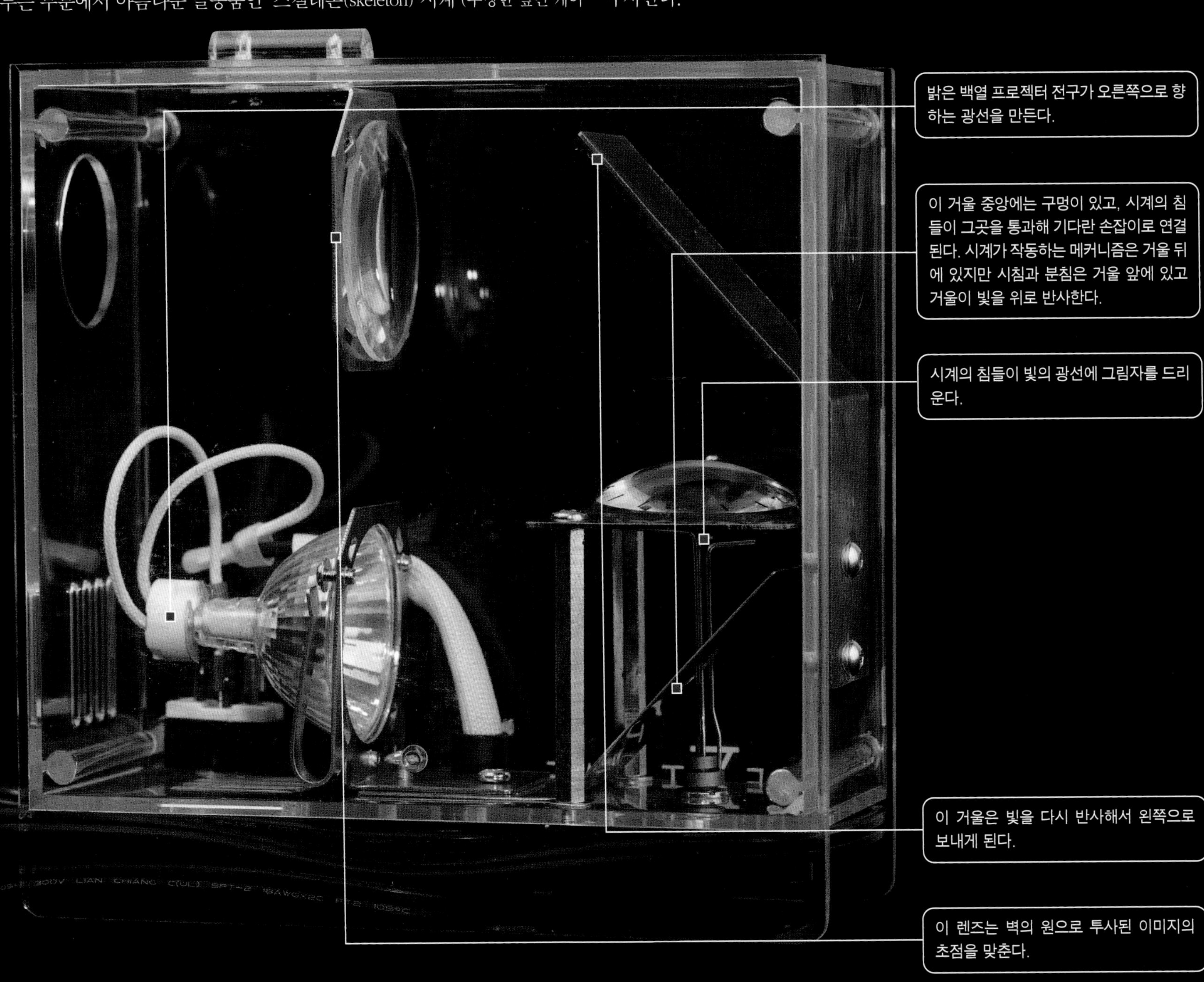

◀ 이 '스켈레톤 시계'는 실제로 직경이 대략 1인치(2.5cm) 정도로 매우 작다. 하지만 그보다 훨씬 큰 4인치(10cm)의 유리 공간에 들어 있다. 이 유리는 돋보기 같은 역할을 해서 시계가 전체 공간을 꽉 채우는 느낌을 준다. 중국의 벼룩시장에서 흔히 판매되는 시계인데, 나는 이 시계를 그곳에서 샀다. 귀국하기 위해 비행기 탑승 수속을 하던 중 중국인 보안 요원이 엑스레이를 통해 내 여행 가방을 검색하다가 이 시계를 보고 무엇이냐고 물었다. 마치 만화에서 나올 법한 퓨즈가 튀어나온 폭탄으로 의심했던 모양이다. 그녀는 내가 말로 설명하자 가방을 열어 보지도 않고 나를 통과시켰다. 아마 비슷한 시계를 수 없이 본 게 틀림없다.

◀ 중국의 공항 보안 요원들은 매우 쿨했다. 나는 첫 여행에서 검색대를 통과하는 폭탄 모양 시계의 엑스레이 이미지를 사진 찍을 엄두를 내지 못했다. 그러나 다음 여행에서 보안 요원들이 같은 이유로 나를 불러 세웠을 때, 엑스레이 이미지를 찍어도 되는지 물었다. 그들은 기꺼이 시계를 가득 채운 나의 가방 5개 중 하나에서 아름다운 엑스레이 이미지를 찍도록 허락했다. '시계'의 장에서 만날 시계들을 미리 보았다고 할 수 있겠다(중국 공항 보안 요원들이 쿨하다는 증거는 시계로 가득 찬 가방 5개 중 이 사진의 좌측 하단에 있는 어두운 원통 모양만을 확인하려 한 점에서 알 수 있다. 이 물건은 111페이지의 추시계를 받치는 바닥 부분의 무거운 대리석이다.)

▲ 이 2개의 투명한 플라스틱 손목시계는 얼핏 보면 비슷한 것 같지만 정반대의 목적에 따라 디자인되었다. 위의 시계는 스타일을 살리기 위해 투명하게 만들었다. 투명한 시계를 찬다면 멋지지 않는가! 아래는 감방에서 사용하는 교도소용 시계다.

밑에 위치한다. 싱크대에서 이어지는 배수관은 U-트랩을 지나서 몇 인치 정도 돌아서 올라간 후 다시 하수도로 쭉 내려가게 된다. 이렇게 약간 굽은 부분의 아래에는 항상 물이 갇혀 있게 한다. 왜 그렇게 하는 것일까? 바로 하수도의 역한 냄새를 막기 위해서다. 이 트랩이 없으면 하수도의 가스가 열린 배관을 통해 거꾸로 올라오게 된다(오랫동안 비워둔 집에서 심한 냄새가 나는 것은 그런 이유에서다. 몇 달이 지나면 트랩의 물이 증발해서 하수도 냄새가 올라온다. 이를 막으려면 적어도 몇 달에 한 번씩은 모든 싱크대와 세면대, 변기의 물을 1분 정도 틀어줘야 한다.)

▲ 투명 싱크대 트랩은 기발하지만 투명 수도꼭지는 조금 덜 한 듯하다. 투명 수도꼭지의 효능은 아무리 생각해도 찾아보기 어렵다. 그저 단순히 투명한 물건의 매력을 살리기 위한 것이 아닐까?

◀ 이 물건은 정말 당혹스럽다. 물론 투명한 이 변기 물탱크의 필밸브는 아름다워 보인다. 하지만 변기 물탱크 안에 영원히 갇혀 문제를 일으키지 않는 한 볼 일이 없다. 변기 전체가 완전히 투명하지 않다면 설사 멋있다고 해도 의미가 없어 보인다. 완전히 투명한 변기들을 본 적이 있었는데 모두 불투명하고 흔한 필밸브를 사용하고 있었다. 좀처럼 이해할 수 없었다. 이 얼마나 아까운 기회를 낭비하는 것인가! 누군가 발명가들을 모아 변기 전체를 완벽히 투명하게 만들 수는 없는가?

생활 속 투명한 것들

뉴욕의 고가 아파트에는 최신 유행의 주문 제작 비품이나 예술 작품으로 만든 1회용 투명 제품들이 있다. 그중 몇몇 물건들은 꽤나 근사하다. 나는 대량 생산된 투명한 물건들의 경우 더 많이 생각하며 디자인을 했다고 보기 때문에 더욱 관심이 간다. 어떤 제품을 수백만 개를 만들어 개당 몇 달러씩 받고 판매하려 한다면 심사숙고를 해가며 디자인을 최적화해야 한다. 이런 흔한 제품들에서는 빼어난 천재성이 더 자주 보이곤 한다. 이렇게 공을 들이고 비용을 투입해서 디자인 작업을 하는 것은 대부분 투명치 않은 보통 제품들을 생산하려는 의도에 따른 것이라고 보아야 한다. 하지만 디자이너는 자신의 기질을 버리지 못한다. 어떤 시점에 이르자 디자이너들은 투명한 제품을 만들어내고자 했을 것이다.

교도소와 배관업계 외에 사무실도 투명한 제품들이 널려있는 공간일 듯하다. 창문이 없는 사무실에서 근무하는 사람들은 어쩌면 투명한 스테이플러를 쓰며 다소나마 위안을 얻을지 모른다. 아래의 스테이플러는 검은색이나 빨간색 스테이플러와 같은 주형을 사용해 만들었을 것이다. 이 제품은 모든 물건을 1달러에 파는 '1달러 스토어'에서 찾았다.

▼ 투명한 천공 펀치

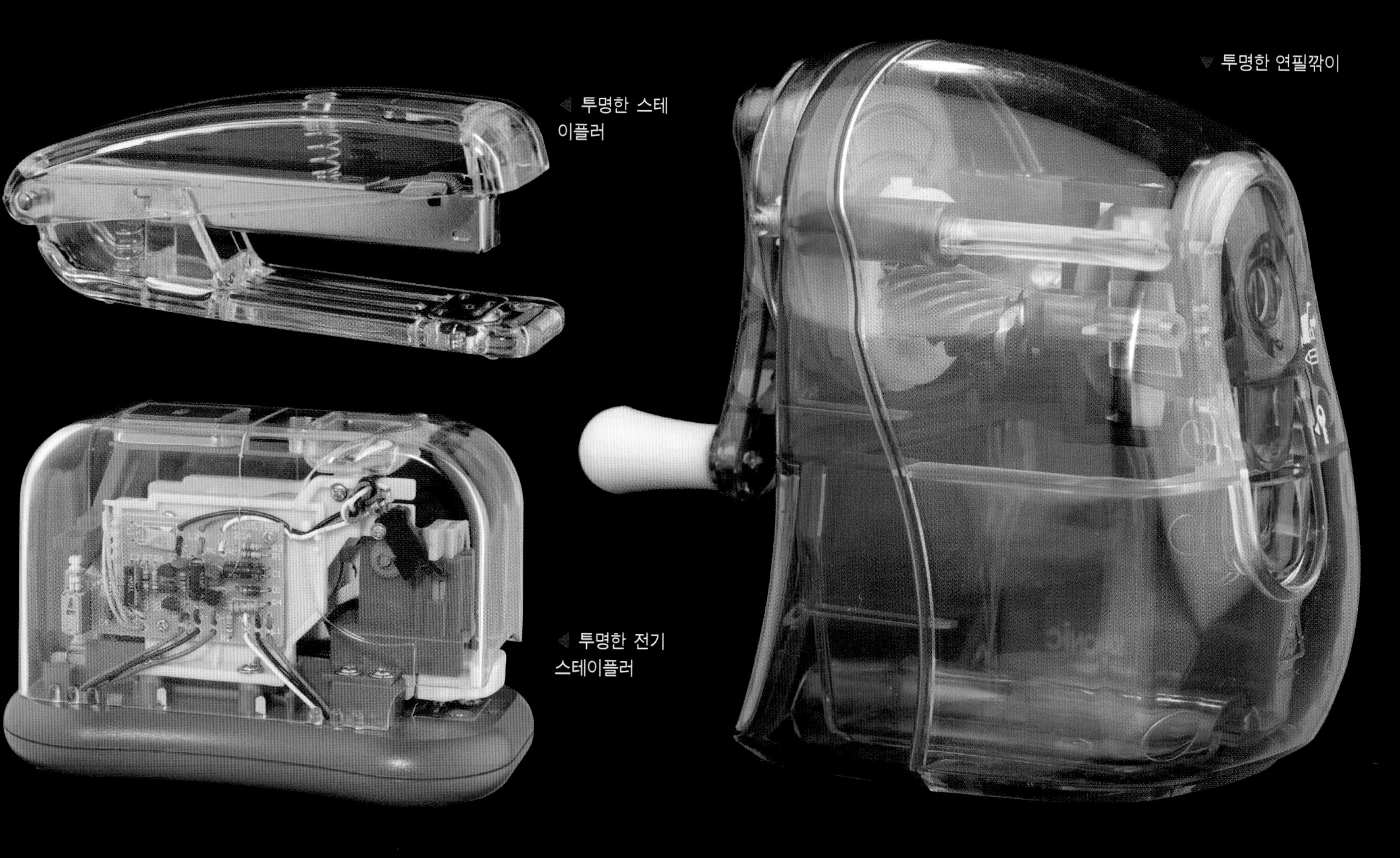

◀ 투명한 스테이플러

◀ 투명한 전기 스테이플러

▼ 투명한 연필깎이

▼ 이 투명한 플라스틱 의자는 놀랍게도 튼튼하다. 처음에는 앉으면 부서질까 걱정했지만 이제는 이 소중한 물건에 흠집이 날까 걱정이다(투명한 물건들을 대하다보면 갖게 되는 생각이다. 투명한 물건의 경우 처음에는 좋아 보이지만 긁히면 보기에 흉할 수 있다).

▶ 값이 비싼 테이블과 의자 세트다. 화려한 꽃병의 제작에 사용하는 커트 글라스로 만들어졌다. 이런 제품들은 잘 긁히지 않아 별 문제가 없다. 1800년 중반부터 후반까지 인도의 부유한 가문에서 애용했던 물건들이다. 영국의 유리 가구산업이 인도 대부호들의 유리 제품 선호로 호경기를 맞았다(이 물건들은 뉴욕주 코닝의 유리 박물관에서 소장하고 있는 귀중품이다).

◀ 물건이 더러워지고 또 더러워지면 싫증이 난다. 나는 이런 사실을 알 만큼 충분히 오래 살았고 충분히 '멋진 물건들'을 만들어보았다. 숱한 현대 건축물이 같은 문제를 안고 있다. 처음에는 멋져 보이지만 오래 지나지 않아 초라해진다. 이 제품 역시 심각한 문제들을 야기한다. 투명한 아크릴에 먼지가 쌓이지 않으면 멋져 보인다. 하지만 오존을 생성해서 뿜어내는 공기청정기다. 기능이 먼지를 빨아들이는 것이라서 기계 자체가 더러워질 수밖에 없다.

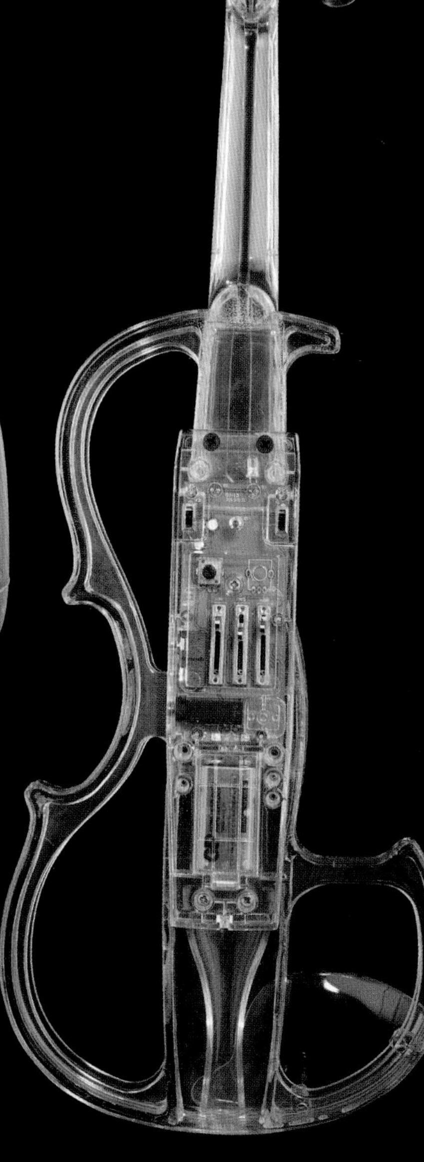

▶ 투명한 사과깎기다. 이 제품의 기어들이 너무 아름다워 책에 수록했다. 개발한 사람들은 이 제품을 투명하게 만들었을 때 어떤 멋진 모습을 드러낼지 잘 이해했던 것 같다.

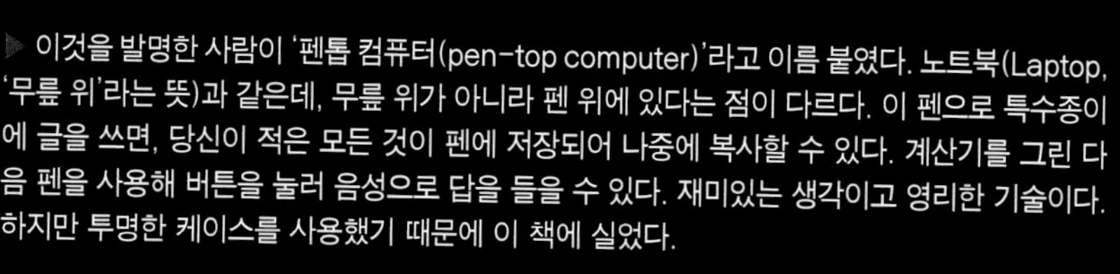

▲ 이 컴퓨터 스피커는 1990년대 중반의 제품으로 내가 무척 아끼는 것이었다. 소리가 상당히 좋은데, 저음용(저주파) 베이스채널에서 여러 공기실을 통해 소리를 보내는 과정을 정확하게 관찰할 수 있다.

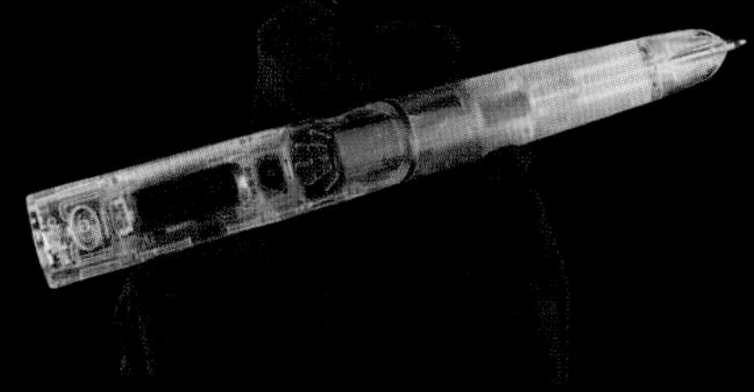

▶ 이것을 발명한 사람이 '펜톱 컴퓨터(pen-top computer)'라고 이름 붙였다. 노트북(Laptop, '무릎 위'라는 뜻)과 같은데, 무릎 위가 아니라 펜 위에 있다는 점이 다르다. 이 펜으로 특수종이에 글을 쓰면, 당신이 적은 모든 것이 펜에 저장되어 나중에 복사할 수 있다. 계산기를 그린 다음 펜을 사용해 버튼을 눌러 음성으로 답을 들을 수 있다. 재미있는 생각이고 영리한 기술이다. 하지만 투명한 케이스를 사용했기 때문에 이 책에 실었다.

▲ 두 종류의 투명한 바이올린이 있는 듯하다. 최신 유행의 전문가용 초고가 바이올린과 이베이에서 싸게 살 수 있는 이 제품 말이다. 대부분 그렇듯이 더 싼 제품에 여러 기능이 달려 있다. 이 바이올린에서는 켤 때 멋진 파란색 LED 빛이 나온다.

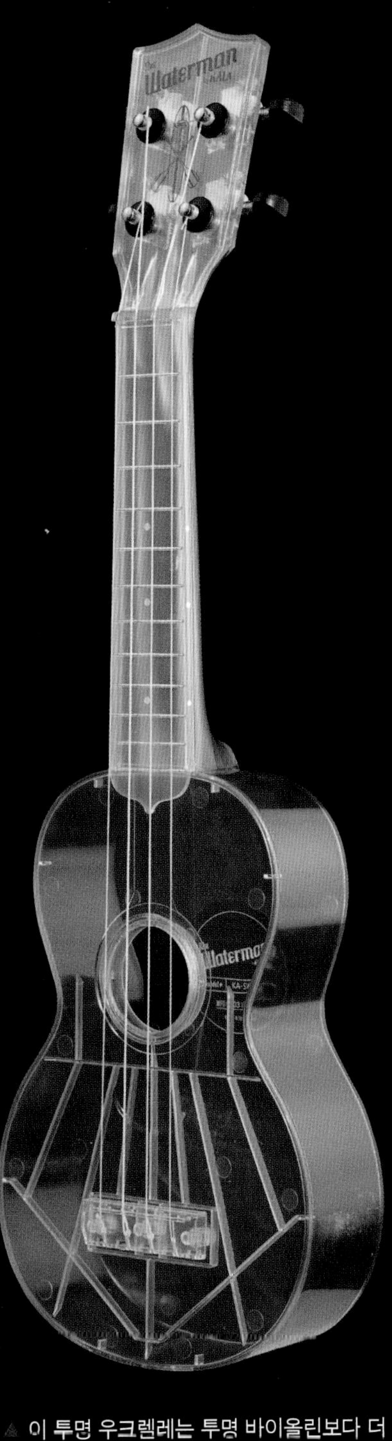

▶ 투명한 악기치고 이 우아한 투명 메트로놈보다 더 멋진 기기가 있을까? 2, 3, 4, 6비트에 맞춰 매번 울리는 종은 이전 메트로놈에서 보지 못했던 기능이다.

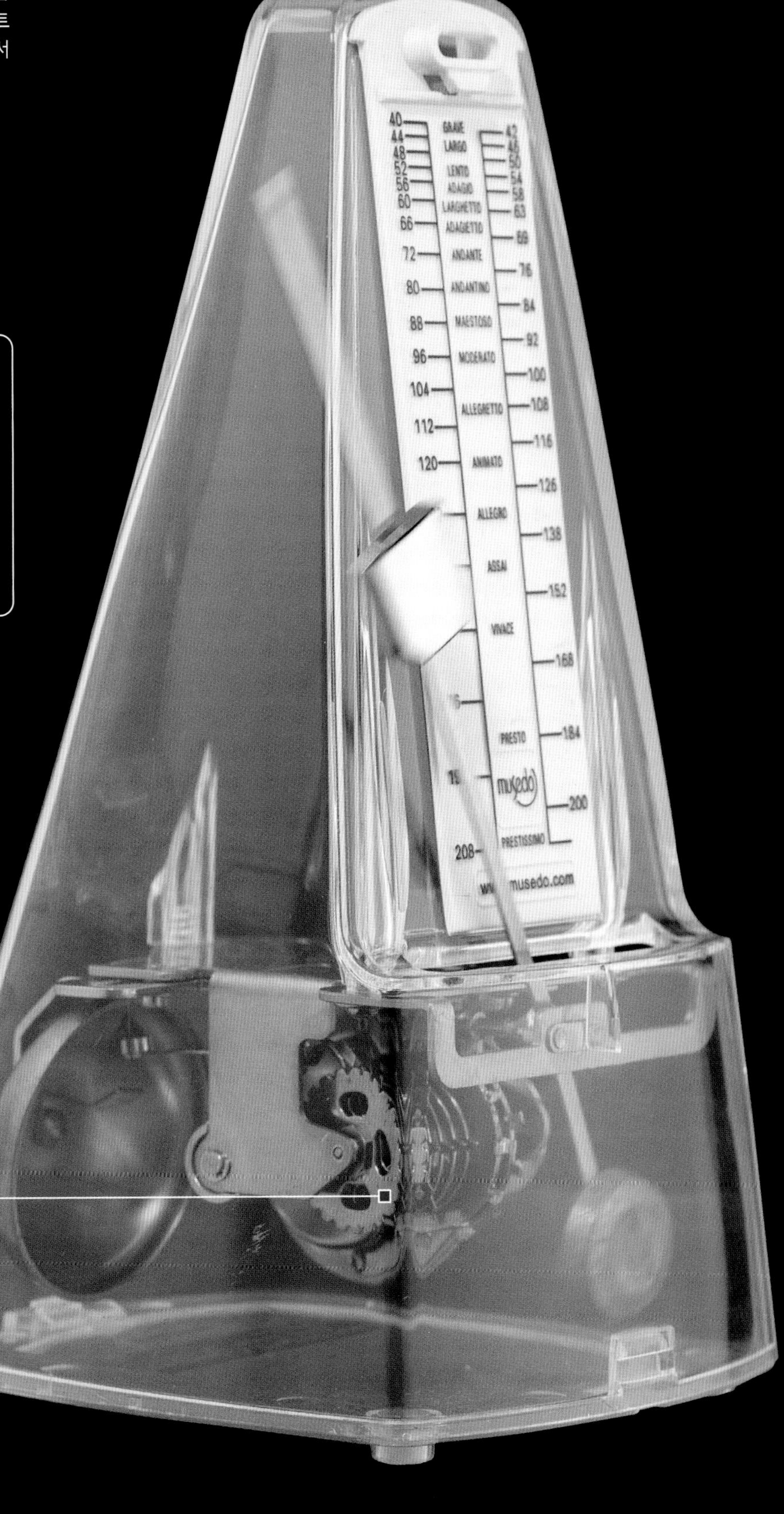

투명한 케이스를 통해 벨의 기능이 어떻게 작동하는지 볼 수 있다. 여러 종류의 홈이 난 톱니 모양의 디스크가 종이 울리는 시간의 간격을 결정한다. 레버를 움직여 특정 홈에 맞추면 디스크가 한 번 회전할 때마다 종이 몇 번 울리게 할지를 설정할 수 있다(비슷하지만 더 복잡한 메커니즘이 96페이지의 괘종시계에 들어있다. 이 시계는 매 15분마다 혼성의 종소리를 낸다).

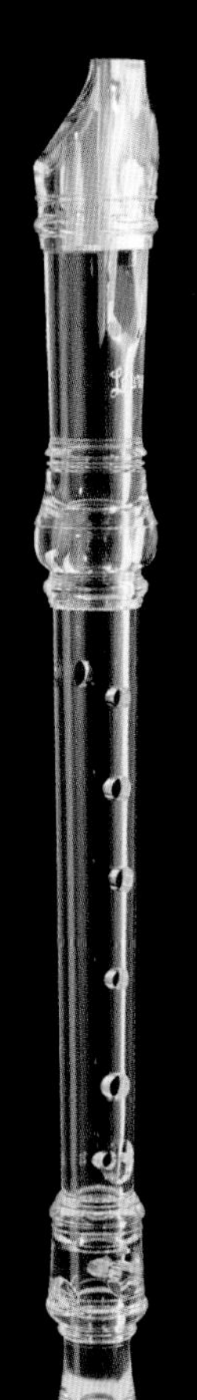
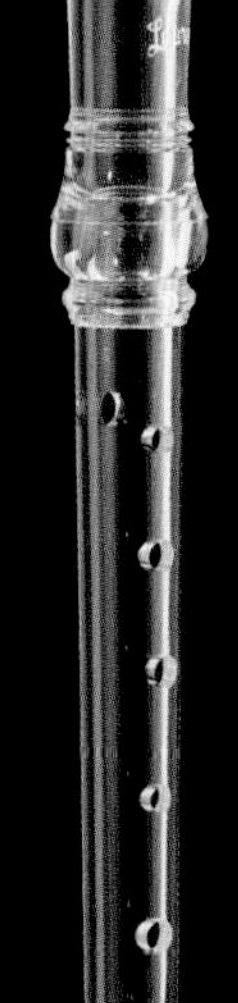

▲ 이 투명 우크렐레는 투명 바이올린보다 더 싸다!

▶ 값싼 플라스틱 리코더는 정교하게 다듬어진 애플우드(Applewood) 모델만큼 멋져 보이지 않는다. 기왕에 플라스틱을 사용할 거라면 투명한 플라스틱을 사용하지 않을 이유가 있겠는가?

몇몇 투명한 도구들은 판매용으로 만들어졌다. 이 투명한 재봉틀은 가게에 전시해놓고 사람들에게 얼마나 멋진 기어들이 사용됐는지를 보여주기 위한 것이다. 이런 유형의 판매용 샘플들은 똑똑한 기능을 하는 기어들을 내부에 갖춘 기계들이 등장하면서 인기가 시들해졌다. 컴퓨터 칩은 영리하다. 하지만 투명하게 만들 경우 작동하는 부품들이 가시광선의 파장보다 작아 광학 현미경으로도 보기 어렵다. 따라서 아무리 투명하게 만들어도 매력이 생기지 않는다.

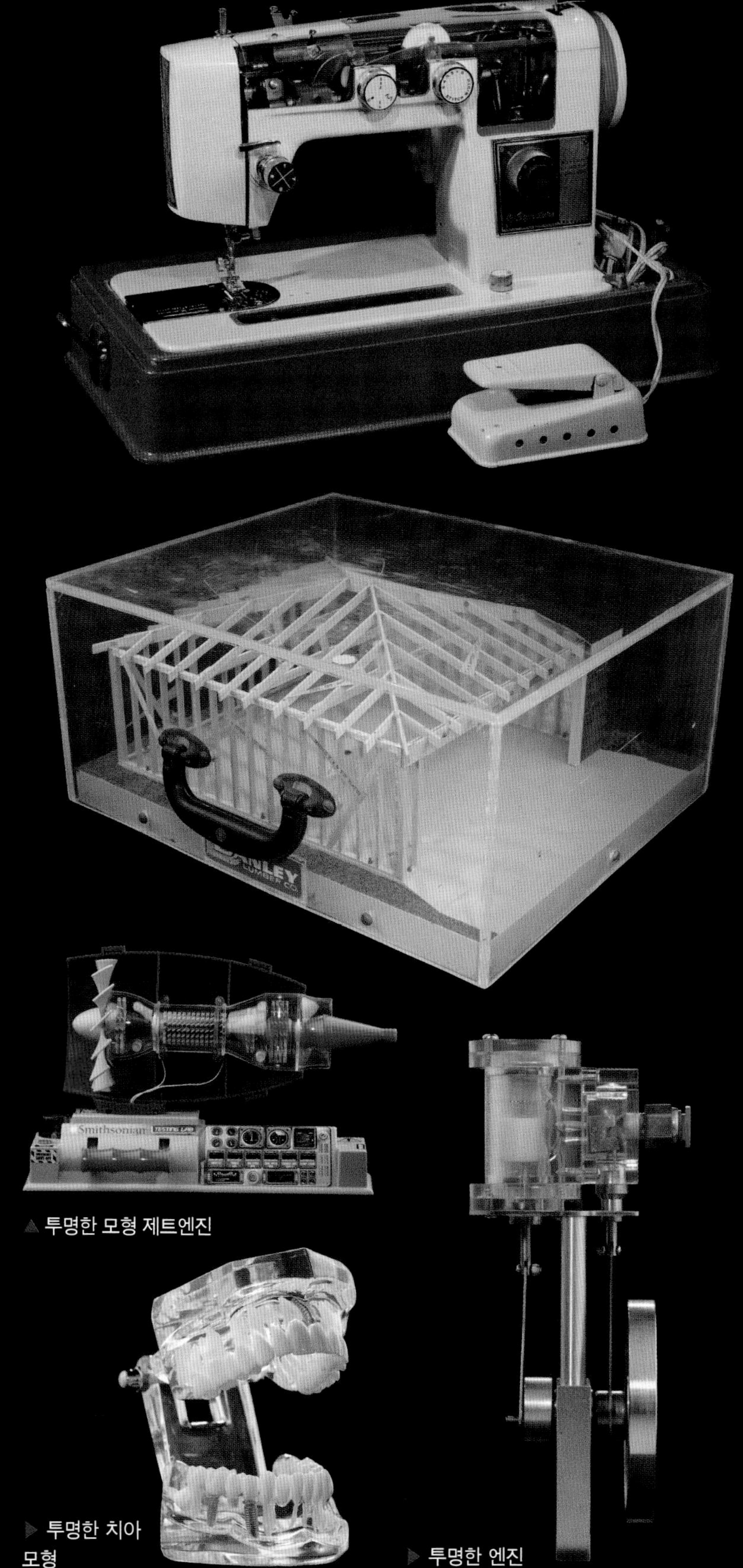

▶ 투명한 재봉틀

◀ 왜 건설현장에서 투명한 안전모를 쓰는 것일까? 멋진 헤어스타일을 자랑하기 위해서? 이 제품은 보호 헬멧의 충격 방지에 사용되는 폴리카보네이트 플라스틱으로 만들어졌다. 실제로 사용 가능한 안전모이다.

▶ 이 판매용 샘플은 차고 전체를 뼈대 형태로 나타낸 미니어처다.

실용적인 용도를 벗어난 투명한 사물 모델도 있다. 이 사물들은 실용적이지는 않지만 그저 단순한 장난감도 아니다. 이 자물쇠는 자물쇠 따기 기술을 배우려는 사람들을 위해 만들어진 연습용이다(자물쇠 수리공이나 자전거 도둑들이 사용할 수도 있겠다). 엔진은 기기들에 관한 지식을 가르치기 위한 교육용 모델이다. 치아 모형은 치과의사가 환자에게 드릴이 들어가는 과정을 설명하기 위해 만들어진 것이다.

▲ 투명한 모형 제트엔진

▶ 투명한 연습용 자물쇠

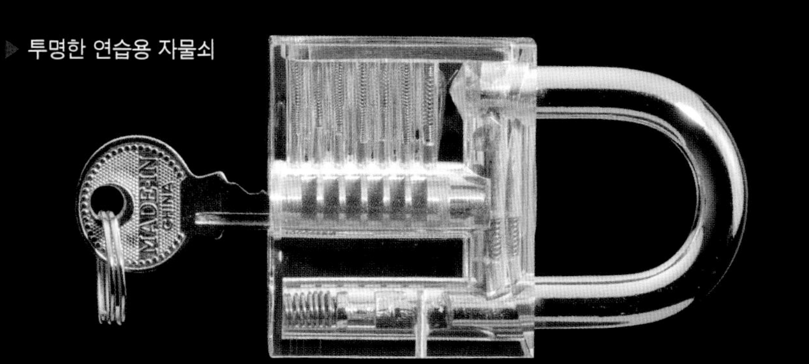

▶ 투명한 치아 모형

▶ 투명한 엔진

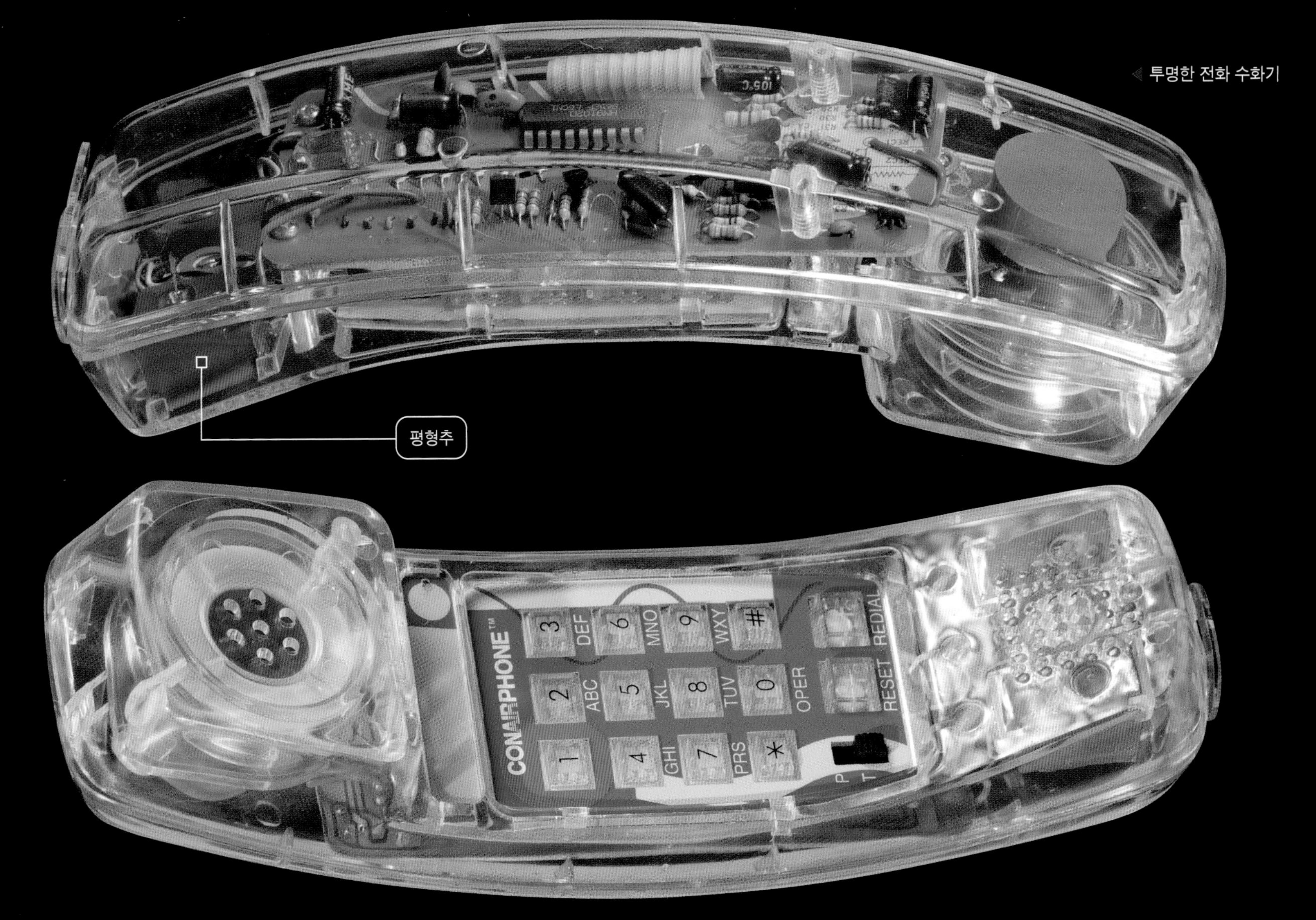

◀ 투명한 전화 수화기

우리는 이 책의 첫 장을 투명한 전화로 시작해서 투명한 전화로 마무리하고자 한다. 바로 투명한 전화가 사물의 내부 작동 원리를 이해시키는 훌륭한 사례이기 때문이다. 이는 곧 우리가 앞으로 계속 다룰 내용이다.

살아 있는 생물이나 자연의 지질과는 다르게 제조된 물건들은 인간 정신의 산물이다. 모든 제품에는 그 구성물들을 하나로 모아 만든 사람이 존재한다. 우리는 어떤 특별한 물건이 만들어진 방법을 공부하면서 그것을 만든 사람도 이해할 수 있다. 무슨 동기에 의해 그 물건을 만들었을까? 물건을 싸게 또는 비싸게 만들고자 했는가? 겉모습이나 편의성 중 어떤 것을 더 고려했는가?

전화 수화기 바닥에 조심스럽게 깔려 있는 2개의 각진 빨간색 블록들을 찾아보자. 그것들은 밸러스트라고 불리는 작은 납덩어리(평형추)다. 무게는 요즘 스마트폰 정도다. 납덩어리들은 전화의 손잡이를 잡았을 때 균형감을 느끼고 단단하며 덜 '플라스틱' 같은 느낌을 주기 위한 것이었다. 무언가 이상하지 않는가? 오늘날 제조업체들은 초고도 해상도에다 비디오 재생이 가능한 휴대폰의 무게를 1~2g을 깎아내려고 애를 쓰고 있다. 하지만 디자이너가 견고하고 양질의 느낌을 주기 위해 80g에 달하는 무게를 의도적으로 넣었던 시절이 있었으니….

이 장을 읽은 독자라면 모든 제품을 투명하게 만들 수 있으리라 생각할 수 있겠지만, 유감스럽게도 세상의 사물 중 아주 소수만이 투명한 케이스를 지니고 있다. 하지만 투명치 않은 제품도 분해해 내부를 살펴보면 투명 제품을 보는 것과 크게 다르지 않고 여전히 흥미로우니 너무 걱정할 필요는 없다. 나는 누구에게나 자신의 물건을 분해해보라고 강력하게 추천하지는 않는다. 굳이 분해하고 싶다면 제품의 전원이 차단되어 있거나 콘덴서에 충전된 전기가 없다는 사실을 먼저 확인하기 바란다. 또 제품을 다시 조립하는 방법을 미리 숙지하거나 어린 형제자매나 강아지가 망가뜨렸다는 변명거리를 확보한 다음에 분해할 것을 권한다.

다음 장에서는 투명 여부에 상관없이 내가 가장 좋아하는 사물을 다루고자 한다. 그 제품들의 작동 방법과 존재의 이유 및 그 중요성을 다룰 예정이다. 독자 여러분이 나만큼 즐기기를 소망한다.

자물쇠

자물쇠는 차단하는 도구로, 사람이나 곰이 어떤 장소에 들어오지 못하게 하는 데 쓰인다. 물론 반드시 들어가야 할 사람이나 곰은 들여보내는 기능도 한다. 이렇듯 단순하고 반대되는 두 기능(들어가는 것을 막고 허용하는)이 모든 자물쇠의 기본 용도이며 자물쇠를 복잡하고 흥미롭게 한다.

자물쇠가 제 기능을 하려면 누구 또는 무엇을 들여보내고 막을지 구분할 수 있어야 한다. 내 편과 추위에 버려질 저편을 구분하는 선을 긋는 방법은 숱하게 많다.

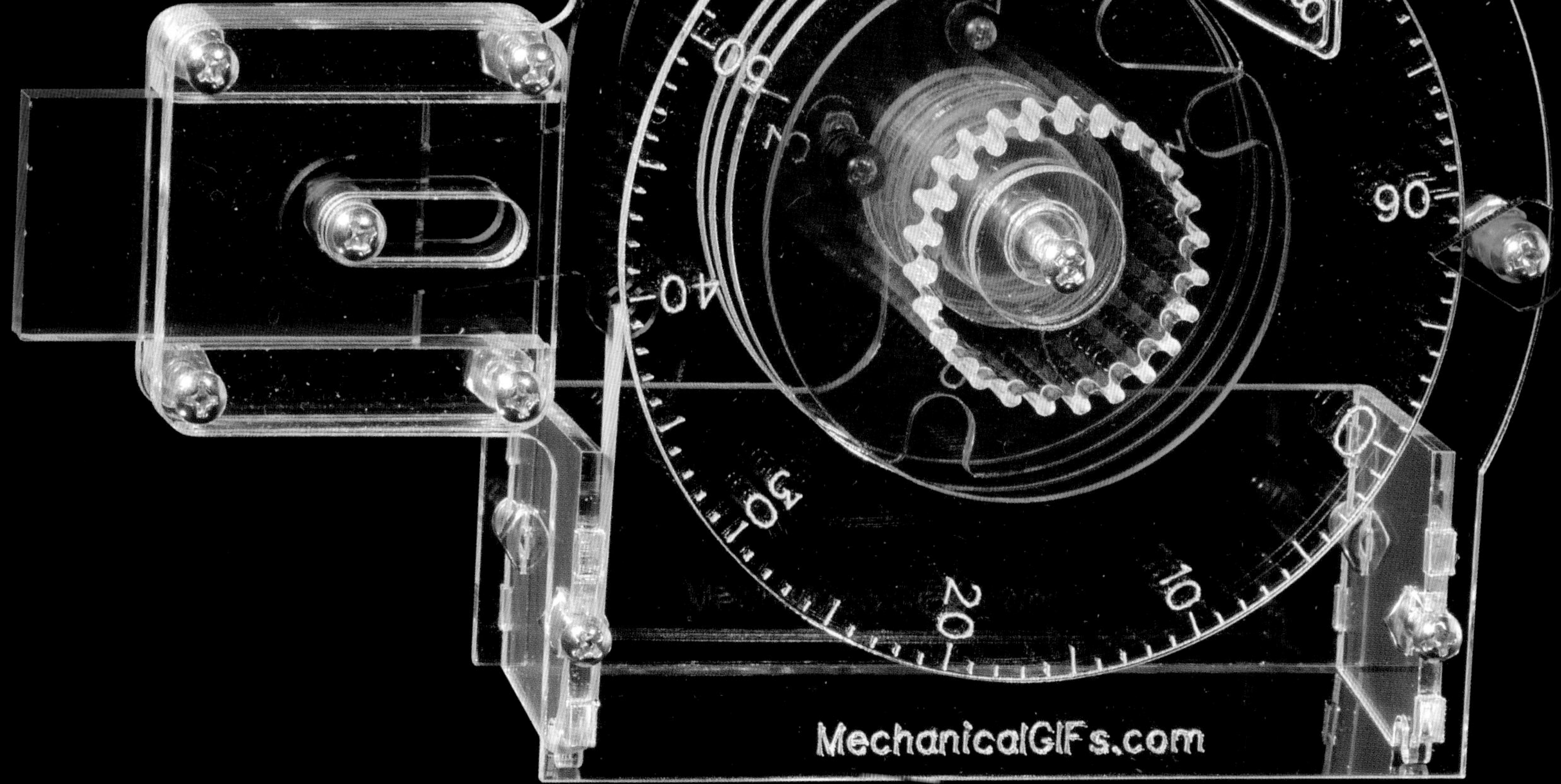

MechanicalGIFs.com
10
20
30
40
90

가장 단순한 유형의 자물쇠는 어린이용 약병 뚜껑처럼 작동한다. 아이는 열 수 없지만 어른은 쉽게 열 수 있게 고안된 것이다. 그 방법은 간단한 지식(누르면서 돌리기)과 약간의 힘(강하게 누른 다음 돌리기)을 조합하는 식이다. 어른들은 그러한 지식과 힘을 가지고 있어 병을 열 수 있다.

하지만 힘을 빌려야 하는 자물쇠는 그리 좋은 것이라 할 수 없다. 만약 나이든 어른이 관절염 때문에 어린이용 약병을 열지 못한다면 아이들에게 도와달라고 부탁해야 하는 경우가 있을 것이다.

비슷한 유형으로 캐비닛 자물쇠가 있다. 이 자물쇠는 유인용 버튼이 있어 버튼 자물쇠를 여는 데 익숙한 영유아들이 속게끔 고안되었다. 자물쇠의 중앙 표면에 위치한 버튼은 마치 자물쇠를 여는 버튼처럼 보이지만 실제로는 아무런 기능을 하지 않는다. 실제로 자물쇠를 여는 버튼은 잘 보이지 않도록 케이스의 측면에 배치했다. 어른이라도 이러한 속임수를 몰라 자물쇠를 열지 못하고 헤매곤 한다.

◀ 어린이는 열 수 없는 약병 뚜껑

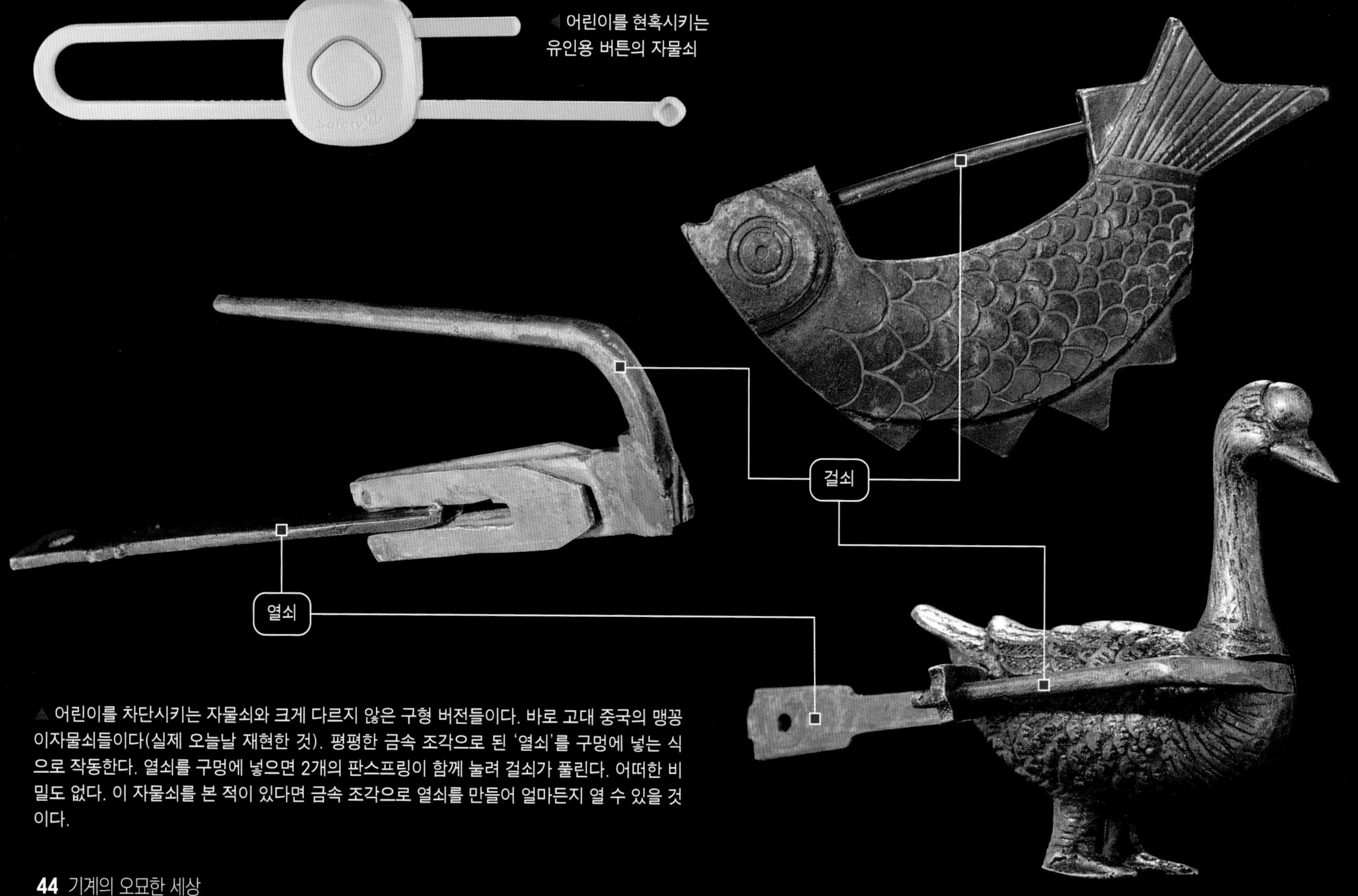

◀ 어린이를 현혹시키는 유인용 버튼의 자물쇠

▲ 어린이를 차단시키는 자물쇠와 크게 다르지 않은 구형 버전들이다. 바로 고대 중국의 맹꽁이자물쇠들이다(실제 오늘날 재현한 것). 평평한 금속 조각으로 된 '열쇠'를 구멍에 넣는 식으로 작동한다. 열쇠를 구멍에 넣으면 2개의 판스프링이 함께 눌려 걸쇠가 풀린다. 어떠한 비밀도 없다. 이 자물쇠를 본 적이 있다면 금속 조각으로 열쇠를 만들어 얼마든지 열 수 있을 것이다.

앞서 설명한 단순한 원리에 따라 작동하는 자물쇠는 항상 누구에게나 쉽게 풀리게 된다. 정말 좋은 자물쇠는 그 자물쇠만의 고유한 비밀 정보가 있어야 한다.

아래는 가장 단순한 형태의 비밀 정보를 사용하는 자물쇠의 사례다. 열쇠의 위치가 비밀로 숨겨져 있다. 이 자물쇠를 열기 위해서는 자석 열쇠가 필요하다. 어떤 자석이든 상관없다. 다만 문 반대편의 걸쇠를 열기 위해서는 자석을 댈 정확한 위치를 알아야 한다. 반대편의 걸쇠를 볼 수 있다면 쉽게 열겠지만 그럴 수 없기 때문에 유용하다. 보안성이 높지는 않지만 보통 어린 아이나 새끼 곰이 들어가고 나가는 것을 막기에는 충분하다.

만약 자석으로 문이 열릴 때까지 가장자리를 따라 문 전체에 자석을 대고 움직이면 어떻게 될까? 물론 비밀 정보(걸쇠의 위치)를 알아낼 수 있다. 이런 종류의 자물쇠를 따는 방법은 그리 어렵지 않다.

미국의 오래된 주택들은 문에다 비슷한 자물쇠를 박아 놓는데, 이러한 자물쇠는 '곁쇠(skeleton key)'를 사용해 열 수 있다. 개별 자물쇠마다 특정한 비밀 정보를 지녀 모든 열쇠가 같을 수 없다. 하지만 어떤 집에 사용된 자물쇠들은 대개 같은 열쇠를 공유하는 경우가 많다. 자물쇠 내부 구조를 살펴보면 다른 열쇠가 맞지 않게 하기 위해 나름 노력한 흔적이 보인다. 하지만 이런 자물쇠는 보안을 염두에 두고 만든 게 아니다. 단지 당신이 문을 열어야 할지 말지를 정하게 하기 위한 것일 뿐이지, 당신이 다른 사람의 출입을 확실히 막기 위해 사용하는 것은 아니다.

다음 페이지에서는 실제로 보통 사람이 열기 어려운 종류의 자물쇠를 다룬다.

오래된 (우리) 집의 문에 박아 놓는 자물쇠

자석 자물쇠

곁쇠는 생각보다 더 정교하게 만들 수 있지만 결코 안전하지는 않다. 곁쇠의 모양이 아무리 복잡하더라도 단순한 머리핀 하나만 있으면 자물쇠는 얼마든지 열 수 있다.

'찰떡궁합' 열쇠와 자물쇠

이 낡고 조잡한 자물쇠는 나름 고유한 비밀 정보를 알아야 열 수 있는 것 중의 하나다. 옛 러시아의 감옥에 가면 이러한 자물쇠의 메커니즘을 눈으로 명확하게 확인할 수 있다. 열쇠를 자물쇠에 삽입하고 돌리면 자물쇠 내부의 여러 플레이트 가운데 일부는 들려올라가고 일부는 움직이지 않는다. 동시에 열쇠는 플레이트들 사이에 생긴 틈을 채우며 들어가 자물쇠를 열게 된다. 만약 열쇠의 돌기 중 하나가 조금이라도 작다면 그 부분과 닿는 플레이트가 제대로 들리지 못한다. 물론 그 돌기가 너무 크다면 그 부분에 닿은 플레이트는 너무 많이 들려올라간다. 그러면 열쇠가 돌아가지 않고 자물쇠는 열리지 않는다. 이 자물쇠의 경우는 열쇠의 정확한 모양이 여는 데 필요한 비밀 정보라고 할 수 있다.

하지만 이런 유형의 자물쇠는 열쇠 없이도 얼마든지 쉽게 열 수 있다. 열쇠 구멍에서 닿을 수 있는 거리에 모든 플레이트들이 있기 때문에 구멍을 통해 플레이트들을 누르고 흔들면 자물쇠가 열린다. 따라서 우리는 더 열기 힘든 자물쇠들을 부단히 찾고 있다.

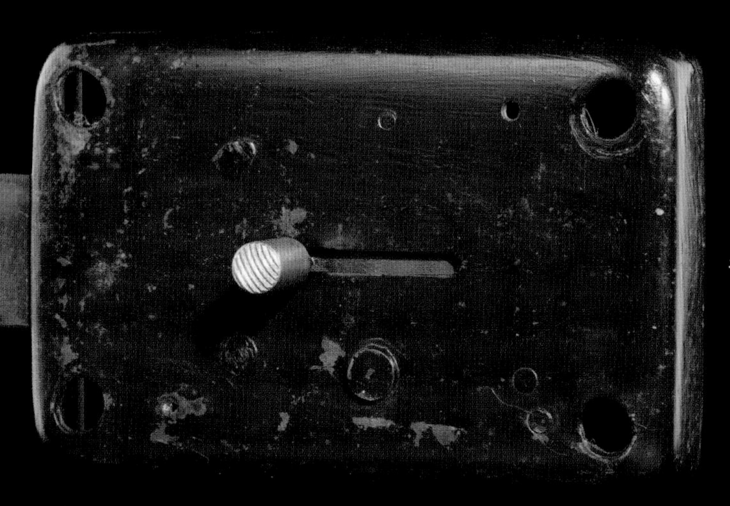

◀ 옛 러시아의 교도소 감방 자물쇠

열쇠가 통과해야 하는 공간들

자, '진짜' 자물쇠가 나왔다. 주변에서 흔하게 볼 수 있는 핀-텀블러(pin-tumbler) 자물쇠이다. 이런 자물쇠는 열쇠가 없으면 열기가 무척 어렵다. 여기에서 '무척 어렵다'는 것은 우리처럼 보통사람들을 의식한 상대적인 표현이다. 전문적인 열쇠공은 핀-텀블러 자물쇠라도 몇 초에서 몇 분 내에 열 수 있다.

▶ 핀-텀블러 자물쇠

▲ 오래된 통자물쇠

▼ 보다 정밀한 핀-텀블러 자물쇠는 범죄나 곰의 접근을 막을 수 있다. 범죄자들이 쉽게 손을 대지 못할 만큼 열기가 아주 어려워(이 자물쇠는 내 고향의 교도소와 경찰서 바로 건너편에 설치되어 있어 더더욱 그럴 것이다) 범죄를 예방할 수 있고, 2.5cm 두께의 방탄유리로 된 작은 창문이 강철 문에 달려 있어 곰이 나타나면 민첩하게 대처할 수 있다.
아래 사진은 내 레이저 커터 작업장의 문인데 벙커처럼 지었다. 높은 보안성의 강철문과 방탄유리로 된 창문들을 갖추고 있다. 이렇게 작업장을 만든 이유는 내가 과대망상이 있는 게 아니라 레이저 커터를 놓아둘 장소를 물색하면서 가장 싼 공간이 과거 드라이브 스루 은행으로 사용되었던 곳이었기 때문이다. 지하에 우물도 있어 음식물을 충분히 저장해둔다면 좀비 아포칼립스(apocalypse)도 견딜 수 있을 것이다.

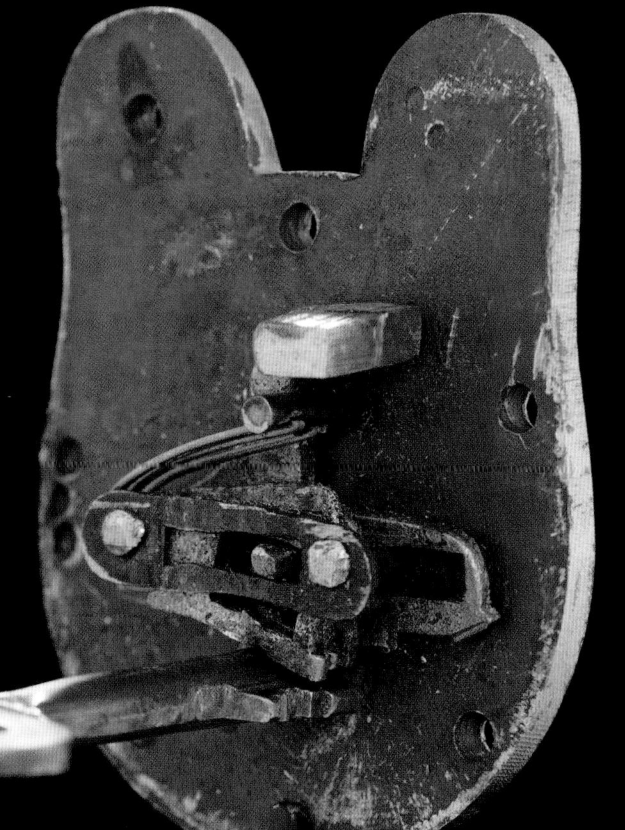

통자물쇠의 구조

통자물쇠는 흔히 핀-텀블러 메커니즘을 사용한다. 핀-텀블러 자물쇠에는 열쇠를 돌리면 핀들이 돌아가는 둥근 공간이 있다. 이 둥근 공간을 텀블러라고 할 수 있지만 실제로는 자물쇠의 배럴(barrel · 통)이라고 부른다.

핀-텀블러 자물쇠에 텀블러라고 불리는 부품은 없다. 그 이유를 내게 묻지 않길 바란다. 어쩌면 그냥 열쇠를 넣고 돌릴 때 핀들이 배럴 안에서 이리저리 구르기(tumble) 때문에 지어진 이름이 아닐까?

어쨌든 핀들이 구르기 때문에 완전히 일치하는 열쇠가 아니면 배럴은 회전하지 않는다. 투명해서 내부가 보이는 자물쇠일지라도 그 과정은 잘 보이지 않는다. 따라서 간단한 모형을 우선 살펴본 다음 실제 자물쇠가 작동하는 원리를 알아보자.

왼쪽에는 투명한 아크릴 제품을 비롯해 특별히 연습용으로 제작된 자물쇠들이 있다. 이 자물쇠들은 내부의 핀과 배럴을 들여다보기 위해 금속 부분을 어느 정도 제거한 것이다. 열쇠를 직접 따보거나 열쇠공들의 기술을 연마하는 용도로 만들어졌다. 자신이 핀을 어떻게 움직이고 있는지를 볼 수 있어 보통 자물쇠들보다 훨씬 쉽게 다룰 수 있다. 열쇠를 따는 기술을 배워가며 차차 감을 익혀 나중에는 핀을 보지 않고도 자물쇠를 열게 된다.

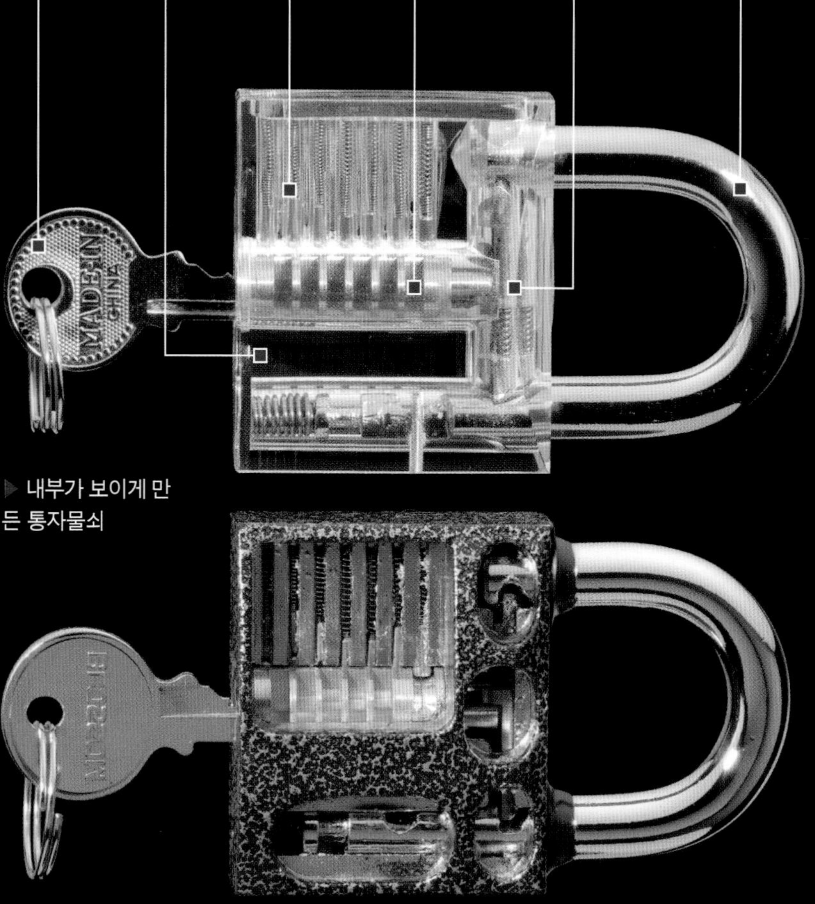

▶ 내부가 보이게 만든 통자물쇠

▼ 자, 아주 단순한 모델의 핀-텀블러 자물쇠를 살펴보자. 이 제품에는 5개의 핀이 있다. 각각의 핀은 상단(노란색)과 하단(초록색)의 두 부품으로 구성되어 있다. 스프링이 핀을 자물쇠의 본체에서 아래 방향에 위치한 배럴을 향해 밀고 있고 핀은 몸체와 배럴 사이의 경계에 위치해 배럴이 회전하는 것을 막고 있다. 노란색 부분의 길이는 모두 같지만 초록색 부분은 각자의 고유한 길이를 지니고 있는데 그 이유는 열쇠를 넣었을 때 확인할 수 있다.

1. 열쇠를 자물쇠에 넣으면 핀을 들어 올리고 그 핀을 밀고 있던 스프링이 반대로 눌리게 된다. 그렇게 열쇠가 다 들어갈 때까지 핀들은 열쇠의 높낮이에 따라 위아래로 움직이게 된다.

2. 열쇠를 끝까지 넣어 하단의 초록색 부분의 길이가 열쇠가 깎인 부분의 길이와 일치하면 모든 초록색 윗부분들이 배럴과 몸통 부분의 경계선 위에 놓이게 된다. 물론 이것은 우연의 일치가 아니다.

3. 모든 핀이 정확하게 들려 올라가면 배럴이 움직인다. 이때 배럴은 자물쇠의 몸통 부분에서 미끄러지거나 회전한다. 실제 자물쇠의 배럴은 열쇠를 돌릴 때 같이 회전하지만 이 책에서는 2D 모형으로 나타내야 해서 배럴이 앞뒤로 미끄러지는 것으로 표현했다. 기본적인 원리는 동일하다. 바로 배럴은 모든 핀과 열쇠가 일치할 때만 움직일 수 있다.

4. 자물쇠에 잘못된 열쇠를 넣으면 각 핀의 고유한 높낮이가 열쇠와 맞지 않아 핀이 계속 배럴이 움직이는 것을 막게 된다.

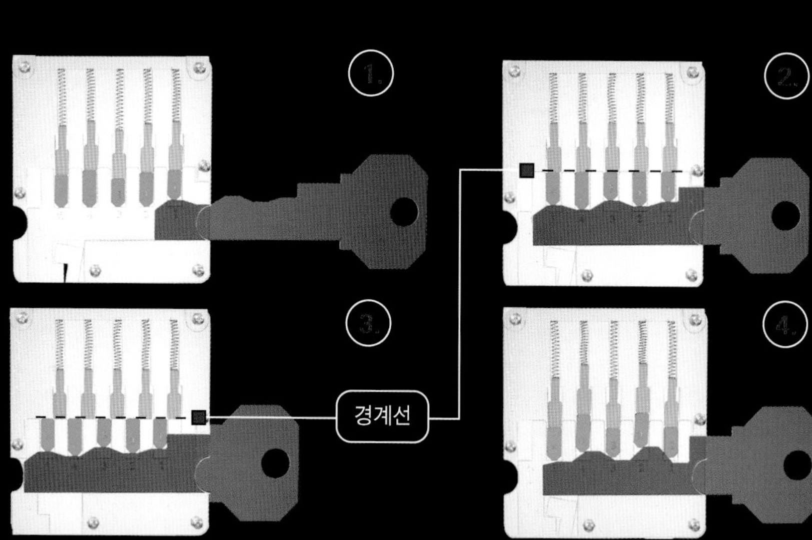

▶ 내부가 보이는 금속 자물쇠 말고도 놀라울 정도로 많은 유형의 투명 아크릴 자물쇠들이 있다. 우리가 실제로 흔히 쓰는 자물쇠의 거의 대부분이 연습용의 투명한 케이스 모형을 갖고 있다.

열쇠를 따는 원리

알맞은 열쇠가 없다면 자물쇠를 어떻게 여는가? 세상에는 완벽한 기계장치가 존재하지 않는다는 사실에 근거해 자물쇠를 '풀어야' 한다. 먼저 배럴을 부드럽게 옆으로 민다. 이때 황색 핀들이 막고 있어 배럴이 움직이지 않을 것이다. 하지만 모든 핀들이 동시에 배럴을 막아 움직이지 못하게 하지는 않는다. 핀들 중에는 조금 더 두껍거나 구멍이 조금 얇거나, 또는 선에서 조금 벗어나 있는 것이 있다. 이 핀이 고정 핀으로 배럴이 움직이지 못하게 막고 있다. 다른 모든 핀들은 배럴을 고정하는 데 도움을 주는데, 평소에는 고정되어 있지 않다. 그렇다면 고정 핀은 어떻게 찾아야 할까?

1. 우선 만능키(lock pick)를 사용해 첫 핀을 부드럽게 들어 올리는 것으로 자물쇠를 따기 시작한다. 그 핀을 밀어 올리면 두 가지 현상 중 하나가 발생한다. 핀이 풀려 있는 상태라면 아무런 반응이 없다. 하지만 운이 좋게도 이 핀이 배럴의 움직임을 막고 있는 고정 핀이라면 '딸깍' 하는 아주 작은 느낌의 소리를 들을 수 있을 것이다.

2. 대부분의 경우 가장 앞에 있는 핀은 고정 핀이 아니라서 잠겨 있지 않을 것이다. 만능키를 내려 핀을 원위치로 돌리고 다음 핀으로 이동한다.

3. 첫 번째 핀이 아니라면 지나쳐서 딸깍하는 느낌이 들고 배럴이 살짝 움직이는 핀을 찾을 때까지(이 경우 세 번째 핀) 진행하면 된다.

4. 첫 고정 핀을 찾는 순간 배럴이 살짝 움직이기 때문에 만능키를 내리더라도 이 키는 제 위치로 돌아가지 않는다. 이후 두 번째 고정 핀을 찾아야 하는데 바로 두 번째로 팍팍한 핀으로 나머지 핀 중에 있다.

5. 몇 분 걸리지 않아(익숙해지면 몇 초 지나지 않아) 모든 고정 핀을 찾을 수 있고 결국에는 마지막 하나의 핀이 남아 텀블러를 잠그게 된다.

6. 만능키를 사용해 마지막 그 핀을 들어 올리면 자물쇠가 열린다. 자물쇠를 디자인하는 사람들은 이 과정을 어렵게 만들려고 노력하지만 딸 수 없는 자물쇠는 존재하지 않는다(그럼에도 불구하고 제조사들은 끊임없이 자신들의 제품은 완벽하다고 주장한다).

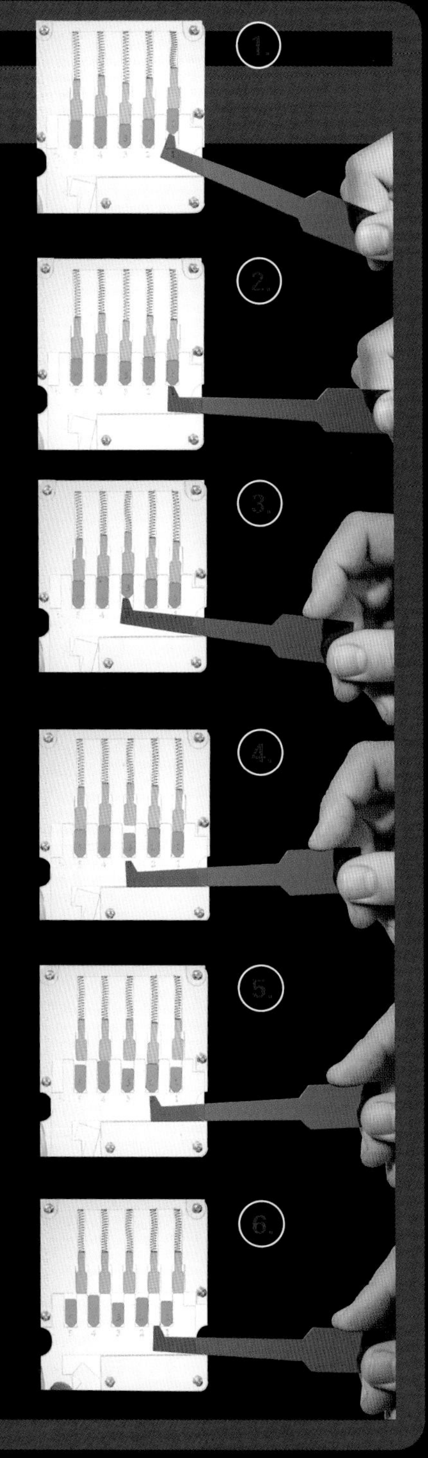

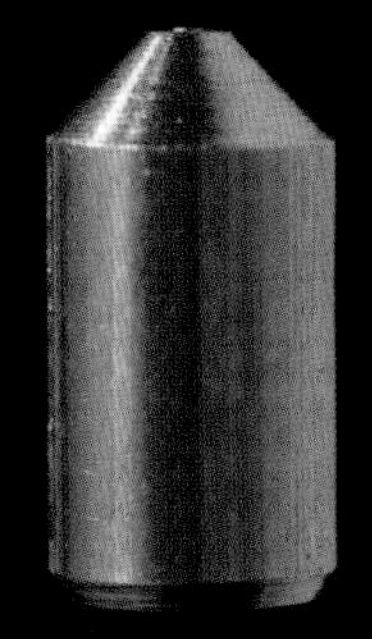
일반 핀

톱니 모양의 핀

톱니 모양의 핀

감겨진 형태의 핀

감겨진 형태의 핀

감겨진 형태의 핀

▲ 열쇠 따기를 어렵게 하기 위해 자물쇠에는 숱한 속임수들을 깔아놓는다. 대부분 여러 유형의 속임수들을 배럴에 무작위로 깔아 '매우 안전한' 자물쇠를 만든다고 하지만 노련한 열쇠공은 어떤 속임수든 나름의 감을 잡아가며 풀어내는 방법을 알고 있다.

이 화려한 자물쇠는 아무리 비틀어도 열리지 않는 '픽 프루프(pick proof)'로 널리 알려져 있다. 언뜻 보아도 따기 어려울 듯하다. 이 자물쇠를 열기 위해서는 열쇠 2개를 동시에 돌리는 기어의 기능을 지닌 더블 열쇠를 사용해야 한다. 자물쇠의 절반을 따로 돌리려고 하면 따기란 불가능할 것 같다. 유튜브의 자물쇠 따기 스타인 'LockPickingLawyer'는 2분 40초 만에 이 자물쇠를 열었다. 그가 어떻게 자물쇠를 풀었는지 궁금한 독자들은 관련 유튜브를 검색해 찾아보도록 하자.

도저히 열 수 없는 자물쇠가 있다면 거꾸로 그것을 푸는 방법을 보여주는 유튜브 영상이 존재한다는 게 우주의 법칙이다. 이게 잘못된 것인가?

집이나 차 안에 열쇠를 놓고 문을 잠근 사람들은 열쇠공이 자물쇠를 여는 데 1분도 걸리지 않았음에도 부서진 문이나 창문을 고치는 것보다 더 많은 비용을 청구하는 경우를 종종 목격한다. 그렇다면 유튜브 영상은 유용하다고 할 수 있지 않을까?

내 생각은 이렇다. 우리에게 필요한 자물쇠는 범죄자가 그 자물쇠에 들이는 노력보다 더 따기 어려워야 한다. 하지만 그렇다고 해서 범죄자가 문이나 창문을 부수는 다른 방식으로 집이나 자동차에 침입하게 할 만큼 따기가 어려워서는 안 된다.

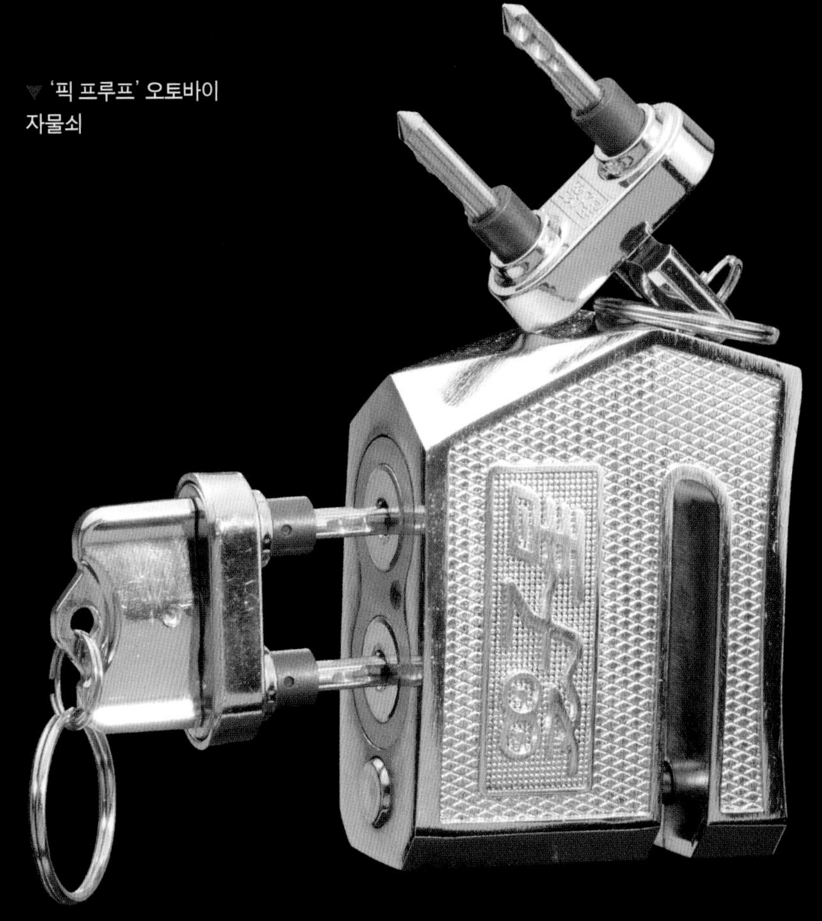

▼ '픽 프루프' 오토바이 자물쇠

우리는 천 지붕이 달린 차를 운전할 때 절대로 문을 잠그지 말라는 소리를 듣는다. 그렇게 할 경우, 그저 라디오만 도난당하는 게 아니라 천 지붕까지 망가져 더 큰 피해를 입게 된다는 것이다. 이런 컨버터블 차량에 사용할 수 있는 잠금 장치는 천 지붕을 찢는 것보다 열기 쉬워야 하는데 그런 자물쇠는 없다. 때문에 그냥 문을 잠그지 않는 게 상책이라는 것이다.

범죄와 자물쇠 이야기가 나오면 떠올려야 하는 것은 영화와는 달리 실제로 범죄자 대부분이 상당히 무능하다는 사실이다. 범죄자들은 거의 정직하게 살만한 역량을 갖추지 못해 범죄를 저지르는 경우가 많다(정직하게 사는 것이 법을 피해 도망 다니며 훔친 라디오를 해체해 팔아넘기는 삶보다 더 만족스러움은 더 말할 나위가 없다). 자물쇠를 따는 방법을 배우려면 시간과 지능이 필요하다. 시간과 지능을 가진 사람이 다른 일을 하지 굳이 범죄를 저지를 이유가 없다. 전문적인 열쇠공은 어떤 열쇠든 몇 분이면 딸 수 있다. 그러나 그들은 합법적으로 자물쇠를 따서 돈을 충분히 벌기 때문에 물건을 훔치느라 자신의 기술을 사용할 필요가 없다. 그저 정직하게 살면서 지역사회에서 인정을 받는 게 훨씬 낫다. 이런 생각을 못하는 사람들은 대개 자물쇠 따는 법을 터득할 만큼 똑똑하지 않다.

그래서 우리 주변의 문에 달린 자물쇠가 쉽게 열린다고 해도 큰 문제는 없다. 물론 매우 높은 수준의 보안이 필요한 특수한 경우가 아닌 이상 열쇠를 잃어버리면 그냥 문의 자물쇠를 교체하면 된다.

자물쇠에 담긴 비밀정보

가장 단순한 '어린이 금지용' 자물쇠나 하나의 열쇠로 열리는 오래된 통자물쇠는 물론 모든 자물쇠들은 정보를 처리하는 기기이다. 자물쇠는 일종의 비밀 코드가 필요하다. 핀-텀블러 자물쇠도 열쇠를 통해 자동으로 비밀 코드가 전달된다.

▼ 열쇠의 정보를 복사하는 데 사용되는 기계다. 기계의 뚜껑을 제거해 내부의 기어들이 작동하는 과정을 볼 수 있게 했다. 우리가 쉽게 접하는 열쇠 복사 기계에는 열쇠의 모양을 따라 움직이는 '필러(feeler)'가 있다. 이 필러는 절삭 바퀴에 연결되어 함께 안에서 움직이며, 절삭 바퀴가 열쇠와 같은 모양의 새로운 열쇠를 만든다. 이는 오랜 세월 열쇠를 복사하는 유일한 방법이었다. 하지만 정보시대를 살아가는 요즘에는 열쇠 자체를 순수한 정보로 다루는 방법들이 나오고 있다.

▶ 열쇠의 파인 깊이의 높낮이가 바로 자물쇠를 푸는 비밀정보다.

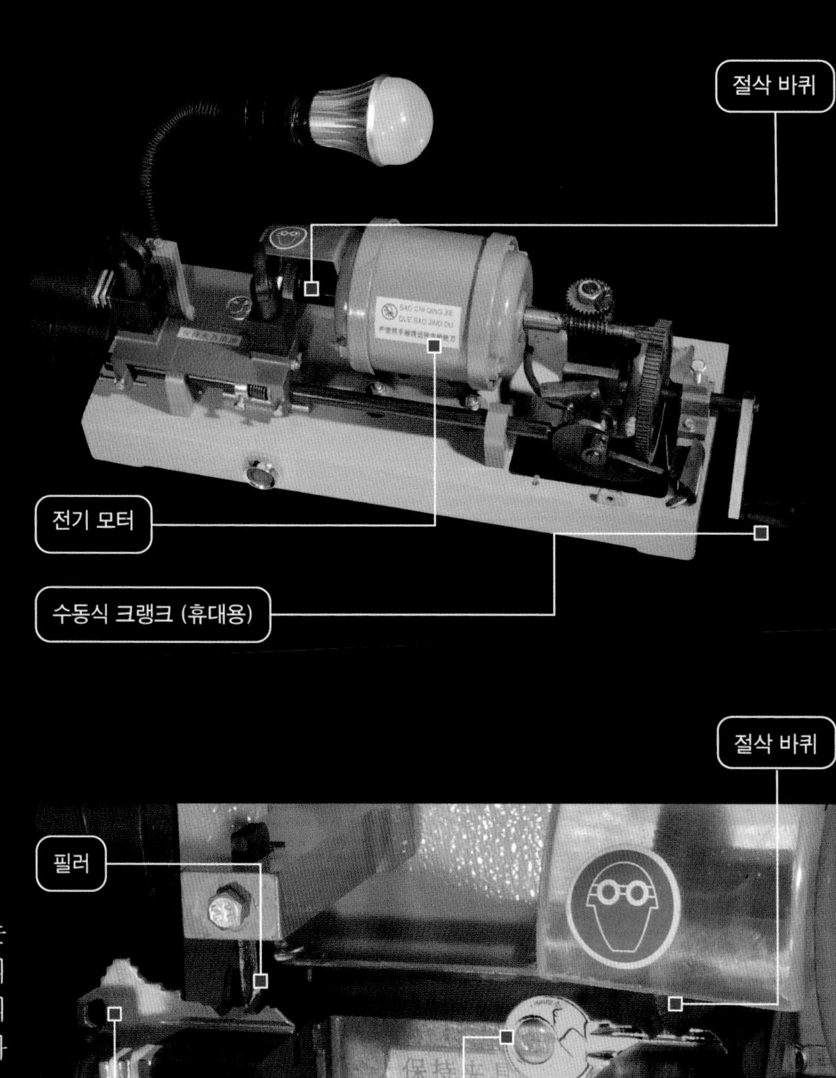

비밀정보는 열쇠의 몸체를 따라 깎은 높고 낮은 점들의 패턴이다. 열쇠는 자물쇠에 그 정보를 물리적인 힘을 가해 전달한다. 어떤 브랜드이든 자물쇠에는 보통 0에서 10까지 번호가 매겨진 표준 깊이의 표가 있다. 그래서 열쇠의 몸체를 따라 파인 깊이를 나타내는 숫자의 배열로 그 열쇠의 정보를 나타낼 수 있다.

예를 들어, 위 열쇠의 깊이는 1-6-5-0-2-4이다. 이 숫자들은 휴대폰이나 현금 카드에서 사용하는 PIN(개인식별번호)과 정확하게 동일한 것이다. 단, PIN 번호는 사람들의 머리에 입력되어 있는 데 반해 이 정보는 물리적으로 열쇠에 입력되어 있다는 점이 다를 뿐이다. 둘 다 일장일단이 있고 어떤 면에서 불편하기도 하지만, 어쨌든 자물쇠가 전자시대 이전의 정보처리 기기의 하나였다는 사실이 흥미롭다.

◀ 광학 열쇠 복사기계

▶ 디지털로 열쇠를 복제하는 것이 한 걸음 더 나아가면 '그다지 좋은 아이디어가 아닐 수 있다.' 우리는 인터넷 기반의 열쇠 복제 서비스를 접하곤 한다. 그런 사이트에서는 열쇠의 사진을 찍어 올리면 복사된 열쇠를 원하는 주소에서 받을 수 있는 서비스를 제공한다. 서비스 제공자들은 윤리적으로 행동하겠다고 약속하지만, 이 서비스를 이용하려면 하얀색 바탕에 열쇠의 양면을 촬영해 보내고 대금지불에 유효한 신용카드 번호를 제공해야 한다.

하지만 포토샵이나 선불 직불카드로 그러한 자료들을 위조하기는 어렵지 않다. 아래의 열쇠 앞뒷면 이미지는 앞 페이지의 열쇠를 파파라치처럼 몰래 찍어 높거나 낮게 파인 부분을 포토샵으로 처리한 것이다. '복사하지 마시오'라는 문구를 마술처럼 지워놓았다. 그래 좋다. 누군가가 줌 렌즈로 열쇠 사진을 찍어 복사한 뒤 당신의 집에 침입할 가능성을 우려하지 않을 수는 없다. 그가 현관 주변에 덤불을 심어 놓지는 않을까?

이론상으로는, 열쇠 사진 한 장에 그 열쇠의 복제에 필요한 모든 정보가 들어있다. 그렇다면 이런 사실을 걱정하며 항상 열쇠를 숨겨두어야 하나? 앞서 범죄자들이 멍청하다고 했던 이야기를 늘 염두에 두기 바란다. 걱정할 필요가 없다. 누군가 당신의 열쇠를 복제하려고 시도할 가능성은 거의 없다.

사진으로 열쇠를 복제해서 범죄에 쓴다는 것은 있을 법한 일이 아니다. 하지만 그러한 방법이 우리 주변의 열쇠 복사 기계에서는 실제로 사용된다. 이 기계는 내가 사는 동네의 월마트에 있다. 필러를 이용해 물리적인 힘을 가해가며 열쇠의 높낮이를 복사하는 대신 이 기계는 열쇠를 시각적으로 스캔(즉, 사진을 찍는다는 뜻)한 뒤 거기에서 나온 정보에 따라 새로운 열쇠를 만든다.

열쇠 복사기계는 원본 열쇠의 높낮이를 충실하게 재현하지만 원본이 닳아 일부 높이가 맞지 않을 경우에는 문제가 생길 수 있다. 그렇기 때문에 복사한 열쇠를 또 복사해서 쓴다면 그런 오류들이 쌓여 열쇠가 더 이상 제 기능을 할 수 없게 된다.

하지만 이 기계는 여러 유형의 열쇠 표준 높낮이 길이를 알고 있어 정확하게 사양에 맞는 열쇠를 만들 수 있다. 원본 열쇠가 너무 낡아 높낮이를 전혀 파악할 수 없지 않는 한 완벽하게 사양에 맞는 새로운 열쇠의 복사가 가능하다. 따라서 오류가 쌓이는 문제에 개의치 않고 복사된 열쇠를 사용해 얼마든지 다른 열쇠를 복사할 수 있다.

음원(sound recording)에도 동일한 원리가 적용된다. 아날로그 음원(LP 레코드, 카세트테이프 등)의 복사본은 완벽하지 않아 몇 번 복사를 거친 뒤에는 끔찍한 소리를 내게 된다. 하지만 오디오 파일의 디지털 사본을 만드는 경우 완벽하게 복사된다. 이 열쇠 복사기계는 전형적인 아날로그 물건인 열쇠를 디지털 시대로 끌어들여 완벽한 디지털 정보로 바꾸어 놓는다.

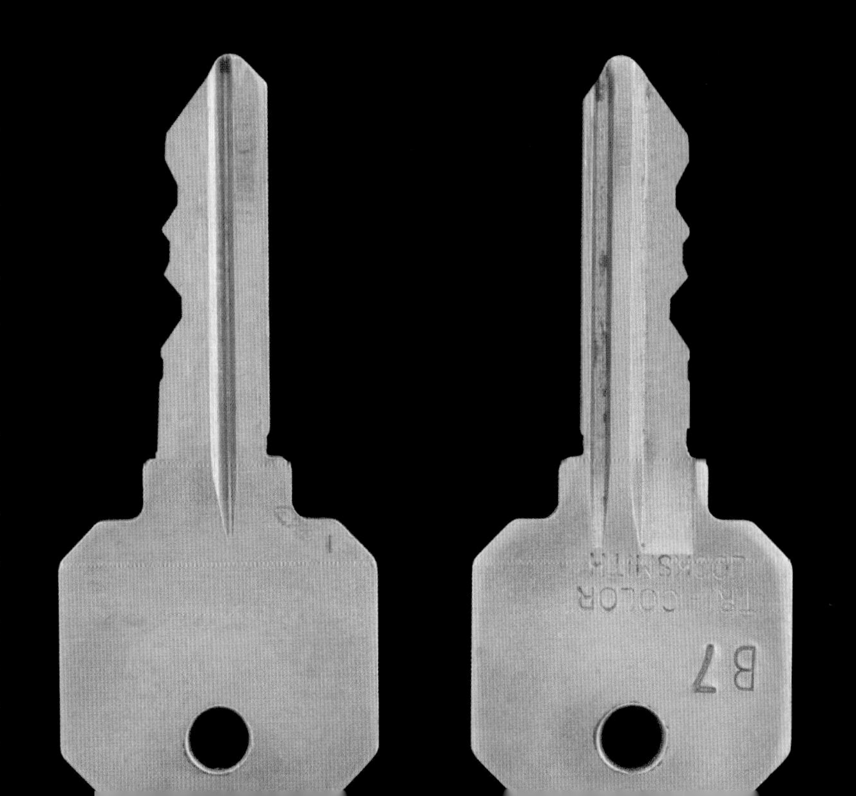

허점투성이의 마스터키

기계식 열쇠시스템에서 보안상의 결함은 비단 사진 복제 서비스만이 아니다. 대형 상업용 건물에는 수백 개의 문이 있고 각각의 문에는 자물쇠가 있다. 이런 건물에는 보통 어떤 문이든 열 수 있는 '마스터키'가 있다. 청소부나 관리인 또는 건물주는 수백 개의 서로 다른 열쇠를 가지고 다니는 대신 마스터키 하나로 모든 문을 연다.

마스터키를 잃어버리면 큰일이다. 누군가 그것을 손에 넣으면 즉시 모든 문을 열 수 있다. 뿐만 아니다. 설령 잃어버린 열쇠를 다시 찾는다 해도 누군가가 이미 그 열쇠를 복사하지 않았으리라 확신하지 못한다. 따라서 건물 전체의 모든 자물쇠를 바꾸어야 할지도 모른다.

각각의 자물쇠에 마스터키를 만드는 데 필요한 정보가 담겨 있는 것은 더욱 큰 문제이다. 모든 세입자들이 자신의 사무실 자물쇠에다 건물의 모든 문을 여는 데 필요한 정보를 낱낱이 담고 있는 셈이기 때문이다.

마스터키가 어떻게 작동하는지를 살펴보자.

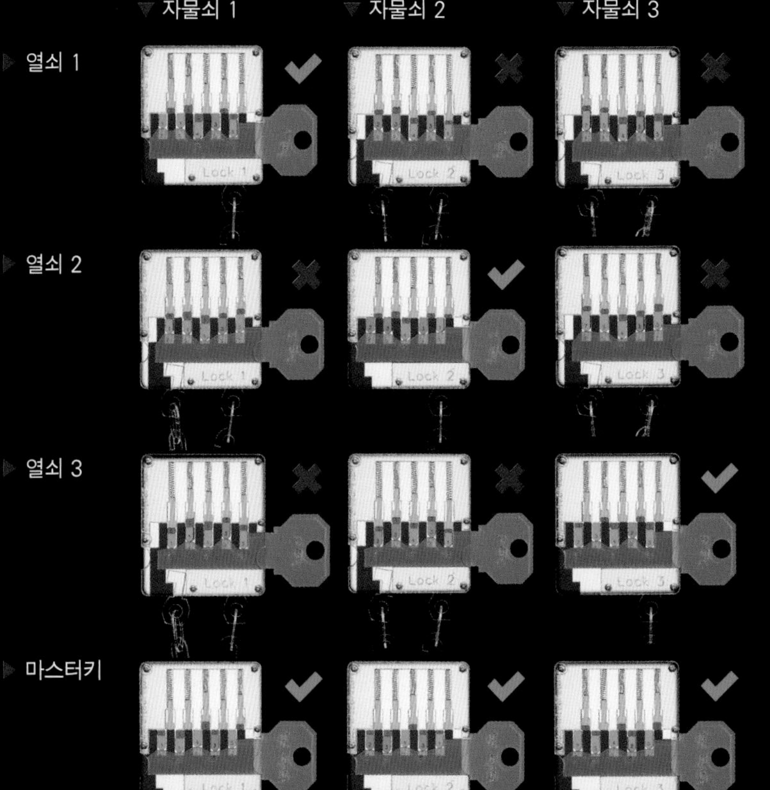

서로 다른 세 종류의 자물쇠가 있다. 각각의 자물쇠는 고유한 개별 열쇠가 있고 그 열쇠들은 다른 자물쇠를 열 수 없다. 이전 페이지에서 본 것처럼 각 자물쇠를 열 수 있는 첫 번째 열쇠와 다른 두 번째 열쇠가 있다. 나는 세 자물쇠의 두 번째 열쇠가 동일하게끔 두 종류의 핀들을 신중하게 선택했다. 이 두 번째 열쇠가 세 자물쇠를 모두 열 수 있는 마스터키이다.

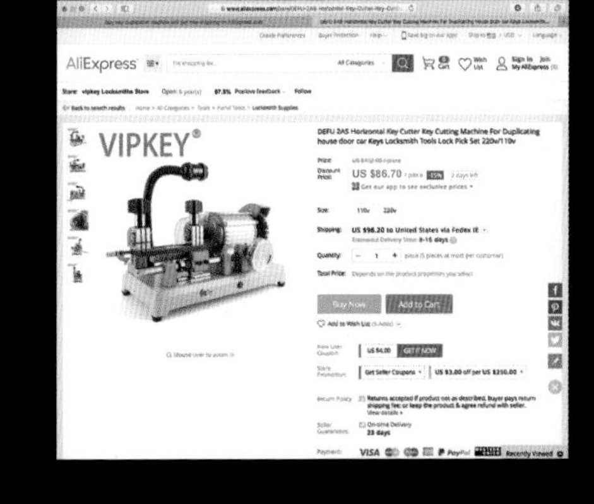

오늘날 열쇠 복사기계는 100달러 이내의 가격으로 어떤 조건 없이 구매할 수 있다. 이 기계는 열쇠를 '복사하지 마시오'라고 해서 마술처럼 그것을 따르지는 않는다. 그래서 만능키나 전자식 자물쇠따기 기기, 복사용 열쇠, 관련 영상물에 쉽게 접근할 수 있는 현실을 감안하면 자물쇠의 보안은 큰 의미가 있어 보이지는 않는다(대부분의 범죄자들이 상당히 멍청하다는 중요한 사실을 앞서 언급한 바 있다. 이들을 막는 데에는 의미가 있을지 모르겠다).

열쇠공 자격증이 사람들에게 자물쇠따기 도구를 파는 것은 불법이다. 하지만 이베이나 중국의 온라인사이트에서 직접 배송한다면 미국의 현행법으로는 문제 삼기 어렵다.

여기서 보안 문제를 짚고 넘어가야 한다. 당신이 이 세 가지 자물쇠를 사용하는 건물에 거주한다고 가정해보자. 자물쇠 3개 중 하나와 거기에 맞는 개별 열쇠를 가지고 있다면 핀들에서 열리는 다른 위치(원 위치는 물론 알 수 있다)가 어디인지를 알아낼 수 있다. 그 위치를 하나씩 걸러 모아놓은 게 곧 마스터키다(마스터키를 만드는 방법은 여러 가지가 있다. 자물쇠를 분해해서 핀을 살펴보거나 테스트 열쇠를 깎아가며 시행착오를 거쳐 핀이 열리는 위치를 확인할 수 있다. 항상 그렇듯이, 자세한 내용은 관련 유튜브 동영상을 찾아보자).

유튜브 동영상 몇 개만 보면 이웃 누구라도 당신의 아파트에 몰래 들어갈 수 있는데 어떻게 수십 년 동안 그곳에서 살 수 있었을까? 물론 수십 년 전에는 유튜브가 없었기 때문이라고 생각한다. 과거에 열쇠공은 매우 신비로운 전문인이었다. 관련 장비를 구하기 어려웠고(심지어는 불법이었고), 보통 열쇠와 마스터키의 작동 기술은 오직 소수 전문 집단만의 전유물이었다. '복사 금지'라는 문구가 의미가 있었던 이유는 복사 기계를 소유한 몇몇 유명한 열쇠공들이 그 문구를 존중했기 때문이다.

지난 수백 년 동안 표준형 핀-텀블러 자물쇠를 변형시킨 다양한 제품들이 나왔다. 그중 일부는 핀을 다양한 형태로 조합해 서로 다른 곳을 향하게 설계했다. 어떤 것은 하나의 링에 다 핀을 배열시켰다. 이렇듯 따기가 거의 불가능한 자물쇠들이 속출했지만, 장식용 전기 도구나 일회용 볼펜 등으로 쉽게 열리고 말았다(볼펜은 관형 자물쇠라고 불리는 링 종류의 자물쇠를 따는 데 사용된다).

빈카드(VINCARD) 자물쇠의 미스터리

내가 알고 있는 자물쇠치고 아주 특이한 것(VinCard lock)을 소개하겠다. 이 유형의 자물쇠는 최근까지 방마다 개인 수영장이 있는 멋진 체인 호텔에서 사용되었기 때문에 알게 되었다. 마치 현대식 호텔방에 사용되는 카드키처럼 생겼지만 완전한 기계 열쇠라는 점에서 카드키와는 다르다.

최신 카드키 자물쇠는 컴퓨터로 제어하는 전자 장치다. 이 자물쇠를 여는 카드키는 (칩이 내장된 신용카드 이전에 쓰였던) 마그네틱 띠 또는 근거리 무선 응답기 칩에다 비밀정보를 암호화한다. 하지만 지금 소개하고 있는 빈카드 자물쇠의 경우는 2차원 그리드(grid)에 뚫린 구멍과 막힌 구멍을 배열해 만든 고유한 패턴을 비밀 정보 대신 카드에 저장한다. 이 빈카드를 삽입하면 자물쇠 본체의 핀 세트와 구멍이 맞물리게 되어있고 뚫린 구멍과 막힌 구멍이 맞아 떨어져야만 자물쇠가 열린다.

빈카드 자물쇠 내부를 살펴보고 싶었지만 쉽게 구할 수 없었다. 수개월 동안 호텔 체인 관리자에게 오래된 것 중 하나를 구할 수 있는지 문의한 끝에 마침내 하나를 얻을 수 있었다. 이 자물쇠는 아주 소량만 만들어져 쓰였다. 나머지 제품들은 지금 어디에 있는지 알 길이 없다.

이것은 내가 찾고자 했던 빈카드 자물쇠와 가장 유사한 자물쇠다. 비행기 여행을 하는 도중 가방을 잠그는 데 유용한 아주 작은 여행용 자물쇠다. 빈카드에 비해 훨씬 단순해 그저 몇 개의 구멍이 파여 있을 뿐이다(교통당국인 미국교통안전청[TSA]의 검사관이 자물쇠를 열고 폭탄 소지 여부를 확인할 수 있게 설계된 키 슬롯(key slot)을 장착하고 있다. 공용 TSA 키는 3달러면 살 수 있다. 이는 곧 누구나 마음만 먹으면 열 수 있다는 것을 뜻한다. 결국 가방에서 물건을 훔치려는 의도가 전혀 없는 사람에게만 필요한 자물쇠다).

이 자물쇠를 딸 수 있을까? 물론 자물쇠이니 가능하다. 그러나 단지 희귀하다는 이점 때문에 제대로 자물쇠 따는 법을 배운 범죄자조차 어떻게 다루어야 하는지 전혀 모를 수 있다. 이 자물쇠가 희귀하다는 증거는 어디에 있냐고? 놀랍게도 빈카드 기계식 호텔 문 잠금 장치를 따는 방법을 알리는 유튜브 비디오가 없다는 게 충분한 증거가 되지 않을까?

이렇듯 상당히 취약해 보이는 상태의 보안을 '모호한 보안(security by obscurity)'이라고 부른다. 이런 종류의 자물쇠는 누구도 별로 신경 쓰지 않는 물건에만 효과가 있다. 조금이라도 유능한 사람이 뚫고자 하는 순간 별다른 어려움 없이 자물쇠를 열 수 있다. 물론 멋진 체인 호텔의 수영장에서는 별다른 문제를 일으키지 않는다. 하지만 아무도 작동방법을 몰라 보안을 뚫을 생각조차 않는다는 식으로 방치하다 수없이 많은 인터넷 보안사건이 발생해 지구상의 수많은 사람들의 개인 정보가 시도 때도 없이 도난당하는 현실을 맞고 있다.

▶ 좀처럼 이해하기 어려운 빈카드 자물쇠

몇몇 유형의 자물쇠들은 다른 자물쇠들보다 더 따기 어렵다. 이 두툼한 자물쇠는 두꺼운 금속으로 만들어져 부수거나 분리하기가 매우 어렵다. 근본적으로 다른 시스템을 사용하기 때문에 따는 것도 상당히 어렵기도 하다(이 자물쇠는 핀-텀블러 구조 대신 '디스크 잠금[disk detainer]' 메커니즘에 따라 작동한다). 하지만 숙련된 전문가가 특수 도구를 동원해 몇 분 이내로 열 수 있다.

어떤 잠금 장치든 보다 안전하게 만들려면 상상력을 발동해 더 추상적으로 디자인해야 한다. 다시 말해, 잠금 장치를 여는 데 필요한 비밀 정보를 물리적 물체(열쇠)로 떼내어 열쇠 자체를 누구도 풀기 어려운 순수한 정보로 꾸며놓아야 한다는 것이다. 이는 전혀 새로운 아이디어가 아니다. 순수한 정보를 담고 있는 열쇠는 수천 년 동안 존재했으며 그리스와 로마에서 가장 오래된 것들이 발견된다. 이스마일 알자자리(Ismail al-Jazari, 메소포타미아 출신의 이슬람학자이자 발명가, 1136~1206)도 1206년에 집필한 그의 유명한 저서에서 비슷한 아이디어를 언급한 바 있다.

하지만 마찬가지의 현대식 버전 자물쇠는 거의 백여 년 전까지는 완벽하지 않았다. 그중 가장 좋은 것들의 경우 요즘에는 거의 따는 게 불가능하다.

▶ 무거운 중국의 통자물쇠

◀ 투명한 통자물쇠

▲ 높낮이가 다르게 파놓은 보통 열쇠와는 달리 디스크 잠금 장치의 열쇠에는 여러 각도로 홈이 파여져 있다.

▲ 이 배럴은 보통 자물쇠의 것과 동일하지만 핀 대신에 디스크의 위치를 정확하게 해야만 자물쇠가 열리게 된다.

비밀번호 조합 자물쇠

번호를 조합해 놓은 자물쇠는 물론 방금 전 다룬 순수한 정보로만이 열 수 있는 자물쇠의 하나다. 이 자물쇠의 '열쇠'는 일련의 번호 조합이라서 번호를 알고 있으면 열 수 있고 그렇지 않으면 열 수 없다(최소한 쉽게 열지는 못한다). 물리적인 열쇠가 필요 없어 번호를 어디에다 방치하지 않는다면 완벽한 비밀로 지켜나갈 수 있다. 정신을 놓지 않는 이상 자물쇠는 안전하다는 말이다.

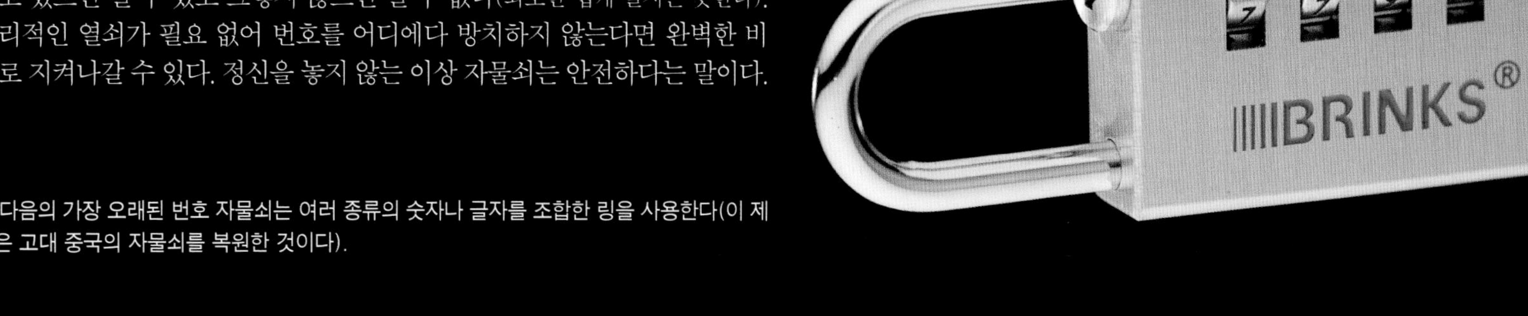

▼ 다음의 가장 오래된 번호 자물쇠는 여러 종류의 숫자나 글자를 조합한 링을 사용한다(이 제품은 고대 중국의 자물쇠를 복원한 것이다).

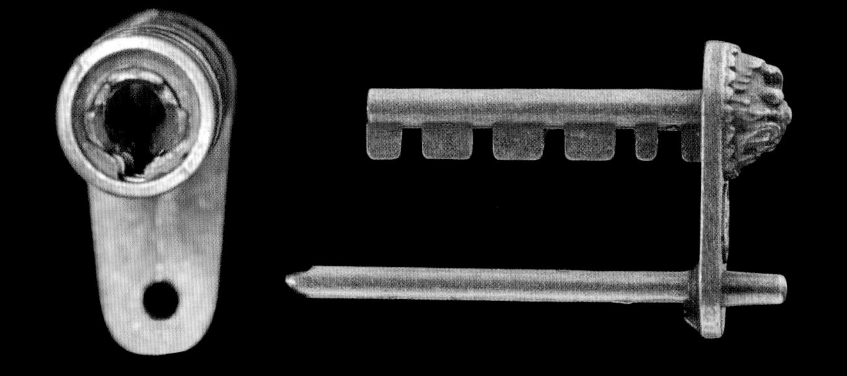

외부에서 보이지 않는 각 링들 가운데 하나의 아랫부분이 살짝 잘라진 것을 볼 수 있다. 이것을 '문'이라고 부른다. 모든 문이 나란히 정렬되면 자물쇠가 열리게 된다. 물론 문들은 올바른 숫자 조합을 넣었을 때에만 정렬된다.

물론 가장 단순한 번호로 조합된 자물쇠는 쉽게 딸 수 있다. 항상 그렇듯이 디스크 사이에 미끄러운 얇은 금속 조각(feeler)을 넣어 문을 감지하는 방법이 있다. 또는 다음처럼 번호를 바꾸고 자물쇠를 당기는 과정을 되풀이하면서 문을 감지하는 간단한 방법도 있다. 핀-텀블러 자물쇠를 딸 때처럼 언제나 하나의 디스크가 자물쇠를 잠그고 있기 때문에 가장 강하게 잠겨 있는 디스크를 찾은 뒤 그 디스크를 하나씩 푸는 식으로 자물쇠를 풀 수 있다.

이런 종류의 현대식 자물쇠들은 따는 방식이 정확하게 일치하지만 따기 어려운 두 가지 이유가 있다. 첫째로, 기계적으로 더욱 정밀하게 설계되어 있다. 하나의 텀블러(번호판)와 다른 텀블러의 차이를 느끼기가 더 어렵고 텀블러 사이에 금속 필러를 넣기도 역시 어렵다.

자물쇠를 열기 어려운 더 큰 이유는 바로 '가짜 문' 때문이다. 이 자물쇠를 딸 때 어떤 텀블러에서 올바른 위치를 찾은 것 같은 느낌을 받을 때가 있지만 그것은 실제로 여러 가짜 문들 중 하나일 뿐이다. 이 가짜 문들은 약간 미동하는 듯하지만 자물쇠를 열지는 못한다. 가짜 문과 진짜 문의 차이 또한 쉽게 구분하기 어렵다.

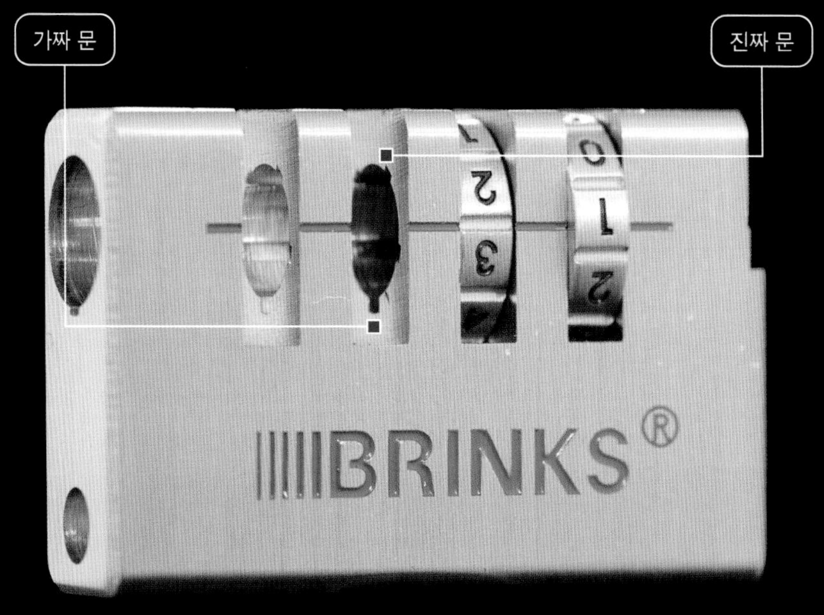

▲ 이 자물쇠에는 매우 영리한 기능이 들어있다. 사용자가 원하는 대로 4자리 번호를 재설정하는 것이다. 각각의 텀블러는 안쪽과 바깥쪽에 2개의 디스크가 있고, 안쪽 디스크의 내부에 하나의 문이 있다. 번호를 이 문에 정확하게 맞추어야 자물쇠가 열리게 된다. 안쪽 디스크에도 핀이 튀어나와 있어 바깥쪽 디스크 내부의 10개 노치(notch) 중 하나에 들어가게 되어 있다. 자물쇠가 열린 상태에서 바깥쪽 디스크를 놔두고 안쪽 디스크를 돌리면 그 내부의 문에 해당하는 번호를 바꿀 수 있다. 이런 식으로 비밀번호를 재설정할 수 있다.

◀ 꼭 숫자로 비밀번호를 구성할 이유는 없다. 이 자물쇠에는 다이얼마다 10개의 다른 글자가 있는데 어떤 이유로 그 글자들이 선택되었는지는 모르겠다, 하지만 수천 가지의 다른 4글자 단어 조합으로 자물쇠의 기능을 할 수 있다. 첫 글자로서 'F'를 넣은 것은 대담한 시도였다(실제로 두 명의 중학생을 대상으로 조사한 결과 조합 중 'F…'를 가장 외설스런 단어로 지목했다. 내가 보기에는 그 단어가 사용할 수 없을 만큼 외설스럽지는 않는데도 말이다).

▼ 2000년대 들어서면서 이모티콘이 확산됨에 따라 누군가가 자연스럽게 이모티콘으로 꾸민 자물쇠를 개발했다. 이는 십대들이 이해하는 언어로 돌아가는 현대의 삶에 관한 이야기를 전하고 있다. 예를 들어보자. 아래 보이는 이모티콘(Romantic)은 네가 그 사람에게 뽀뽀하면 그 사람이 웃고, 그와 사랑에 빠져 함께 피자를 먹는다는 뜻이다.

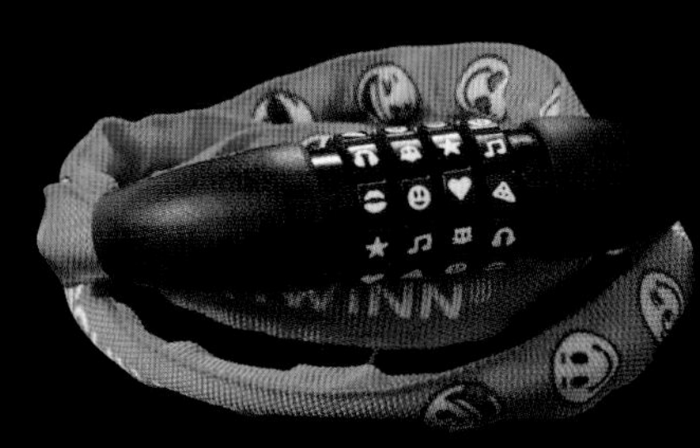

텀블러 자물쇠의 수학

10개의 글자로 이루어진 4개의 텀블러를 조합한다면 10,000(=10×10×10×10)개의 4글자 단어를 만들 수 있다. 물론 이 중 대부분은 실제 존재하는 단어가 아니라서 컴퓨터 프로그램을 사용해 표준 사전에서 찾을 수 있는 952개 단어로 조합 대상을 좁힐 수 있다(이것이 이 자물쇠가 지닌 보안상 결함의 하나이다. 사람들은 보통 기억하기 쉬운 단어를 선택해 비밀번호를 만든다고 합리적으로 추론할 수 있다. 이는 곧 자물쇠에 맞추기 위해 고를 수 있는 조합이 훨씬 더 적다는 말이 된다).

사람들이 (조합에 필요한) 글자들을 어떻게 떠올리는지는 실제로 넘겨짚어 볼 수 있다.

만약 당신이 가장 다른 단어들을 동시에 쓸 때 어떠한 배열을 하는지를 추적하는 프로그램을 활용한다면, 자물쇠의 경우는 모두 7개의 다른 단어들로 이루어지는 조합이 정확하게 나온다. DUAL, LOOK, FAST, BIKE, SLED, PENS, HYMN(혹시 궁금해 할까 해서 밝힌다. 나머지 3개는 MHLM, TNRP, WRTY이다).

자물쇠 상점에서는 틀림없이 이런 글자들을 골라놓고 그 단어들을 배열한 자물쇠들을 진열해놓는다. 상점에서는 자신들이 혹시 민망한 단어를 쓴 것은 아닌지를 점검하기 위해 물건을 배송할 때 점원을 달려 보낸다. 게으른 점원이 돌아와서 'DANK(축축한)'라는 단어 말고는 없다고 말하면 상점 사람들은 별 문제가 없다고 결론을 내려버린다. 이런 사례는 컴퓨터 프로그램을 사용해서 디자인하는 게 가장 도움이 된다는 사실을 다시 한 번 증명한다. 내가 자물쇠 상점을 운영한다면 그들처럼 자물쇠를 설계하지 않겠다(내가 생각할 때 가장 문제가 되는 단어가 어떤 것이었는지는 말하지 못하겠다. 만일 말하게 되면 내 책을 학교 도서관용으로 판매할 수 없을 테니까 말이다. 하지만 그게 어떤 단어였는지는 다음의 목록을 살펴보면 알 수 있다).

▶ 조합된 단어 목록

SLED SLAM SLAP SLAY SLAT SLOP SLOT SLOE SEED SEES SEEN SEEM SEEP SEEK SEND SENS SENT SELL SERE SETS SETT SEAS SEAN SEAM SEAL SEAT SHED SHES SHAD SHAM SHAY SHAT SHOD SHOP SHOT SHOE SNAP SNOT SUED SUES SUET SUNS SUNK SUMS SUMP SULK SURD SURE SUSS SUSE SONS SONY SOME SOLD SOLS SOLE SORT SORE SOTS SOAP SOAK SOON SOOT SAND SANS SANK SANE SAME SALK SALT SALE SARS SATE SASS SASK SASE SAKS SAKE SINS SINK SINE SIMS SILL SILK SILT SIRS SIRE SITS SITE SIAN SIAM PLAN PLAY PLAT PLOD PLOP PLOY PLOT PEED PEES PEEN PEEP PEEL PEEK PEND PENS PENN PENT PELT PELE PERM PERL PERK PERT PETS PETE PEAS PEAL PEAK PEAT PEON PEST PEKE PYLE PYRE PHAT PRES PREP PREY PRAM PRAY PRAT PROD PROS PRON PROM PROP PUNS PUNY PUNK PUNT PUMP PULP PULL PULE PURL PURE PUTS PUTT PUSS PUKE POEM POET POND PONY PONE POMS POMP POLS POLY POLL POLK POLE PORN PORK PORT PORE POTS POOS POOP POOL POSS POSY POST POSE POKY POKE PANS PANT PANE PALS PALM PALL PALE PARS PARK PART PARE PATS PATE PASS PAST PIED PIES PINS PINY PINK PINT PINE PIMP PILL PILE PITS PITY PITT PISS PIKE HEED HEEP HEEL HENS HEMS HEMP HEME HELD HELM HELP HELL HERD HERS HERE HEAD HEAP HEAL HEAT HESS HYMN HUED HUES HUEY HUNS HUNK HUNT HUMS HUMP HUME HULL HULK HURL HURT HUTS HUSK HOED HOES HONS HONK HONE HOMY HOME HOLD HOLS HOLY HOLT HOLE HORN HOTS HOOD HOOP HOOK HOOT HOSP HOST HOSE HOKE HAND HANS HANK HAMS HALS HALL HALT HALE HARD HARM HARP HARK HART HARE HATS HATE HAAS HASP HAST HAKE HIED HIES HIND HINT HIMS HILL HILT HIRE HITS HISS HIST HIKE MLLE MEED MEEK MEET MEND MEME MELD MELT MERE METE MEAD MEAS MEAN MEAL MEAT MESS MYST MUMS MULL MULE MURK MUTT MUTE MUSS MUSK MUST MUSE MOET MONS MONK MONT MOMS MOLD MOLL MOLT MOLE MORN MORT MORE MOTS MOTT MOTE MOAN MOAT MOOD MOOS MOON MOOT MOSS MOST MANS MANN MANY MANE MAMS MALL MALT MALE MARS MARY MARL MARK MART MARE MATS MATT MATE MASS MASK MAST MAKE MIEN MIND MINN MINK MINT MINE MIME MILD MILS MILL MILK MILT MILE MIRY MIRE MITT MITE MISS MIST MIKE TEED TEES TEEN TEEM TEND TENS TENN TENT TEMP TELL TERN TERM TEAS TEAM TEAL TEAK TEAT TESS TESL TEST TYRE TYKE THEN THEM THEY THEE THAD THAN THAT TREY TREK TREE TRAD TRAN TRAM TRAP TRAY TROD TRON TROY TROT TUES TUNS TUNE TUMS TULL TURD TURN TURK TUTS TUSK TOED TOES TONS TONY TONE TOMS TOME TOLD TOLL TOLE TORS TORN TORY TORT TORE TOTS TOTE TOAD TOOL TOOK TOOT TOSS TOKE TANS TANK TAMS TAMP TAME TALL TALK TALE TARS TARN TARP TART TARE TATS TATE TASS TASK TAKE TIED TIES TINS TINY TINT TINE TIME TILL TILT TILE TIRE TITS TIKE WEED WEES WEEN WEEP WEEK WEND WENS WENT WELD WELL WELT WERE WETS WEAN WEAL WEAK WEST WYNN WHEN WHEY WHET WHEE WHAM WHAT WHOM WHOP WREN WRAP WUSS WOES WONK WONT WOLD WORD WORN WORM WORK WORT WORE WOAD WOOD WOOS WOOL WOST WOKS WOKE WAND WANK WANT WANE WALD WALL WALK WALT WALE WARD WARS WARN WARM WARP WARY WART WARE WATS WATT WASP WAST WAKE WIND WINS WINY WINK WINE WIMP WILD WILY WILL WILT WILE WIRY WIRE WITS WITT WISP WIST WISE DEED DEEM DEEP DENS DENY DENT DELL DEAD DEAN DEAL DEON DESK DYED DYES DYNE DYAD DYKE DRAM DRAY DRAT DROP DUES DUEL DUET DUNS DUNN DUNK DUNE DUMP DULY DULL DUTY DUAL DUOS DUSK DUST DUSE DUKE DOES DONS DONN DONE DOME DOLL DOLT DOLE DORM DORY DORK DOTS DOTE DOOM DOSS DOST DOSE DANK DANE DAMS DAMN DAMP DAME DALE DARN DARK DART DARE DATE DIED DIES DIEM DIET DINS DINK DINT DINE DIMS DIME DILL DIRK DIRT DIRE DIAS DIAM DIAL DION DISS DISK DIST DIKE LEES LEEK LEND LENS LENT LETS LEAD LEAS LEAN LEAP LEAK LEOS LEON LESS LEST LYNN LYME LYLY LYLE LYRE LYON LUNE LUMP LULL LURK LURE LUTE LUST LUKE LONE LOME LOLL LORD LORN LORE LOTS LOTT LOAD LOAN LOAM LOOS LOON LOOM LOOP LOOK LOOT LOSS LOST LOSE LAND LANK LANE LAMS LAMP LAME LARD LARS LARK LATS LATE LAOS LASS LAST LASE LAKE LIED LIES LIEN LIND LINK LINT LINE LIMN LIMP LIMY LIME LILY LILT LIRE LITE LION LISP LIST LIKE FLED FLEE FLAN FLAM FLAP FLAY FLAK FLAT FLOP FLOE FEED FEES FEEL FEET FEND FENS FELL FELT FERN FETE FEAT FESS FEST FRED FREY FRET FREE FRAN FRAY FRAT FROM FUEL FUND FUNK FUMS FUMY FUME FULL FURS FURN FURY FURL FUSS FUSE FOES FOND FONT FOLD FOLL FOLK FORD FORM FORK FORT FORE FOAM FOAL FOOD FOOL FOOT FANS FAME FALL FARM FART FARE FATS FATE FAST FAKE FIND FINS FINN FINK FINE FILM FILL FILE FIRS FIRM FIRE FITS FIAT FISK FIST BLED BLTS BLAT BLOT BEES BEEN BEEP BEET BEND BENT BELL BELT BERN BERM BERK BERT BETS BEAD BEAN BEAM BEAK BEAT BESS BEST BYES BYRD BYRE BYTE BRED BRET BRAD BRAS BRAN BRAY BRAT BRAE BROS BUNS BUNK BUNT BUMS BUMP BULL BULK BURS BURN BURP BURY BURL BURK BURT BUTS BUTT BUOY BUSS BUSY BUSK BUST BOND BONN BONY BONK BONE BOLD BOLL BOLT BOLE BORN BORK BORE BOTS BOAS BOAT BOOS BOON BOOM BOOK BOOT BOSS BOSE BAND BANS BANK BANE BALD BALM BALL BALK BALE BARD BARS BARN BARK BART BARE BATS BATE BAAS BAAL BASS BASK BAST BASE BAKE BIND BINS BILL BILK BILE BIRD BITS BITE BIAS BIOS BIOL BIKE

다이얼 번호 자물쇠

텀블러와 숫자를 조합한 다이얼 자물쇠는, 특히 엉성하게 설계된 것은 원래 보안에 취약하다. 반면 잘 만들어진 다이얼 번호 자물쇠는 매우 따기 어렵다. 그 어느 때든 학생들은 학교 사물함의 다이얼 자물쇠 때문에 옥신각신하곤 했다. 37에서 왼쪽으로 세 번 돌린 뒤 7, 82에서 오른쪽으로 두 번 돌렸는데…. 오 젠장, 틀렸으니 다시 처음으로. 선생님, 저 좀 도와주실 수 있나요? 미국 전역의 중학교에서 학기 첫 주에 볼 수 있는 풍경이다.

내 스튜디오는 예전에 은행이었던 건물에 있어 내실 바로 옆에 설치된 실제 은행 금고를 이용하는 특전을 누리고 있다. 이 금고는 수백 파운드의 콘크리트와 강철로 된 문이 있고, 가운데에는 커다란 다이얼과 레버가 있어서 방문자들은 힘으로 레버를 들어 올려 문을 열고 들어온다. 문이 닫혀 있으면 강철로 된 말뚝이 나와 문을 잠그고 사방을 고정시킨다.

이런 자물쇠는 왜 보안성이 높은 것일까? 번호를 사용하는 메커니즘 자체는 왼쪽의 모델과 정확히 동일하다. 이렇게 큰 문에 왜 보잘것없는 자물쇠를 사용하는 것일까? 이 문의 강점은 다이얼 자물쇠의 메커니즘에 있는 게 아니라 다른 부분에 있다. 다이얼 자물쇠 메커니즘은 문의 핵심 부분과는 분리되어 있다.

문의 뒷면에는 말뚝에 연결된 강철 막대들이 있는데, 문이 잠기면 말뚝이 문틀 쪽으로 움직여 고정시킨다. 문 앞면의 핸들은 일련의 연결 장치들을 통해 강철 막대와 말뚝을 문에 연결한다. 다이얼 자물쇠 메커니즘에 연결된 데드볼트(deadbolt)는 연결 장치들을 막는 곳으로 들어가 막대들이 빠져나가는 것을 방지한다.

만약 문을 강제로 열려고 시도하면 내부의 데드볼트가 부서지면서 문을 잠그고 있는 말뚝을 고정하기 때문에 다이얼 자물쇠 메커니즘 자체는 강력할 필요가 없다.

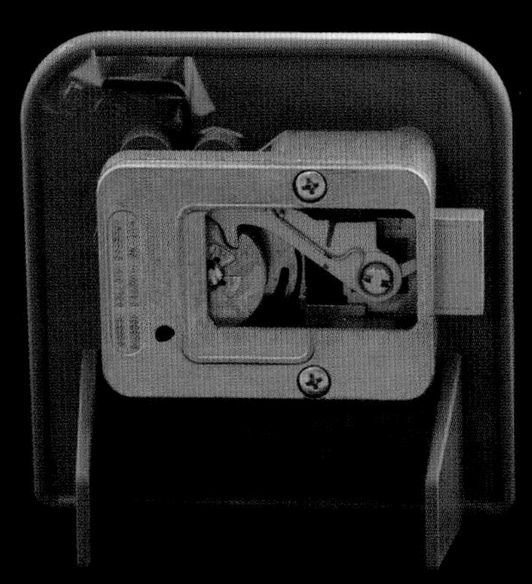

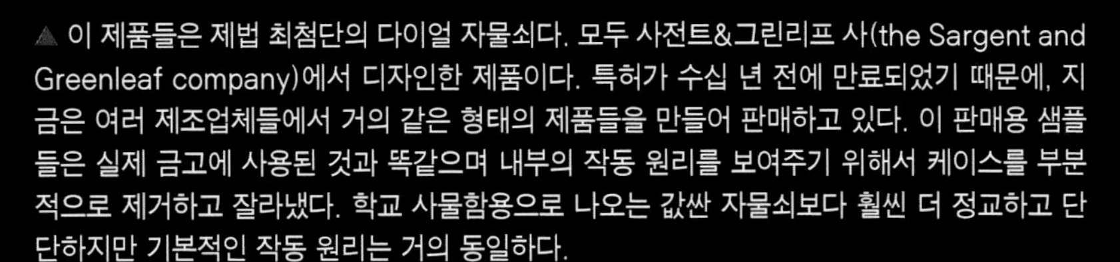
▲ 이 제품들은 제법 최첨단의 다이얼 자물쇠다. 모두 사전트&그린리프 사(the Sargent and Greenleaf company)에서 디자인한 제품이다. 특허가 수십 년 전에 만료되었기 때문에, 지금은 여러 제조업체들에서 거의 같은 형태의 제품들을 만들어 판매하고 있다. 이 판매용 샘플들은 실제 금고에 사용된 것과 똑같으며 내부의 작동 원리를 보여주기 위해서 케이스를 부분적으로 제거하고 잘라냈다. 학교 사물함용으로 나오는 값싼 자물쇠보다 훨씬 더 정교하고 단단하지만 기본적인 작동 원리는 거의 동일하다.

▼ 나의 스튜디오 금고 문

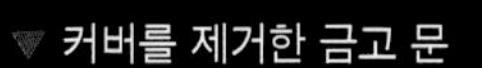
▼ 커버를 제거한 금고 문

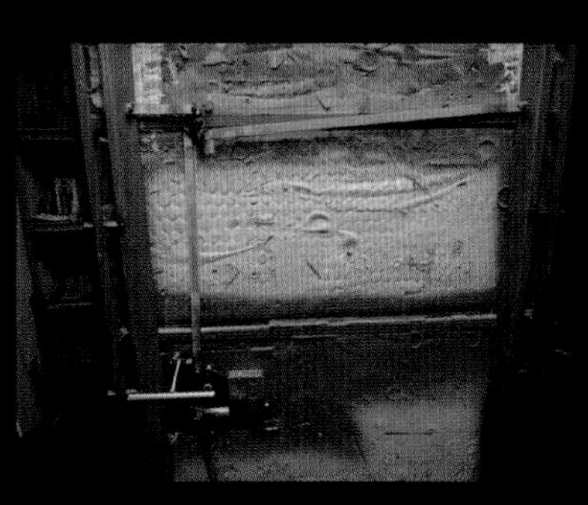

▲ 다이얼 자물쇠의 내부

실제로 손잡이를 세게 잡아당기면 이 너트가 느슨해진다. 이 너트는 고정되어 있는 데드볼트보다 훨씬 약하다.

자물쇠의 다이얼 부분을 자르거나 부수고 그 구멍을 통해 막대를 넣으면 문 뒤의 잠금 메커니즘을 쉽게 해체할 수 있다. 하지만 그런 경우 '재잠금' 장치가 작동해 데드볼트를 때리면서 더 이상 문을 열 수 없어 아무런 실익이 없다.

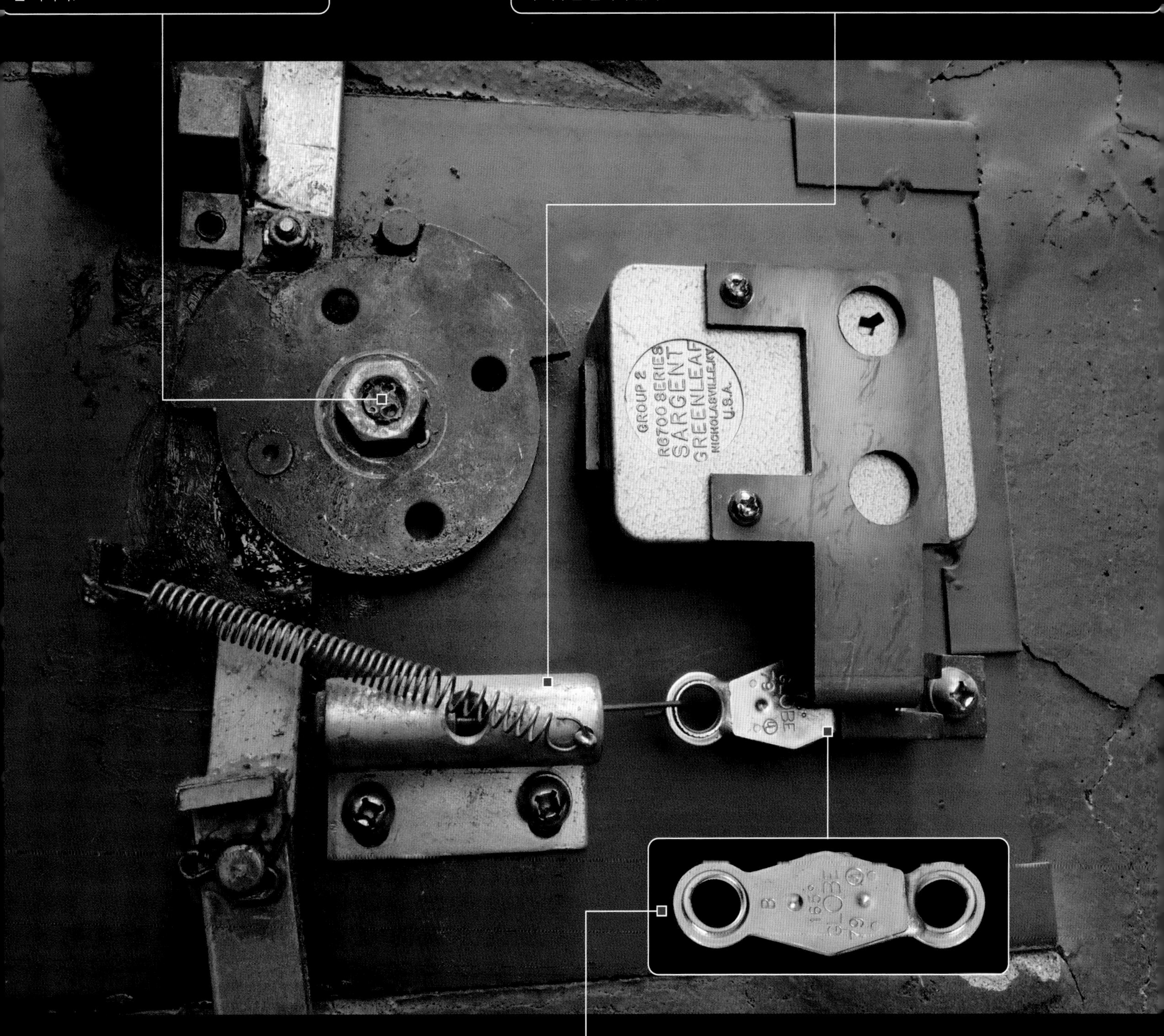

이 '퓨즈 연결고리'는 토치(torch)를 이용해 문을 절단하려는 경우를 막기 위한 것이다. 문의 뒷면이 가열되면 연결고리의 중간 부분을 이루는 녹는점이 낮은 납땜이 녹아 부서지며 데드볼트를 때린다. 이렇게 되면 문 안으로 들어오는 유일한 방법은 절단 토치와 잭 해머로 내화성 콘크리트를 부수는 수밖에 없다.

▼ 나는 이 작은 금고를 좋아하지만 같은 건물의 위층에는 모든 금고의 어머니라고 할 만한 금고가 있다. 이건 정말 어마어마한 강철 덩어리다! 60cm 두께에 20톤(40,000파운드, 18,000kg)에 달하는 무게로 말뚝은 사람의 다리 길이만 하다. 하지만 내부의 잠금장치 메커니즘은 우리가 앞서 본 것과 크게 다르지 않다.

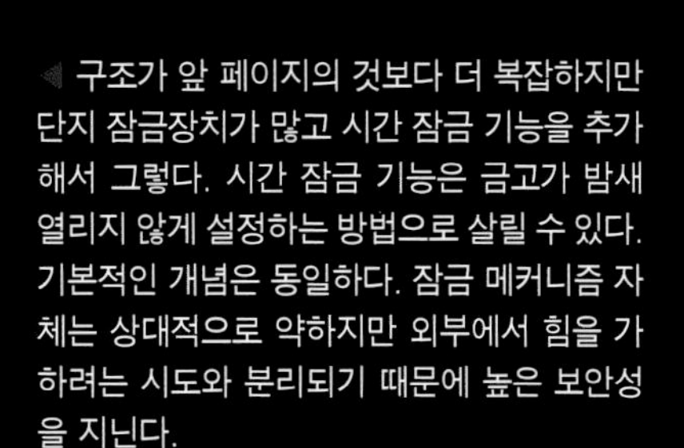

◀ 구조가 앞 페이지의 것보다 더 복잡하지만 단지 잠금장치가 많고 시간 잠금 기능을 추가해서 그렇다. 시간 잠금 기능은 금고가 밤새 열리지 않게 설정하는 방법으로 살릴 수 있다. 기본적인 개념은 동일하다. 잠금 메커니즘 자체는 상대적으로 약하지만 외부에서 힘을 가하려는 시도와 분리되기 때문에 높은 보안성을 지닌다.

(시간 잠금 기능의 자물쇠는 외부인이 금고에 들어가는 것을 막기 위한 방편으로 사용된다. 즉, 외부인이 은행 관리자를 납치해서 비밀번호의 조합을 말하라고 협박하는 경우가 많지만, 시간 자물쇠를 사용하면 은행의 관리자도 금고를 열지 못한다.)

▼ 동일한 번호의 자물쇠 2개가 있다(하나는 후면 덮개를 제거한 상태). 둘 다 동일한 번호 조합으로 설정되었고 둘 중 하나의 잠금이 해제되면 금고가 열린다. 왜 동일한 자물쇠를 2개나 둔 것일까? 이런 경우 자물쇠 중 하나가 실수로 잠기더라도 여전히 다른 것을 사용해 들어갈 수 있다. 자세히 보면 4개의 번호판이 있는데, 이는 숫자 4개로 이루어진 번호 자물쇠임을 뜻한다.

▲ 시간 잠금 메커니즘은 번호 잠금 메커니즘보다 더 복잡해서 4개 이상의 분리된 시계들이 있다. 시간 잠금 기능을 설정하려면 사각 구멍 키를 사용해서 잠가 놓기 원하는 시간만큼 4개의 시계를 맞추어 놓는다(보통 120시간 또는 5일까지 설정할 수 있다). 4개의 시계 모두 맞추어놓아야 하며 그중 하나의 설정한 시간이 다 되어 0이 되면 금고를 다시 열 수 있다. 즉 4개의 시계 중 3개가 고장 나더라도 금고는 열 수 있다. 시간 잠금과 번호 잠금장치를 이중으로 설치하는 이유는 단순하다. 문을 열 수 없게 되면 실제로 어찌하지 못하는 곤경에 빠지기 때문이다. 번호 잠금 장치로 자물쇠를 풀지 못할지라도 문을 열어야 하지만 쉽지 않을 것이다. 이 금고는 상당히 높은 수준의 보안성을 갖추고 있기 때문이다. 만약 시간 잠금 자물쇠가 고장 난다면 정말 별 방법이 없다. 잭 해머를 사용해 두꺼운 콘크리트 벽을 부수거나 문을 잘라 대가를 치르는 게 최선의 방법이다.

▲ 여기 앞 페이지에서 나온 거대하고 흠잡을 게 없으며 뚫릴 것 같지 않은 은행금고 문에는 흥미로운 사실이 있다. 문 안에 있는 금고는 작다. 은행 로비에 있는 사람들이 은행에 대해 믿음직한 인상을 갖게 하려고 문을 크고 웅장하게 만들었던 것 같다. 그러나 별 효과를 거두지 못한 모양이다. 은행이 파산했기 때문이다. 은행에서 쓰는 금고는 이런 과시용 금고나 내 스튜디오의 볼품없는 금고와는 다르다(이 작은 금고는 드라이브 스루 창구용으로 약간의 현금을 저장해놓는 용도로 사용되었나).

▶ 이것은 은행의 업무현장에서 떨어진 지하실에 위치한 실제 금고이다. 문은 두껍지만 화려하지 않고 문 뒤에는 강화 방화 콘크리트로 만들어진 커다란 방이 있다. 이곳에 많은 귀중품들과 현금들이 보관된다.

다이얼 자물쇠의 구조

우리는 제법 고품질의 다이얼 자물쇠가 있는 곳들을 살펴보았다. 이제는 투명한 모델로 이 자물쇠의 작동 원리를 알아보자. 다이얼 자물쇠는 항상 세 바퀴를 돌리고 반대로 두 바퀴를 돌린 다음 다시 한 바퀴를 돌려야 하는가? 답은 바로 '그렇다'이다. 작동 방식이 헷갈릴 수도 있지만 꼭 그래야 한다.

모든 다이얼 자물쇠의 핵심은 텀블러, 또는 코드 디스크이다. 각각 2개의 중요한 특징을 지닌다. 바로 바깥쪽 모서리가 잘려 나간 노치 부분과 디스크 양면으로 튀어나온 핀이다. 조합하는 번호의 수만큼 디스크가 필요하기 때문에 보통 세 번호를 조합하는 다이얼 자물쇠는 3개의 디스크를 사용한다(2개의 디스크에 세 번째 번호에 해당하는 노치를 넣어 사용하는 경우도 있다). 핀의 위치는 비밀번호 조합에 사용된 숫자에 따라 결정된다.

가장 멀리 위치한 디스크가 움직이기 위해서는 모든 디스크 위의 모든 핀들이 서로 닿아 있어야 한다. 돌아가는 다이얼의 핀이 첫 번째 디스크의 핀을 밀고 그것이 두 번째 디스크의 핀을 밀고 또 그것이 마지막 디스크의 핀을 밀어야 한다.

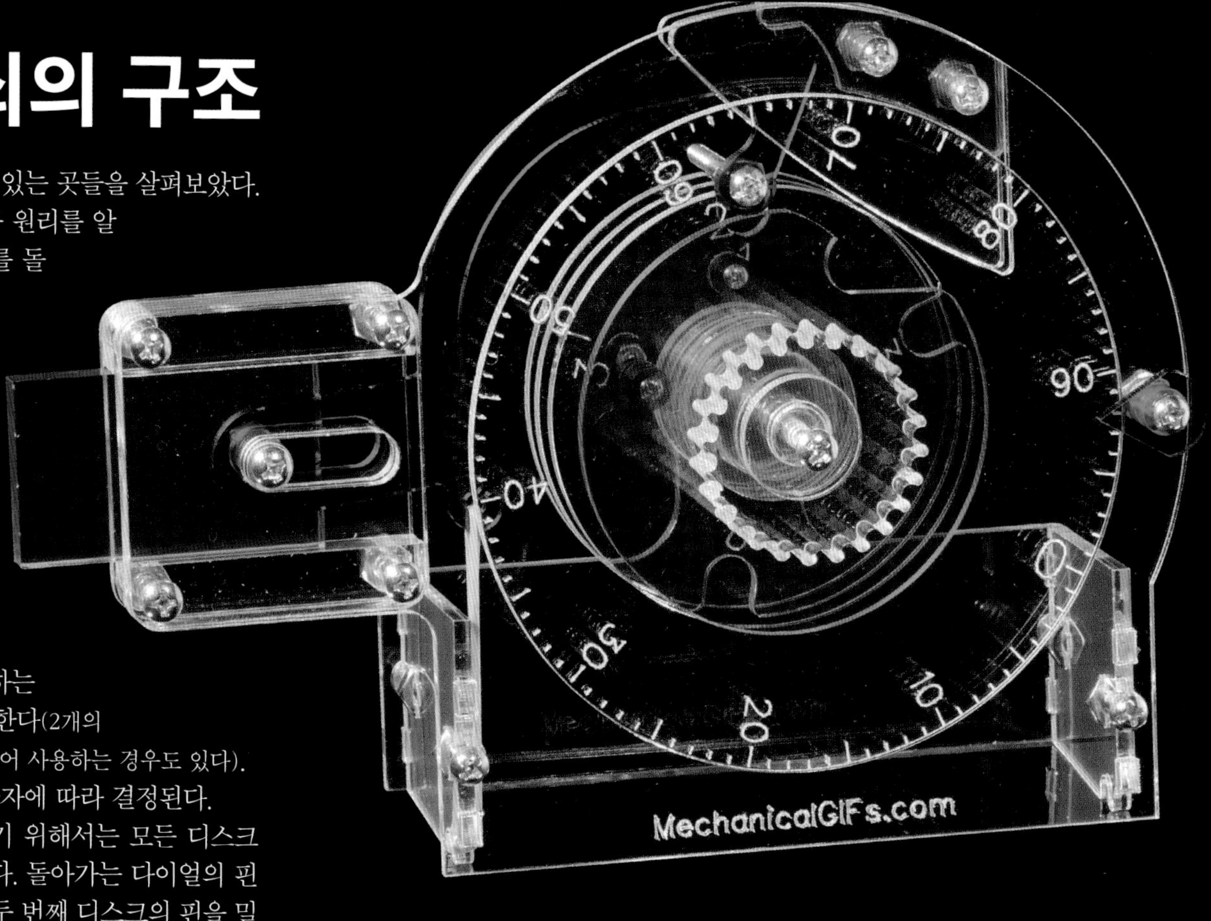

▼ 다이얼 자물쇠 내부

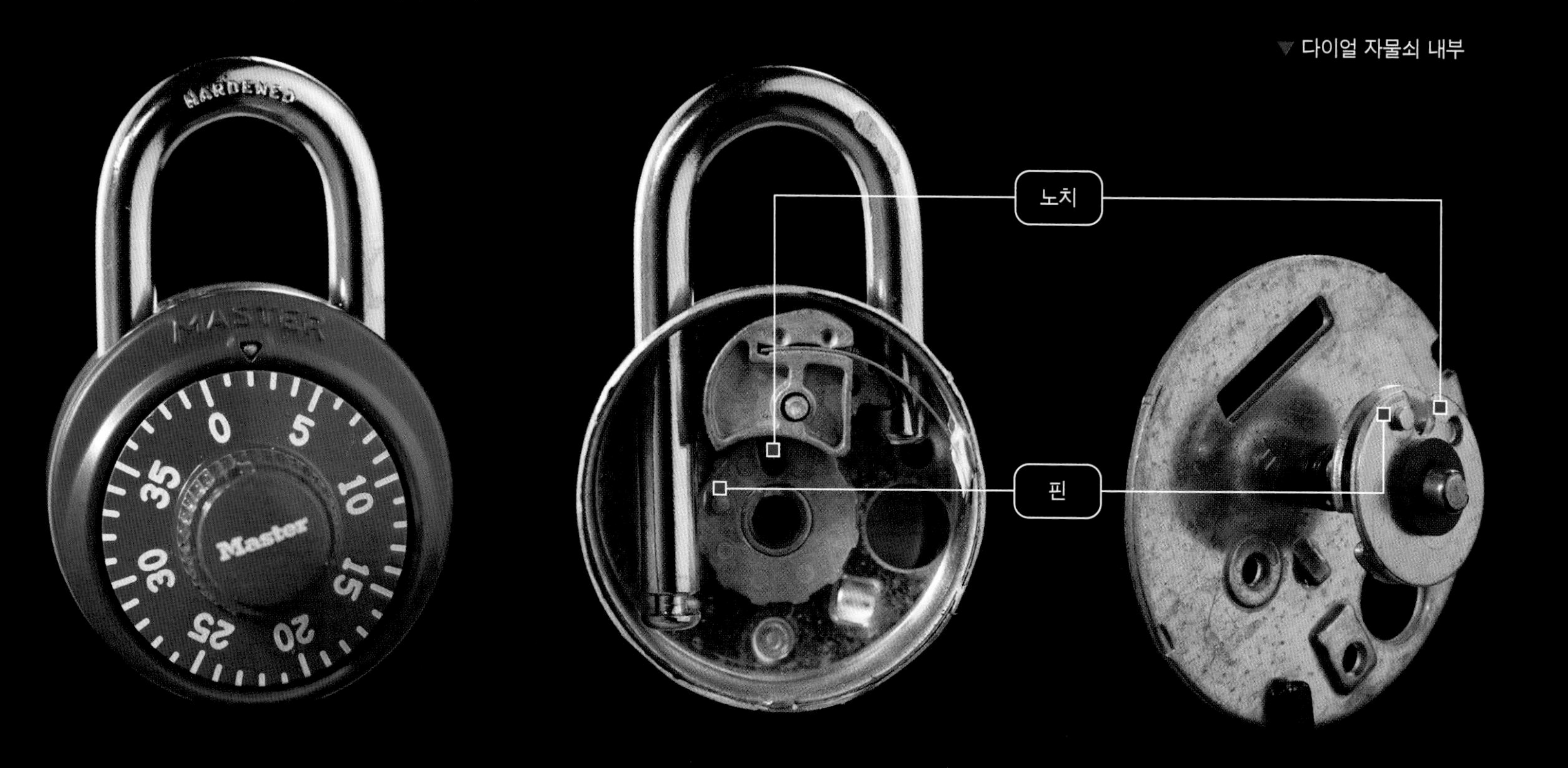

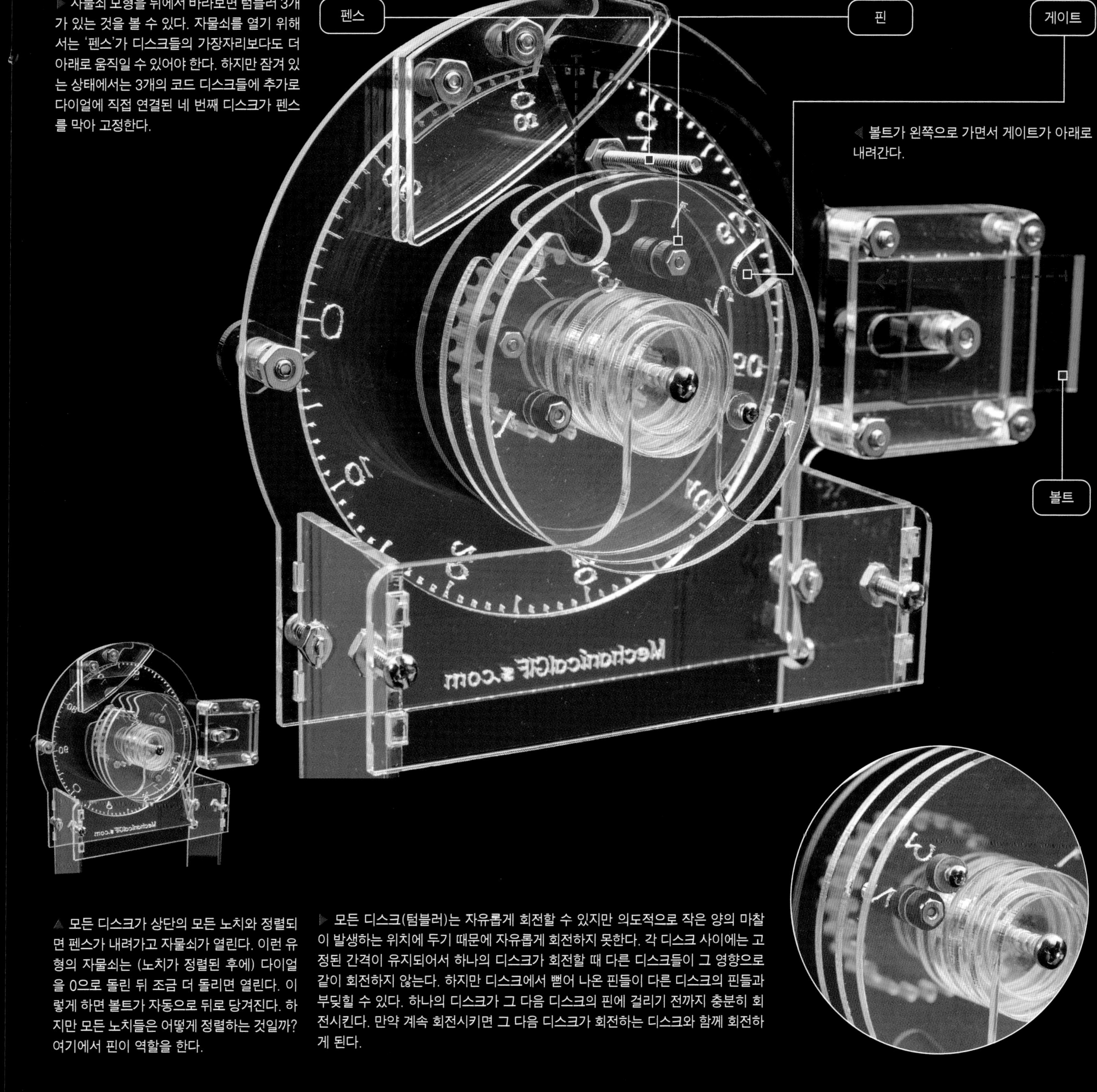

▶ 자물쇠 모형을 위에서 바라보면 텀블러 3개가 있는 것을 볼 수 있다. 자물쇠를 열기 위해서는 '펜스'가 디스크들의 가장자리보다도 더 아래로 움직일 수 있어야 한다. 하지만 잠겨 있는 상태에서는 3개의 코드 디스크들에 추가로 다이얼에 직접 연결된 네 번째 디스크가 펜스를 막아 고정한다.

◀ 볼트가 왼쪽으로 가면서 게이트가 아래로 내려간다.

▲ 모든 디스크가 상단의 모든 노치와 정렬되면 펜스가 내려가고 자물쇠가 열린다. 이런 유형의 자물쇠는 (노치가 정렬된 후에) 다이얼을 0으로 돌린 뒤 조금 더 돌리면 열린다. 이렇게 하면 볼트가 자동으로 뒤로 당겨진다. 하지만 모든 노치들은 어떻게 정렬하는 것일까? 여기에서 핀이 역할을 한다.

▶ 모든 디스크(텀블러)는 자유롭게 회전할 수 있지만 의도적으로 작은 양의 마찰이 발생하는 위치에 두기 때문에 자유롭게 회전하지 못한다. 각 디스크 사이에는 고정된 간격이 유지되어서 하나의 디스크가 회전할 때 다른 디스크들이 그 영향으로 같이 회전하지 않는다. 하지만 디스크에서 뻗어 나온 핀들이 다른 디스크의 핀들과 부딪힐 수 있다. 하나의 디스크가 그 다음 디스크의 핀에 걸리기 전까지 충분히 회전시킨다. 만약 계속 회전시키면 그 다음 디스크가 회전하는 디스크와 함께 회전하게 된다.

▼ **1.** (여기 위쪽에서 보이는) 다이얼을 돌려 번호를 조합한다. 다이얼에 핀이 달려있고 이것이 첫 코드 디스크의 핀과 부딪힌다. 다이얼 자물쇠를 열어본 적이 있다면 처음에 무조건 한 방향으로 세 번 돌려야 한다는 것을 알 것이다. 그렇게 하는 이유는 세 번을 돌렸을 때 모든 핀들이 서로 닿기 때문이다.

▼ **2.** 따라서, 세 번째 디스크의 가장자리에 있는 홈을 펜스 아래에 맞추기 위해서는 왼쪽으로 세 번 회전시킨 후 번호 조합의 첫 번호(50, 그림 맨 왼쪽의 포인터를 보면 확인할 수 있다)에서 멈추어야 한다.

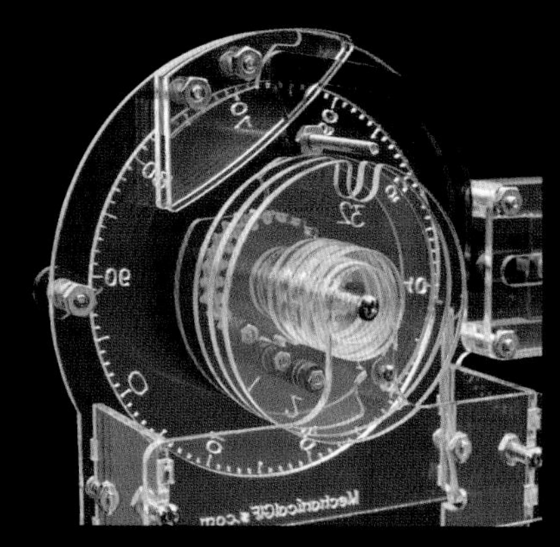

▲ **3.** 그 다음에는 다른 방향으로(즉 오른쪽으로) 다이얼을 돌린다. 오른쪽으로 한 바퀴를 거의 다 돌리기 전에는 아무런 일도 일어나지 않는다. 그저 두 번째 디스크의 핀이 첫 번째 디스크의 핀에 닿지 않은 위치까지 회전한다. 하지만 한 바퀴를 지날 때가 되면 반대쪽으로 완전히 돌아서 첫 번째 디스크의 핀에 다시 닿게 된다. 만약 그 이상 돌리면 첫 번째 디스크와 두 번째 디스크가 함께 회전하기 시작할 것이다.

▲ **4.** 두 번을 완전히 돌리게 되면 두 번째 디스크가 돌기 시작하는데 두 번째 조합 번호(90)에 멈출 때 파인 홈이 정렬된다. 만약 거기에서 더 돌리면 그 이후에는 다이얼을 반대로 돌려서는 안 된다. 파인 홈을 지난 뒤 반대로 돌릴 경우 핀들이 그냥 풀려버리고 두 번째 디스크는 더 이상 움직이지 않는다. 만약 잘못 돌린 경우 두 바퀴를 반대로 돌려서 두 번째 디스크가 원래 위치로 돌아가게 만들어야 한다. 실제 자물쇠는 어떻게 움직이는지 볼 수 없기 때문에 그냥 처음으로 돌아가서 다시 시작해야 한다.

자물쇠의 번호 조합을 푸는 법

▼ **5.** 두 번째 디스크를 정렬한 후 다시 방향을 전환하지만 이번에는 다이얼을 한 바퀴만 돌려서 첫 번째 디스크가 다시 닿도록 해야 한다. 세 번째(마지막) 조합 번호(40)에 멈추면 3개의 홈이 모두 펜스 아래로 올바르게 정렬된다. 간단한 구조의 다이얼 자물쇠라면 여기에서 열린다. 핸들을 돌리거나 쇠고리를 들어 올리면 펜스가 눌리고 자물쇠가 열린다. 하지만 이런 화려한 종류의 자물쇠에서는 한 가지 더 트릭이 들어 있다. 바로 내부에 위치한 오렌지 색깔의 특별한 디스크이다. 이 디스크는 다이얼에 바로 연결되어 있고 특수한 모양의 홈이 파여 있다.

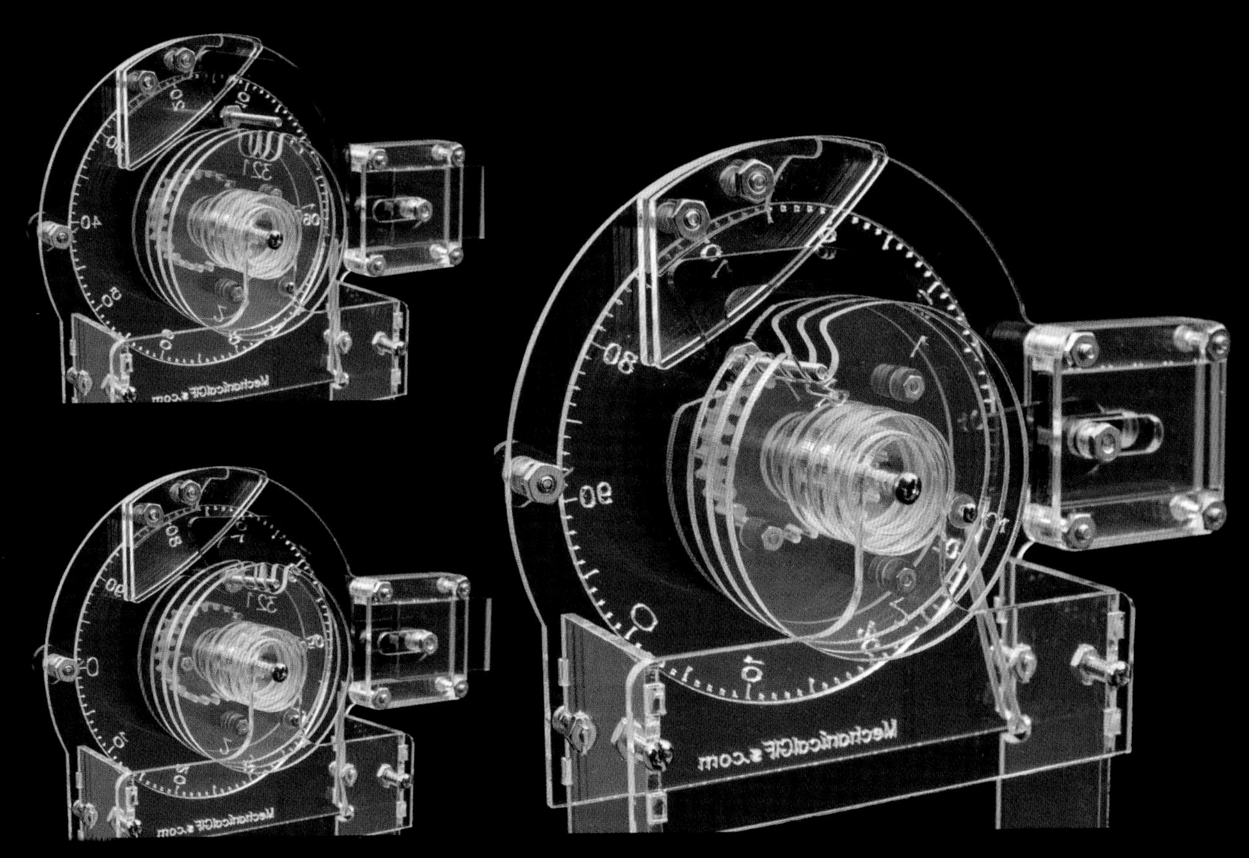

▲ **6.** 다이얼을 0으로 돌리면 마침내 펜스가 모든 4개의 홈으로 내려간다(코드 디스크 3개의 게이트들과 오렌지색 디스크의 특수한 네 번째 게이트).

▲ **7.** 다이얼을 조금 더 돌리면 왜 오렌지색 디스크의 홈이 특별한 모양인지 이유가 나타난다. 이 홈에 펜스가 걸리고 볼트를 뒤쪽으로 잡아당기면서 자동적으로 자물쇠가 열린다. 이것은 다이얼 자체를 사용해 자물쇠를 여는 기발한 방법이자 중요한 보안 기능이다.

핀-텀블러 자물쇠에서 배럴에 압력을 가하는 도구를 사용했던 것처럼 간단한 다이얼 자물쇠에 걸쇠를 당겨서 잠금 메커니즘에 압력을 가할 수 있다. 이 압력이 펜스를 코드 디스크로 밀어내어 회전할 때 게이트가 펜스 아래로 위치하면서 미묘한 클릭을 느낄 수 있다.

아래의 더 멋진 모델에서는 오렌지색 디스크를 사용해 펜스가 게이트에서 더 멀리 떨어지게 한다. 펜스와 게이트가 접촉하지 않기 때문에 (오렌지색 디스크의 간격이 게이트를 '건드릴' 때를 제외하고는) 디스크가 회전할 때 그것을 느낄 수 없다. 따라서 이 자물쇠는 따기가 매우 어렵다. 몇 분 안에 따는 사람이 몇 있기는 하지만 자물쇠 수리공들은 대부분 다이얼 옆에 구멍을 뚫고 다이얼을 돌려 게이트가 지나가는 것을 검사 카메라로 보면서 작업한다.

최고이면서 최악의 금고

내가 사는 동네에는 크래커 배럴(Cracker Barrel)이라는 식당이 있다. 내가 아주 좋아하는 곳이다. 이 식당은 마치 타임캡슐처럼 만들어놓은 것 같다. 실제로는 그렇지 않은데 오래된 것처럼 보이게 꾸민 새 식당이다(사실은, 수백 개의 점포를 지닌 체인 레스토랑이다). 크래커 배럴 점포들은 오래된 제품들을 유사하게 새로 만들어 커다란 레스토랑에 깔아 놓아 선물가게나 같다. 1950년대의 제품처럼 보이는 캔디바, 소박했던 시절의 고풍스런 나무 장난감, 남부 시골풍의 옷, 낡은 헛간의 벽에 그려진 귀여운 말 등…. (물론 이 제품들은 중국에서 만들어졌을 것이다).

모두 가짜이지만 빌어먹게도 나는 이 아름다운 물건들을 볼 때마다 사서 집으로 가져온다. 어릴 적 가지고 놀았던 것들이라 해도 내가 기억하는 디테일을 그대로 살렸을 뿐 새로 만들어진 게 아닌가! (나와 비슷한 정서를 지닌 중년들이 많다 보니 이러한 사업이 생겨나게 됐다.)

아래의 금고는 정말 허접한 조합 잠금 메커니즘을 가지고 있어 다이얼을 돌리 때 생기는 미세한 느낌만으로 딸 수 있다. 문을 열면 미친 것처럼 링-링-링 하는 매우 큰 알람이 울린다. 이 금고는 집 전체에 소리가 울려 퍼지지 않으면 열지 못하게 설계되었다. 결코 금고 주인 몰래 열 수 없다.

전자 자물쇠

다이얼 방식은 순수한 정보에 따라 작동되는 자물쇠로 진화하는 하나의 단계이다. 다이얼 자물쇠의 열쇠는 물리적인 도구가 아니라 (기억할 수 있는) 일련의 번호들을 조합해놓은 것이다. 하지만 이런 유형의 자물쇠는 여전히 많은 제약들을 지닌 물리적 기기다. 그 제약들을 넘어서려면 더욱 순수한 정보를 다루는 방향으로 진화한 자물쇠들을 살펴볼 필요가 있다. 전자자물쇠, 그리고 궁극적으로는 소프트웨어 자물쇠.

아래와 옆 페이지에 있는 자물쇠 2개는 모두 숫자 키패드가 있어 패드의 숫자코드를 누르면 열린다. 그러나 내부의 구조는 완전히 다르다. 두 자물쇠는 각각 나름의 장단점이 있다.

옆 페이지의 기계 장치가 내 스튜디오의 문에 있다는 것을 알면 놀랄 사람들이 있겠지만, 나는 이것 말고도 스튜디오와 집에 5개나 더 갖고 있다. 나는 전자 키패드 자물쇠를 사용하지 않는다.

내가 왜 기계식 자물쇠를 사용하는가? 기계식 자물쇠는 작동이 단순하기 때문이다. 배터리로 작동하는 개인용 키패드 자물쇠는 신뢰할 수 없을 만큼 골치 아픈 기술들로 만들어져 만약 제대로 작동하지 않으면 집에 갇힐 수도 있다. 이에 비해 기계식 자물쇠는 안전하고 견고하며 수십 년 동안 고장 나지 않는다. 전자자물쇠는 몇 년마다 고장 나 교체해야 하는 번거로움을 감수해야 한다. 나는 전자자물쇠에 들어있는 특수한 기능들도 원치 않는다.

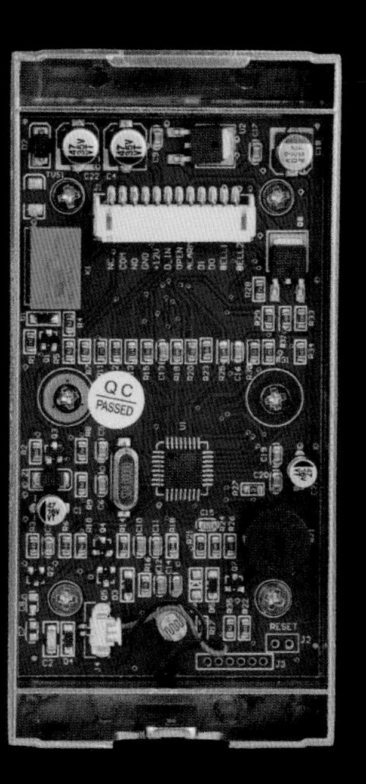

▲ 전자 키패드 자물쇠이다. 모든 숫자의 비밀번호 프로그래밍이 가능하며, 여러 개의 코드를 설정할 수도 있다. 즉, 여러 자물쇠들에 나름의 고유한 비밀번호와 공용할 수 있는 하나의 비밀번호인 '마스터키'를 갖게끔 설정할 수 있다. 또한 임시 코드를 할당해 제한된 시간 또는 하루 중 특정 시간에만 누군가가 접근할 수 있는 권한을 부여할 수도 있다. 코드를 원격의 거리에서 변경할 수 있고 사용되는 모든 코드가 기록되기 때문에 누가 언제 문을 열었는지 알 수 있다. 대체 이런 자물쇠를 싫어할 이유가 무엇이 있을까?

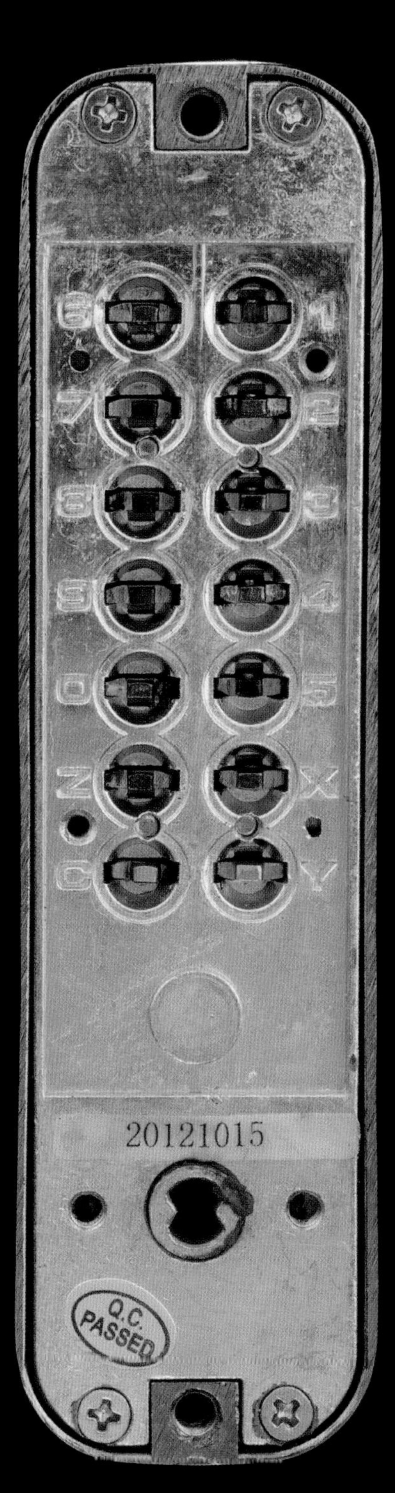

▲ 순수한 기계식 자물쇠이다. 내부의 구조는 꽤 기발하다. 하지만 전자자물쇠에 비해서는 제약이 많다. 숫자 코드는 실제로 그 숫자에 해당하는 버튼을 눌러야 자물쇠가 열리는 것을 뜻한다. 숫자를 누르는 순서나 한 번 이상 누르는 것은 상관없다(즉, 문을 열려면 눌러야 할 번호와 누르지 말아야 할 번호를 선택해야 한다). 가능한 번호 조합의 수가 적기 때문에 이 자물쇠는 쉽게 딸 수 있다. 코드를 변경하려면 자물쇠 전체를 분해한 뒤 작은 노치 플러그들을 교체해야 한다. 물론 마스터키(코드)나 다른 전자자물쇠의 화려한 기능들은 없다.

내가 기계식 자물쇠를 사용하기를 좋아한다 해도 전자자물쇠의 장점들은 부인할 수 없다. 구식 자물쇠가 달린 호텔을 운영하다 보면 항상 문제가 일어난다. 그러나 전자자물쇠를 사용하면 다르다. 모든 문의 자물쇠를 중앙에서 통제하면서 프런트 데스크의 스태프들은 손님이 대금을 지불한 기간 동안만 사용 가능한 키를 제공한다. 또한 청소 직원들이 사용할 키를 별도로 만들 수 있고 누가 언제 방에 들어갔는지도 기록할 수 있다.

전자식 자물쇠가 나오기 전, 호텔들은 객실당 하나의 고유한 열쇠와 모든 문을 열 수 있는 마스터키가 있는 핀 텀블러 자물쇠를 사용했다. 그래서 손님이 호텔을 떠날 때마다 프런트 데스크에 열쇠를 맡겨 두도록 했는데 이런 의도에 따라 주머니에 넣기 불가능할 정도로 무거운 열쇠고리를 제공했다.

요즘에는 이런 기이하고 불편한 관행은 개성을 살리고자 하는 '부티크(boutique)' 호텔에서만 벌어진다. 새벽 2시에 프런트에서 호텔 주인이 자고 있으면 깨워서라도 열쇠를 주고받아야 하는 식으로 불편하게 얼굴을 마주쳐야만 한다. 놀랍게도 나는 최근에도 이런 호텔을 경험해본 적이 있다. 2018년에 이탈리아의 작은 도시에서 강연을 해야 했는데 어떤 이유인지 모르지만 주최 측에서 수녀들이 운영하는 방 8개짜리 작은 호텔로 숙소를 잡았다. 이 호텔은 800년 된 수녀원이었고 호텔을 운영하는 수녀들이 거주하고 있었다. 수녀들은 통금 시간이 저녁 10시임을 우리 일행에게 분명하게 알렸다(그리고 불경한 생각은 허용되지 않는다고 경고했다).

생체 자물쇠

오랜 세월 공상과학 영화에서나 보았던 '생체' 자물쇠들은 이제는 주변에서 흔하게 접할 수 있다. 유리 센서에 손가락을 누르면 지문의 이미지가 포착되어서 이미 등록된 지문 목록과 대조를 하게 된다. 하지만 이 자물쇠는 다른 5가지 방법으로 열 수 있는 길을 열어 놓아 제 몫을 톡톡히 하고 있다(물론, 이는 기존의 자물쇠들의 해킹 방법에 더해 이 자물쇠를 해킹할 수 있는 방법이 다섯 가지 이상 있을 수 있음을 뜻한다).

다이얼 자물쇠는 비밀 정보(코드)를 사용해 열기 때문에 물리적인 열쇠를 사용하는 자물쇠보다 더 안전하다. 이 제품은 비밀 정보를 담은 RFID(Radio-Frequency Identification) 태그라는 물리적 사물을 사용하는데 이는 발전이 아니라 오히려 퇴보이다(RFID는 전파를 이용해 먼 거리에서 정보를 인식하는 기술로 이 기술이 담긴 태그는 기계식 자물쇠의 금속 열쇠처럼 물리적인 열쇠이다). 그러나 뛰어난 암호화 기술을 통해 올바르게 설계된 제품은 RFID 태그에 무제한의 액세스 권한이 설정되어 있어도 그것을 추출해 복사할 수는 없다. 어떻게 복제가 불가능한 카드키가 나올 수 있는지는 다음 장에서 살펴보도록 하자.

나는 이렇게 지나치다 할 정도로 놀라운 기능을 지닌 자물쇠들을 별로 달가워하지 않는다. 물론 얼굴 인식 기능을 섞은 제품들도 있는 만큼 지나치다는 말이 과한 표현일지 모르겠다. 하지만 전반적으로 모든 게 놀랍다. '생체' 자물쇠는 매우 견고하게 만들어진 반쪽짜리 보안제품이다. 매일 수차례 만지는 제품이라서 촉감이 좋은 것도 큰 장점이라고 생각한다. 그러한 느낌이 사용자로 하여금 범죄자나 곰 등으로부터 자신을 지켜준다는 생각을 하게 하지 않을까?

▶ 핀 번호를 입력하는 숫자 키패드. 자국이 남아있는 것을 보라. 숫자 키패드의 단점은 특정 번호에 지문이 남거나 그 부분이 마모되어 어떤 번호가 비밀번호로 사용되었는지를 감지할 수 있다는 것이다. 물론 방지하는 효과적인 방법이 있다. 숫자가 매번 다른 위치에 나타나게 만들면 된다. 하지만 그럴 경우 문을 열 때마다 다른 위치에 놓인 숫자를 찾아야 하는 번거로움을 감수해야 한다.

◀ 간섭 감지 스위치는 누군가가 자물쇠를 물리적으로 당기려고 할 때 작동한다. 쇠 지렛대나 망치로 문과 자물쇠 사이를 부수면 자물쇠에서 커다란 사이렌 소리가 나면서 사용자의 휴대폰에 알린다.

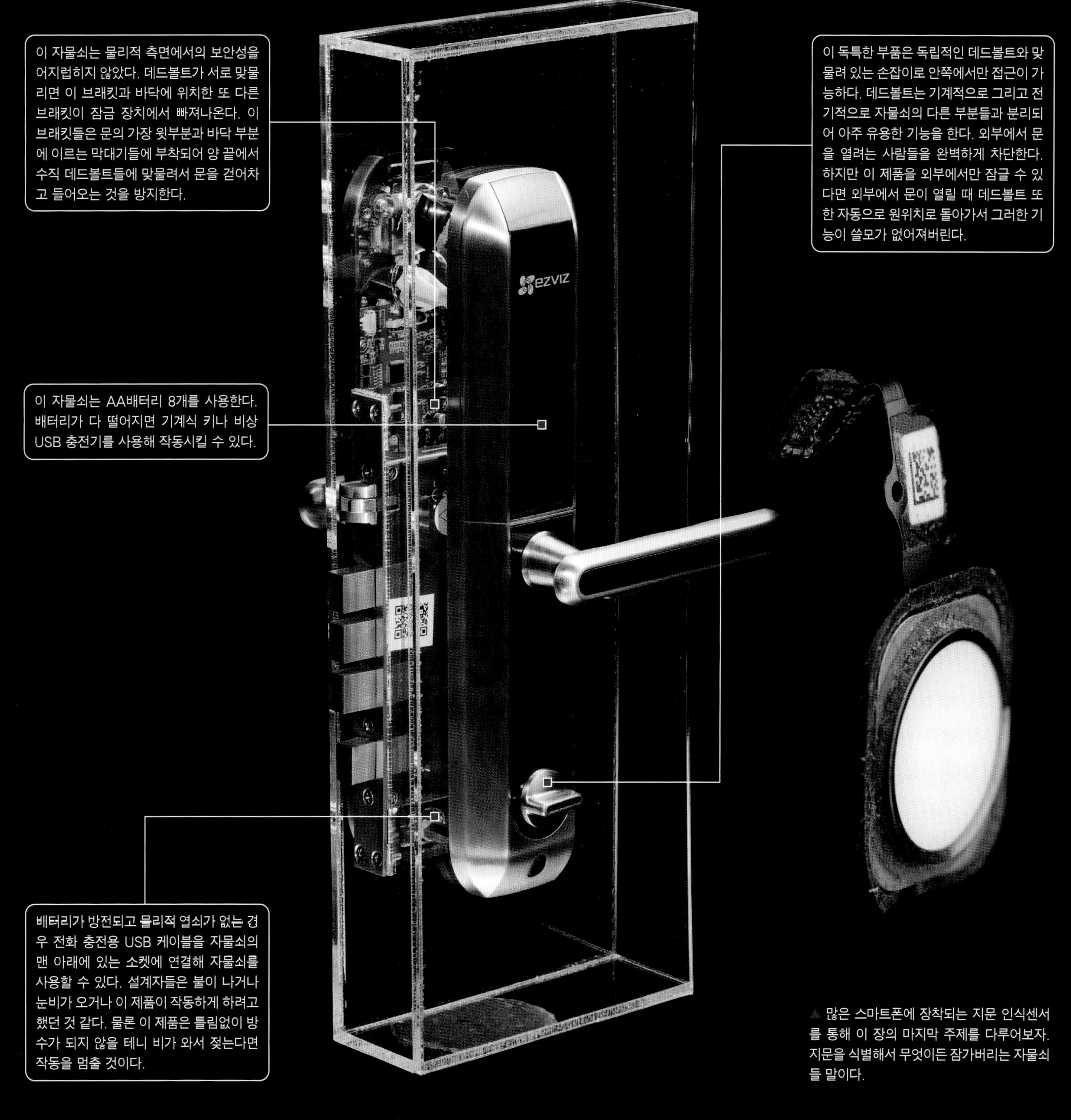

▲ 많은 스마트폰에 장착되는 지문 인식센서를 통해 이 장의 마지막 주제를 다루어보자. 지문을 식별해서 무엇이든 잠가버리는 자물쇠들 말이다.

가상공간의 자물쇠들

다이얼 자물쇠가 그저 단순한 열쇠로 따는 자물쇠에 비해 보다 추상적이라고 설명했지만, 하나의 문을 여는 데 필요한 물리적 실체라는 사실은 여전히 바뀌지 않는다. 현대의 자물쇠 개념에는 완전히 추상적인 사이버 세계로 확장되어 더 이상 문이나 자물쇠 같은 실체가 존재하지 않는다. 하지만 가상공간에도 여러 종류의 잠금 장치가 있다.

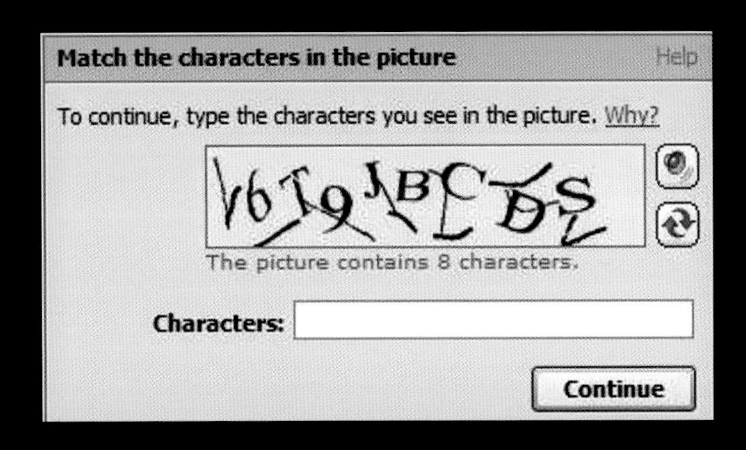

예를 들어, 가상세계에는 어린이용 안전 약병과 같은 캡차(CAPTCHA)라는 잠금장치가 있다. 이는 컴퓨터와 인간을 구분하는 자동화된 튜링 테스트(Completely Automated Public Turing test to tell Computers and Humans Apart)를 뜻한다. '튜링 테스트'는 수학자이자 초기 컴퓨터 이론학자인 앨런 튜링(Alan Turing)에서 유래한다. 그는 사람들이 컴퓨터를 잘 모르던 시절에 컴퓨터가 점점 더 발전해 종국에는 컴퓨터와 사람을 구분하는 게 어려워질 것이라고 내다보았다. 그러면서 언젠가 오랜 시간 대화를 나누던 상대방이 컴퓨터인지 사람인지 구분할 수 없는 시점이 온다면 컴퓨터는 말 그대로 인간이 된다고 주장했다.

튜링 테스트는 인체와 인공지능이 인간이라는 이름에 합당한지 여부를 확인하려는 가상의 개방형 대화였다. 그 현대 버전인 캡차는 컴퓨터를 통해 사용자가 인간으로서의 충분조건을 얼마나 갖추었는지를 테스트하는 시험이다. 얼마나 모멸적인가?

▲ 2단계 인증 키는 핀 텀블러 자물쇠의 열쇠와 상당히 유사하다. 계정과 연결되어있는 2단계 인증 장치 중 하나를 가지고 있으면 여러 종류의 온라인 계정을 생성시켜 로그인을 할 수 있다. 금속 열쇠의 경우 나름 고유한 높낮이 패턴을 갖고 있는 것처럼 이 온라인 열쇠 또한 고유한 번호를 갖고 있다.

▶ 번호를 사용해 스마트폰의 잠금을 해제하는 방식은 다이얼 자물쇠의 가상 버전이라고 할 수 있다. 잠금 해제 비밀번호는 다이얼 자물쇠의 번호 조합에 해당한다. 물론 이 비밀번호는 물리적인 실체와는 무관한 것이지만 시간을 낭비하는 게임이나 소셜미디어의 세상을 열어놓는다. 보통 6자리인 휴대폰의 해제 번호는 3개의 숫자 조합이 필요한 기계식 자물쇠와 보안성의 수준이 비슷하다(이 번호 조합은 두 자리 숫자들로 된 세 가지의 유형으로 구성된다). 모두 수십만 가지의 수의 조합이 가능하다. 하지만 온라인 버전의 해제코드는 멍청한 기계식 자물쇠에서는 상상 못할 속임수가 가능하다.

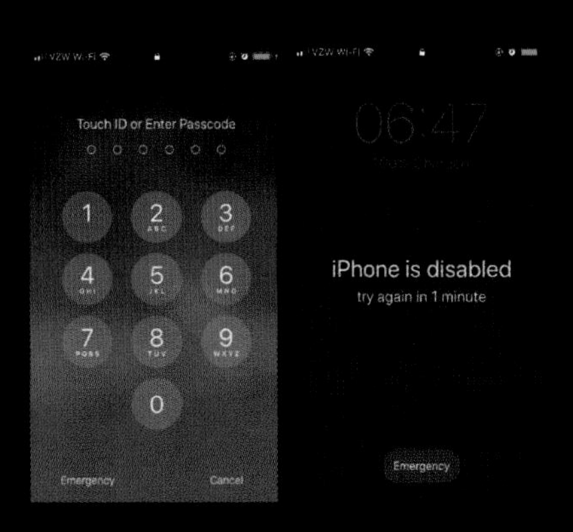

▲ 잘못된 비밀번호를 여러 차례 눌러서 휴대폰이 잠깐 동안 잠겨본 적이 있는가? 또는 장난이 심한 형이나 동생이 고의로 당신의 휴대폰 비밀번호를 다르게 눌러 핸드폰이 잠긴 적이 있는가? 휴대폰이 잠기는 시간은 비밀번호를 틀리게 누른 횟수와 관계가 있다. 더 정확하게는, 누군가가 휴대폰을 습득한 뒤 여러 가지 비밀번호를 눌러 잠금 해제를 시도하면 그만큼 휴대폰이 잠기는 시간은 늘어난다. 따라서 비밀번호가 너무 쉽거나 누군가 너무 운이 좋은 경우가 아닌 이상 잠금을 해제하지 못할 것이다.

▲ 로그인 비밀번호나 노트북 및 페이스북의 계정 등은 온라인 세상의 출입문을 여는 열쇠의 하나다. 그 열쇠는 단지 몇 개의 숫자가 아니라 12자 이상의 암호문자로 이루어지고, 문자는 글자와 숫자, 상징기호들로 조합된다. 누군가가 이것을 추측해내거나 가능한 조합의 모든 문자들을 완벽하게 풀기란 훨씬 더 어려워졌다.

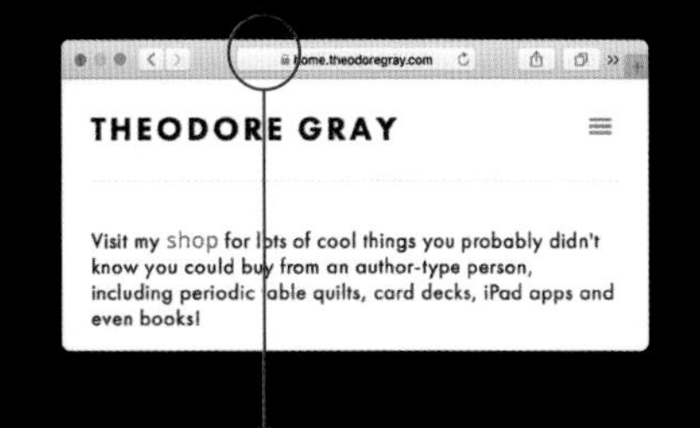

▲ 이 작은 자물쇠 아이콘은 당신의 웹브라우저가 20세기 후반에 발견된 가장 놀랍고도 강력한 실용수학을 이용하고 있음을 보여주는 징표이다. 공개 키 암호(public key cryptography)

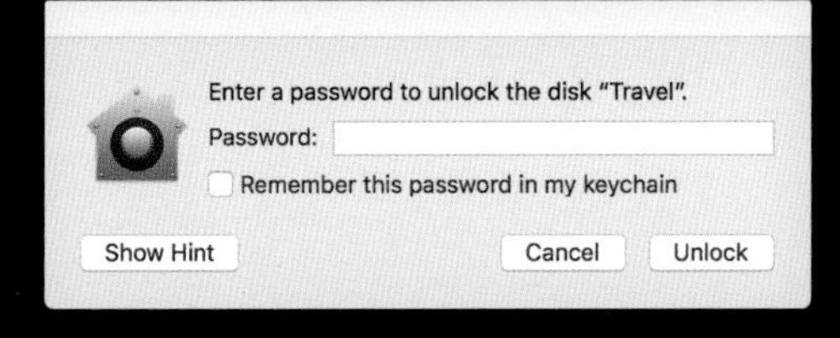

암호가 저장된 모든 웹사이트에서 암호를 훔쳐내는 해커의 이야기를 들어보았을 것이다. 하지만 웹사이트 운영자가 아주 무능하지 않다면(아쉽게도 많은 웹사이트의 운영자들이 그렇지만) 해커가 서버에서 훔친 파일을 통해 비밀번호를 알아내기란 결코 쉽지 않다. 누군가가 비밀번호를 입력하고 어떤 시스템에 로그인하다고 해도 비밀번호는 저장되지 않아 그 안에 남지 않는다. 즉 사용자들의 비밀번호를 복구해낼 만한 어떤 정보는 없게 된다는 것이다.

하지만 어떻게 이런 일이 가능할까? 시스템의 비밀번호 저장 파일에서 사용자들의 비밀번호를 알아낼 수 없다면, 웹사이트는 어떻게 비밀번호를 올바르게 입력했는지 확인할 수 있을까? 물론 사용자가 입력한 비밀번호를 파일 내의 정보와 항상 대조할 수 있지 않을까? 실제로는 그렇지 않다. 대조하는 방법은 훨씬 영리하다.

시스템의 파일은 비밀번호 대신 비밀번호의 해시(hash)를 저장한다. 해시 함수라는 역으로 계산이 불가능한 수학적 연산과정을 사용해 비밀번호를 임의의 수열로 보이게 하는 해시로 바꿔놓는 것이다. 즉 사용자의 비밀번호가 복구되거나 인식될 수 없게끔 숫자들로 뒤섞어 놓는 식이다. 우리가 흔히 사용하는 컴퓨터의 성능으로는 해시를 다시 역 해시해서 비밀번호를 얻어내지는 못한다. 하지만 숫자를 섞는 과정은 예측이 가능할 만큼 완벽하게 결정적인 방법이라는 게 중요하다. 즉 해시 함수에 같은 비밀번호를 넣으면 항상 동일한 해시 값이 나타나게 되어있다.

Bob 0822ddcd7bfb0d56afd3a57b00ae52d8
Alice f7c91bfa7e547dbe685c364b8b0e2cb0
Eve fd15f772f164ab08e9a4c4014ac12559
Carol 125e4f72c2c1272ed6ca2959fea20644

웹사이트에 로그인하려 할 때 사용자가 넣은 비밀번호에 해시 함수가 적용되고 아무렇게나 나열된 것처럼 보이는 문자열은 저장되어 있는 문자열과 대조된다. 비밀번호 파일에는 복원 가능한 형태의 비밀번호가 없을지라도 이 둘이 같다면 올바른 비밀번호를 입력한 것이 된다.

따라서 해커가 암호로 가득 찬 파일을 훔치면 그 어디에도 로그인할 수 없는 해시 값을 가져가는 셈이다. 이 해시 값을 사용 가능한 암호로 바꾸려면 수백만 개의 암호를 추론해 모두 해시한 뒤 그 해시 값을 일일이 파일의 문자열과 비교하는 과정을 거쳐야 한다.

사전에 수록된 단어 같은 간단한 비밀번호를 사용하면 일치하는 단어를 매우 빨리 찾을 수 있다. 이상한 문자가 많은 어려운 비밀번호를 사용했다면 해커가 그 조합을 찾기 위해 훨씬 더 많은 힘을 쏟아야 한다. 따라서 웹사이트들은 사용자들이 기억하기 어려울 만큼 어려운 비밀번호를 만들게끔 유도한다.

이렇게 해킹이 보편화되고 개인의 데이터가 도난당하고 있음에도 많은 사람들이 암호를 사용해 컴퓨터 데이터를 보호하고자 한다. 모두들 하드디스크를 금고에 숨겨두는 것과 마찬가지처럼 생각하기 쉽지만 실제로는 디스크의 보안에 대해 오해하는 측면이 있다. 하드디스크를 금고에 숨겨둔다면 누군가가 금고의 옆면에 구멍을 뚫고 가져갈 수 있다. 이런 상황이라면 자물쇠의 비밀번호가 필요 없다.

하지만 암호보호 기능을 이용하면 디스크에 들어있는 내용을 '암호화'해 저장하게 된다. 이때 컴퓨터는 데이터의 외부를 잠그는 게 아니라 디스크의 내용을 완전히 뒤섞고 비밀번호를 모르면 접근할 수 없게끔 비밀번호 텍스트를 사용한다. 해커가 디스크에서 모든 데이터를 훔치더라도 암호를 추출하지 못하는 한 그 데이터는 무용지물이다.

현대의 암호화 기술(데이터 섞기 기술)은 너무나 훌륭하다. 비밀번호가 제법 길고 복잡하다면 지금의 기술과 지식으로는 해커나 경찰, 심지어는 국가의 모든 정보기관들 또한 암호화된 비밀번호를 풀지 못한다. 따라서 소프트웨어 잠금은 직접 열쇠로 데이터를 잠그는 게 아니지만 그보다 훨씬 안전하다.

공공의 비밀

비밀번호는 수천 년 동안 메시지를 암호화하는 수단으로 사용되었다. 암호화된 메시지(즉 비밀암호와 섞여 만들어진 메시지)의 매력은 공개된 상태로 전달되어도 적군이 이해하지 못한다는 것이다. 설사 라디오를 통해 공공연하게 방송이 되더라도 말이다.

발신자가 입력한 메시지를 수신자가 해독하려면 비밀암호를 알아야 한다. 비밀암호가 적에게 유출되는 경우 게임은 끝났다고 볼 수 있다. 교신 내용이 모두 도청되거나 가로채여 상대방에게 읽히기 때문에 비밀암호를 새롭게 설정해야 한다.

예전의 전쟁사를 돌이켜보면 전쟁 중에 새로운 암호를 설정하는 것은 어렵고 때로는 위험하기도 했다. 믿을만한 전달자가 발신자에게서 받은 암호를 적에게 탈취당하지 않고 수신자에게 직접 전달하는 게 최선이었다. 만약 수신자가 적의 스파이였거나 적에게 사로잡히면 역공작에 걸려 이루 말할 수 없는 피해를 감수해야 한다.

달리 정보를 안전하게 전달할 방법은 없었을까? 분명 암호를 사용하려면 양측이 동일한 비밀암호를 알아야 하는데 그저 라디오를 통해 암호를 전달할 수는 없는 노릇 아닌가!

1969년 전까지는 모두 그렇게 생각했다. 이 해에 양측이 라디오를 통해 비밀암호를 전달하는 방법이 고안되었다. 이에 따라 누군가가 통신을 도청하더라도 전달되는 비밀암호는 감출 수 있게 되었다. 이 방법은 실제 몇 년이 지나고서야 공개되었다.

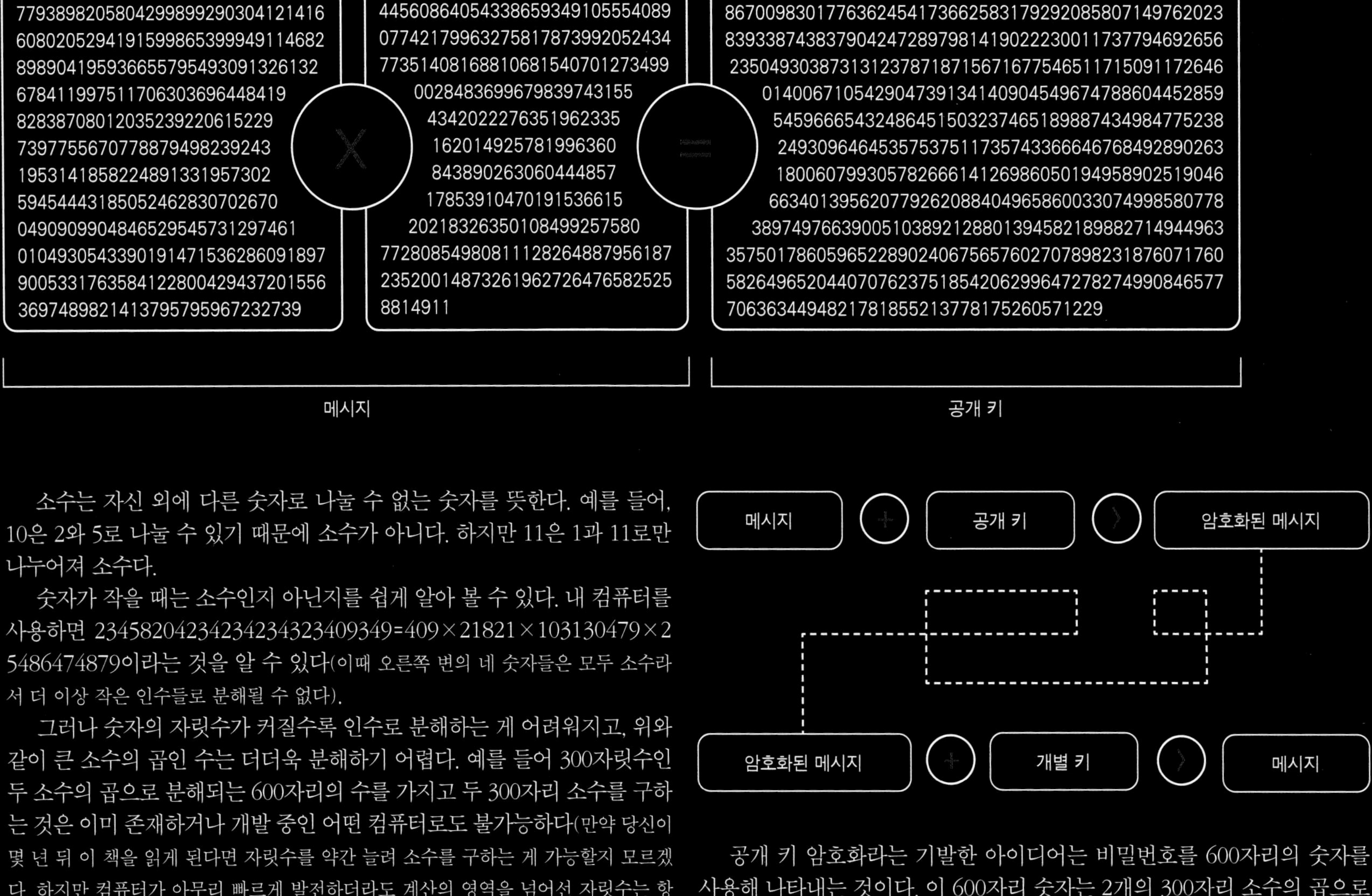

소수는 자신 외에 다른 숫자로 나눌 수 없는 숫자를 뜻한다. 예를 들어, 10은 2와 5로 나눌 수 있기 때문에 소수가 아니다. 하지만 11은 1과 11로만 나누어져 소수다.

숫자가 작을 때는 소수인지 아닌지를 쉽게 알아 볼 수 있다. 내 컴퓨터를 사용하면 2345820423423423432340 9349=409×21821×103130479×25486474879이라는 것을 알 수 있다(이때 오른쪽 변의 네 숫자들은 모두 소수라서 더 이상 작은 인수들로 분해될 수 없다).

그러나 숫자의 자릿수가 커질수록 인수로 분해하는 게 어려워지고, 위와 같이 큰 소수의 곱인 수는 더더욱 분해하기 어렵다. 예를 들어 300자릿수인 두 소수의 곱으로 분해되는 600자리의 수를 가지고 두 300자리 소수를 구하는 것은 이미 존재하거나 개발 중인 어떤 컴퓨터로도 불가능하다(만약 당신이 몇 년 뒤 이 책을 읽게 된다면 자릿수를 약간 늘려 소수를 구하는 게 가능할지 모르겠다. 하지만 컴퓨터가 아무리 빠르게 발전하더라도 계산의 영역을 넘어선 자릿수는 항상 남아있을 것이다).

공개 키 암호화라는 기발한 아이디어는 비밀번호를 600자리의 숫자를 사용해 나타내는 것이다. 이 600자리 숫자는 2개의 300자리 소수의 곱으로 인수분해되고, 이 두 숫자를 아는 사람만이 메시지를 이해하게 된다.

발신자와 수신자가 양방향의 안전한 비밀 통신채널을 설정하기 위해 연락을 주고받으려면 모두 약 300자리 정도되는 소수 2개를 선택해야 한다(이는 어렵지 않다). 이 두 숫자들이 각자의 '개별 키'가 되어 비밀을 유지하게 된다.

소인수분해를 한 방향의 함수로 사용하는 공개 키 암호 알고리즘.

두 소수 p와 q를 사용해 $n \equiv pq$를 정의한다.

또한 다음과 같이 개인 키 d와 공용키 e를 정의한다.

$$de \equiv 1 \pmod{\phi(n)}$$

$$(e, \phi(n))=1,$$

여기에서 $\phi(n)$는 오일러의 파이 함수로 (a, b)는 두 수를 나누는 가장 큰 약수(최대공약수)를 뜻한다. 즉 (a, b)= 1이라면 a와 b는 공약수가 없다는 것을 뜻한다. 또한 $a \equiv b \pmod{m}$는 합동한다. 이 메시지가 M이라는 숫자로 변환된다고 가정하자. n과 e를 공개하는 발송자는 다음의 수식을 보내게 된다.

$$E = M^{e} \pmod{n}.$$

d를 알고 있는 수신자는 그 숫자를 해독하기 위해 다음의 함수를 사용한다.

$$E^{d} \equiv (M^{e})^{d} \equiv M^{ed} \equiv M^{N\phi(n)+1} \equiv M \pmod{n}.$$

여기에서 N은 정수라는 성질을 사용한다. 코드를 해석하기 위해 d를 찾아야 한다. 그러기 위해서는 n을 인수분해 해야 한다.

$$\phi(n)=(p-1)(q-1).$$

p와 q를 선택하는 기준은 $p\pm1$ 과 $q\pm1$이 큰 소수로 나누어져야 한다. 만약 나누어지지 않는다면 폴라드의 p-1 인수분해 방법이나 윌리엄스의 p+1 인수분해 방법을 사용해 n을 쉽게 구할 수 있다. 또한 $\phi(\phi(pq))$가 큰 소수들로 인수분해 되는 큰 숫자인 것이 좋다.

만약 $Z/\phi(n)Z$의 단위가 작은 위수를 가지는 경우 반복적인 암호화를 통해 위의 암호 시스템을 부술 수 있다(Simmons and Norris 1977, Meijer 1996). 이때 Z/sZ는 0과 s-1사이의 정수환으로 덧셈과 곱셈에 닫혀 있다(mod s)

이 숫자 쌍은 누군가에게 전달할 필요가 없고 그저 집에 안전하게 보관하면 된다.

그런 다음 두 숫자를 곱해서 약 600자리의 숫자를 얻는다. 이 숫자는 누구나 다 들을 수 있도록 옥상에 올라가서 외쳐도 될 정도로 안전하다. 이것이 그 둘 사이의 '공개 키'이다. 누구나 이 번호를 읽고 이것을 사용해서 메시지를 입력할 수 있다. 이러한 메시지는 300자리의 숫자 2개를 알고 있는 경우에만 해독할 수 있기 때문에 공개 키를 게시한 사람(개인 키를 아는 사람)만 그 메시지를 읽을 수 있다.

양쪽은 공개적으로 공개 키를 교환한다. 개인 키는 양측의 집(베이스)에서 면밀하게 보호되기 때문에 적이 공개 키를 볼지 여부는 중요하지 않다. 이제 양쪽은 비밀 메시지를 서로에게 보낼 수 있으며 서로만이 해독할 수 있다. 그리고 보안 채널을 통해 어떤 것도 교환할 필요가 없다. 더 이상 비밀암호가 적힌 종이 한 장을 가방에 넣고 배달하기 위해 목숨을 걸고 적진을 가로지르는 용감한 사람은 필요 없다. 이제 상투적인 스파이 영화의 장면은 더 이상 사용되지 않아도 된다.

지금 언급한 수학은 내가 설명한 것보다 조금 더 복잡하다. 실제로 시스템을 안전하게 하는 핵심적인 '어려운 부분'은 앞서 말한 대로 매우 큰 수의 인수를 구하는 게 어렵다는 데 있다. 따라서 주어진 공개 키가 실제로 자신이 원하는 사람에게서 왔는지 또는 주어진 서류가 실제로 그 사람이 작성한 것인지(디지털 서명이라고 불린다) 확인하는 방식으로 보안을 보다 강화하는 방안을 강구할 수 있다.

이런 형태의 공개 키 암호화는 웹브라우저의 은행 통신 보안에서부터 궁극적으로는 블록체인 장부나 비트코인처럼 공개 분산된 통화에 이르기까지 오늘날 온갖 통신의 영역에 퍼져 있다.

가장 추상적인 형태의 잠금장치를 끝으로 자물쇠의 장을 마친다. 정수론이라고 불리는 수학의 분야에 기반한 암호학 체계는 보통 사람은 물론 수학자들에게도 두통을 안겨주는 것으로 악명이 높다.

시계는 인류가 발명한 최초의 유용한 기계다. 아주 오래 전에 개발되었고, 다른 기계들보다 메커니즘이 더 복잡하며, 다른 기묘한 기계장치들보다 훨씬 더 가치 있게 평가되어 왔다. 시계는 아이폰과 자동차가 나오기 전까지 수백여 년 동안 기계류를 대표하는 물건으로서 증기기관과 쌍두마차를 이루었다.

고대의 시계

최초의 시계는 정교하지는 않았지만 제 역할을 다했다. 땅바닥에 막대를 박아놓으면 해가 떠 있는 동안의 시간과 해의 방향을 알 수 있다. 태양이 하늘에서 움직이는 동안 막대의 그림자는 오늘날 우리가 '지역 태양시(local solar time)'라고 부르는 시간을 나타낸다(시간대[time zone]나 서머타임, 국제표준시[Coordinated Universal Time] 같은 새로운 형태의 시간이 나오기 전까지는 태양시를 그냥 '시간'으로 사용해왔다).

시간이 지나면서 달라지는 막대의 그림자에 따라 보정한 눈금을 추가해 만든 게 이른바 해시계다. 여전히 지면에 올려놓은 막대기에 불과하지만, 화려한 눈금이 새겨진 황동 막대기로 변신했다. 해시계는 정말 한 치의 오차도 없이 움직인다. 어떤 위치에 고정시켜놓으면 태양이 빛나고 지구가 도는 동안은 항상 정확한 시간을 나타낸다(사실은 그렇지 않다. 관련한 내용은 132페이지를 참조).

물론 해시계는 구름이 머리 위를 지나가는 순간 작동을 멈추는 문제가 있다. 밤에는 전혀 작동하지 않는 것 또한 단점이다.

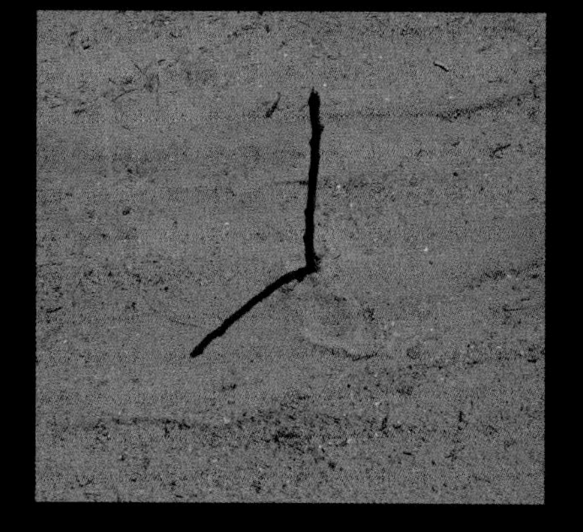

▲ 땅에 세워놓은 막대는 그림자를 드리워 하루의 시간을 나타낸다.

◀ 해시계는 그저 눈금을 새긴 막대를 바닥에 세워둔 것이다.

▼ 땅에 세워놓은 막대는 구름에 가리거나 밤이 되면 사용할 수 없다.

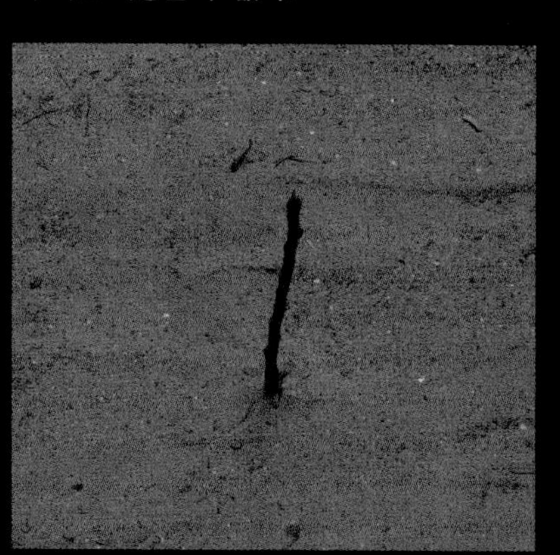

모래시계

기계식 시계 이전의 또 다른 옛 시계로는 모래가 예측 가능한 속도로 구멍을 통해 떨어지는 것을 이용한 모래시계가 있다. 모래시계는 대부분 한 시간용인데, 실제로 한 시간 동안 작동하지는 않는다. 달걀 삶는 시간을 재는 3분짜리 에그 타이머 또한 정확하게 3분 동안 작동하는 것은 아니다.

▼ 여러 종류의 모래시계들

▶ 범선에서 사용하는 모래시계는 배가 앞뒤로 기울어져도 수평을 유지하며 동일한 속도로 모래가 빠지도록 갈고리에 매달아 놓았다. 슬라이딩 마운트(sliding mount)로 모래시계를 뒤집어 다시 시간을 잴 수 있다.

▶ 모래시계의 모양을 바꿔 시간에 따라 보정된 눈금을 넣으면 모래가 천천히 떨어지는 것을 보면서 시간을 읽을 수 있다.

▼ 상당히 흥미로운 제품이다. 자성을 띤 모래가 바닥의 강한 자석에 떨어져 천천히 쌓이면 크리스털 같은 형상이 만들어진다. 반대로 돌리면 모래가 자석과 분리되어 아래로 떨어진다.

나는 모래시계 제작자들이 정확하게 일정 시간을 맞출 수 있게끔 모래시계의 구멍 크기를 계산해내고 있는지가 항상 궁금했다. 확인해 보니 결코 그렇지 않았다. 그저 유리를 제조할 때 생기는 구멍을 그대로 사용하면서 모래의 양을 조절해 만들었던 것이다. 한 쪽을 충분히 많은 모래로 채운 뒤 똑바로 세우면 모래가 아래쪽으로 흐르기 시작한다. 조금씩 다른 속도로 흐르지만 정확히 3분이 지날 때 이 시계를 옆으로 돌려 눕히고 반대쪽에 남아 있는 모래를 비우고 난 뒤 밀봉하기 때문에 다들 3분에 맞춰진다. 아래의 모래시계 3개는 각각 유리 제조과정에서 우연히 생긴 구멍의 크기에 맞는 정확한 모래의 양을 가지고 있다. 이 값싼 모래시계들에 담긴 모래의 양은 서로 다르지만 모두 3분에 가까운 시간에 맞춰 완전히 흘러내리는 것을 볼 수 있다.

◀ 이 3개의 작은 모래시계들에 담겨 있는 모래의 양은 다르지만 모두 비슷한 시간을 나타낸다.

◀ 물시계는 모래시계와 비슷하지만 일정한 크기의 구멍을 통해 흐르는 물의 양을 측정해 시간을 나타낸다는 점이 다르다. 베이징 자금성의 화려한 물시계는 3개의 대야로 물이 떨어져 일정한 비율만큼 차게 되면 대야가 교체되는 식으로 작동한다. 대야 위에 떠있는 나무배가 천천히 오르면서 눈금에 맞추어져 시간을 읽을 수 있다. 안타깝게도, 물시계 역시 정확도가 모래시계와 크게 다르지 않다.

양초시계. 맞다, 양초!

촛불이 타는 속도로도 대략 시간을 파악할 수 있다. 왁스와 심지를 비롯해 동일한 재질로 만들어진 양초들이라면 타들어가는 속도가 모두 같다고 보아야 한다. 그렇기 때문에 촛대에 눈금을 새겨놓으면 대략적인 시간을 알 수 있다.

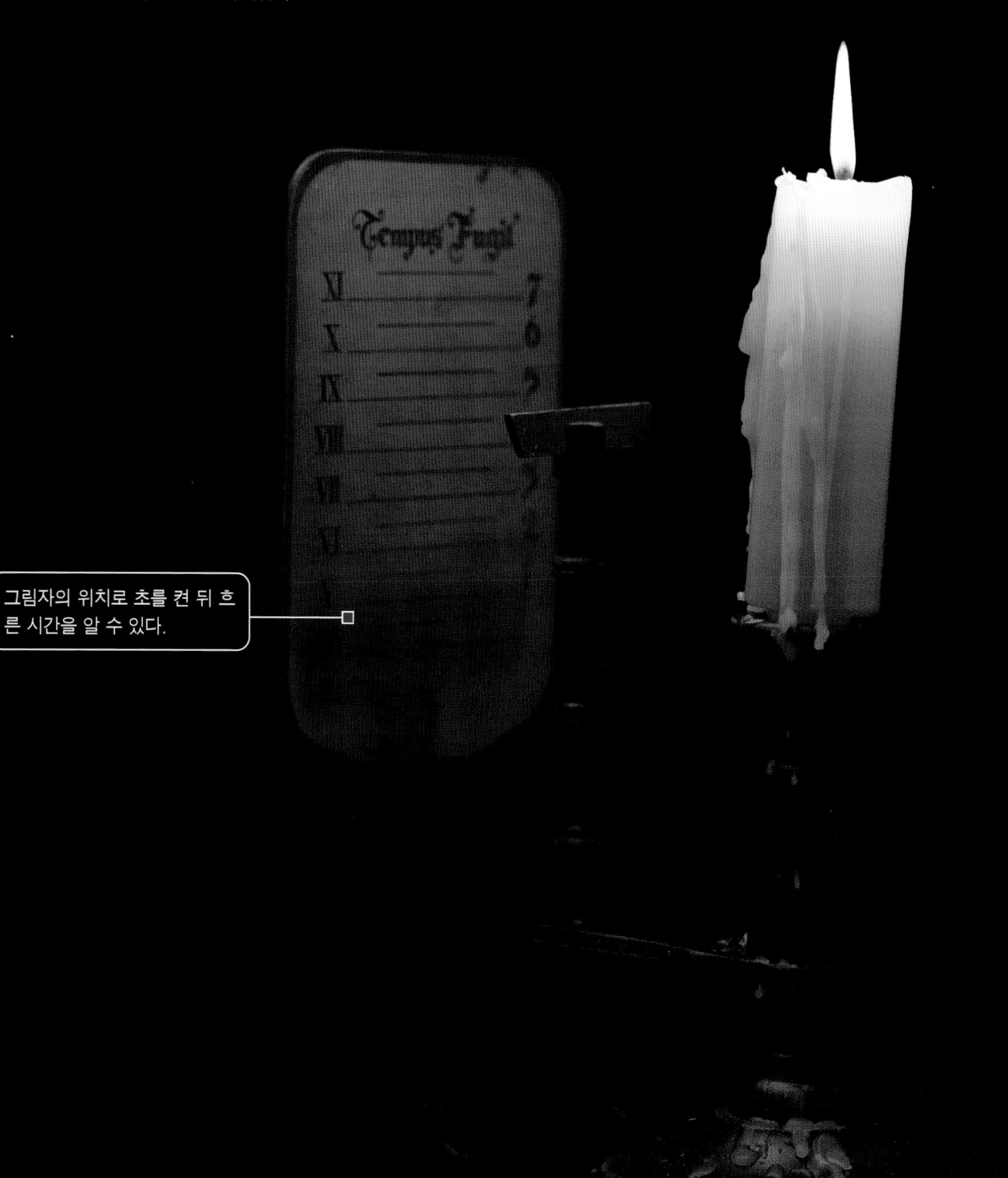

그림자의 위치로 초를 켠 뒤 흐른 시간을 알 수 있다.

▲ 알자자리의 양초시계 디자인이다. 공 더미가 윗부분에 있어 매시간당 하나의 공을 풀어 바닥의 대야에 떨어뜨린다. 그러면 괘종시계에서 정시(定時)를 알리는 것과 비슷하게 소리가 난다. 물론 하나의 공이 특정한 시간에 떨어져서 종을 치게 한다면 더 유용하겠지만 그러한 기능은 없는 것 같다.

마치 '총검'처럼 생긴 이 도구는 L자형 슬롯에 못을 끼워 하나의 튜브를 다른 튜브에 고정시켜놓았다. 알자자리가 발명해 이 기기에서 가장 처음 사용한 것으로 기록되어 있다. 800여 년 후인 오늘날에도 같은 디자인의 도구들이 이 제품 외에 수없이 쓰이고 있다.

▶ 이 기계식 양초시계는 당대에 기계식 자물쇠의 작동법을 집필해 유명한 알자자리의 저서에 수록된 모델을 기반으로 디자인되었다. 황동 튜브에 싸인 양초는 튜브에 매달려 있는 추의 무게로 인해 계속 기기의 상단에 붙어 있게 된다. 양초가 타 점점 짧아지면서 측면의 포인터에 촛불이 켜진 후의 시간이 나타난다. 이런 구조의 양초시계가 이전의 다른 시계들보다 더 정확한지 확실하지 않지만 보기에 훨씬 더 멋지다는 데는 이견이 없을 듯하다.

▼ 알자자리의 화려한 촛불시계에는 알람 기능이 없다. 때문에 나만의 촛불 알람시계를 발명하기로 했다. 양초의 옆면에 1시간 단위로 폭죽 크기의 구멍을 뚫어 심지와 닿게 해놓는다. 몇 시간 뒤에 알람이 울리게 할 것인지 선택한 다음 해당 시간의 구멍에 폭죽을 붙인다. 여기에 기능을 하나 추가해도 된다. 잠을 깊게 자는 사람이라면 머리 근처에 양초를 놓아 폭죽이 터질 때 얼굴에 뜨거운 왁스가 뿌려지도록 하면 잠에서 깨게 할 수 있다. 잠깐! 정말 그런 시도를 한다면 제발 멈추길 바란다. 이런 제품은 실제로 사용하지 않는 게 좋다. 정말 나쁜 아이디어다.

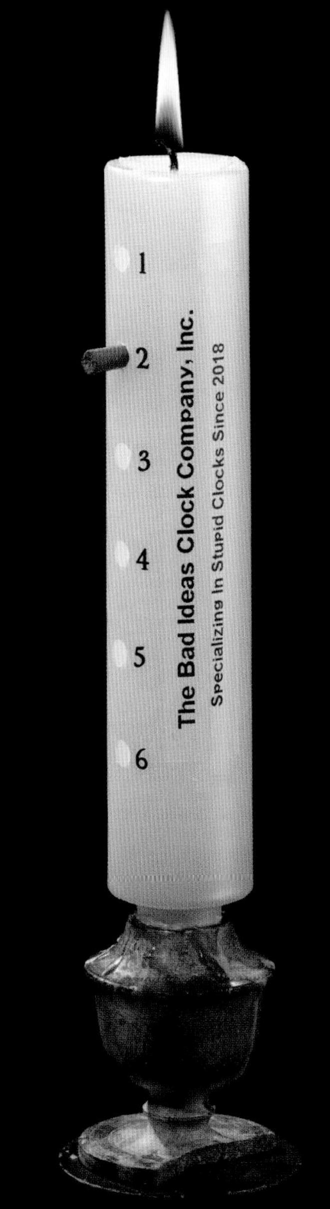

▲ 나만 이렇게 불량한 양초 알람시계를 고안했다고 생각한다면 틀렸다고 말해주고 싶다. 이 제품은 상업적으로 결코 바람직하지 않은 아이디어다. 제품에(독자들의 감수성을 건드리지 않으려고 여기에 수록하지는 않았지만) 알람 시간에 맞추어 몸 어딘가에 넣은 뒤 잠들기 전에 불을 붙이라고 적혀 있다면…. 이런 최악의 아이디어를 어찌 형언할 수 있겠는가. 누가 구입했든지 간에 이 제품을 사용하지 않을 것이라고 확신한다.

그리니치 천문대

해시계는 (양초 알람시계와 마찬가지로) 단순해 보인다. 하지만 1955년까지 세계에서 가장 정확하게 시간을 나타낸 것은 명성이 자자했던 몇몇 해시계들이었다. 나라에서 공식적으로 적용하는 표준시를 정하기 위해 1675년 런던의 유명한 그리니치 천문대에 처음으로 해시계가 설치되었다. 이 해시계는 막대의 눈금에 따라 시간을 측정하는 게 아니라 각도기처럼 눈금이 그어진 '사분면(quadrant)'을 이용해 태양의 그림자 각도를 측정했다.

매일 천문대 직원들은 당시치고는 첨단의 이 기계 시계를 정오에 관측된 시간으로 다시 맞추곤 했다(그들은 실제로 태양이 같은 고도에 있을 때 정오 직전과 직후의 시간을 측정했다. 실용적인 이유에서였다. 그 둘 사이의 시간은 정확히 정오에 관측된 시간이다).

그 시대 첨단의 기계 시계는 정확한 시간이 하루 약 5초 정도의 차이가 났지만 매일 태양의 고도를 살펴가며 정오의 시간을 재조정함으로써 5초의 오류를 넘지 않는 선에서 표준 시간을 유지할 수 있었다.

오늘도 쉬지 않고 째깍째깍 달리는 천문대 외벽의 시계는 그리니치 표준시를 온 세계에 전달한다. 런던 중심부에서 확연히 보이는 천문대 지붕 위의 거대한 붉은색 공은 매일 정오에 아래로 떨어져서 도시의 모든 사람들이 시계를 표준시에 맞추어 다시 설정할 수 있다. 이러한 전통은 숱한 사람들에 의해 면면이 이어오며 감성을 자극하고 있는데 아마 관광 상품으로서의 가치 때문이 아닌가 싶다. 124페이지에서는 이와 놀랍도록 유사한 현대 기술 시스템에 따라 시간을 업데이트하는 손목시계가 나온다. 이 시계의 오류는 1억 년에 1초에 불과하다.

태양의 위치를 따져 시간을 측정하는 데 가장 큰 문제는 실제 태양이 매우 크고 가장자리가 희미해 정확히 하늘 어디에 위치해 있는지를 파악하기 어렵다는 점이다. 그래서 1721년부터 1955년까지 태양이 어떤 특정한 별의 바로 위를 지나간 정확한 순간을 측정해 시간을 결정했다. 별은 너무나 멀리 떨어져 있어 지구에서는 매우 작은 빛의 점으로 보일 뿐이다. 때문에 하늘에서의 그 별의 위치는 정밀하게 측정할 수 있다. 트루톤이 개발한 10피트(약 3m)짜리 자오의(Troughton 10-foot Transit Instrument)는 원래 별을 이용하는 해시계다. 이 기구는 해의 그림자 대신 별의 빛을 측정한다.

해시계와 양초시계, 트루톤 자오의 등은 모두 시간을 재는 시계이지만 이 장에서 정의하는 의미의 시계는 아니다. 그러니까, 이런 종류의 시계들은 작동시키는 부품이 내부에 없다는 말이다. 시계의 부품이란 무엇을 말하는가? 고대의 시계에도 오늘날 현대의 기계 시계와 크게 다르지 않은 매우 복잡한 장치들이 존재했다(옆의 안티키테라 기계를 보라).

태엽이 없는 시계들을 충분히 다루었으니 덮어두고 이제 정말 시계다운 태엽시계를 살펴보자.

▲ 트루톤의 10피트짜리 자오의(子午儀) 그림

▼ 매일 정오 정각에 그리니치 천문대 꼭대기의 공이 떨어진다.

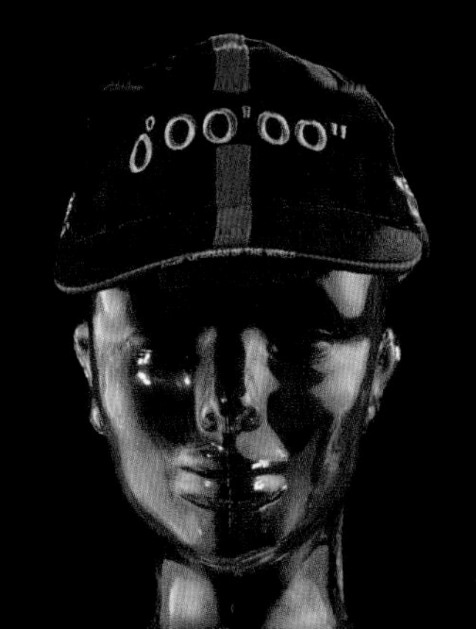

◀ 그리니치 천문대는 경도선(지구의 북극과 남극을 잇는 가상의 선)의 기원이라서 매우 오랫동안 유명세를 이어왔다. 1675년에는 선물가게가 있지는 않았겠지만 오늘날 천문대의 선물가게에서는 당신이 본초 자오선(경도 0도를 나타내는 선)에 서있는 날을 기념하는 이 모자를 살 수 있다.

안티키테라 기계의 복원

지금까지 발견된 고대의 유물들 중 가장 놀라운 것이다. 수백 개의 거대한 피라미드와 수천 개의 황홀한 고대의 조각품들이 있지만, 이 유물은 독특하고 고대 세계에서 발견된 다른 것들과는 다르다. 한 명 또는 여럿의 설계자들이 시대를 앞서가며 만들어낸 작품인 것 같은데, 당시 사람들에게는 마술처럼 보였을 게 분명하다. 이후 1,500여 년 동안 이만큼 정교하게 가공한 기술은 나타나지 않았다.

바로 안티키테라 기계이다. 1901년에 난파선에서 발견되었는데, 적어도 2,000년 전의 것으로 추정된다(아래 사진은 바다 밑바닥에서 발견된 것을 조심스럽게 엑스레이로 분석한 뒤 컴퓨터로 복원한 모형이다. 원본 기계는 매우 부식되고 잡다한 해초들로 덮여 있었다).

이것은 시간을 알려주는 도구가 아니라 기술적으로 시계라고 할 수 없다. 오히려 기계식 달력 또는 천문학적 예측 기계에 가깝다. 서로 연결된 수십 개의 기어를 사용해 표면의 다이얼과 포인터에다 수십 년 동안 태양과 달의 움직임을 보여주고, 일식을 예측하고, 고대 올림픽의 날짜를 기록해 놓았다.

안티키테라 기계는 시계가 아니지만 기계 시계의 특징을 지녔다고 할 수 있다. 기어와 스프링, 휠, 레버, 다이얼 등의 의미를 품고 있는 시계태엽으로 가득 찬 기계 말이다.

추시계

아주 유용한 최초의 기계 시계는 똑딱 똑딱 소리를 내는 추시계였다. 추를 이용해 시간을 측정하는 방법이 나오면서 시계의 정확성은 몰라보게 향상되었다. 밤새 15분 정도 발생하던 오차를 하루에 10초 정도로 개선시킨 것이다.

클래식한 프랑스의 옛 디자인을 모방한 이 중국 제품은 '시계태엽'의 작동원리를 잘 보여주고 있다. 서로 겹쳐져서 동시에 움직이는 기어들. 상당히 복잡해 보인다. 이런 모습을 이해시키기 위해서 특별히 시계를 펼쳐 모형도를 만들었다.

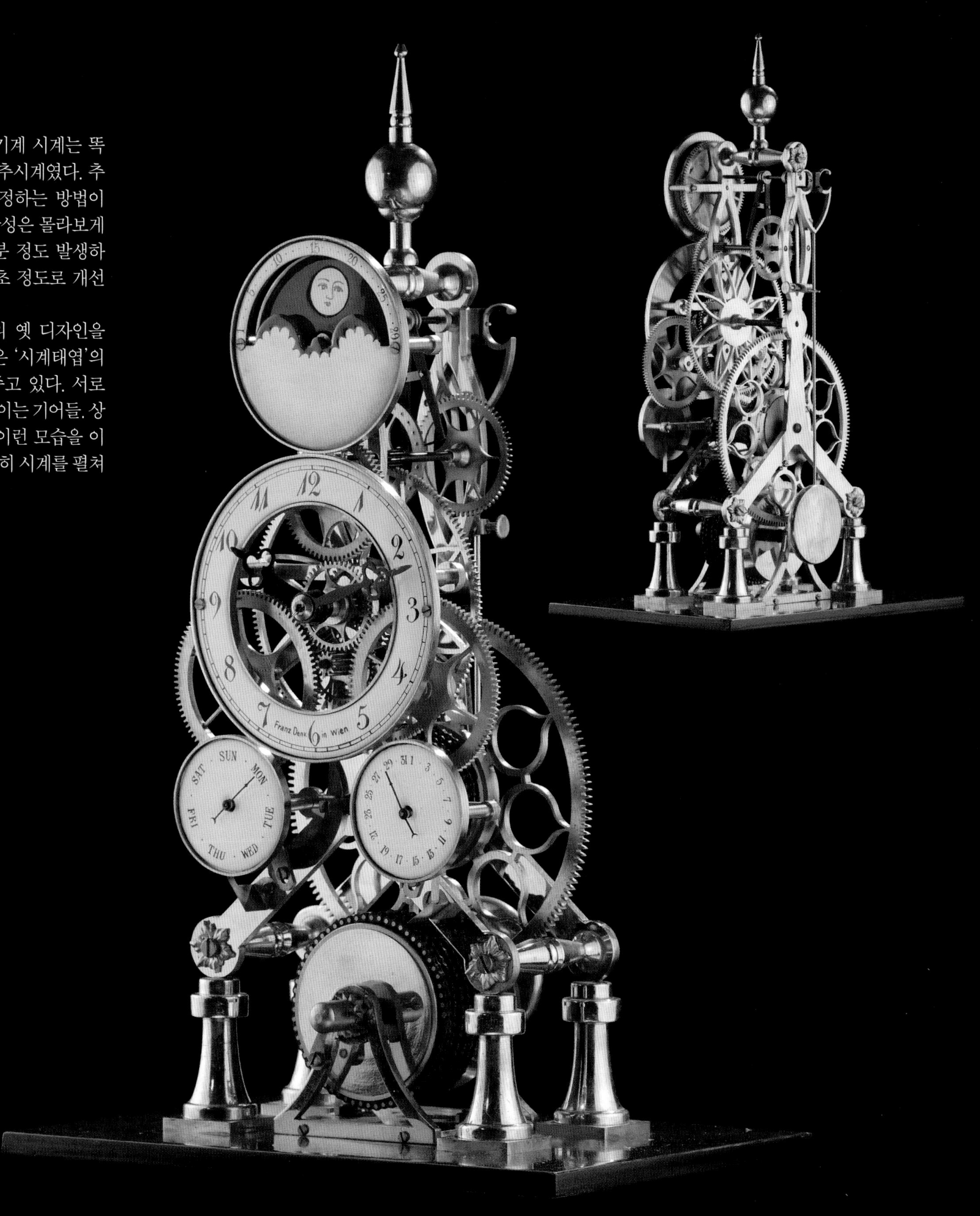

21세기에 태어난 사람들을 위해 구식 시계들을 조금 살펴보는 것으로 시작하자. 아래 그림은 보통 시간의 상징으로 인식되고 있는 시계의 앞면이다. 여기에는 3개의 '침'이 있다. 이것들은 모두 동일한 중심점을 기준으로 회전한다. 표면에는 두 종류의 표시가 있다. 60개의 작은 표시는 초와 분을 나타내고 12개의 큰 표시는 시간을 나타낸다. 이 시계의 시각은 지금 10시 14분 35초이다.

시계의 세 침은 모두 같은 중심점을 회전하고 있지만 도는 속도는 서로 다르다. 분침이 초침보다 60배 더 오래 걸리고 시침은 분침보다 12배 더 느리다. 시침이 한 번 회전할 때마다 초침보다 약 720배 오래 걸린다. 이렇게 속도 차이가 크게 나는 것은 시계 뒤 기어들의 무게가 서로 달라 발생한다.

로마 숫자로 적혀 있는 큰 표시는 시간을 나타낸다.

보통 번호가 쓰여 있지 않은 작은 눈금 표시들은 분과 초를 나타낸다. 각 시간의 표시가 5분(분침) 또는 5초(초침)의 간격에 해당한다는 것을 알아채리라 본다. 원의 4분의 1은 15분 또는 15초를 나타낸다.

'시침'은 시간당 하나의 큰 눈금만큼 앞으로 이동하고 한 바퀴 도는 데 12시간이 걸린다. 지금 시침은 10에서 11 사이의 4분의 1 지점에 위치해 있다. 10시에서 14분 35초가 지났기 때문이다.

'분침'은 1분마다 작은 눈금만큼 앞으로 이동하고 한 바퀴를 도는 데 1시간(60분)이 걸린다. 지금 분침은 14분과 15분의 절반 지점 정도를 가리키고 있다. 14분에서 35초 정도가 지난 상태이기 때문이다.

'초침'은 매초 작은 눈금 하나만큼 '시계 방향'으로 이동하며 한 바퀴를 도는 데 1분(60초)이 걸린다. 지금 초침은 35초를 가리키고 있다.

▲ 오늘날 휴대폰의 앱 중에 사람들이 지난 20여 년간 거의 쓰지 않고 이제는 거들떠 보지 않는 시계의 모양이 있다는 게 흥미롭다(이름이 전화기인 기기에 또 다른 전화기 앱이 존재한다는 것 또한 흥미롭다. 하지만 사실 전화는 휴대폰에서 사용빈도가 가장 적은 기능 중 하나이다).

아래 그림은 추시계의 부품들을 옆으로 펼쳐 각각의 부품을 개별적으로 보고 이해할 수 있게 한 모형이다. 보통 하나의 시계에 3개의 침이 있는데 마치 3개의 시계가 있는 것처럼 보인다. 하나는 초를 나타내고, 그 다음 하나는 분을 나타내며, 마지막 하나는 시간을 나타낸다. 지금부터 이 시계의 개별 부품들을 자세히 살펴보자.

이 기어 체인은 시계의 세 침이 서로 맞물려 각자가 정확한 속도로 회전하게 한다. 기어의 탈진기(escapements)가 정확한 속도로 째깍 째깍 움직이면 시계의 나머지 부분들 또한 완벽하게 따라 움직인다. 기어가 놀라운 것 중 하나는 미끄러지지 않는다는 사실이다. 초침을 백만 번 돌리더라도 무엇이 부러지지 않는 이상 정확하게 올바른 위치를 유지한다(백만 번이라는 횟수는 너무 큰 것 같아 보이지만 실제로 백만 초는 694일이다. 시계가 정상적으로 작동하면 2년이 채 되지 않는다).

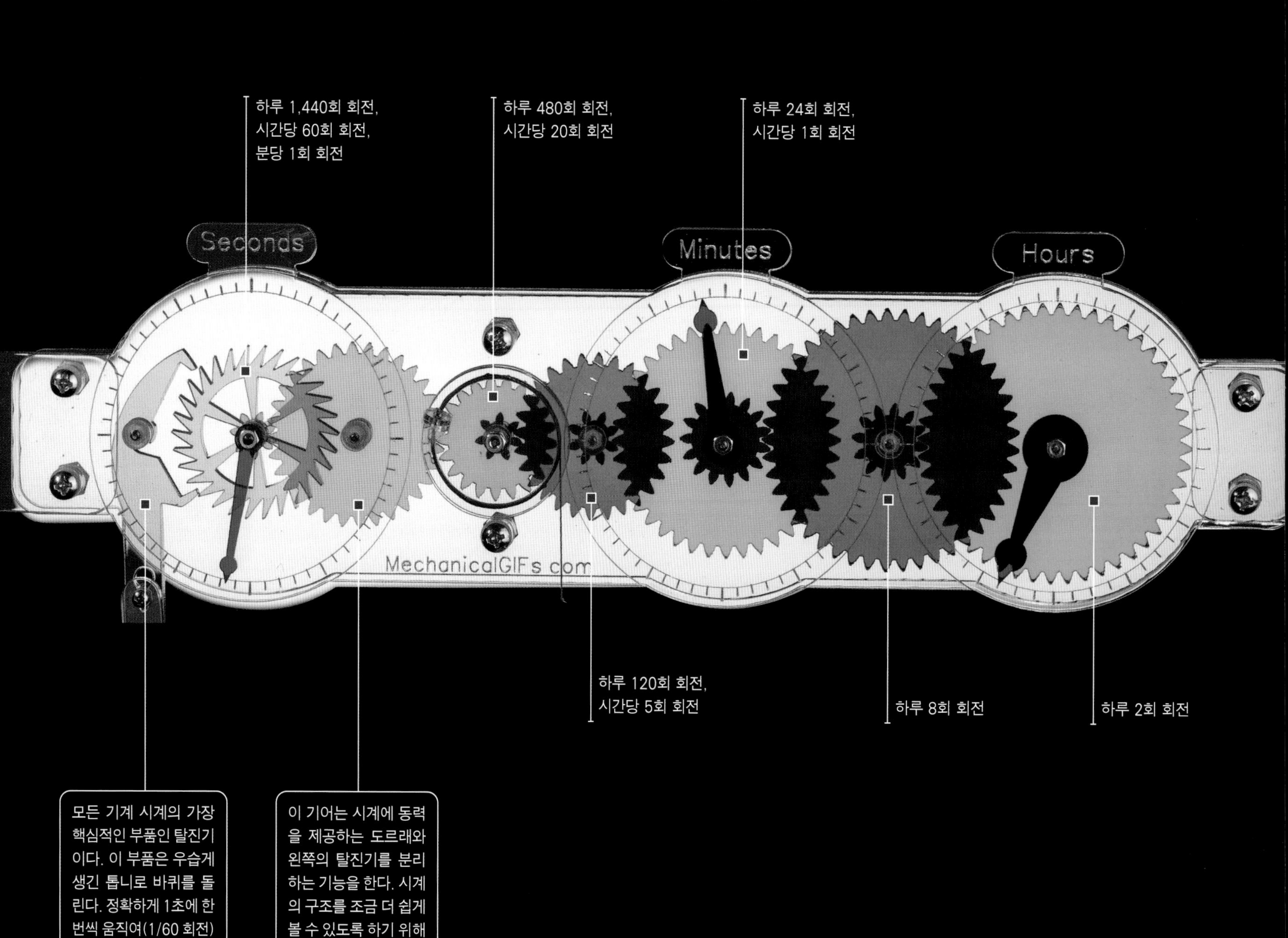

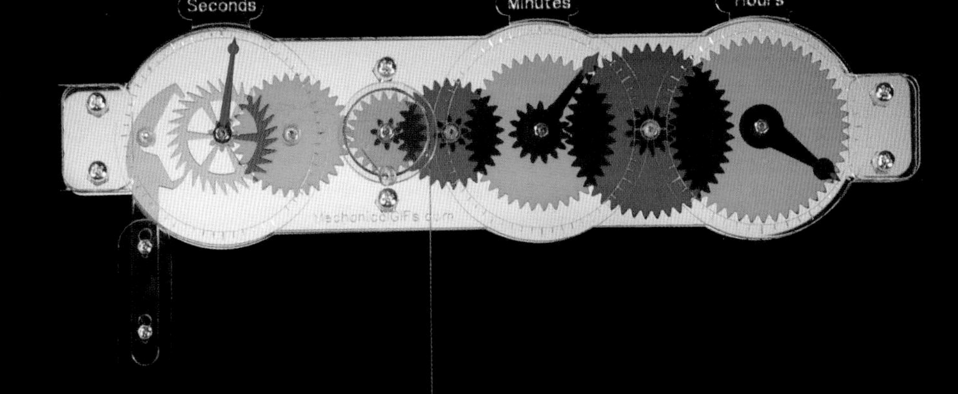

▶ 이 작은 기어는 10개의 톱니를 가지고 있고 큰 기어는 30개의 톱니가 있다(3배). 작은 기어가 한번 돌아가면 맞물려 있는 큰 기어에는 10개의 톱니가 지나갔을 것이다. 하지만 큰 기어는 더 크고 톱니가 3배나 더 많기 때문에 1/3 정도만 회전한다. 작은 기어를 세 번 완전히 돌려야만 큰 기어가 한 번 돌아간다는 계산이 나온다. 이를 두 기어 사이에 3 대 1의 기어 비율이 있다고 표현한다.

이 슬라이딩 조인트(sliding joint)는 시계의 속도를 미세하게 바꿀 수 있게끔 추의 길이를 조정한다. 실제로 추의 길이가 소수점 이하 몇 mm만 잘못되어 있어도 매주 몇 분 정도의 오차가 생길 수 있다.

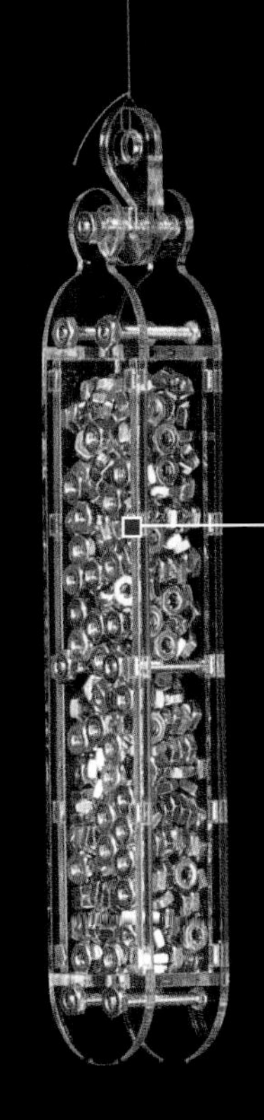

추는 시계에 에너지를 공급한다. 초침이 1개의 눈금(notch)을 건드릴 때마다 도르래가 아주 조금 회전하면서 무게를 조금 낮추고 약간의 위치 에너지를 방출한다. 추가 바닥에 도달하면 (보통 며칠에서 일주일 후) 시계를 다시 감아서 위로 올려야 한다. 주로 납 펠릿이나 단단한 납 또는 주철로 채워진 황동 실린더가 시계의 추로 사용된다. 나는 많이 갖고 있던 6번 육각형 너트를 실린더에 채워 시계의 추를 만들었다.

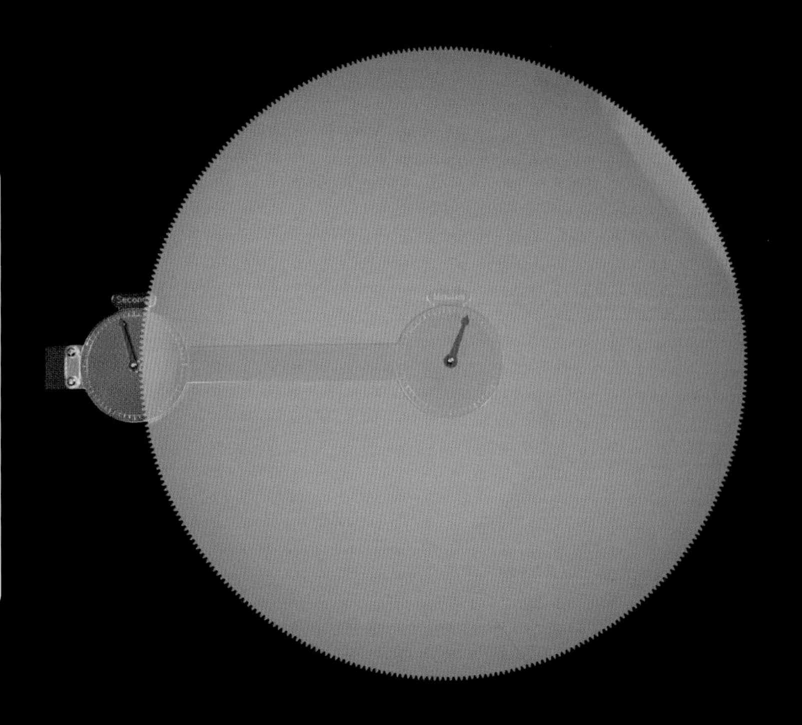

▲ 시계에서 초침과 분침 사이의 기어비는 60대 1이어야 한다(분침은 초침보다 60배 느리게 회전한다). 초침에 6개의 톱니(가능한 가장 작은 톱니 수)가 있는 기어를 사용한다면 분침은 6x60=360개의 톱니를 가져야 하는데, 이 경우 상당히 비정상적으로 커야 하기 때문에 좀 이상하게 보일 수 있다. 이런 방식에는 또 다른 문제가 있다. 두 기어가 서로 맞물리면 서로 반대 방향으로 회전한다. 그러니 초침이 앞으로(시계 방향으로) 이동하는 경우 분침은 뒤로(시계 반대 방향으로) 이동해야 한다. 이런 문제를 해결하기 위해 복합 기어 체인을 사용한다.

추의 끝에 달린 무거운 부분을 밥(bob)이라고 부른다. 이것이 매초마다 한 번씩 추의 중간을 지나서 좌우로 진자 운동을 한다(한 번 지나갔다 돌아오는 데 2초가 걸린다). 추가 흔들리는 시간은 추의 길이의 제곱근에 비례한다. 즉 추를 네 배로 늘리면 흔들리는 시간은 두 배가 된다.

복합 기어 체인

복합 기어 체인의 핵심 아이디어는 다음과 같다. 하나의 작은 기어와 큰 기어는 하나의 차축에 서로 고정된다. 그것들은 견고하게 연결되어 있어 항상 같은 속도로 회전한다. 하지만 다른 기어들은 서로 다른 수의 톱니를 지녀 이 2개의 기어와 맞물리는 경우 회전 속도가 다르게 된다.

앞의 예시와 같이, 대부분의 시계는 초에서 분까지 2단계 기어 체인을 사용하지만 이것이 물리적으로 만들어 낼 수 있는 가장 작은 기어 세트는 아니다. 한 단계 더 나아가 3단 기어 체인을 이용하면 훨씬 더 작은 크기의 디자인을 할 수 있다. 아래 그림은 앞 페이지에 펼쳐진 시계 모형의 일부로 초침과 분침을 연결하는 기어 부분만 간단하게 보여주기 위해 발췌했다. 초침에 연결된 첫 번째 기어는 7개의 톱니를 가진다. 이것은 회전의 방향을 반대로 돌리기 위해 사용되는 다른 7톱니기어에 맞물린다(다른 톱니가 반대 방향으로 도는 것을 막기 위해). 이 두 번째 톱니는 21개의 톱니를 가진 기어와 맞물린다. 그러면 회전 속도가 3대 1 비율로 감소된다(21/7=3). 21톱니기어는 같은 축 위의 7톱니기어에 연결되고 그 톱니기어는 이어 28톱니기어에 연결된다. 그렇게 4대 1 감속이 일어난다(28/7=4). 28톱니기어는 8톱니기어와 같은 축에 위치하고 그것은 40톱니기어에 맞물린다. 이렇게 5대 1 감속이 일어난다(40/8=5). 이것들을 다 곱하면 60대 1의 감속이 일어나게 된다(3×4×5 = 60).

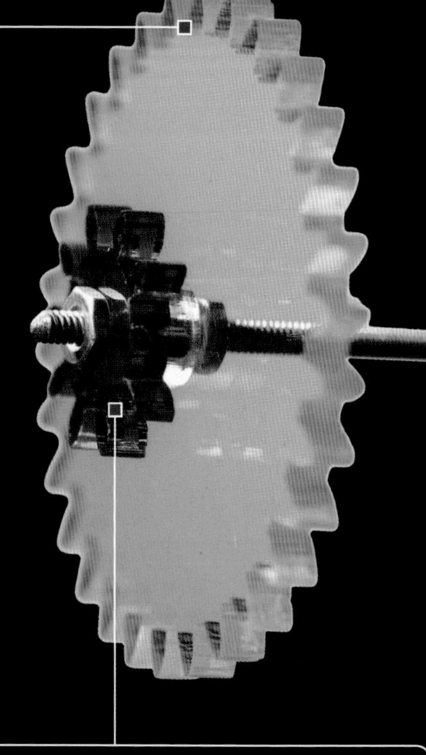

이 기어에는 30개의 톱니가 있다. 한 번 회전하려면 접촉점에서 30개의 톱니를 거쳐야 한다.

이 기어에는 10개의 톱니가 있다. 이 기어가 한 번 회전하면 맞물려있는 커다란 30톱니기어는 30개만큼 움직여야 한다. 이 두 조합이 기어의 속도를 3분의 1로 줄이는 역할을 한다(30/10=3).

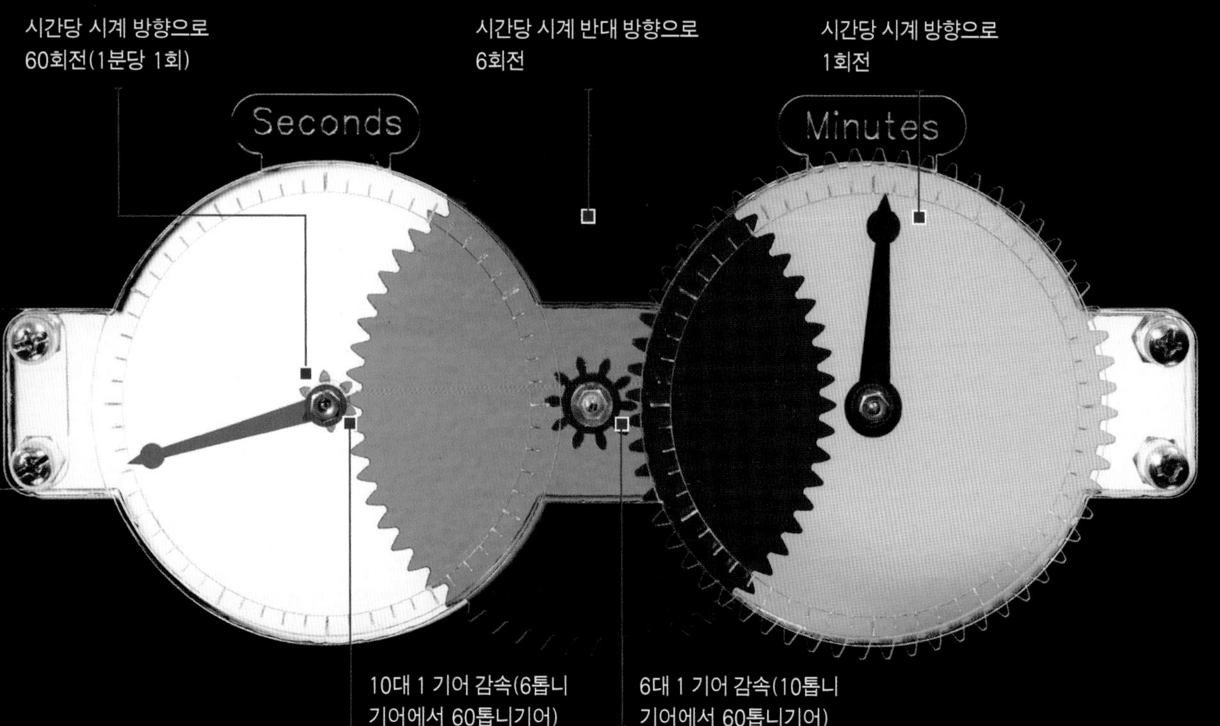

시간당 시계 방향으로 60회전(1분당 1회)

시간당 시계 반대 방향으로 6회전

시간당 시계 방향으로 1회전

10대 1 기어 감속(6톱니 기어에서 60톱니기어)

6대 1 기어 감속(10톱니 기어에서 60톱니기어)

◀ 이러한 기어 배열을 통해서 더 적은 공간에서 동일한 60대 1 기어비를 달성하고 두 침을 모두 같은 방향으로 움직이게 할 수 있다. 초침은 6톱니기어에 연결되어 있고, 이 기어는 60톱니기어에 맞물려 있다. 그 결과로 커다란 기어는 작은 기어보다 10배 느리게 회전하게 된다. 이 60톱니기어는 10톱니기어와 같은 축에 위치하고, 10톱니기어는 두 번째 60톱니기어에 맞물려서 6배의 감속을 이끌어낸다. 그 두 맞물린 톱니들이 합쳐져서 총 10×6=60배로 속도를 떨어뜨린다. 또 다른 배열로 다소 다루기 불편한 6톱니기어를 피해 흔히 사용하는 방법이 있다. 8대 60 톱니 비율(7.5배 감속)과 8대 64 톱니 비율(8배 감속)을 함께 사용해 7.5×8=60배의 감속 효과를 얻는 것이다.

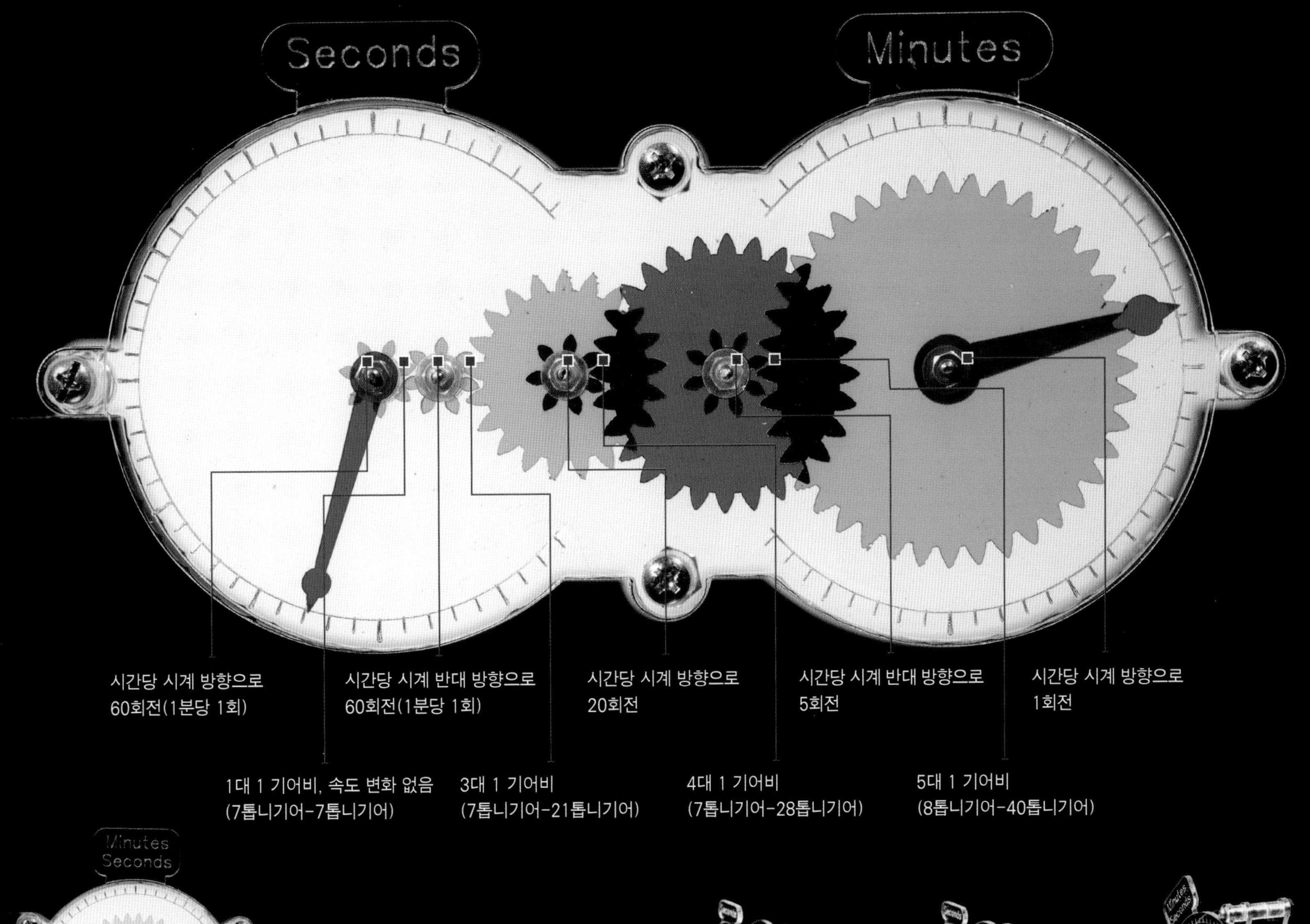

◀ 포개진 기어 체인

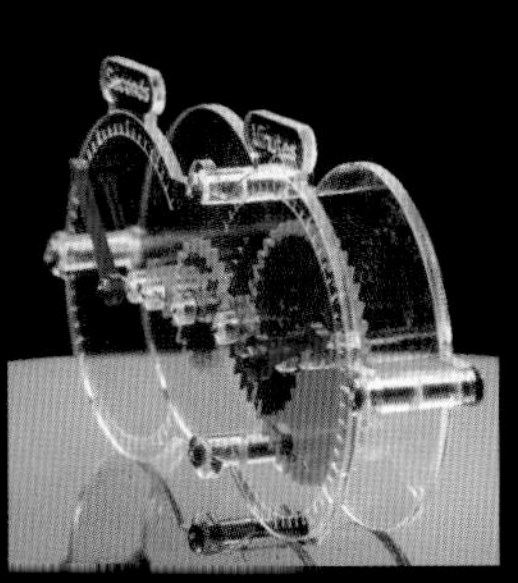

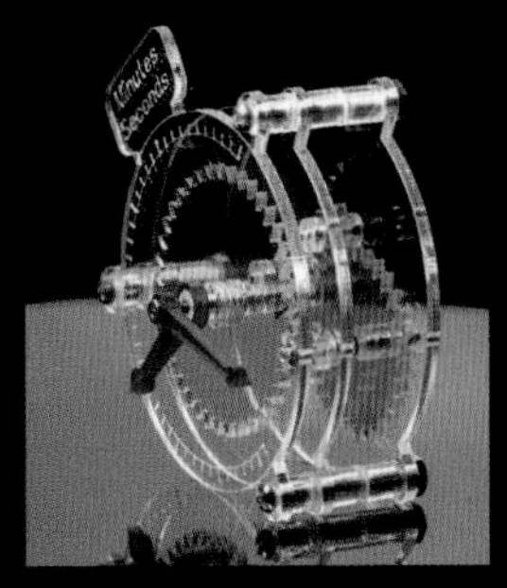

실제 시계의 60대 1 기어 체인은 자체를 포개서 분침과 초침을 같은 위치에 놓아야 한다. 조침과 분침은 텅 빈 축을 통과하는 중심축들에 각기 연결되어 있고 독립적으로 회전할 수 있게 되어 있다(시침은 이 모델에 포함되지 않았지만 분침의 텅 빈 축에 추가로 연결된다). 이 모델은 위의 모델과 정확하게 동일한 기어 체인을 사용하지만 모두 다 겹쳐져 있어 더 이해하기가 어렵다. 여기에다 시침까지 더하면 그림이 아주 복잡해져 이해하는 데 전혀 도움이 되지 않는다.

혼란스러워 보이는 것 말고도 기어 체인을 포개서 겹쳐놓으려면 더 많은 층(layer)이 필요하기 때문에 추가적인 비용이 발생한다. 한 기어의 축이 다른 기어의 영역으로 이어질 때마다 베어링은 별개의 층에 위치해야 한다. 앞 페이지의 복잡한 시계 모델에서는 서로 곱해서 총 비율을 끌어내는 기어 쌍의 비율들을 구하는 것뿐만 아니라 각각의 기어가 이전보다 조금 더 커지면서 포개져 층 안에 장착될 수 있음을 드러내는 데 많은 시간을 할애했다. 그것은 시계를 좌우로 넓게 펼쳐 놓은 그림이라서 쉽게 볼 수 있었지만, 모든 기어들이 중앙에 몰려 있는 상태에서는 쉽게 이해하기가 어렵다.

탈진기(Escapements)

시계의 탈진기는 두 가지 기능을 한다. 추가 왔다갔다 흔들릴 때마다 톱니 탈진기가 정확하게 하나의 표시만큼 회전하고(시간 보존 기능), 추가 계속 흔들리게끔 약간씩 밀어주는 역할을 한다(그렇지 않는다면 추가 결국 멈추게 된다).

초창기 추시계의 탈진기들은 이 두 기능을 '팔레트(pallets, 탈진기 바퀴와 맞닿은 고정장치[anchor] 두 끝의 각진 부분)'에다 결합해 놓았다. 기능을 결합한다는 것은 팔레트의 모양이 시간을 보존하는 기능과 추를 계속 흔들도록 힘을 전달하는 기능을 모두 수행하게끔 되어 있어야 한다는 것을 뜻한다. 아래의 정확도가 높은 직진식(deadbeat) 탈진기는 1675년 개발된 디자인이다. 이후 40여 년간 유명세를 얻었고, 300여 년이 지난 오늘날에도 대부분의 추시계에 쓰이고 있다.

추가 한쪽 끝에 다다를 때 탈진기 바퀴의 톱니가 탈진기 우측 패들의 외부 곡면에 닿게 된다. 이 표면은 추의 중심점에 따라 형성되는 원의 호다. 추가 이동하더라도 표면에서 중심점까지의 거리가 변하지 않기 때문에 탈진기의 바퀴가 고정된다.

추가 궤적의 중심에 위치하는 순간 탈진기 바퀴의 톱니는 이 짧고 각진 표면을 밀어낸다. 그때 발생하는 회전력으로 인해 추가 앞으로 밀려나게 된다.

추가 흔들리는 궤적의 끝에 위치했을 때 다른 팔레트는 탈진기 바퀴의 다음 톱니와 닿게 되는데 이때 굽은 표면에 미끄러지면서도 바퀴는 회전하지 않고 유지된다.

시계는 정확도가 생명이다. 좋은 시계라고 부를 만한 수준의 정확도는 에러를 일으킬 소지가 있는 부분이나 메커니즘을 엄격하게 제거해야 하고, 그러한 이유에서 탈진기를 정확하게 설계하는 것은 매우 중요하다. 오차가 한 달에 1초 정도에 불과한 정확한 시계를 만들고자 한다면 2,592,000번(한 달에 해당하는 초의 수)에 한 번씩 오차가 나는 수준의 정확도가 담보되어야 한다. 이런 정도의 정확도는 기계치고는 매우 높은 편이다!

오늘날에도 그런 시계는 존재한다. 런던의 그리니치 천문대에서 재현한 존 해리슨(John Harrison, 1693~1776)의 '시계 B(Clock B)'이다. 이 시계는 현존하는 가장 정확한 기계 시계로 6개월마다 1초, 즉 15,552,000초마다 한 번씩 오류가 난다. 이처럼 아주 정확한 시계를 만들려면 탈진기 또한 한 차원 도약해야 한다.

마찰력은 내구성이나 정확도와 상극이다. 패들(paddle)이 탈진기 바퀴의 톱니와 역행하며 미끄러질 때 만나는 지점이 하나 있다는 점에 유의하라. 추가 중앙에 왔을 때 이 바퀴가 충분한 회전력(torque)을 가지려면 그 만나는 지점에서 톱니와 패들을 함께 억제하는 어떤 힘이 존재해야 한다. 이는 결코 바람직하지 않은 현상이다.

불가능해 보이겠지만, 어떤 하중이 가해지더라도 톱니와 패들이 마찰력을 만들어내지 않는 탈진기를 생각해 볼 수 있다. 결론은 마찰력과 무관한 시계운동이다.

추가 다른 방향으로 돌아가는 동안 중간 지점에서 팔레트가 다시 밀리기 때문에 반대 방향으로 약간 밀리게 된다.

존 해리슨은 항해용 시계에 사용하기 위해 이 우아하고 놀라운 '메뚜기 탈진기'(메뚜기 발이 움직이는 것처럼 보여 붙여진 이름-옮긴이)를 발명했다(아래를 참조). 이 탈진기는 마찰력 없이 작동하는데 톱니와 패들을 함께 억제하는 힘이 없는 경우를 제외하고는 어떤 부분도 미끄러지지 않는다.

메뚜기 탈진기 모형

두 팔들은 교대로 작동하며 서로를 풀어놓는다. 한 팔은 탈진기 바퀴의 톱니 중 하나가 약한 압력을 가하기 때문에 그 자리에 고정되어 있다. 다른 팔이 움직이면서 탈진기 바퀴를 약간 뒤쪽으로 회전하게 되면 첫 번째 팔이 맞닿아 있는 톱니에 마찰하지 않고 미끄러지게 된다. 그 후 양 팔이 번갈아 가면서 이 과정을 반복하게 된다. 놀랍게도 하중을 받을 때는 회전하는 이 두 팔을 연결하는 베어링들이 움직이지 않고, 두 팔을 고정시킨다. 하중을 받지 않을 때에만 두 팔이 움직이게 된다.

이 단순한 직진식 탈진기는 기발하지만 좀 더 파고들어가 보면 상당히 이해하기 쉽게 작동한다. 메뚜기 탈진기는 완전 다른 차원의 발명품이다. 탈진기가 마찰 없이 작동할 수 있다는 것을 이해하려면 어느 정도 공부를 해야 한다. 이것을 맨 처음 발명한 디자이너 해리슨이 얼마나 대단한 사람인지 알 수 있다.

해리슨 H1 시계

바다를 가로 질러 항해하는 요트가 어느 정도 항해를 예측하려면 자신의 위치를 몇 마일 수준의 오차 내에서 측정할 수 있어야 한다. 영국의 함대는 그러한 기능이 없어 너무나 많은 배들을 잃었고, 1714년에는 영국 정부가 이 문제를 해결할 사람이 나타나면 상을 주겠다고 공언했다.

당신이 정확한 시계를 가지고 있다면 그 시계를 이용해서 지구 어디에서나 자신의 위치를 알 수 있다는 사실은 잘 알려져 있었다. 시계가 1분 달라질 때마다 약 16마일(25km) 더 이동한다. 당신이 1700년대에 살고 있었다면 2~3개월의 항해 기간 동안 1분 정도 오차가 나는 정확한 시계를 만들어 이 문제를 해결한 뒤 은퇴하고 편안하게 살 만큼의 상금을 받을 수 있었을 것이다.

당시 흔히 사용된 추시계는 작은 문제 하나를 제외하고는 아주 정확했다. 바로 배에서 사용할 수 없었다는 것이다. 배에서 미세한 움직임이 일어날 때마다 추의 흔들림은 육지에서와 완전히 달라지기 때문이었다.

이 문제를 해결한 사람은 수십 년의 노력을 기울여 기발한 공학적 통찰력을 발휘한 존 해리슨이었다. 그는 많은 사람들의 존경을 받았고 노후를 풍요롭게 보낼 만큼 제법 많은 상금을 탔다.

해리슨의 첫 번째 아이디어는 중력에 의해 흔들리는 추를 매우 정교한 코일 스프링을 사용해 앞뒤로 밀리는 아령 모양의 추로 바꿔놓는 것이었다. 공 모양의 추는 어떤 움직임의 상황에서든 완벽하게 균형을 잡기 때문에 시계가 흔들려도 회전력에 영향을 받지 않았고, 배가 아무리 빨리 달려도 마찬가지였다.

아래의 해리슨 'H1' 항해용 시계는 런던 그리니치 천문대 박물관에 보존되어 있다. 아름다운 작품이지만, 해리슨은 상금을 탈 만큼 충분하다고 생각하지는 않았던 모양이다. 그는 무거운 추로 움직이는 시계를 버리고 완전히 다른 유형의 시계를 디자인하게 된다. 바로 오늘날의 기계식 손목시계이다.

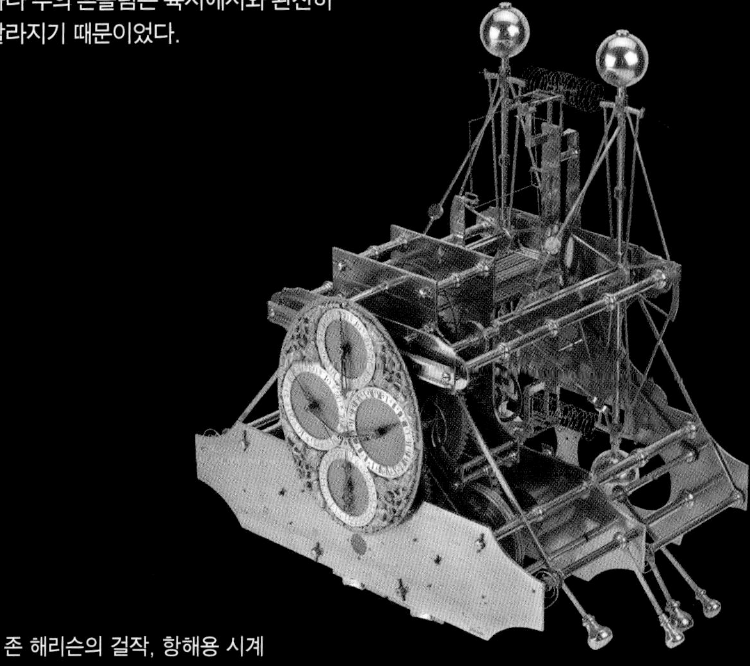

존 해리슨의 걸작, 항해용 시계

시계는 매우 작은 부품들로 가득 차 있다. 88페이지에서 시계 내부를 투명하게 드러내기 위해 부품마다 레이저로 절단한 견본을 만들어야 했다. 대부분 부품들은 만들기가 상당히 쉬웠다. 예를 들어, 온라인 도구로 파일을 다운받아 자동으로 생성된 기어 모양을 레이저 커터로 직접 절단할 수 있었다. 이 도구를 사용하면 각 기어에 필요한 톱니의 계산이 가능하다. 나머지 부품들은 모양을 쉽게 그릴 수 있어서 내가 좋아하는 CAD프로그램으로 디자인했다.

하지만 탈진기는 악몽과도 같았다.

우선 탈진기 그림을 그리는 것으로 작업을 시작했다. 하지만 탈진기가 제대로 작동하지 않았고, 이렇게 저렇게 방법을 바꿔가며 만들려고 했으나 상황은 더욱 악화되는 것 같았다. 나는 시계가 째깍거리는 사이 탈진기에 바퀴가 자유롭게 회전하게 두거나(좋지 않음) 바퀴를 아예 잠가버리는(더 좋지 않음) 눈으로는 확인하기 어려운 제약들이 가해지고 있음을 알지 못했다.

공학적 문제를 해결하려고 할 때는 두 가지 접근방식이 있다. 하나는 문제의 메커니즘을 제대로 이해하지 못한 상태에서 객관적으로 성공할 때까지 이것저것 시도해보는 것이다. 또 다른 방법은 수학적으로 상황을 분석한 뒤 올바른 해결법을 계산해내는 방식이다. 이는 제대로 활용할 수 있다면 더 신뢰할 만한 기법이다.

물론 수학과 계산을 동원하는 게 더 나은 방식이라고 말하는 것처럼 들릴 수도 있겠다. 하지만 이것저것 가리지 않고 시도해보는 것 또한 가치가 있다. 계속된 시도와 실패를 통해서 상황의 변수들에 대해 많은 것을 배울 수 있고, 실패 또한 불가능과 가능의 경계를 드러내고 그를 통해 지식을 터득할 수 있다(때때로 쉬운 문제들을 단순하게 해결하는 경우도 있다).

탈진기는 분명 쉽게 해결할 문제가 아니었다. 시도하던 것을 멈추고 직진식 탈진기의 이론과 올바른 기하학적 구조를 공부하기 전까지는 아무것도 제대로 할 수 없었다. 그런 정보와 약간의 직관적 시도를 통해 세 번 만에 올바른 레이저 절단 너비를 구했고(이번에는 제대로 모양에 대해서 공부한 뒤 시도했다), 완성한 탈진기는 이전에 시도했던 모든 탈진기들보다 더 잘 움직였다. 또 대여섯 번의 시도 후 제법 잘 작동하는 탈진기를 만들었고, 어떤 부분을 어떻게 바꾸는 것이 탈진기의 움직임에 어떻게 영향을 미치는지 더 잘 이해하게 되었다.

내 스스로 좋은 탈진기를 디자인할 수 없었던 것이 약간 언짢았다. 하지만 최초의 기계식 탈진기가 발명되고(1275년의 굴대 탈진기[verge escapement]) 정말 정확한 시계에 사용된 탈진기(1657년의 앵커 탈진기[anchor escapement])가 발명되기까지 400여 년이 걸렸다는 사실에 위안을 얻었다. 이후 내가 만들려고 한 직진식 탈진기가 발명되기까지는 18년이 걸렸다. 내가 레이저 커터를 사용해서 하루 반나절 동안 탈진기를 완성하지 못한 것은 그리 놀랄 일 같아 보이지는 않는다.

▶ 슬프게도, 저자가 만든 실패작들

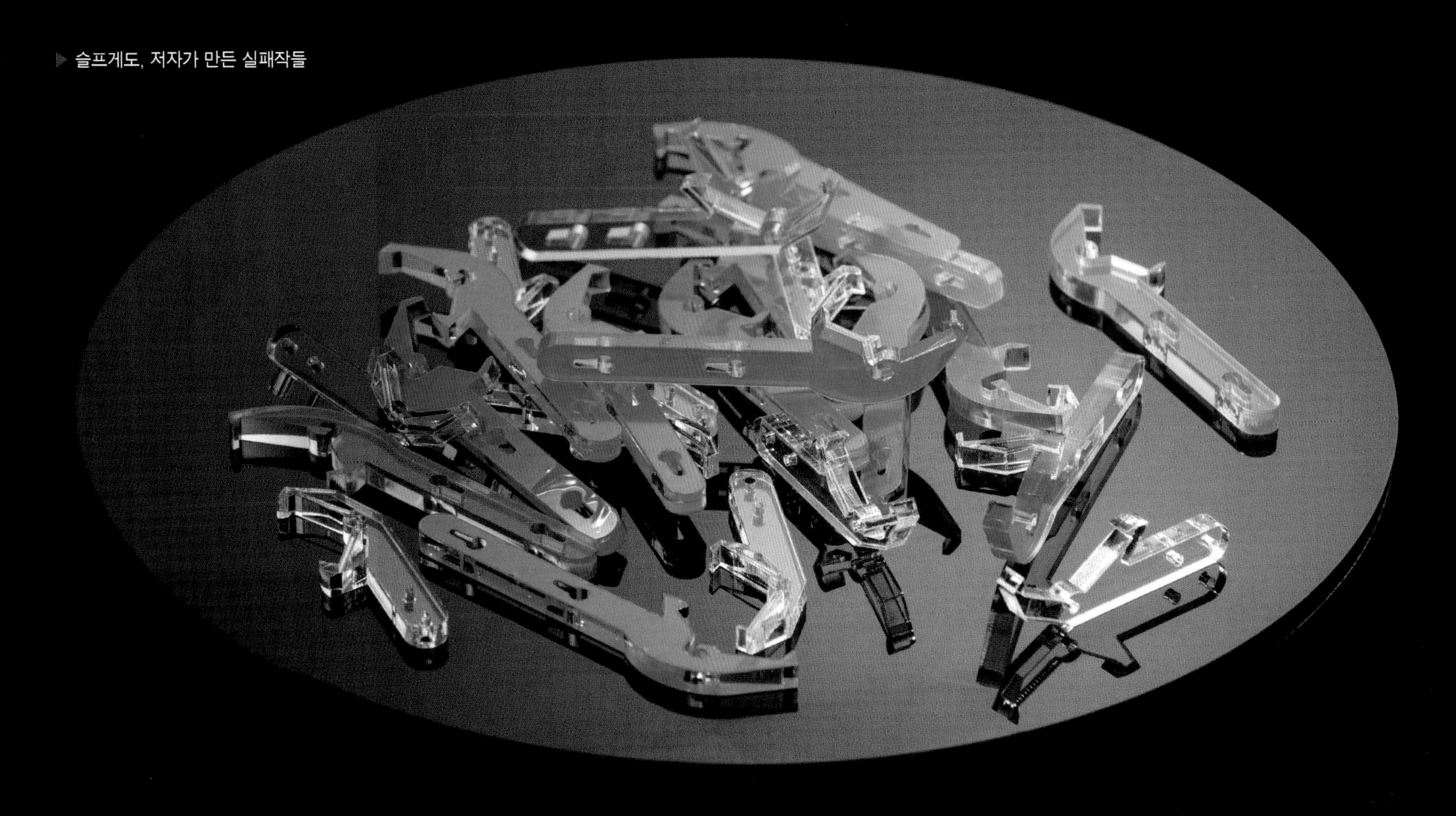

이제 시계의 작동 부분을 살펴보았으니 몇 페이지 전에 다루었던 아름다운 시계를 다시 보고 제대로 이해하고 있는지를 확인해보자.

칼과 모루 모양의 중심점(오래된 저울에서 볼 수 있는 것과 다르지 않다, 168 페이지)이 추를 매달고 있다.

탈진기 앵커

톱니 대신 핀을 사용한 탈진기 바퀴

이 핀은 추의 움직임을 탈진기 앵커로 전달하게 된다.

시계에 에너지를 공급하기 위해 무게를 가하는 방법 외에 코일 스프링(이 깡통 안에 숨겨져 있다)을 사용할 수 있다. 스프링이 풀리는 힘으로 시계가 작동한다.

탈진기가 추에 작은 추진력을 가할 때마다 추의 움직임이 약간 빨라진다. 따라서 시계가 정확하게 시간을 유지하기 위해서는 탈진기가 미는 강도를 최대한 일정하게 유지해야 한다. 그러나 스프링이 풀릴 때마다 조금씩 약해져 스프링의 상태에 따라 시계가 더 빨리 또는 느리게 작동할 수 있다.
'퓨즈(원뿔 모양의 도르래)'를 사용해 이 문제를 보완할 수 있다. 체인이 퓨즈에서 풀릴 때 더 큰 직경의 원 끝 방향으로 천천히 움직인다. 그 지점에서 체인은 스프링에서 감소하는 힘을 상쇄시킬만한 더 많은 지렛대의 기능을 하게 된다.

이 체인은 자전거의 체인과 매우 유사하다. 나는 언젠가 같은 체인을 만드는 곳을 찾았다가 깜짝 놀란 적이 있다. 104페이지에서 그 이유를 알 수 있을 것이다.

광택이 나는 이 '밥(bob)'은 무거워서 그 탄력이 마찰로 생기는 그 어떤 문제도 해결할 수 있다. 밥의 무게는 추가 흔들리는 속도(추의 길이에 반비례한다)에 영향을 미치지 않지만, 밥이 무겁고 추가 더 길수록 시계는 더 정확하게 작동한다.

할아버지의 괘종시계

고풍스런 괘종시계는 최근에 만들어진 것(1996년 제품)일지라도 너무나 아름다운 물건이다. 멋진 목공예와 화려한 다이얼, 윤이 나는 황동 추, 그리고 15분마다 울리는 종소리 등 이 모든 게 합쳐져 아름다움을 자아낸다. 이 시계의 추 길이는 약 1m(3피트) 정도다.

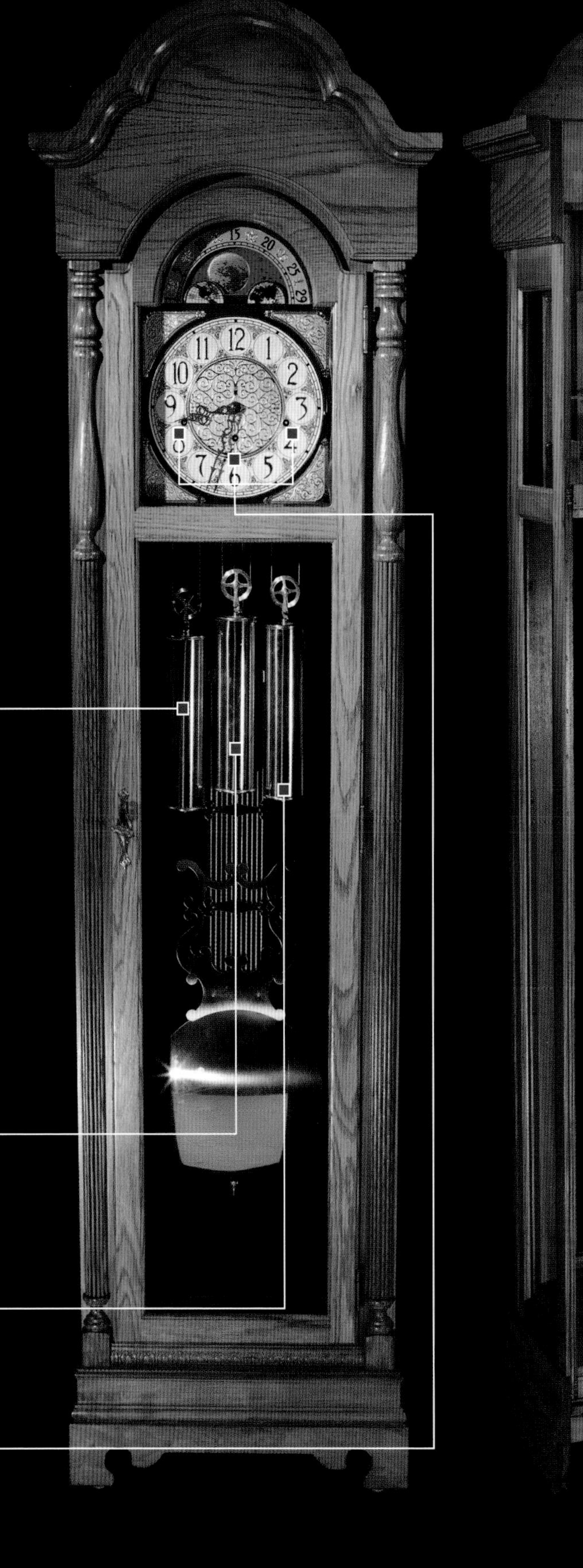

이 추는 15분마다 한 번씩 아름다운 종을 울린다.

이 추는 시간을 유지하는 메커니즘의 동력이 된다. 스프링과 다르게 매달린 밥의 무게가 변하지 않기 때문에 시계를 움직이는 힘을 일정하게 한다. 따라서 퓨즈(앞 페이지 참조)가 필요 없다.

이 추는 한 시간마다 종을 울린다.

탈부착 가능한 핸들이 이 3개의 구부러진 줄감개로 매주 추들을 다시 위로 들어 올린다.

◀ 이 시계의 종(벨) 소리는 내부의 복잡한 시계태엽들에 의해 구동되는 작은 망치가 긴 스프링 철 막대를 때리면서 발생한다. 상당히 오랫동안 시계 기어를 공부했지만 여전히 어떻게 15분마다 4에서 16음표의 소리가 나고 매시간마다 종이 울리는지는 잘 이해가 가지 않는다.

▼ 이 장 전체에서 본 것처럼 시계와 위조품은 구분하기 어렵다. 안타깝게도 아래의 아름다운 괘종시계도 예외가 아니다. 추의 구조가 말 그대로 터무니없다.

◀ 종소리가 울리는 이유는 어디선가 혼란스럽게 움직이는 이 기어들에 있다.

멋진 시계추

우리는 추가 흔들리는 시간이 추의 길이에 비례한다는 것을 배웠다. 금속(다른 재료들도 거의 마찬가지다)은 가열되면 팽창해서 금속 막대 추를 사용한 시계라면 기온에 따라 추의 움직임이 달라진다. 특히 중앙난방이나 에어컨이 켜진 상황에서는 시계에 미치는 온도 차이가 크기 때문에 단순히 금속 추만으로는 사계절 내내 정확한 시간을 유지하기란 어렵다.

한 가지 기발한 해결책이 있다. 서로 연결된 황동 및 강철 막대를 교대로 사용해서 열팽창을 상쇄하는 것이다. 내 괘종시계의 추처럼 쇠창살과 유사하게 생긴 '그리드 아이언(grid-iron)'은 황동과 철 막대를 번갈아 연결해 만든 것이다(옆의 그림). 하지만 막대들이 올바르게 연결되어 있지는 않고, 그저 단순하게 장식용으로 교차해 배열해놓은 것이다. 따라서 앞서 이야기한 열팽창 상쇄 기능을 가지고 있지는 않다. 그런 시계를 갖고 있는 사람들, 심지어는 만드는 사람들조차 종종 이 추의 패턴이 단순한 멋이 아니라 열팽창을 막는 기능에서 퇴화된 것이라는 사실을 모르는 경우가 많다.

온도를 보정하는 것으로 알려진 진짜 '그리드 아이언' 추는 거의 찾아보기 어렵다. 나 또한 실물을 찾을 수 없어 황동과 스테인리스 막대를 사용해 직접 만들었다. 온도가 올라가면 모든 막대가 길어지지만 황동 막대는 강철 막대보다 거의 두 배 정도 길어진다(황동의 열팽창 계수는 스테인리스의 약 2배 정도다). 팽창하는 강철 막대가 추의 밥을 내리게 만들게끔 막대들이 연결되어 있고 이때 황동막대가 팽창해 밥을 다시 들어 올리게 된다. 이 막대들의 길이는 그냥 마음대로 결정한 게 아니라 양 쪽의 열팽창을 정확하게 상쇄하도록 신중하게 계산한 것이다.

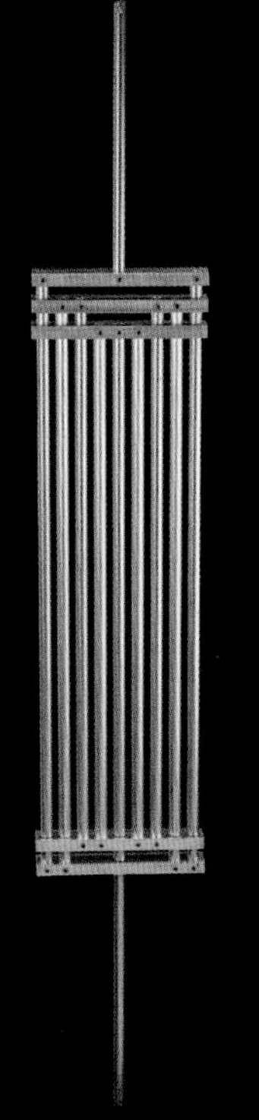

▶ 이 페이지에서 보이는 '그리드 아이언'의 브라켓(bracket, 막대를 고정시키는 위와 아래의 받침대)은 연결된 막대기들을 지탱하는 데 필요한 정도의 크기로 만들었다. 실제 '그리드 아이언' 추의 경우, 모든 브라켓들은 전체 폭 넓이로 만들어지고 연결되지 말아야 하는 막대의 경우 구멍을 뚫어서 통과한다. 이런 구조 덕분에 막대가 앞이나 뒤로 구부러지지 않는다.

◀ 0mm 중심점

추는 이 중심점에 매달려 있다.

검은 색의 나사가 막대를 브라켓에 고정한다.

▼ 0.15mm

▲ 0.2mm

▲ 0.5mm

무거운 하중이 쏠리는 추의 중심은 중심축 막대의 바닥인 이 지점에 놓인다. 이 지점과 꼭대기 매달린 지점 사이의 길이는 온도가 변화하더라도 거의 동일하게 유지된다.

여기 이 눈금은 온도가 100°C 만큼 변할 때 각 지점이 위나 아래로 움직이는 길이를 나타낸다.

▼ 0.17mm

▼ 0.5mm

나사가 없는 큰 구멍은 막대가 브라켓을 자유롭게 관통해 움직일 수 있다.

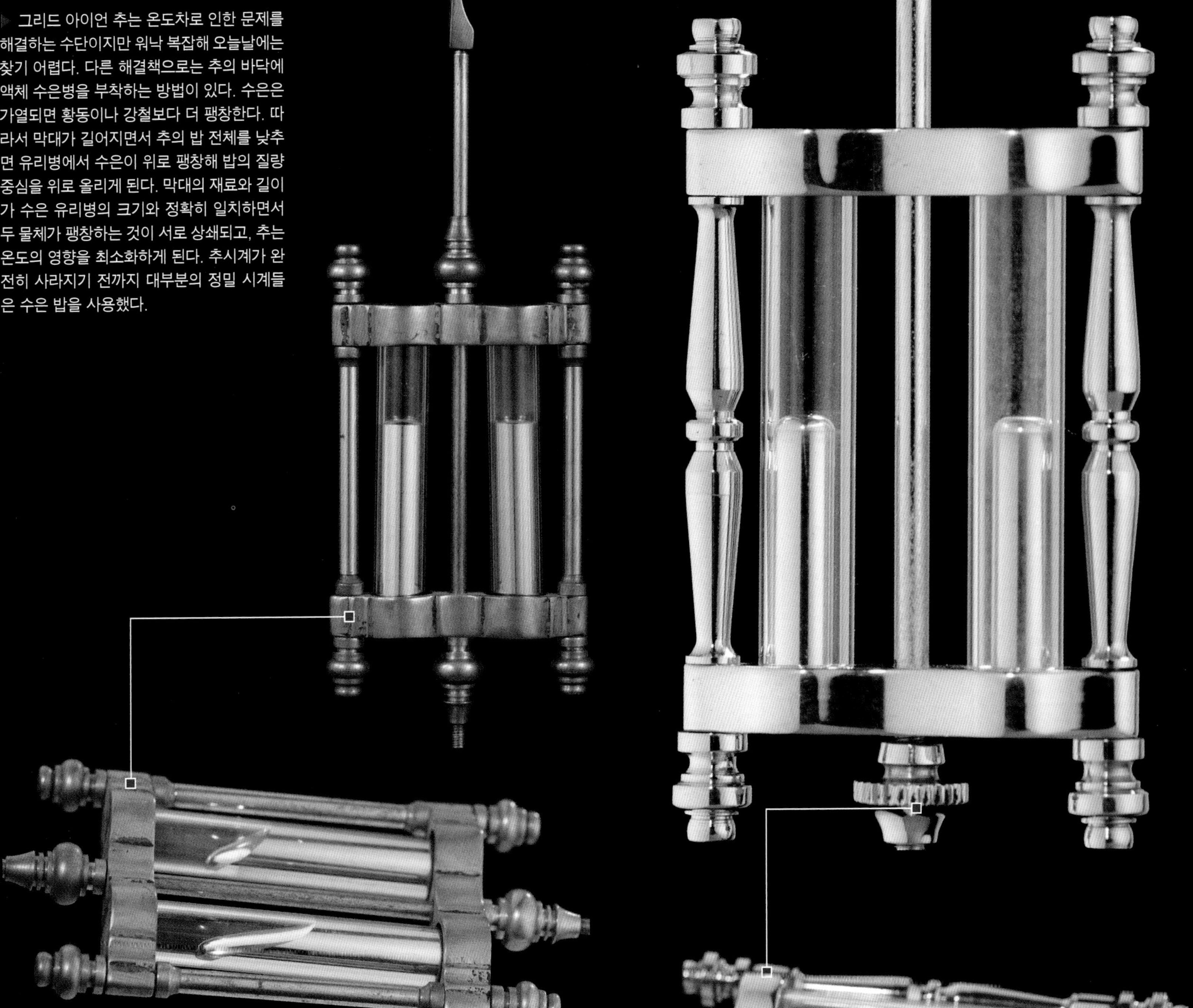

▶ 그리드 아이언 추는 온도차로 인한 문제를 해결하는 수단이지만 워낙 복잡해 오늘날에는 찾기 어렵다. 다른 해결책으로는 추의 바닥에 액체 수은병을 부착하는 방법이 있다. 수은은 가열되면 황동이나 강철보다 더 팽창한다. 따라서 막대가 길어지면서 추의 밥 전체를 낮추면 유리병에서 수은이 위로 팽창해 밥의 질량 중심을 위로 올리게 된다. 막대의 재료와 길이가 수은 유리병의 크기와 정확히 일치하면서 두 물체가 팽창하는 것이 서로 상쇄되고, 추는 온도의 영향을 최소화하게 된다. 추시계가 완전히 사라지기 전까지 대부분의 정밀 시계들은 수은 밥을 사용했다.

유창 시계 공장에서

중국에는 200여 년의 시간을 이동한 듯한 놀라운 타임머신들이 숱하다. 우리는 이 타임머신들을 '기차'라고 부른다.

오랜 수도인 베이징과 상업의 중심지인 상하이와 홍콩은 지구상에서 가장 발전된 도시들 중 일부이며, 남부의 선전과 광저우는 신기술로 유명한 대도시들이다. 이들 도시의 거주민들은 다른 지역의 중국인이나 세계 다른 나라 사람들과 비교할 때 정말 미래에 살고 있다고 할 수 있다.

실크처럼 부드럽게 달리는 고속열차에서 창문 밖을 내다보며 달리는 한두 시간의 여행은 단순한 박물관이 아니다. 실제로 펼쳐지는 도시, 마을, 농장 등의 오래된 생활양식을 간접 체험할 수 있는 좋은 기회다. 지난 몇 세기 동안의 삶을 기록이나 기억이 아니라 살아 있는 경험으로 접할 수 있다는 점에서 그렇다. 시계 공장인 허베이 유창의 '구디안 종비아오 유시안공시(朝阳古典钟表)' 또한 그런 장소이다(이 공장은 허베이 유창 골동품 시계 회사로 불린다).

▲ 유창 시계 공장에는 많은 시계들이 있다. 공장 관계자들은 중국 골동품 시계 시장의 '가짜' 시계 중 약 90%를 자신들이 만든다고 자랑스럽게 말한다. 위 제품들이 모두 가짜란 말인가? 이 시계들은 수백 년 전에 생산된 시계들을 아주 정교하게 재현한 새 제품들이다(하나부터 끝까지 모두 이 공장에서 만들어진다). 정말 이것을 가짜라고 불러야 할까?

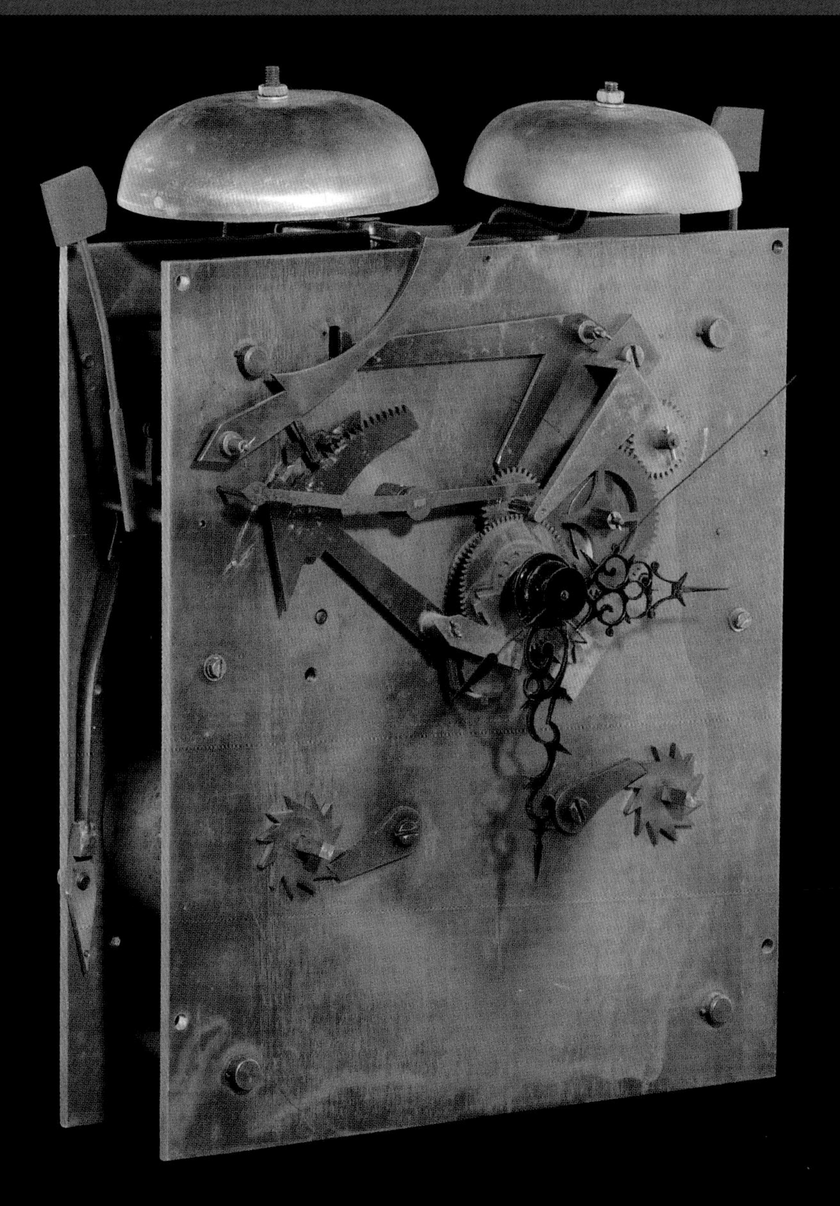

이 장을 통해서 독자들은 내가 볼품없는 가짜라고 평가한 많은 시계들을 볼 수 있다. 하지만 위 시계는 그중의 하나가 아니다. 이 제품은 수작업으로 만들어진 아름다운 12파운드(5.4kg)의 황동 시계다. 측면 판의 두께는 1/8인치(3mm)이며 단단하게 가공된 황동이다. 기어는 찍어낸 강철이 아니라 선반에서 직접 잘라 만들었다. 탈진기는 1800년대 중반 이후에 사라진 14세기의 진품 굴대 탈진기 디자인을 사용했다. 이 시계의 모든 디테일들은 투박해 보이지만 아주 정교하다(오늘날의 기준으로 그리 정확한 시계는 아니다). 이 시계를 지난주에 만들었다고 해서 가짜라고 불러야 할까? 나는 그렇지 않다고 생각한다.

▲ 굴대 탈진기는 최초의 기계식 탈진기 중 하나로 600여 년 훨씬 이전에 발명되었다.

▲ 베이징 실크스트리트 관광 시장의 시계 가게

▼ 아래의 매장에 들어가다 보면 시간이 거꾸로 가는 것처럼 느껴진다. 이 작업장에서는 19세기 프랑스 또는 영국의 시계들을 만들고 있는데 마치 그 시대의 작업장에 있는 것처럼 느껴진다. 약간의 현대적 흔적들을 제외하고는 도구나 기술 대부분이 과거와 동일하다.

나는 이 시계가 가짜라고 생각하지 않는다. 하지만 누군가가 이것을 실제 골동품이라고 말하면서 판매하려고 한다면 가짜일 수밖에 없다. 유창 공장의 시계는 유명한 실크스트리트 관광 시장을 포함해 베이징 전역의 시계 상점에서 판매된다. 상점마다 다른 이야기를 했는데 한 가게는 아주 솔직하게 말했다. "중국에서 다시 만든 골동품 시계인데 얼마나 멋지게 만들어졌는지를 보세요. 단단한 황동, 그리고 무거운 대리석을 사용했습니다." 다른 가세들에서는 절반의 진실을 들었다. "이탈리아에서 만들어진 복제품이다."(나는 그 시계가 유창 공장에서 만들어졌다는 것을 확신할 수 있었다.) 어떤 가게에서는 아주 오래된 시계라는 식으로 말을 했지만 대부분의 경우 거짓이었다.

▲ 자세히 살펴보면 엉망진창이지만 그렇게 보이는 대로 평가해서는 안 되는 이유를 알 수 있다. 이 아름다운 물건들을 보라. 정교하게 도료를 입힌 금속 장식과 홈이 파인 청동 기둥들을 보라! 광을 낸 후 상자에 넣으면 좋은 가격에 팔리는 훌륭한 제품들이다!

▶ 시계는 부품을 모아놓은 것이며, 부품은 각각 나름의 고유한 방식으로 만들어야 한다. 이 작품을 꾸미기 위해 부품의 금속면을 돌출시켜 생긴 두꺼운 층에 유색 유약을 바른 뒤 불을 때면 유약이 유리 같은 도료로 녹아 금속에 입혀진다. 그런 다음에 그 부분을 부드럽게 연마한다.

자세히 살펴보면, 이 화려한 버전의 에나멜 상감 수준의 진이 훨씬 더 선명하다. 이것은 얇은 황동 띠들을 조심스럽게 굽힌 다음 금속 컵이나 뚜껑의 표면에 덧붙이는, 시간이 오래 걸리는 기법으로 만들어냈다. 유창 공장에서 생산되었다.

물론 시계에서 가장 중요한 부분은 바로 기어다. 기어는 찍어내거나 선반에서 절삭하는 방식을 혼합해 대량 생산한다

▲ 앞서 스프링이 풀릴 때 시계 메커니즘의 회전력을 일정하게 유지하는 용도로 쓰이는 정밀한 체인을 설명한 바 있다. 그 시계의 체인이 만들어지는 순간을 경험하게 될 것이라고는 상상조차 해본 적이 없었다. 이 오래된 하트 모양의 금속통은 작은 체인 연결고리들로 가득 차 있다.

◀ 주형(template)이 만들어지는 것을 내내 바라보고 있던 나는 대체 거기에서 어떻게 핀이 튀어나오지 않게 하면서 망치로 때릴 수 있는지 생각하고 있었다. 물론 영리한 해결 방법이 있다. 끝에 노치가 달린 얇은 금속 띠를 사용해 느슨한 연결고리들을 잡은 뒤 조심스럽게 핀을 하나씩 망치로 때리면 된다(그러면 연결고리의 구멍에 핀을 충분히 고정시킬 수 있게 핀을 펼치게 된다).

▲ 황동 형판은 중간층을 1개의 눈금만큼 이동시켜가며 나비 모양 연결고리의 3개 층들을 정렬시키는 데 사용된다.

▲ 다음으로 나비넥타이 모양의 연결고리 구멍에 매우 작은 핀들이 들어간다.

▲ 똑바로 펴기 위해서 망치질을 조금 더 하면 이 부분이 완성된다. 나중에 이런 짧은 조각들이 서로 연결되어 약 3피트(1m)의 시계용 체인을 구성하게 된다.

▲ 이렇게 디테일한 모습은 납을 모형으로 주형을 만든 다음 납을 녹여 없애고 금속을 끓여 넣는 방식의 잡형주조법(lost wax casting)으로 빚어낸다.

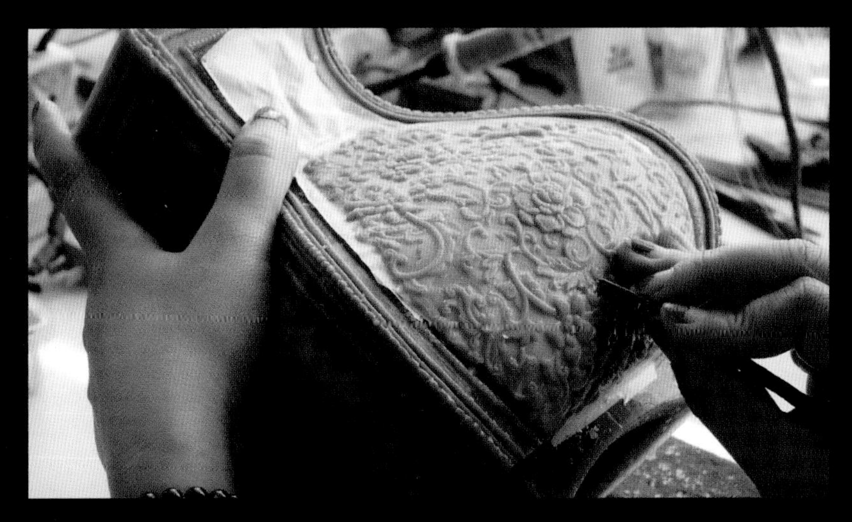

▲ 이 과정은 숙련된 장인이 왁스 덩어리를 3차원 형태로 공들여 조각하는 것으로, 이후 끓인 금속을 그곳에 부어 넣는 수순으로 이어진다.

◀ 손으로 깍아 원본을 완성하면 순수 라텍스로 세부적인 부분을 표현하고, 천이나 기타 보강재를 추가한 라텍스 고무로 여러 겹 코팅한다. 라텍스는 놀랍도록 강한 재질로서 거의 현미경으로 보일 정도의 세부적인 부분들을 잡아낼 수 있다. 라텍스가 딱딱하게 경화된 후에는 라텍스 주형을 왁스 원본에서 분해할 수 있게끔 조심스럽게 2개 이상의 부분으로 자른다.

▲ 라텍스 주형은 왁스로 같은 보방을 많이 복사하는 데 사용한다. 두 여성이 녹은 왁스를 빈 주형에 퍼 담은 뒤 휘젓고 나서 남는 부분을 부어 넣고 있다. 이런 과정을 여러 번 반복한 뒤에 텅 빈 왁스 복사본이 완성되고 주형에서 꺼낼 수 있다.

참고로, 이 방의 냄새가 아주 인상적이었다는 사실을 전하고 싶다. 나는 스위스의 초등학교에서 양초를 만들던 교실의 냄새가 새삼 떠올랐다. 달지는 않으면서 아늑하고 따뜻했던 그 냄새 말이다. 내가 평소에 생각하던 시계 주조공장의 냄새는 결코 아니었다. 사실 주조공장은 어린 시절 크리스마스에 양초를 만들던 향수를 불러일으키기보다는 매연으로 공장 노동자들이 병에 걸리는 것으로 악명이 높다.

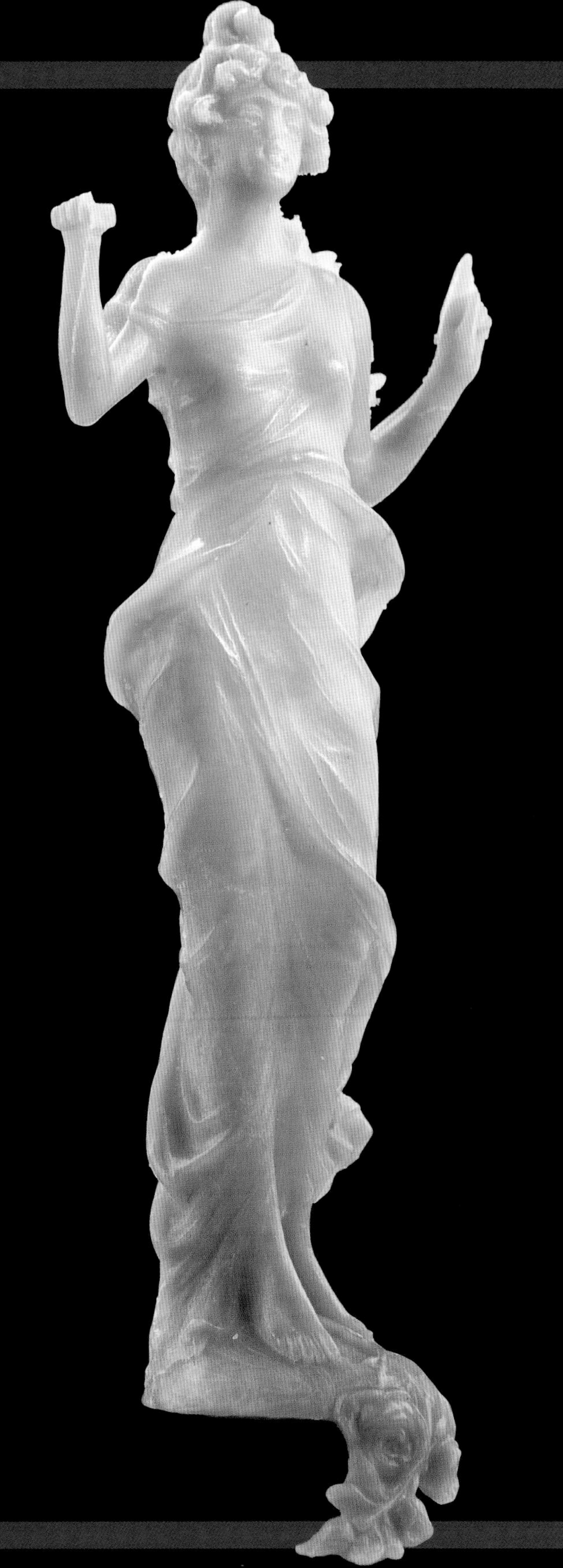

◀ 이것은 주형에서 바로 꺼낸 왁스 복제품이다. 완벽하지는 않다. 주형이 갈라지는 부분에 흠이 남고 작은 기포가 생기는 등 결함이 조금씩 나타난다. 하지만 기본 형태와 세세한 주요 부분들은 모두 갖추고 있다. 실제 금속으로 만들 때보다 왁스 형태로 만들다 보면 쉽게 결함을 고칠 수 있다.

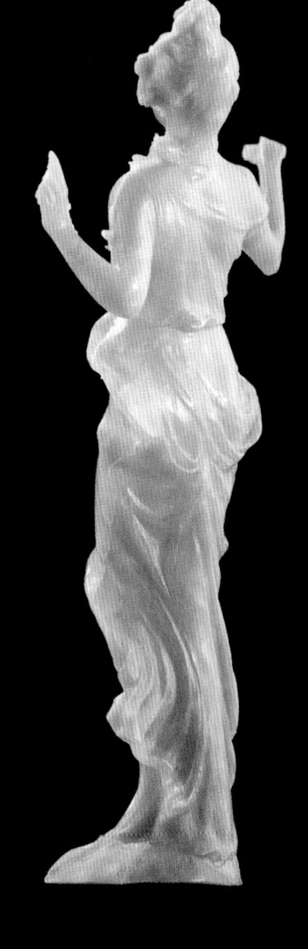

▼ 왁스는 상황에 따라 매우 효율적으로 쓰인다. 이 공장 노동자는 뜨거운 철을 사용해 왁스 복제품의 작은 결함들을 부드럽게 녹여서 제거한다. 또한 녹인 금속이 주형의 모든 부분으로 흘러들어가게끔 하는 왁스로 만든 '탕구(湯口, 주형의 주둥이 부분)'의 연결로를 확보해 놓는다(탕구가 금속으로 변한 뒤의 모습은 108페이지를 참조).

▼ 왁스로 복제를 완료하면 왁스 위에서 굳어지는 일종의 석고인 '슬립(slip)'으로 코팅한다. 탕구의 끝 부분은 녹인 금속을 부을 수 있게끔 열어 둔다. 여러 층의 석고가 굳은 후 거기에 굵은 골재를 가미해 주형을 더욱 탄탄히 한다.

▲ 거대한 수프 냄비 같아 보이는데 실제로 기능이 크게 다르지 않다. 석고 주형 내부에서 왁스 복제품을 녹이는 데 사용되는 증기처리 용기다. 주형들을 윗부분에 아래를 향하도록 쌓아둔 후 왁스가 모두 녹아 바닥으로 흘러내릴 때까지 뜨거운 증기가 유입된다(밀랍은 비싸서 되도록 재활용한다).

▲ 자, 우리는 이제 주조 공장의 심장부에 와있다. 왼편을 보면 주형을 가열하는 오븐이 있다. 왁스가 대부분 녹아서 흘러나오면 주형을 오븐에 넣은 뒤 약간의 수분과 왁스 잔류물이 모두 소진될 때까지 고온으로 가열한다. 오른쪽에 번쩍이는 구멍은 수백 파운드의 액체 황동(구리와 아연의 혼합물)을 담은 도가니이다. 둘 사이에는 실제 주조 과정이 이루어지는 자갈 플로어(floor)가 있다. 금속은 흘러넘치기 때문에 항상 자갈을 이용하게 된다. 만약 금속이 콘크리트에 흐르면 콘크리트가 깨지거나 거기에 금속이 달라붙을 수 있고 여기저기로 퍼져가게 된다. 하지만 자갈 바닥에서는 그러한 문제가 없다. 금속을 부은 뒤 수거해 먼지를 털고 냄비 안에 다시 넣으면 된다.

◀ 100파운드 이상의 주물을 생산할 수 있는 더 큰 주조공장에서는 주형 위에 녹인 금속을 쏟아 붓는 데 필요한 냄비를 옮겨놓을 수 있는 오버헤드 크레인을 갖추고 있다. 이 주조공장의 경우는 상대적으로 작은 주물을 취급해 큰 수저를 사용해 액체 금속을 퍼서 주형에 넣고 있다.

▲ 밝게 빛나는 액체 금속을 오븐에서 새로 나온 주형에 부어 넣으면 몇 초 안에 단단해진다

▲ 오, 나는 공장 노동자들의 고통을 충분히 이해한다. 어릴 적 납과 아연과 알루미늄을 주조할 때 이런 불상사가 여러 번 일어났다. 전문가들도 이런 실수를 한다는 게 나를 매우 행복하게 하지만 그들은 더 나은 해법을 찾았다. 바로 긴 주걱으로 젖은 진흙을 뿌려서 금속을 식히는 방식으로 누출을 막는 것이다. 이 주물은 망친 것 같아 보인다(만약 망쳤다면 약간의 시간과 왁스, 그리고 주형을 낭비하지만 그냥 간단히 금속을 재사용하면 된다).

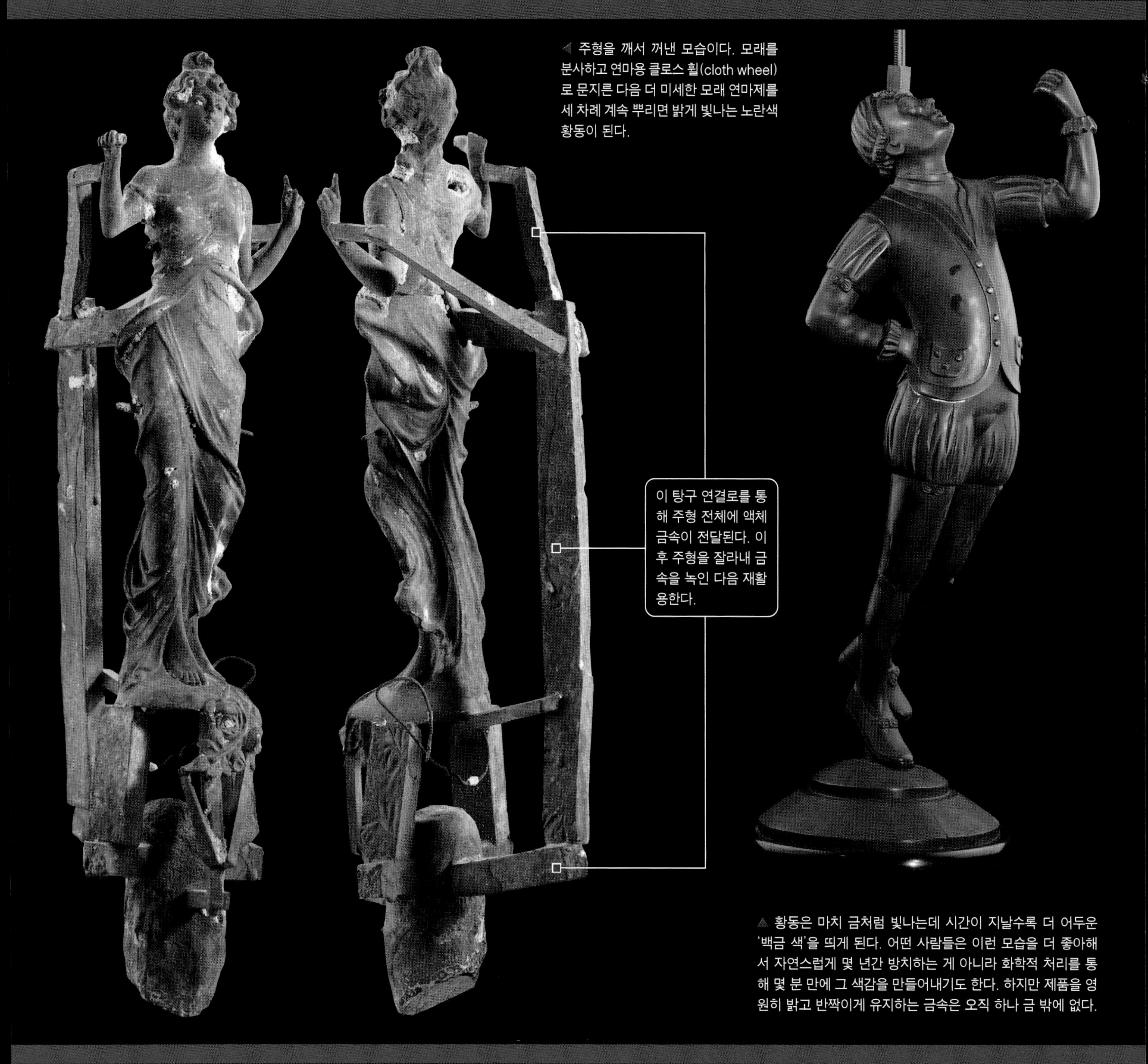

◀ 주형을 깨서 꺼낸 모습이다. 모래를 분사하고 연마용 클로스 휠(cloth wheel)로 문지른 다음 더 미세한 모래 연마제를 세 차례 계속 뿌리면 밝게 빛나는 노란색 황동이 된다.

▲ 황동은 마치 금처럼 빛나는데 시간이 지날수록 더 어두운 '백금 색'을 띄게 된다. 어떤 사람들은 이런 모습을 더 좋아해서 자연스럽게 몇 년간 방치하는 게 아니라 화학적 처리를 통해 몇 분 만에 그 색감을 만들어내기도 한다. 하지만 제품을 영원히 밝고 반짝이게 유지하는 금속은 오직 하나 금 밖에 없다.

금은 금이다. 달리 표현할 방도가 없다. 다른 어떤 금속도 금과 같지 않고, 어떤 금속도 금과 같은 색상을 영원히 유지하지 못한다('영원히'는 우주의 나이만큼 오랜 시간을 말한다. 물론 왕수(aqua regia, 진한 질산과 진한 염산을 1대 3의 부피비로 섞은 혼합물)처럼 보통의 가정에서는 찾아볼 수 없는 독성 물질에 노출되지 않는다는 전제 아래 영원히 색을 유지한다는 것이다.

진짜 골동품 시계조차도 금으로 만들지는 않는다. 물론 왕이나 황제들의 몇몇 사치품들(수십억의 가치를 가진다)을 제외하고는 아무리 오래된 시계일지라도 함유한 금의 양은 매우 적고 오직 금속 틀에 아주 얇디얇은 만큼 도금되는 정도이다. 다행히 대부분의 일상에서 금은 거의 완벽하게 부식을 막아서 그 정도의 얇은 도금만으로도 충분하다.

과거에는 금박으로 도금을 대신했을 것이다. 금박은 아주 얇게 두드린 금판으로 약 500개의 원자(atom)의 두께로 시계 표면에 붙여놓는다(유창 시계공장은 실제로 몇 년 전까지 이러한 방법을 사용했다고 한다). 오늘날에는 전기 도금을 이용한다. 제품을 액체 욕조에 넣으면 그곳에서 흐르는 전류에 의해 얇은 금 표층이 씌워진다.

금은 용해하기가 쉽지 않다. 오직 왕수라고 알려진 강산성 혼합물로만 용해된다. 왕수는 금을 녹이는 유일한 산이라서 연금술사들이 지은 이름이다. 따라서 시계공장에서는 자체적으로 금을 녹이는 대신에 용해성을 지니게끔 변환된 소금 형태의 금(금염)을 구입해 사용한다. 금처럼 보이지 않는 하얀 파우더인데, 100g(3.5 온스)이 담긴 병은 3,000달러를 호가한다(하지만 이 가루가 가짜인지 구분하는 것은 상당히 쉽다. 금색을 띠지는 않지만 금 못지않은 밀도를 지녀 정말 금염이라면 보통 소금이 담긴 병보다 훨씬 무거울 것이다).

▶ 첫 번째 도금통은 상대적으로 두꺼운 (하지만 여전히 얇은) 니켈 층이 퇴적해 있다. 이는 금 층에 흠집이 날 경우 부식이 생기는 것을 방지해 부품을 보호한다. 또 거울처럼 매끄럽지만 단단한 표면을 이루어 금이 달라붙게 한다.

▲ 두 번째 도금통은 매우 얇은 층의 금을 덧붙인다. 부품을 헹구어 도금 용액을 제거하고 나면 부품이 완성된다.

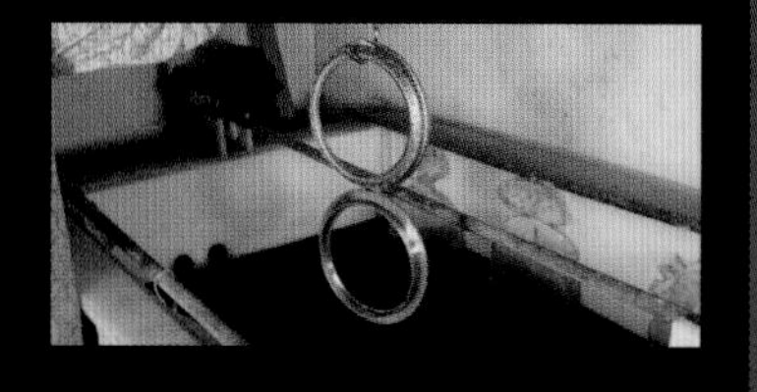

▲ 전기 도금은 금속(이 공장에서는 니켈 또는 금)이 용해된 수성 용액을 통해 전류가 흐르게 하는 방식이다. 전류는 도금되는 물체의 표면에서 용해된 금속 이온이 그곳에 씌워지게 한다(전선으로 전원장치와 연결되어 있으며 도금통에 전기 회로를 깔아놓는다).

◀ 전기 도금은 유독한 작업이다. 이 용기에는 일련의 세제 용액, 초음파 세척 용액, 산성 에칭 용액 및 금속이 증착되는 2개의 전기 도금 기기가 있다. 대부분 독성이 있거나 부식성이 강하다.

◀ 아름다운 물건들을 매일 독성이 강한 통에서 뽑아낸다면 어느 정도 만족감은 느끼게 될 것이다. 다른 여러 작업 과정과는 다르게 도금된 물체를 용액에서 꺼냈을 때가 바로 연마가 필요 없을 만큼 가장 아름답다.

시계의 핵심 기능 세 가지

나는 유창 공장에서 11개의 시계를 샀다(내가 시계 수집가가 아니라서 상당히 많이 산 셈이다). 우리는 이미 아름다운 프랑스의 스켈레톤 시계를 보았고, 딱 보았을 때 아주 무거운 황동 시계도 살펴본 바 있다. 다음의 시계들은 시계의 핵심인 설계를 순수하게 기계식으로 해결한 사례들이다. 설계의 원칙은 첫 번째, 규칙적인 리듬을 지녀야 하고, 둘째는 그 움직임을 유지할 수 있는 에너지를 공급해야 하며, 마지막은 사람들이 실시간을 알 수 있게끔 표시를 해야 하는 것이다.

규칙적인 리듬

시계 내에서 일정한 비트로 움직이는 추를 놓고 몇 가지 변형된 작품들을 살펴보자.

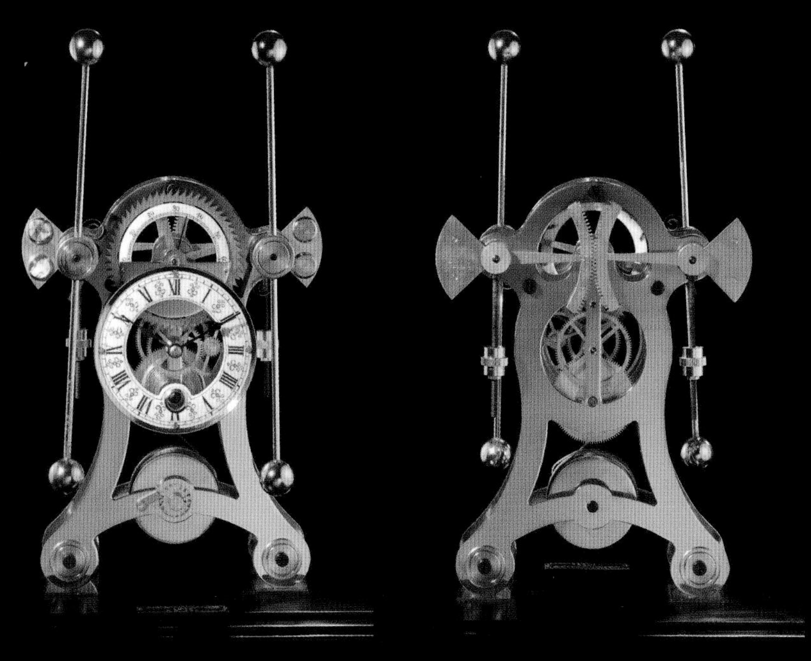

▲ 해리슨의 정품 항해용 시계를 갖고 싶지만, 유일하게 남아 있는 시계는 그리니치 천문대에 전시되어 있다. 적당하게 타협해서 오늘날 재생산된 이 제품을 구입했다. 제격의 '메뚜기 탈진기'를 장착하고 있지만 쌍방으로 연결된 공과 막대 모양의 추들은 해리슨의 시계를 모조한 가짜다. 우선 하단의 무게가 상단보다 조금 더 커서 균형이 맞지 않고 원본의 평형 스프링들은 아예 없다. 즉 중력을 사용하는 추시계를 마치 해리슨의 작품처럼 속인 것이라서 배에서는 사용할 수 없다. 한 가지 긍정적인 점은 시계는 비싸지 않았다는 것이다. 어차피 나에게는 배가 없다.

▲ 오랜 세월 시계를 보다 정확하게 만들기 위해 추시계 디자인이 여러 가지로 시도되었다. 위 시계는 어느 정도 큰 진전을 이룬 제품으로, 정교한 줄에 매달린 작은 금속 공이 '추' 역할을 한다. 이 공이 한쪽으로 이동한 뒤 막대를 최대한 감으면서 돌다가 마침내 멈추고 풀어지면서 반대 방향으로 움직이게 된다. 또 반대 방향에서도 마찬가지로 감고 풀리는 운동을 반복하게 된다. 이 하나의 사이클은 10초가 걸린다. 기계식 시계들은 보통 시간을 일정하게 유지하는 메커니즘의 변수들을 제거하느라 많은 시간을 소비한다(98페이지에서 단순한 막대 추가 어떻게 시간의 오차를 만들어내는지를 참조하라). 이 시계의 줄은 잠재적으로 아주 많은 오류를 품고 있다. 습도, 신축성, 마모 등등. 요컨대, 이 시계는 단지 재미를 위한 제품일 뿐 역사의 어떤 시점에서도 좋은 시계라고 여겨지지는 않았을 것이다. 그러나 살면서 약간의 재미로 물건을 만드는 게 무슨 잘못일까?

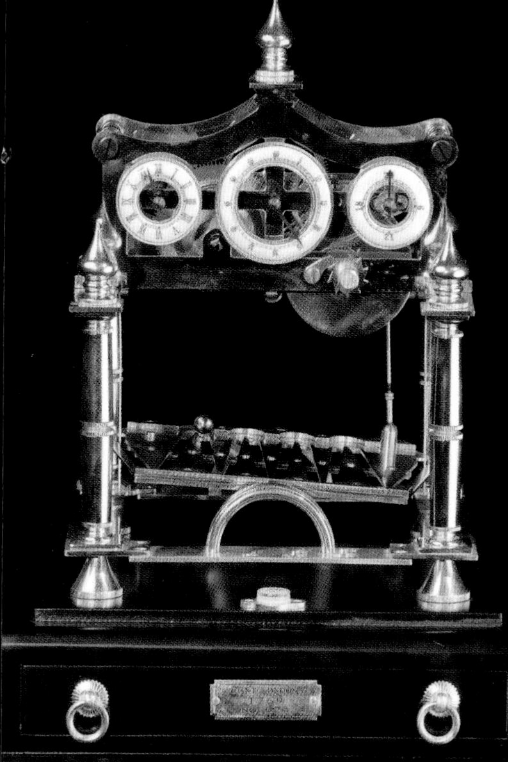

◀ 비용이 많이 들고 시계의 정확도를 떨어뜨리는 추의 대안을 찾다가 만들어진 시계다. 이 제품은 왼쪽이나 오른쪽으로 기울어질 수 있는 홈이 있는 판을 가지고 있다. 공이 한쪽에서 다른 쪽으로 굴러가는 데 12초가 걸린다. 이 시점에서 판이 반대 방향으로 뒤집혀서 공을 반대쪽으로 굴러가게 한다. 보는 재미는 있지만 시간을 유지하는 기능은 떨어진다.

▶ 기발하지만 별 의미가 없는 아이디어 제품이다. 스프링이 감긴 추시계에는 2개의 무거운 물체가 있다. 바로 시계태엽 장치 자체(기어들과 그 기어들을 켜켜이 올려놓은 판)와 추 밥(추 바닥에 위치한 무거운 물체)이다. 이런 디자인의 시계는 태엽 자체의 무게가 추 밥보다 두 배나 무겁지만 시계 전체의 무게는 다른 시계의 절반으로 줄어든다. 하지만 추시계는 휴대할 수 없기 때문에 무게를 줄이는 것에 의미를 둘 필요는 없다.

이 시계는 그리드 아이언 추 막대를 가지고 있는 것처럼 보이지만 사실 그렇지 않다. 다행히도 그런 의혹을 확인할 수 있었다. 시계를 디자인하고 만든 유창 시계 공장의 운영자와 기술자들은 왜 이런 이상한 막대 패턴을 사용하고 있는지에 대해 전혀 알지 못했다. 그들은 단지 오래된 시계들을 복제하고 있었는데 아마도 그 오래된 제품들이 그리드 아이언 추막대를 사용하지 않았던 것으로 보인다. 나는 98페이지의 사진을 보여주면서 그들이 만들고 있던 부품이 왜 필요한지를 설명해주었다.

▲ 이 '기념일 시계'는 같은 회사에서 만든 게 아니지만 추를 흥미롭게 변형했다. 이 시계의 메커니즘은 실제로 매달려 있는 추시계보다 해리슨의 후기 항해용 시계나 현대의 손목시계에 더 가깝다. 무거운 공들이 세로축을 중심으로 천천히 앞뒤로 움직이게 된다. 평형 스프링이라고 불리는 매우 정교한 코일 스프링이 공에 회복력을 주어 방향을 바꾸게 한다. 이 공들이 중력에 의존해서 작동하는 게 아니라 공이 방향을 바꾸는 지점에서 완벽하게 균형을 잡게 된다. 따라서 이 시계는 움직이는 배에서도 어느 정도 일정한 속도로 작동하게 될 것이다.

리듬 구동 에너지

이제 전기 없이 시계에 에너지를 공급할 수 있는 여러 방법들을 살펴보자. 기본적으로 두 가지가 있다. 스프링과 중력. 이 기념일 시계의 뒷면을 보면 스프링이라는 괴물이 도사리고 있음을 알 수 있다.

이 시계는 지금 완전히 감겨 있어 스프링이 아랫바닥의 가운데쯤에 위치해 있다. 크랭크로 감아 올리면 긴 평평한 강철 띠로 만들어진 스프링이 반대 방향으로 꼬여져 감겨 올라온다. 완벽하게 감겨진 이런 스프링은 매우 많은 에너지를 저장하고 있다. 스프링을 분해하다가 상처가 날 수 있으니 주의하길 바란다.

◀ 이런 시계는 1년에 한 번만 되감기 때문에 기념일 시계라고 불린다(기념일을 잊고 지나가 배우자와 불편해지면 다음날 더 비싼 제품으로 훨씬 좋은 선물을 하기를 권장한다). 이 스프링은 이전에 라디오에서 본 스프링과 거의 동일하지만, 시계의 작동은 라디오보다 에너지가 매우 적게 들기 때문에 더 오래 간다.

◀ 대부분의 스프링 구동 시계는 작은 공간에 많은 에너지를 저장할 수 있다. 스프링이 풀리면서 이동하는 두 끝 점의 위치가 고정되어 있는 코일 나선형 스프링을 사용한다(한쪽 끝은 그대로 두고 다른 쪽 끝을 회전시키기 때문에 기어를 구동하기에 적합하다). 하지만 직선으로 늘어나는 스프링으로 시계를 만들지 말란 법은 없다. 이 디자인을 추천할 다른 마땅한 이유가 없으니 그저 한번 시도해보는 게 어떨까 싶다.

▲ 95페이지에서 언급했듯이 스프링은 나름의 결함이 있다. 바로 사용할수록 늘어지면서 공급하는 힘이 감소해 시간을 유지하는 기능이 떨어지고 오류가 발생할 가능성이 있다는 점이다. 스프링 장력 또한 온도에 따라 변한다. 천천히 움직이는 추를 사용하는 시계들은 이러한 문제가 없다. 추를 통해 일정한 양의 에너지를 제공하고 추가 아래로 움직일 때 중력 에너지가 기어를 움직이는 운동 에너지로 변환된다.

추가 하나의 케이블에 매달려 있지 않고 도르래에 이중 케이블로 걸려 있는 이유는 무엇일까? 이것은 시계 메커니즘의 작동에 필요한 무게보다 두 배의 힘을 제공해 시계가 두 배의 시간 동안 유지되게 하는 장치이다(이 사진의 경우 7일). 이전의 괘종시계에서도 이런 종류의 도르래 시스템을 다룬 바 있다.

▲ 이 시계 또한 천천히 아래로 가해지는 무게로 구동되지만 아무것도 매달려 있지 않다. 대신 상단에 무거운 강철 공으로 가득 찬 깔때기 모양의 상자가 있는데, 그것이 천천히 회전하면서 시계에 동력을 공급하는 일종의 수차처럼 작동한다. 매 4시간마다 바닥에서 하나의 공이 튀어나오고 또 다른 하나가 위에서부터 떨어진다. 시계를 되감는 대신 며칠에 한 번씩 바닥의 공들을 위에 올려 두기만 하면 된다(공을 위로 올리는 데 사용하는 에너지가 시계를 구동하는 셈이다). 이 디자인은 시계 위 상자의 무게를 증가시키고 더 많은 공을 넣을수록 시계가 오래 작동하게 되는 흥미로운 특성을 가진다.

▲ 이런 저런 잡다한 시계의 디자인을 하는 사람들의 창의력에는 한계가 없다. 이 시계는 구동하는 무게로 움직이지만 무게가 아래쪽으로 바로 떨어지는 게 아니라 경사면 아래로 천천히 굴러가게 설계되어 있다.

▲ 앞에서 볼 때는 시계가 바로 굴러 내려가는 것처럼 보인다. 하지만 시계가 바깥 바퀴와 분리되어 움직이고 아래의 무게가 위보다 훨씬 무겁다는 것을 알 수 있다. 그렇기 때문에 바로 굴러 떨어지지 않고 시계의 정면은 그대로 유지되면서 바깥 바퀴가 경사를 따라 이동하게 된다. 이 두 부분이 회전하면서 시계를 구동하는 동력을 제공한다(비슷한 작동 원리를 가진 117페이지의 속이 보이는 시계를 참조).

▶ 우리는 111페이지에서 시계 자체가 주 역할을 하는 제품을 보았다. 여기에 자체 구동 중량으로 작동하는 시계가 있다. 3일에 걸쳐서 전체 시계가 막대 아래로 내려가는데 그 자체의 중력 위치 에너지가 전환되어 시계를 구동한다. 물론 3m 높이의 경사 막대에 올려둔 뒤 몇 주간 작동하게 둘 수도 있다. 시계에서 추를 찾아볼 수 있는가? 이 시계는 추를 사용하는 대신 평형 바퀴를 사용한다. 시계 자체가 구동 무게와 추 밥으로 동시에 작동하는 시계를 만들 수 있을까? 자칫 시공간을 왜곡시킬 우려가 있을 것 같아서 그런 시계가 존재하지 않기를 바란다(108페이지에서 이 시계의 아래쪽 절반 부분을 볼 수 있다).

▼ 이 시계를 더 오래 작동시키려면 더 긴 경사면을 확보하면 된다. 높은 산에 놓았다가 일 년 후 돌아와 보는 것은 어떨까?

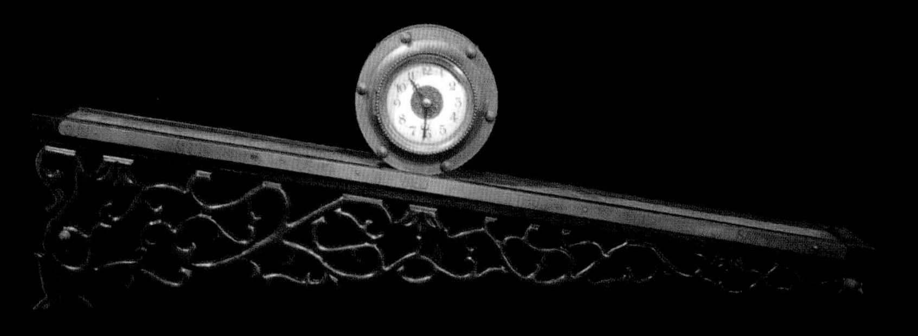

시간 표시 기능

마지막으로 시간을 표시하는 여러 방법들을 살펴보자. 실제로 쓰이는 시간 표시기능은 두 가지로 구분된다. 바로 디지털과 아날로그(다이얼) 시스템이다. 모든 시계들은 약간의 변형이 있더라도 이 두 범주에 속한다.

▶ 이미 수십 개의 다이얼을 보았지만, 이것은 전혀 다른 디지털 플립 디스플레이(digital flipping display)라고 불린다. 플라스틱 또는 금속판들을 천천히 회전하는 통 위에 올려둔다. 1분에 한 번씩(우측) 또는 1시간에 한 번씩(좌측) 가장 앞에 위치한 금속판이 아래의 클립을 가릴 수 있게 내려가 아래 방향으로 뒤집어지면서 그 아래의 다음 번호가 나타나게 된다(이런 종류의 뒤집기 디스플레이들은 전철역이나 공항에서 출발 시간과 게이트 번호를 나타내는 표시로 사용된다. 기차가 떠나면 나머지 기차의 스케줄들이 하나씩 올라오면서 이런 금속판 수백 개로 이루어진 보드 전체가 동시에 업데이트 된다. 이런 광경은 당시에 상당한 놀라웠다. 뒤집고, 뒤집고, 뒤집고, 뒤집고, 뒤집고, 앗 서둘러 7번 트랙으로 가야겠군!).

◀ 꽤 오래된 학교의 구식 기계식 시계도 아니고 현대식 전자시계도 아니다. 그리 오래되지 않은 학교에서 쓰는 LED 시계로 LED(발광 다이오드, Light Emitting Diodes) 기술을 사용해 시간을 디지털 형태로 나타낸다. 오늘날의 LED는 엄청나게 밝아 대부분의 백열등과 형광등을 대체했다. 하지만 1970년대의 LED 제품들은 빨간색으로만 사용이 가능했고, 그저 표시등에나 적합할 정도로 밝기가 약했다. 이 시계는 모스크바의 벼룩시장에서 찾은 것이다. 물론 다른 곳과 마찬가지로 모스크바에서도 더 이상 사용되지 않고 있다.

▲ 이전 시계들의 시간 표시방법이 너무나도 강렬하게 사람들에게 각인되어 있어 시각장애인용 시계처럼 극단적인 경우에도 같은 방법이 쓰인다. 이 점자 시계는 다이얼 주변에 점이 튀어나와 박혀 있고 촉감으로 시간을 느낄 수 있도록 시계 침이 유별나게 디자인된 점을 빼고는 보통 시계와 전혀 다르지 않다(오늘날 소리로 시간을 알리는 전자기기가 있지만 여기에서는 기계식 시계만을 다루고 있기 때문에 넘어가도록 하자).

더 놀라운 시계들을 소개할 수 있었지만 아쉽게도 가방에 담아온 게 7개로 이미 잔 상태였다.

▶ 유창 공장에서 이 시계를 다 사고 나니, 공장 사람들이 강아지를 공짜로 입양해도 좋다고 제안했다.

카시오 시계의 감성

나는 이 시계를 기억한다. 오, 이런 느낌이 자주 드는 것은 아니잖나. 1980년 무렵 취리히 성십자 교회(Kreuzkirche)의 돔을 지나서 돌더스트라세(Dolderstrasse)의 상당히 가파른 길을 지나 등교 중이던 나는 몇 블록이 지나지 않아 누이가 그 해 사망한 어린이 병원(Kinderspital)에 다다랐다. 한 남자가 린든(Linden) 나무 그늘 아래에 멈추어 서더니 나에게 새로운 시계를 샀는지 물었다. 그는 내가 걸어가면서 내내 시간을 확인했던 것을 본 모양이었다. 물론 나는 쑥스러웠지만 새 시계가 엄청나게 자랑스러웠기 때문에 "네! 새로운 시계를 샀어요! 이 시계요!"라고 답했던 기억이 난다(실제로 이 모델의 시계였다. 훗날 잃어버렸지만 이 시계는 옛 추억을 간직하기 위해 이베이에서 구입한 제품이다).

이 시계에는 한 달을 모두 나타내는 달력 표시와 다양한 멜로디를 연주하는 기능, 이중 시간대를 표시하는 기능이 있었다. 그런 모든 것들이 가능하다는 것 자체에 어린 나는 몹시 흥분했었다. 내리막이 시작되던 거리, 밝은 태양, 그리고 어린 내가 상상할 수 있던 가장 멋진 물건을 손목에 차고 있던 그 순간은 아직도 기억 속에 생생하다. 잠깐만 마음을 추스릴 시간을 가졌으면 한다.

자, 다시 돌아가자. 어쨌든 아날로그 시계 바늘과 비슷한 기능을 담은 것을 보여주기 위해서 이 시계를 여기에 수록했다. 초현대식 기술을 탑재하는 시계조차도 디지털 LCD제품에 아날로그의 시곗바늘들을 복제해놓아야 최고의 작품으로 받아들여진다(이 시곗바늘들은 실제가 아니고 그저 LCD 디지털 조각일 뿐이다. 작동 원리를 보려면 127페이지를 참조하라).

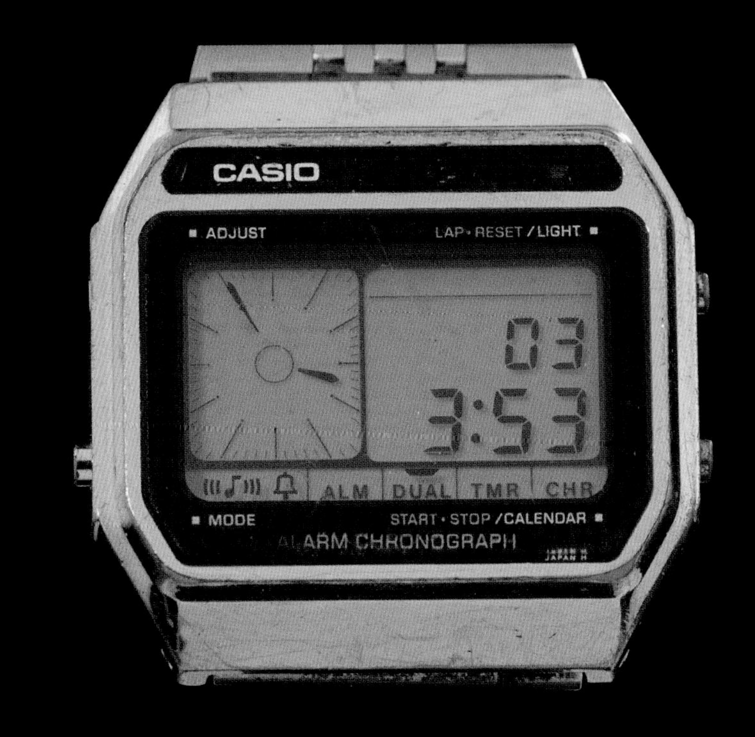

추시계를 넘어서

추시계는 최초로 높은 정확도를 지닌 시계였고, 모든 기계식 시계 중에서 가장 정확한 편이다. 하지만 사용하는 데 매우 불편하다. 작고 휴대 가능한 시계를 만들려면 더 정교하고 움직임에 영향을 받지 않는 해결책이 필요했다.

▲ 소형 시계들은 코일 스프링으로 동력을 얻고 추 대신에 '평형바퀴'를 사용한다. 이 부품들은 매우 작게 만들 수 있으며 시계의 움직임에 거의 영향을 받지 않게 할 수 있다. 그렇기 때문에 배를 타거나 팔목에 차거나 그냥 책상 위에 시계를 두는 등 여러 상황에서도 작동한다.

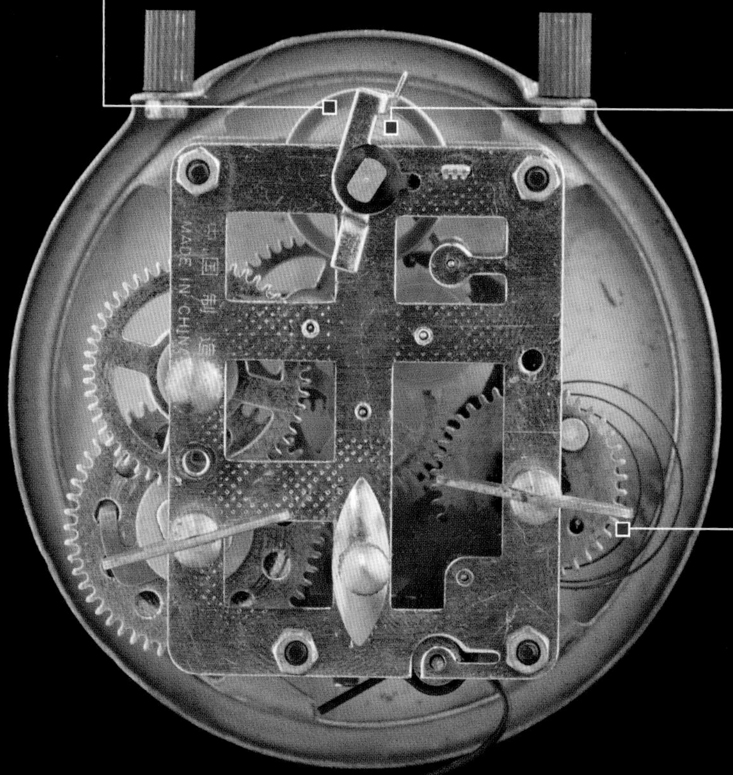

균형을 잡는 이 평형바퀴가 추를 대체한다. 추처럼 흔들리는 대신 우리가 앞에서 본 기념일 시계의 미니어처 버전의 공처럼 축 주위에서 앞뒤로 진동한다.

추가 끝에 이르면 중력이 추를 반대 방향으로 잡아당기는 대신에 이 작은 스프링이 평형바퀴를 앞뒤로 밀고 당긴다.

이 시계는 키로 내부 코어를 돌려 다시 감을 수 있다.

▼ 스프링 평형바퀴(spring-and-balance wheel) 디자인의 장점은 원하는 크기로 작게 만들 수 있다는 데 있다. 이 손목시계는 앞에서 살펴본 탁상시계의 구성 요소를 모두 동일하게 갖추고 있다. 케이스는 투명하며 기어를 고정시키는 데 필요한 최소한의 틀만 사용하기 때문에 '스켈레톤 시계'라고 불린다.

이 작은 '조절장치(regulator)' 레버로 평형 스프링의 장력을 약간 변경해 시계의 속도를 조정할 수 있다.

평형 스프링

이 시계의 평형바퀴는 초당 세 번 앞뒤로 회전한다. 더 작고 빠른 평형바퀴에 달린 초침은 더 매끄럽게 움직이기 때문에 보다 정확한 시계에 사용된다(가장 빠른 상용 시계의 경우 1초당 10회를 넘어서고, 일부 희귀한 기계식 스톱워치는 초당 100회 정도로 빠르게 회전한다).

▼ 완전히 풀린 상태

▼ 절반만 감긴 상태

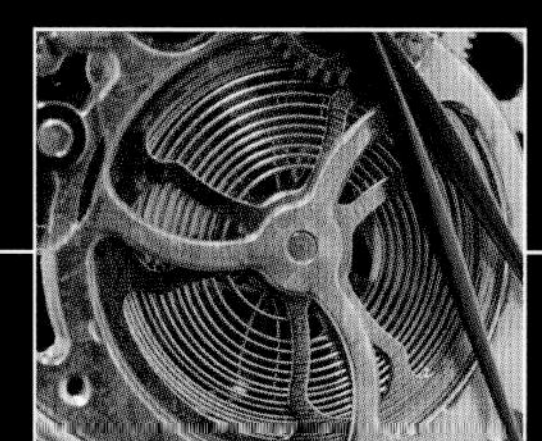

▼ 완전히 감긴 상태

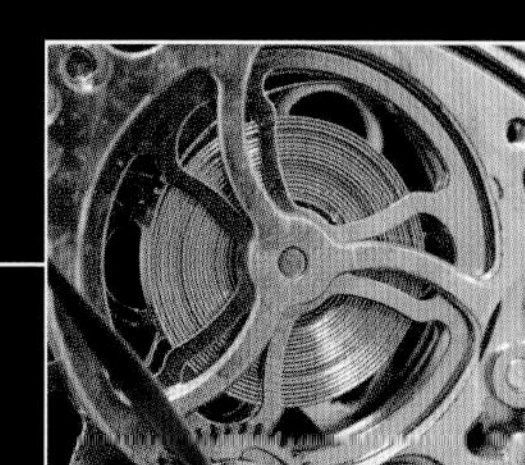

이 작은 탈진기는 사파이어 팔레트로 되어 있으며 가장 싼 시계를 제외한 모든 시계의 탈진기가 그렇다. 사파이어는 강철보다 훨씬 단단하고 마찰이 적어 기름칠 없이도 몇 년 동안 탈진기를 작동시킬 수 있다. 사파이어 또는 루비가 더 좋은 시계의 기어축 베어링에도 사용된다.

러시아는 '세계에서 가장 큰 시계 운동(the world's largest clock movement)'의 본고장이다. 이 시계는 모스크바 중심의 루비안카 광장에 있는 어린이 쇼핑몰 아트리움에 설치되어 있나. 여기에서 가장 큰 시계라고 하지 않고 가장 큰 시계 운동이라고 한 것은 이보다 판이 더 크거나 침이 더 긴 시계가 있지만 메커니즘 자체가 가장 거대하기 때문이다. 이 시계의 메커니즘은 보다 큰 판을 지닌 일부 교회 시계탑에 비해 훨씬 더 흥미롭다.

시계를 만지지 않고도 시계추의 길이를 측정하는 방법이 있다. 시계추가 앞뒤로 움직이는 시간을 재어 그 길이를 간단히 구하는 식이다. 이 시계추는 앞뒤로 한 번 움직이는 데 6초가 걸렸다. 시계추의 주기 공식에 따르면, 이 정도의 시간이 걸리려면 중심점에서 30피트(9m)는 떨어져야 유효한 질량이 나온다(실제로는 42피트, 13m이다).

이 시계의 기어들은 지름이 약 10피트(3m) 이상으로 엄청나게 크다. 큰 기어는 보통 톤 단위의 강철로 만들어지며 거대한 톱니를 통해 막대한 양의 힘을 전달한다. 그러나 이 기어들은 10층짜리 크레인이 아닌 시계 안에 들어 있어 평온하게 돌아다니는 쇼핑객의 머리에 떨어지는 위험을 막으려면 가볍게 만들어져야 한다. 엔지니어들은 다른 기계에서는 보거나 듣지 못했던 방법을 택했다. 각 기어의 모든 톱니에 개별 볼 베어링을 장착해 아름다운 디자인과 함께 놀랄만한 성능을 끌어냈다. 움직이는 기계 예술로서 시계에 진정한 찬사를 보낸다.

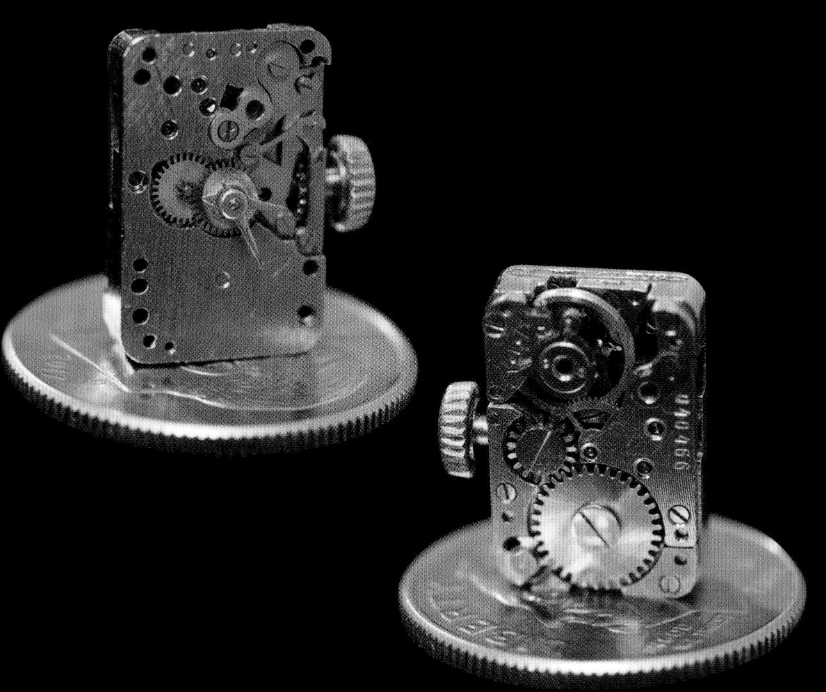

▲ 보통 손목시계는 이미 매우 작아졌다. 하지만 위 시계는 아주 작으면서도 앞 페이지에서 본 15개의 보석 베어링을 지닌 것과 같은 완벽한 기계 시계 운동의 메커니즘을 그대로 담고 있다. 옛 소련시절에 러시아에서 만들어진 시계 중 가장 작은 것으로 알려져 있다. 참고로 이 시계를 미국의 10센트짜리 동전에 올려놓을 수 있는데, 이것은 직경이 0.7인치(18mm) 미만으로 미국 내에서 유통되는 동전 중 가장 작다.

▲ 세상에서 가장 커다란 운동을 하는 시계가 모스크바의 어린이 쇼핑몰에 있다.

▶ 개별 볼 베어링들이 커다란 기어들의 톱니와 함께 구른다.

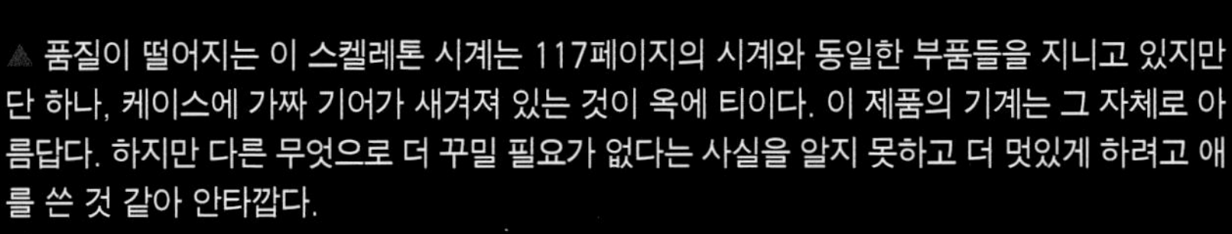
▲ 품질이 떨어지는 이 스켈레톤 시계는 117페이지의 시계와 동일한 부품들을 지니고 있지만 단 하나, 케이스에 가짜 기어가 새겨져 있는 것이 옥에 티이다. 이 제품의 기계는 그 자체로 아름답다. 하지만 다른 무엇으로 더 꾸밀 필요가 없다는 사실을 알지 못하고 더 멋있게 하려고 애를 쓴 것 같아 안타깝다.

▲ 가끔 터무니없이 비싼 기계식 손목시계를 볼 때가 있다. 보통 30만 달러 이상 나가는 브랜드도 일부 있다. 애호가들 사이에서는 1만 달러 정도가 '합리적 가격'이라고 여겨지곤 한다(물론 실제로 합리적이라는 말은 아니다). 고가의 시계 제조회사들에 이메일로 시계 사진을 내 책에 사용해도 되는지 아주 정중하게 물었지만 아무런 답변을 받지 못했다. 그래서 20달러짜리 짝퉁 브랜드 시계의 사진을 찍어 책에 실었다.

Cheaper Is Better

지나치게 비싼 기계 시계가 1달러 스토어에서 파는 전자시계에 비해 더 비싸고 더 아름답지만 기능이 그저 그렇다는 것은 아이러니하다. 아래 시계는 말 그대로 1달러면 살 수 있다. 그런데 대부분의 기계식 시계 못지않게 시간이 잘 맞는다(내가 가격을 조금 과장했다. 실제 가격은 99센트로 미국 내에서 무료로 배송된다. 중국에서는 소매가로 약 30센트 정도다).

저렴한 쿼츠(quartz) 시계의 정확성은 단 하나로 귀결된다. 바로 시간을 지키기 위해 진동하는 것. 추 또는 평형바퀴 대신 작은 석영 크리스털이 들어있는 작은 금속 캔이 그것이다.

LCD 화면

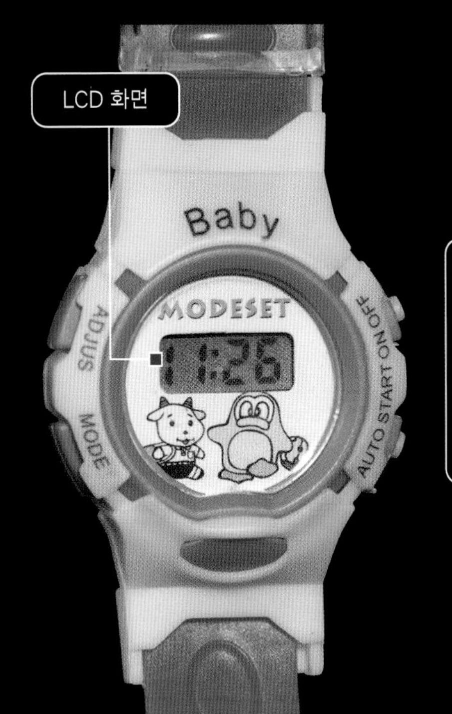

('포팅 컴파운드[potting compound]'라 불리는) 이 접착제 부분 아래에는 시계의 모든 기능을 제어하는 실리콘 칩이 위치한다. 실제 칩은 접착제 부분보다 훨씬 작아서 실제로 눈으로는 거의 볼 수 없지만 이 작은 점이 기계식 시계의 모든 기어들과 동일한 일을 해낸다.

작은 '시계 배터리' 하나로 시계를 일 년 이상 작동시킬 수 있다. 어떤 시계는 하나의 배터리로 10년 이상 작동하기도 한다.

LCD 화면

시계를 조립할 때 이 '탄성중합체 커넥터(elastomeric connector)'는 회로판 위에 노출된 구리 접점과 LCD 화면 뒷면의 보이지 않는 투명한 전기 접점 사이에 압착된다. 회로판과 화면 사이의 방향으로만 전기를 전도할 수 있게 전도성 재료와 절연 재료를 교대시키는 방식으로 만든 매우 정교한 부품이다. 이는 개별 전선을 각 접점에 연결하지 않고도 하나의 회로판에서 다른 회로판으로 많은 전기 신호를 전송하는 기술이다. 너무나 많은 도체/절연체 층이 있어 어떻게 접점과 정확하게 일치시키느냐는 별로 중요하지 않다.

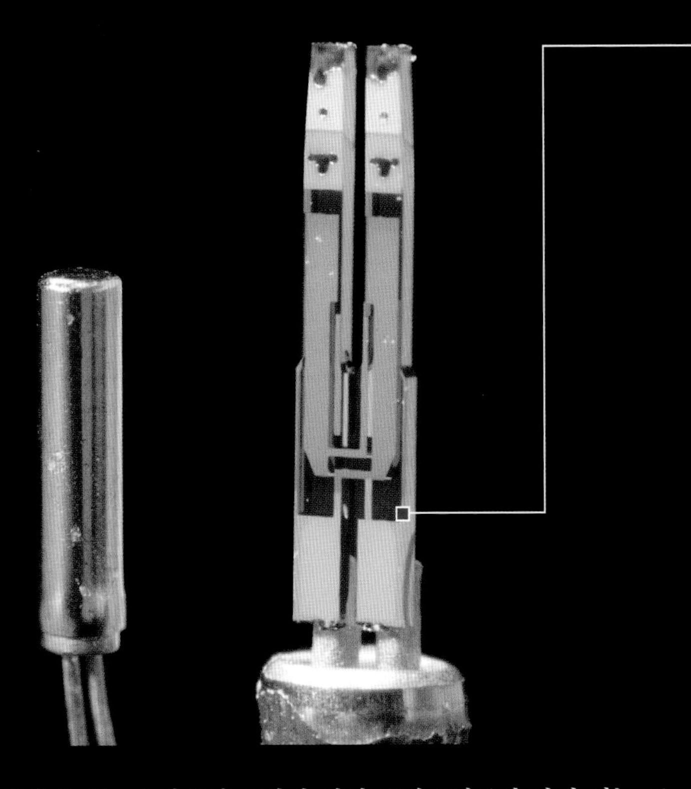

◀ 이진분배기 회로

쿼츠 시계 안에는 소리굽쇠 모양의 석영 크리스털들이 담겨 있는 금속 캔이 있다. 이 크리스털은 매우 작아서 끝에서 끝까지의 길이가 겨우 2mm(1/16인치보다 약간 긴) 정도다.

투명한 크리스털의 표면에서 금속 전극을 볼 수 있다. 작은 전압이 이 전극들을 가로질러 가해지면 미세한 양만큼 결정의 형상이 변화한다(이것을 압전효과라고 부른다). 그런 다음 크리스털이 원래 모양으로 튕겨져 돌아가면서 작은 전압을 생성하게 된다(이것 또한 압전효과라고 하지만 반대 방향으로 작동하는 것이다). 전자회로가 크리스털에 연결되어 이런 전압의 진동을 촉진하게 되고 돌아오는 전압으로 회로에 전원을 공급하는 공명 과정을 이루게 된다.

석영 크리스털 발진기(oscillator)의 훌륭한 점은 매우 안정적이라는 것이다. 불량품이 아닌 이상 가장 저렴한 쿼츠 시계조차 매달 시간의 오차가 12초 내로 유지된다. 물론 순수한 기계식 시계는 그보다 오차가 더 작다. 하지만 가장 섬세하고 비싼 모델일지라도 1달러 스토어에서 파는 쿼츠 시계의 성능과 별로 다르지 않다. 또한 쿼츠 시계를 더 정확하게 하는 여러 기술들이 있다. 그중에는 합리적이고 비싸지 않은 가격으로도 가장 비싼 기계식 시계보다 더 시간을 정확하게 유지하는 제품들이 있다.

쿼츠 시계는 대부분 초당 32,768사이클(32.757kHz, 사람의 청각 범위보다 약간 높은 주파수)로 진동하도록 조정된 크리스털을 사용한다. 왜 이렇게 복잡한 숫자를 쓰는 것일까? 실제로는 전혀 복잡한 숫자가 아니다. 디지털 회로에서 항상 볼 수 있는 숫자로 2의 15제곱을 나타낸다. 2×2×2×2×2×2×2×2×2×2×2×2×2×2×2 = 32,768.

'이진분배기(binary divider)**'는 교대로** 업/다운하는 신호를 취해서 다시 정확하게 절반의 속도로 같은 업/다운 신호를 생성하는 전자 회로로, 만들기가 아주 쉽다. 즉 업/다운 사이클이 두 번 입력될 때마다 하나의 업/다운 사이클이 출력된다. 이는 기어비가 2대 1인 한 쌍의 기어에 해당하는 디지털 전자 장치이다. 기어를 사용하면 원하는 대로 마음껏 정수 비율을 늘릴 수 있지만 디지털 분배기를 사용하면 다른 비율들보다 2로 나누기가 훨씬 더 쉽다.

디지털시계에 이 이진분배기 15개를 연달아 배치하면 크리스털에서 초당 32,768회 발생하는 사이클의 신호를 1초당 하나로 줄일 수 있다(유사하지만, 더 복잡한 분배기를 사용해서 분과 시간을 나타내기도 한다).

디지털 회로를 복잡하게 꾸며 다른 숫자로 나누는 것은 오늘날에는 아주 단순한 일이다. 99센트짜리 시계조차 어떤 임의의 숫자를 나누는 데 필요한 회로보다 수천 배 더 많은 회로를 사용하더라도 비용은 증가하지 않는다. 그러나 쿼츠 시계가 만들어지던 초기에는 디지털 회로의 크기, 전력 요구사항 및 비용이 지금보다 과중했기 때문에 회로를 최대한 간단히하는 데 필요한 크리스털의 주파수가 선택되었다.

요즘 디지털 회로는 거의 무료에 가깝게 싸다. 이를 증명하기 위해 여러 개의 99센트짜리 계산기 시계들을 가져왔다. 이 제품들은 쿼츠 시계의 모든 회로를 지니고 있을 뿐 아니라 별도로 비용을 들이지 않고 8자리까지의 숫자를 더하고 빼고 곱하고 나눌 수 있는 기능을 한다. 즉 쿼츠 시계에다 계산기 기능을 더하고도 가격은 달라지지 않은 것이다.

▲ 값싼 시계 더미

물론 나나 독자들 모두가 흔히 볼 수 있는 제품들이지만 나는 그러한 제품들이 존재하지 않았던 시절에 살았기 때문에 기억을 상기시키고 싶었다. 내가 3학년 때 부모님에게 구구단을 배우면서 투정 부렸던 적이 있다. 나는 구구단을 쓸 때쯤이면 대신 계산을 해줄 싸고 휴대 가능한 기계가 나올 것이라고 부모님께 말씀드렸던 기억이 난다. 당시에는 존재하지 않던 기계였지만, 나는 그런 기계가 곧 발명될 것이라고 확신했고 그 확신이 옳았다.

본래 디지털시계는 LCD 화면을 사용하지만 시침 분침 초침으로 시간을 나타내는 쿼츠 시계들도 많다. 쿼츠 시계들은 크리스털 진동기와 디지털 분할 체인을 사용해 1초에 한 번씩 스위치에 신호를 보낸다. 이 경우에는 LCD 화면에 신호를 보내는 게 아니라 전기가 통과할 때 자기장을 생성하는 전선 고리를 지닌 일종의 작은 전자석인 '솔레노이드(solenoid)'에 신호를 보낸다. 자기장이 작은 철 막대를 잡아당겨서 기어가 표시 하나만큼 움직이게 된다. 이것은 기계식 시계의 탈진기와 거의 동일하지만, 이 시계는 추나 평행바퀴 대신 크리스털을 사용해 시간을 제어한다.

▶ 손목시계에 사용된 크리스털들은 매우 작다. 다음은 1센트 동전에 딱 들어맞는 10개의 32,768Hz 크리스털들이다.

▲ 모조 시계 제작에서 눈여겨보아야 할 지점이다. 위 제품은 전자식임에도 기계식으로 작동
하는 흔하고 값싼 쿼츠 시계로 보이지 않는다. 하지만 실제로는 완전히 위조된 '스켈레톤 시계'
디자인의 이면에는 솔레노이드와 배터리, 크리스털을 사용한 시계 부품들이 숨겨져 있다. 겉
에 보이는 '기어'는 그 어느 것도 실제로 움직이지 않는다. 투명한 쿼츠 시계가 내부의 작동 구
조를 낱낱이 보여주기 때문에 이 모조품보다 더 아름답다고 할 수 있다. 이 시계는 본디 아름
다운 쿼츠 시계의 메커니즘을 거짓의 벽 안에 민망스럽게 숨겨놓았다. 어쨌든 이 시계는 5달
러밖에 하지 않는다.

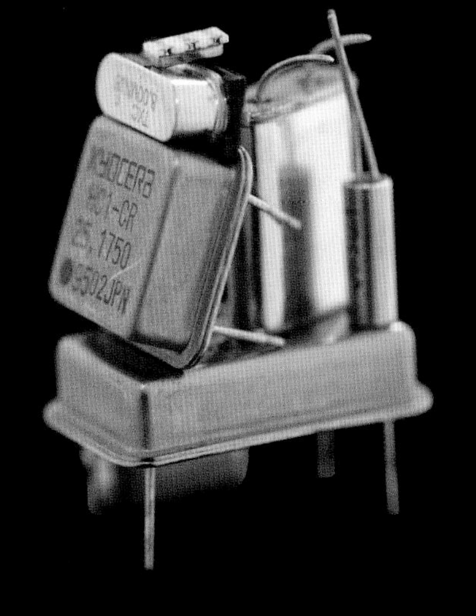

▲ 석영 크리스털 발진기는 시계뿐만 아니라 거의 모든 디지털 전자장치에서 볼 수 있다. 몇 kHz(초당 수천 사이클)에서 MHz(초당 수백만 사이클)에 이르는 다양한 주파수로 설정되어 다양한 크기와 디자인으로 만들어진다. 모든 휴대폰과 라디오, 컴퓨터, 디지털 카메라 같은 전자기기부터 말하는 인형 같은 장난감까지 크리스털을 하나씩은 품고 있다. 석영 크리스털은 이런 기기들에 '시계 신호'를 주어 기기의 모든 부품들이 동기화해 작동할 수 있게 한다. 이 크리스털은 마이크로 센서(컴퓨터 프로세서 칩)를 지닌 모든 기기에서 신호를 주어 칩이 실행하고 있는 프로그램의 명령들을 시행한다. 라디오의 경우에는 크리스털이 신호를 송수신하는 데 필요한 기준 주파수를 제공한다.

▲ 석영 크리스털 발진기는 가공하기 전부터 이미 매우 정확하게 시간을 유지할 수 있지만 한 가지 약점이 있다. 바로 주파수가 크리스털의 온도에 따라 조금씩 변하는 것이다. 그로 인해 발생하는 불확실성을 줄이고 정확도를 개선하는 두 가지 방법이 있다. 더 저렴한 여러 시계들에서 흔히 사용되는 방법은 크리스털 주변에 온도 감지기를 장착하는 것이다. 이는 주파수를 일정하게 유지하지는 못하지만 온도를 측정해 주파수가 받는 영향을 보정할 수 있다. 위의 통합된 온도-보정 크리스털 발진기 모듈은 부품 수백 개당 하나 정도의 오류가 날 정도로 정확하며 가공하지 않은 크리스털보다 수백 배 더 정확하다.

◀ 아주 치명적이라고 할 만큼 아름다운 시계이다. 엄청나게 큰 기묘한 시계를 차고 등장하는 범생이 같은 제품이다. 어처구니없는 개그 프로에서 볼 것 같은 장면이다. 이 케이스는 레이저로 절단된 여러 겹의 아크릴 재질로 되어있고 회로판을 납땜한 뒤 작은 나사 몇 개를 사용해 조립할 수 있다. LED 화면이 너무 많은 전력을 소진하기 때문에 몇 초 사용하면 작동을 멈추게 된다.

◀ 비록 더 정확하기는 하지만 비용이 더 많이 들고 전력 소모가 큰 해결책도 있다. 바로 크리스털을 온도가 조절되는 '오븐'에 넣어 실온보다 약간 높은 온도를 유지하게 하는 것이다. 무려 50달러나 되는 초정밀 오븐 제어 방식의 이 크리스털 발진기는 약 2년당 1초 오차의 정확도를 가진다. 하지만 작은 배터리에서 얻을 수 있는 전력보다 더 많은 전력이 필요하기 때문에 보통 손목시계에서는 사용할 수 없다. 추가 전력이 거의 필요 없어 저렴하지만 만족할 만한 수준의 정확도를 제공하는 대안이 존재한다.

차선(次善)의 시계

석영 크리스털 발진기는 대단한 발명품이지만 세상에서 가장 정확한 시계에 가깝지는 않다. 나중에 정말 정확한 시간이란 무엇인지 살펴보겠으나 가장 정확한 시계와 별반 차이가 없으면서 저렴한 시계를 찾는 것은 어렵지 않다. 이 40달러짜리 시계는 수백 만 년 동안 1초의 오차가 날만큼 정확하다.

그러나 이런 수준의 완벽에 도달하려면 속임수를 써야 한다. 시간을 유지하는 기능은 실제로 이 시계에 없다. 이 시계는 하루나 이틀 정도 정확하게 시간을 나타내는 석영 크리스털 메커니즘에다 콜로라도 포트 콜린스의 WWVB 라디오 방송국에 영구적으로 채널을 맞춘 작은 라디오 수신기를 장착하고 있다. WWVB 방송국은 세계 표준시를 표시하는 아주 정확한 원자시계에서 시간을 받아 송신하는 하나의 업무만을 수행한다.

이는 기본적으로 1800년대에 그리니치 천문대에서 표준 시간을 런던의 다른 지역과 통신하기 위해 사용했던 시스템과 동일하다. 거대한 빨간 공 대신 라디오 방송국을 이용하지만 그 원리는 동일하다. 정기적으로 지방의 시간을 보다 정확한 국가 표준 시간으로 재설정하는 식이다.

한 가지 단점은 시계가 콜로라도에서 수천 마일 이내 떨어진 곳에서만 작동하며 WWVB가 방송을 중단하면 기능을 멈춘다는 것이다. 그래도 이 시계는 시간을 설정할 필요가 없다는 점에서 특장이 있다. 그저 어떤 시간대에 있는지를 설정하면 라디오 신호를 통해 그 시간대에 맞는 시간이 자동으로 나타나게 되어 있다.

믿거나 말거나 이 시계는 누가 착용하든 1억 년에 1초도 오차가 나지 않는다. 이 완벽한 정확도는 휴대폰 시계에 적용된다.

저렴한 시계들은 대부분 온도를 보정하거나 무선으로 제어하는 방식이 아니라서 극한의 상태에 놓이면 평소보다 더 많은 오류를 낼 수 있다. 이러한 시계의 정확도를 지키려면 24시간 내내 착용하고 있어야 한다. 쿼츠 시계는 보통 사람의 팔에 착용할 때의 온도를 유지해야 제 속도로 작동하게 된다. 즉 오븐 제어식 크리스털 발진기가 온도 조절용 오븐을 사용하는 것처럼 사람의 체온을 온도조절기로 쓰는 것이다. 좀처럼 죽지 않는 좀비들에게는 안타까운 일이지만, (점점 체온이 낮아질 경우) 그들이 차고 있는 손목시계는 매달 몇 초 정도 느려질 가능성이 있다(물론, 좀비용 시계 제조업체들이 상온에서 가장 잘 작동하도록 보정된 시계를 개발해서 판매하리라는 가설을 세워봄 직하다. 왜 이런 문제를 다룬 좀비 영화가 하나도 없는 것일까?).

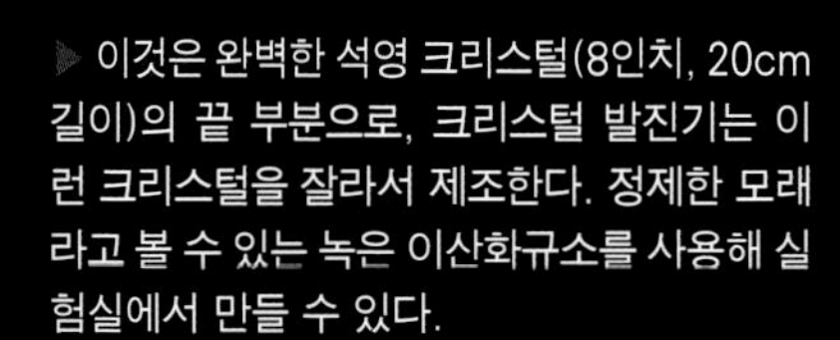

▲ 몇몇 쿼츠 시계들은 착용하고 있을 때 가장 정확하게 움직인다.

▶ 이것은 완벽한 석영 크리스털(8인치, 20cm 길이)의 끝 부분으로, 크리스털 발진기는 이런 크리스털을 잘라서 제조한다. 정제한 모래라고 볼 수 있는 녹은 이산화규소를 사용해 실험실에서 만들 수 있다.

▶ 추나 평형바퀴, 탈진기가 없더라도 쿼츠 시계는 대부분 내부의 솔레노이드가 초침의 톱니바퀴의 일종인 래칫(ratchet) 기어를 순식간에 당겨서 움직인다. 조용한 방에서 울리는 벽시계의 틱 소리는 꽤나 성가실 수 있다. 내 아버지는 아침을 먹을 때 항상 똑딱거리는 벽시계의 소리를 싫어했다. 그래서 소리가 아예 나지 않는 시계를 찾을 때까지 여러 가지 배터리로 구동하는 쿼츠 시계들을 놓고 소리가 나는지 여부를 확인하곤 했던 기억이 난다. 그때 찾아낸 시계는 오래 전에 정리했지만 옆의 시계는 그것과 디자인이 비슷할 뿐 아니라 소리가 나지 않는다는 점에서 유사하다

소리가 나지 않는 쿼츠 벽시계들은 솔레노이드 대신에 작은 동기식 전기 모터를 장착한 '스위프(sweep)' 메커니즘을 사용한다. 소리를 줄이는 데는 효과가 있지만 그로 인해 솔레노이드 기반의 메커니즘보다 더 많은 전력을 소모한다. 그렇더라도 몇 개월마다 배터리를 갈아주면 조용히 아침식사를 즐길 수 있다.

◀ 무음 시계 메커니즘의 핵심은 완벽하게 독립적으로 작동하는 시간유지 회로와 동기 전동기의 조합에 있다.

기어 체인은 회전자(rotor)의 속도를 480배로 줄여 초침의 속도에 맞추게 한다. 그런 후에 침을 지닌 여타의 시계들처럼 60대 1과 12대 1 기어 체인들이 움직인다.

크리스털의 높은 주파수를 1초당 1회의 신호로 나누는 대신 초당 수백 회의 신호로 나누어 정교한 전선 코일에 공급하면 전류에서 교류하는 자기장이 생성된다. 이러한 이유로 1초당 1회의 신호를 사용하는 솔레노이드보다 더 많은 전력을 소모하게 된다.

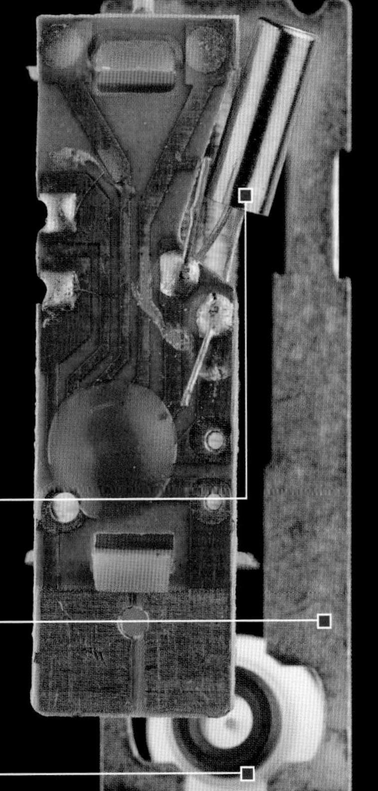

캔에 담긴 석영 크리스털

이러한 금속판들은 회전자에 감긴 전선에서 생성되는 자기장을 전달한다.

이 회전자의 조그만 영구 자석은 자기장의 진동과 정확하게 일치하는 속도로 회전함으로써 교대하는 자기장에 반응한다(그래서 '동기 전동기[synchronous motor]'라는 이름이 붙여졌다).

눈을 현혹하는 시계들

기발하게 눈속임을 하는 시계들도 있다. 눈에 띄는 메커니즘은 없는데 시계침들이 공중에 둥둥 떠다니는 것처럼 보이게 한다. 나는 이런 효과를 내는 서로 다른 방법을 다섯 가지나 목격한 적이 있는데, 그중 어떤 것은 순수하게 아름다웠고 또 어떤 것은 절묘하고 재치가 있었으며 다른 또 어떤 것은 초라한 위조품처럼 보였다.

▶ 이 시계는 절묘하고 재치 있다. 처음에 보았을 때는 작동원리를 이해하지 못해 당황했다. 이 시계 또한 투명 디스크를 사용한다(싸구려 술집 시계가 아니라서 플라스틱이 아닌 유리를 사용했다). 그러나 단 하나의 디스크가 시침과 분침을 모두 움직인다. 어떻게 같은 유리에 장착한 두 시계침이 서로 다른 속도로 회전할 수 있을까? 시계의 뒤를 살펴보면 그 비밀을 바로 알 수 있다. 두 시계침과 작은 무게 추. 잠깐만! 무게 추가 있다고?

▲ 분침이 유리 디스크에 직접 장착되어서 매 시간 한 바퀴 회전한다. 분침이 회전할 때 유리판에 고정된 작은 기어가 차축이 무게 추에 연결되어 있는 더 큰 기어를 돌리게 된다. 큰 기어 자체는 무게 추에 고정되어 있지 않고 그 기어가 붙어 있는 차축이 무게 추와 연결되어 있다. 시침은 이 큰 기어에 고정되어서 12시간마다 한 번씩 회전하게 된다.

추는 디스크의 회전 중심에 매달려 있어 디스크가 회전할 때 같이 회전하지 않는다. 대신 시계의 나머지 부분에 상대적으로 고정되어 있다. 이러한 방식으로 한 기어가 다른 기어와 독립적으로 회전하는 데 필요한 두 번째 기준점을 제공한다. 무게 추가 없다면(그 무게 추를 내려누르는 중력이 없다면) 디스크의 중앙 메커니즘이 그저 하나의 단위로서 같이 회전하게 되고 시침은 하루에 두 번 회전하는 게 아니라 분침과 같이 한 시간에 한 번 회전하게 된다.

▲ 이 시계는 순수하게 아름답다. 맥주 브랜드의 광고용으로 만들어졌다(물론 그래서 아름답다는 것은 아니다).

◀ 이 시계는 초라한 모조품에 속하는 예시이다. 그저 시계침을 지닌 평범한 배터리 전원 시계이다. 가운데 은색의 원은 시계 침이 떠 있는 것처럼 보이게 하려고 시도한 장식으로 볼 수 있다. 중간에 아무것도 보이지 않는 맥주 광고 시계와 비교하면 더 명확해진다.

▲ 이 시계의 아름다움은 간단한 아이디어를 완벽하게 구현한 데에 있다. 시계의 침을 투명한 플라스틱 디스크에 장착한 뒤 디스크를 외부 테두리에서 구동하는데, 그때 이 구조는 바깥에서 보이지 않는다. 이렇게 하면 시계의 중간이 완전히 비어 있는 것처럼 보인다. 투명한 시계판에는 시계침들밖에 없고 그것을 통해서 술집 뒤편의 진열장에 있는 저렴한 위스키들을 볼 수 있다.

▶ 이 시계는 시계침 대신 숫자를 사용하지만 아이디어는 동일하다. 시간이 완전히 투명한 판 위에 떠 있다. LCD 기술의 작동 방식으로 투명한 시계판을 만들 수 있다. LCD 화면에는 편광(polarized light)을 회전시킬 수 있는 액체 크리스털(이하 액정) 층이 2개의 편광 필터 사이에 위치해 있다. 그 원리를 자세히 들여다보자.

LCD 디스플레이의 구조

빛은 파장이다. 그렇지만 물의 파동이라고 할 수 있는 파도처럼 무엇 안에서 흔들리는 것이 아니다. 대신에 빛은 빛의 속도로 빈 공간을 가로질러 스스로 달리는 전기장과 자기장의 진동이다(빛은 말 그대로 빛이다). 모든 빛의 파장은 방향이 있다. 빛의 전기장은 빛이 이동하는 방향에 대해 특정한 각도를 형성하며 앞뒤로 진동한다. 예를 들어, 이 빛의 파장은 위아래로 진동하는 전기장을 가진다(전자기장은 너무 복잡해 혼란을 줄 수 있다. 그래서 다이어그램에는 표시하지 않았다).

보통 빛은 전기장들의 파장이 겹쳐져서 구성되는데 각 전기장의 파장은 모든 방향으로 무작위하게 펼쳐진다. 나는 다음의 다이어그램에서 일정한 격자로 모든 파동이 같은 방향을 향하고 있는 광선을 간결하게 보여주고자 했다(물론 실제로는 모든 방향이 무작위여서 훨씬 복잡하다).

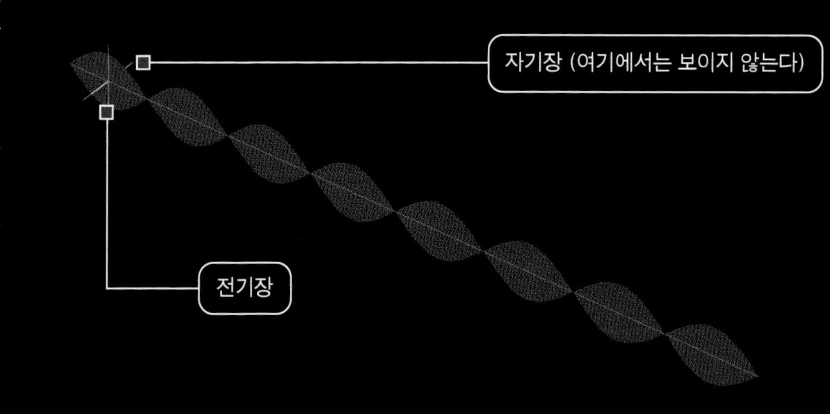

▼ 편광 필터는 그것을 통과하는 (거의) 모든 빛이 특정 방향으로 진동하게 하는 특수한 플라스틱이다. 수직으로 되어 있어서 들어오는 모든 빛의 전기장이 위와 아래 방향으로 진동하게 된다. 이것을 편광이라고 부른다(좋은 품질의 편광자는 들어오는 빛의 약 절반 정도를 98% 정도 원하는 방향으로 보낸다).

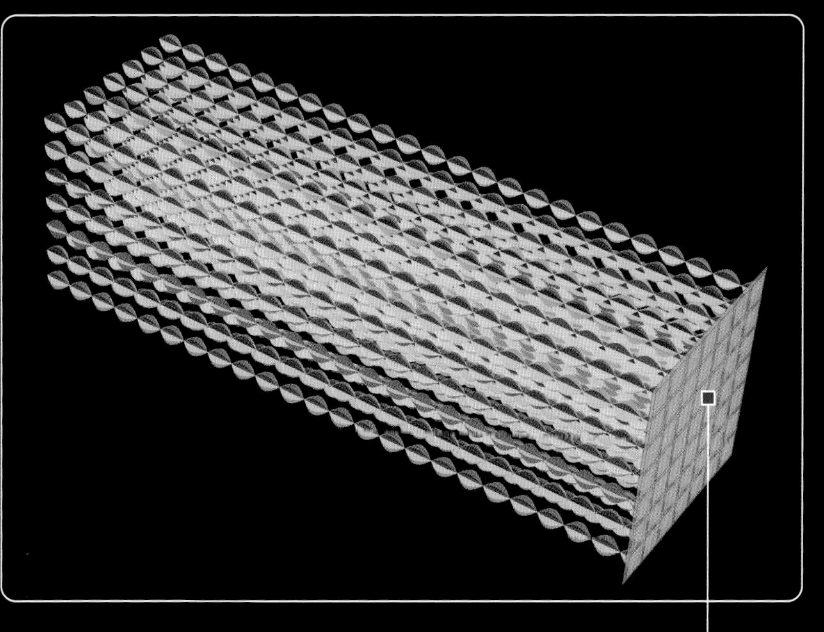

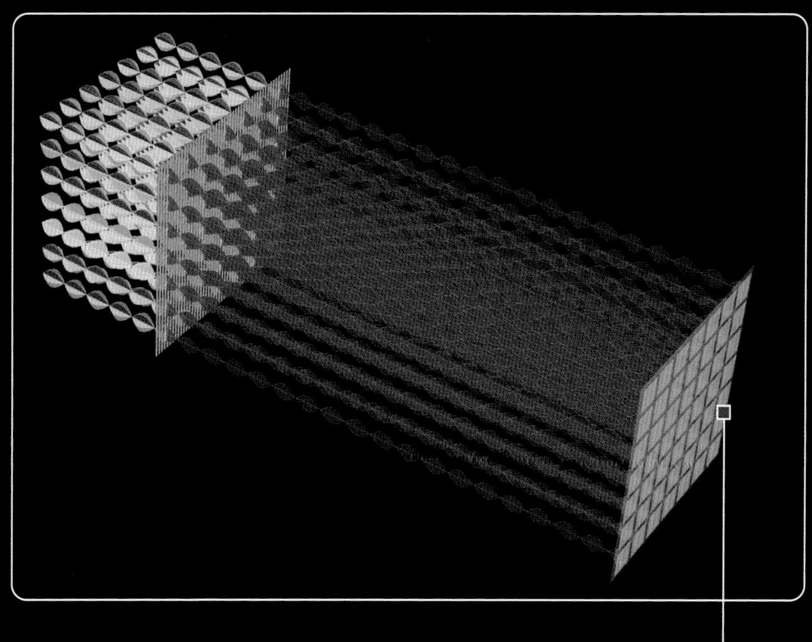

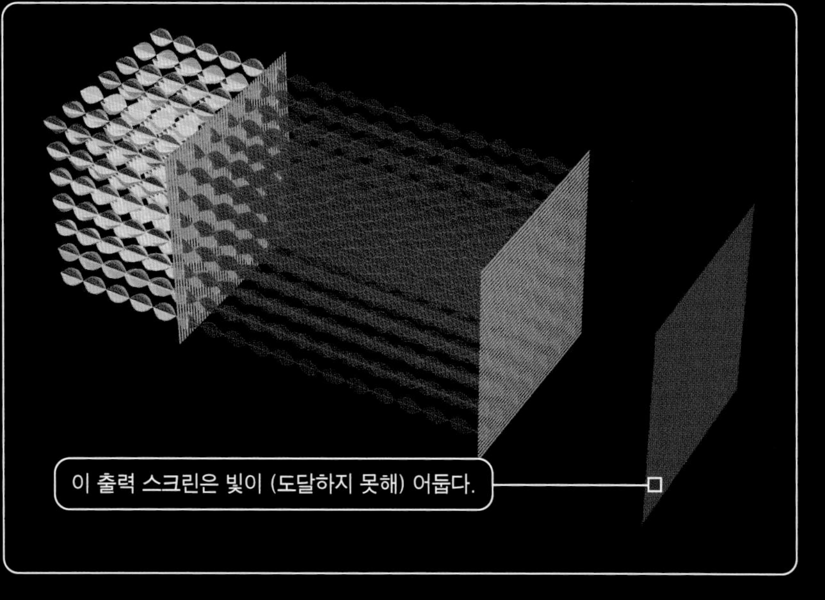

▲ **1.** 첫 번째 편광판에서 90도(1/4) 회전한 두 번째 편광판을 삽입하면 두 번째 편광판에 도달하는 모든 빛이 정확한 방향으로 향하지 않기 때문에 어떤 빛도 통과하지 못한다(좋은 품질의 편광판을 사용하면 천분의 1 이하의 아주 미세한 빛이 새어 나올 것이다).

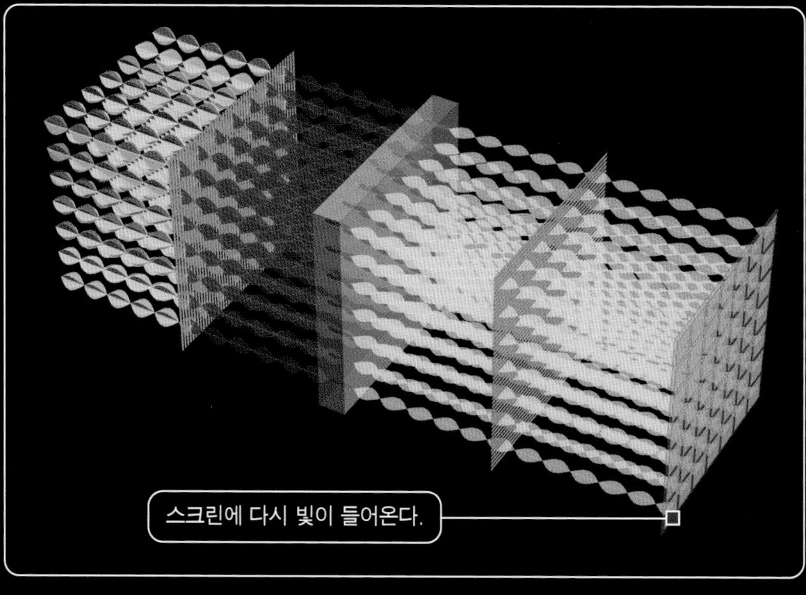

▲ **2.** 여기에 동일한 2개의 편광판이 90도 각도로 위치해 있는데 그 사이에 빛의 편광을 90도로 회전시키는 재료판을 삽입했다. 이번에는 빛이 두 번째 편광판에 도착할 때 올바른 방향으로 회전되었기 때문에 빛이 통과하게 된다.

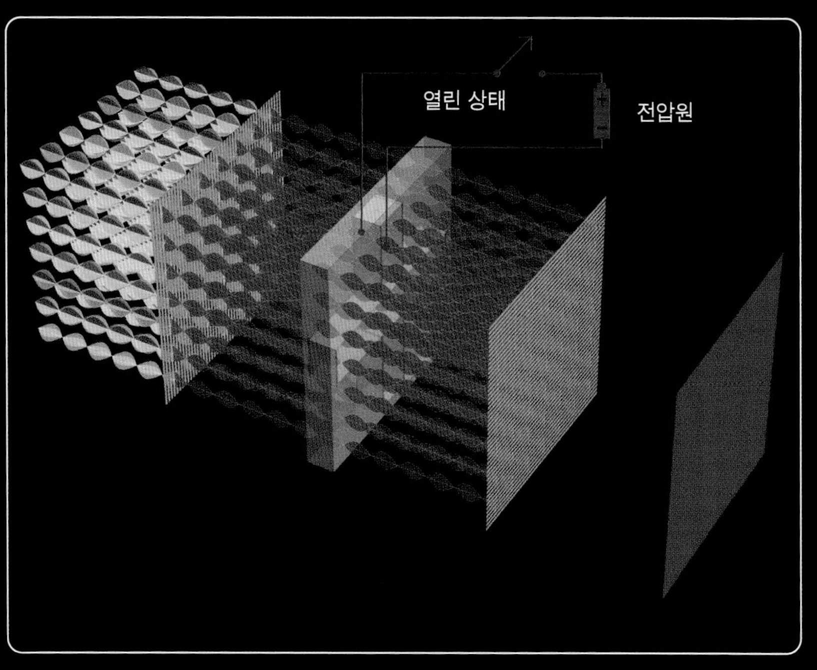

▲ **3.** 전압 공급 여부에 따라 이제 편광을 회전시키거나 회전시키지 않는 물질을 사용해 무엇을 할 수 있을지 상상해보자. 이것이 바로 액정이 하는 일이다. 이 액정 시트는 여러 구역으로 나누어지는데 중간에 덧셈 부호 모양의 패치에 투명한 배선이 놓인다. 전압이 공급되지 않으면 빛이 회전하지 않기 때문에 두 번째 편광판을 통과하지 못하고 출력 스크린이 어둡게 된다.

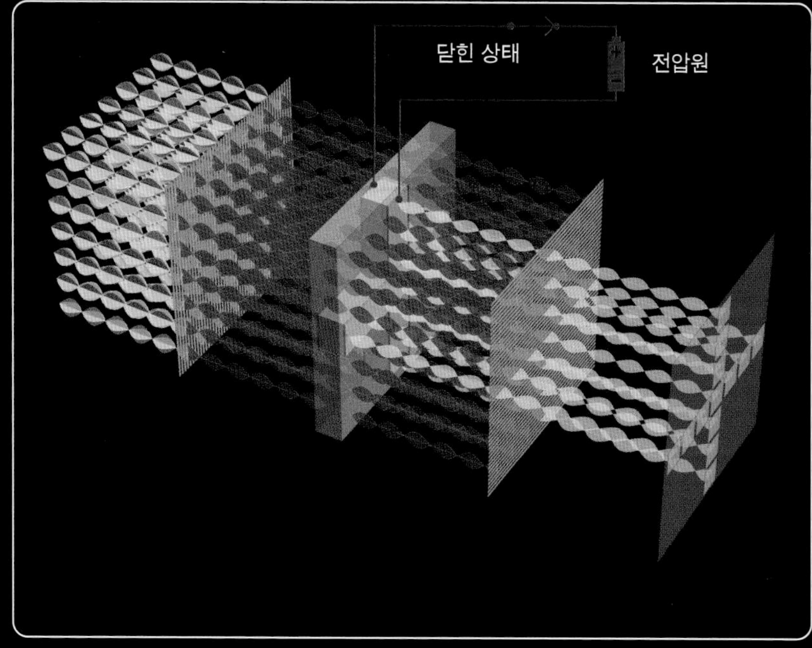

▲ **4.** 덧셈 부호 모양의 부분에 전압을 공급하면 해당 부분을 통과하는 빛이 회전하기 시작해서 화면의 해당 부분이 빛나게 된다. 이 LCD 화면의 경우 전압이 공급될 때 덧셈 부호가 표시된다.

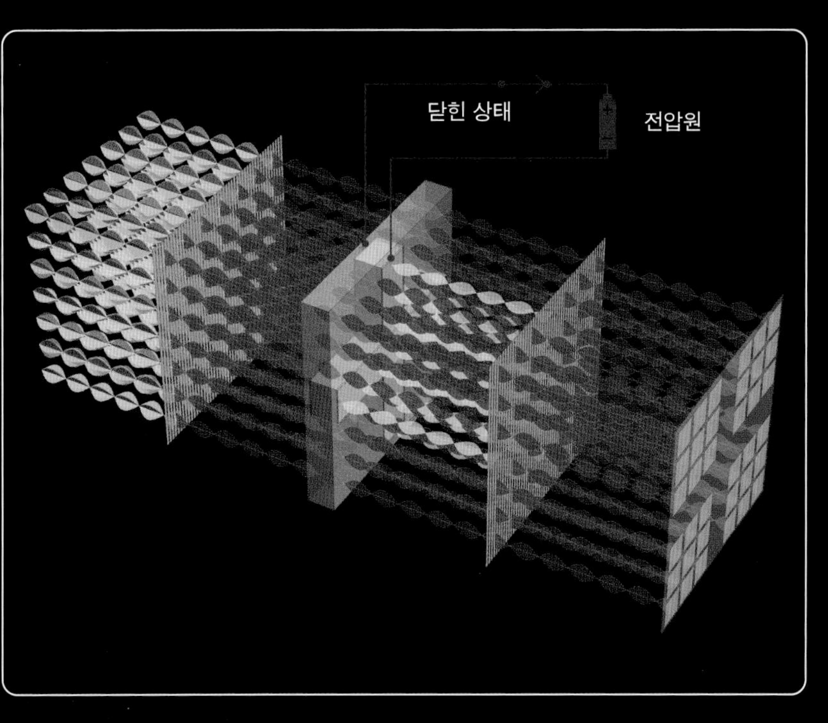

▲ 편광의 효능에 대해 눈을 뜨게 한 투명 시계의 마지막 묘책이 여기에 있다. 두 번째 편광판을 90도로 회전하면 LCD 화면의 명암을 쉽게 조절할 수 있다. 이전의 다이어그램에서는 어두운 배경에 밝은 덧셈 부호를 나타냈지만 이것은 밝은 배경에 어두운 덧셈 부호를 나타낸다. 유일하게 변경된 것은 두 번째 편광판이 첫 번째 편광판과 동일하게 수직으로 정렬되어 있는 것이다.

전체 화면 뒤에서 밝은 빛을 공급하는 백라이트를 끄면 '밝은' 화면이 '투명'하게 바뀌고 '어두운' 부분은 흐릿해진다. 두 편광판이 같은 방향으로 정렬되고 백라이트가 없는 상태에서는 액정에 전압이 가해지는 곳을 제외하고는 모든 곳이 투명하게 된다.

▶ 컴퓨터 및 휴대폰의 LCD 화면은 특정 모양의 패치 대신에 수백만 개의 작은 사각형이 있어서 그 개별 사각형을 켜거나 꺼서 원하는 이미지를 표시할 수 있다(이런 사각형들을 픽셀이라고 부른다). LCD 화면은 일반적으로 첫 번째 편광판 뒤에 백라이트(backlight)가 있어서 전체 디스플레이를 밝게 비추지만 어떤 LCD 화면이든 투명하게 만들 수 있다. 저렴한 휴대폰 화면에서 배경 조명을 제거해 화면 뒤 내 손이 비추는 것을 볼 수 있다. 이 경우 편광판은 90도 각도로 교차되기 때문에 스크린에 표시하려는 이미지가 밝은 경우에만 화면이 투명해진다.

▶ 더 복잡하게 화면을 꾸미려면 액정에 원하는 모양의 작은 전극 패치들을 배열하면 된다. 이 모양은 화면에 표준처럼 사용되는 '7조각'인데, 모든 숫자를 표시할 수 있다. 이 화면의 특성은 조각을 통해 전류를 계속 공급할 필요가 없다는 것이다. 각각의 조각은 단순히 한쪽에서 다른 쪽으로 생겨나는 전압 차이를 사용한다. 즉, 이런 화면은 (백라이트를 사용하지 않는 한) 거의 전력을 소모하지 않으면서 작동한다는 것을 뜻한다. LCD 화면을 장착하는 시계들은 작은 배터리로 수 년 동안 수명을 유지할 수 있다(전기 부품을 잘 아는 독자들의 경우 LCD 조각이 어느 정도 축전기의 역할을 한다는 것을 알 것이다. 충전을 한 뒤에는 추가적인 전류가 없어도 계속 작동하게 된다).

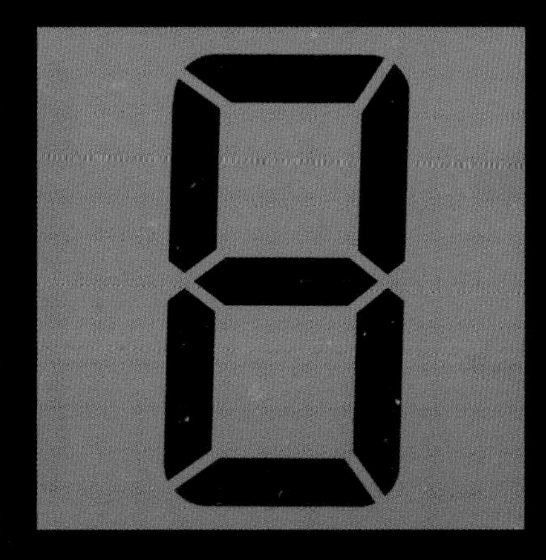

▲ 컴퓨터나 휴대폰의 화면은 위의 다이어그램에 표시된 것 외에 두 가지가 더 개선되었다. 먼저, 조그만 사각형은 각각 실제로 그 사각형의 3분의 1 부분에서 세 가지 색상(빨강, 초록, 파랑) 필터를 지닌 3개의 조각으로 쪼개진다. 둘째로, 액정에 공급되는 전압은 일정한 범위에 걸쳐서 변화할 수 있고 이것은 통과하는 편광이 얼마나 회전되어 있는가에 따라 달라진다. 빛이 전체 90도 미만으로 회전하는 경우에는 일정 부분만이 두 번째 편광판을 통과하게 된다. 이러한 방법으로 화면이 각 사각형의 세 가지 색상마다 밝기를 다르게 할 수 있다. 풀 HD 화면(full-HD display)을 지닌 멋진 휴대전화에는 6백만 개 이상의 조각들(즉 2백만 개의 개별 색상들)이 있고, 각각의 조각들은 256개의 밝기 중 하나로 설정할 수 있다.

▲ 공중에 떠 있는 듯한 투명 시계를 만드는 다섯 번째이자 마지막 방법은 팬 블레이드에서 LED를 회전시키는 것이다. 칼날이 보이지 않을 정도로 매우 빨리 회전하기 때문에 시계판은 거의 투명하게 보인다. 이런 종류의 값비싼 시계는 블루투스를 통해 휴대전화에서 텍스트와 이미지를 다운 받아 표시할 수 있다.

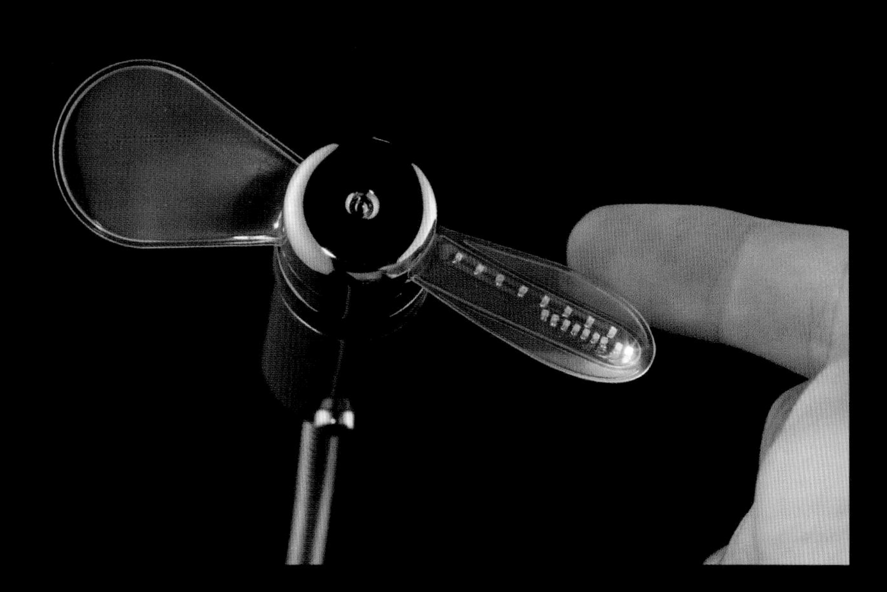

▲ 회전 팬 블레이드를 중지하면 실제로는 하나의 사선 LED만 존재하는 것을 볼 수 있다. 정지된 어떤 한 순간에 LED 화면에 비추어지는 이미지는 별로 의미를 부여할 필요가 없는 점들의 패턴이라는 사실을 알 수 있다.

▲ 팬/시계가 회전하는 모습을 촬영하면, LED 블레이드가 팬 블레이드의 시계 판 위를 돌면서 LED가 하나의 패턴을 그려내는 것을 볼 수 있다. LED는 매우 빠르게 스위치를 켜고 끌 수 있기 때문에 이런 작업이 가능하다(실제로는 초당 수십억 회까지 켜고 끌 수 있지만 이 응용 프로그램의 경우 초당 10,000회 정도만 되어도 이미지를 만들어내는 데 충분하다).

정확한 시간이란 무엇일까?

이 귀엽고 작은 시계는 장난감처럼 보일지 모르지만 모든 플러그인(plug-in) 전기시계와 마찬가지로 시간을 표시하는 능력이 뛰어나다. 이 시계가 배터리로 구동되는 경우에는 석영 크리스털 발진기가 모터의 속도를 조절하기 때문에 정확도가 상당히 높다. 그러나 벽에 꽂는 시계는 전기 회사에서 공급하는 교류(AC)로 속도를 조절해야 한다. 전력의 주파수는 초당 60초로 매우 정확해서 세계에서 가장 정확한 표준시간인 UTC(Coordinated Universal Time, 133페이지 참조)와 동시성을 지닌다. 문명이 앞으로 1억 년 동안 지속되고 이 시계가 계속 연결되어 전력 요금을 꾸준히 지불하고 있다면 그때도 이 시계는 정확하게 돌아갈 것이다(여러 발전소가 전력망에 전력을 공급할 때 서로 다른 전압들이 부딪히지 않게끔 전력은 정확하게 동기화된 상태가 유지된다).

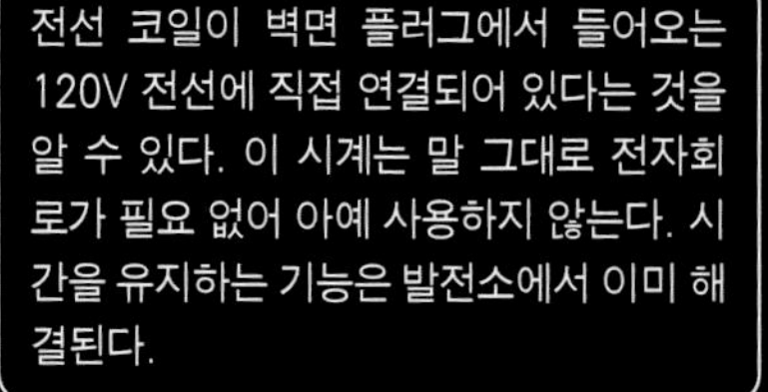
전선 코일이 벽면 플러그에서 들어오는 120V 전선에 직접 연결되어 있다는 것을 알 수 있다. 이 시계는 말 그대로 전자회로가 필요 없어 아예 사용하지 않는다. 시간을 유지하는 기능은 발전소에서 이미 해결된다.

◀ 최초의 세슘 원자시계. 세슘 원자시계들이 진화하면서 교류 전력망의 주파수를 통제하는 데 쓰이고 있다.

이제 정확한 시간이란 무엇인지 알아볼 때가 되었다. 앞서 나는 1955년까지는 영광으로 빛나는 해시계가 가장 정확한 시계라고 언급한 바 있다. 다르게 말하자면, 우리는 지구의 자전을 시간의 기준으로 정하는 것보다 더 정확한 방법이 없어서 해시계를 애용해왔다.

매일 세계 최고의 시계가 전하는 시간은 몇몇 항성들이 정확하게 런던 그리니치 천문대를 지나는 순간과 비교된다. 이들 항성의 이동 시점과 실제 시간이 차이가 난다면, 우리는 시계 대신에 별을 믿고 시간을 재설정하게 될 것이다. 지구와 시계에 관한 모든 지식을 놓고 따져볼 때, 지구의 자전보다 시계가 더 정확하게 시간을 측정한다고 볼 만한 근거는 없다.

이런 이야기는 실제로 논리적 퍼즐과도 같은데, 그렇다면 시계가 정확한지를 어떻게 알 수 있을까? '하나의 시계를 가진 사람은 언제나 시간을 알지만 2개의 시계를 가진 사람은 어떤 시간이 맞는지 알 수가 없다'라는 오래된 격언이 있다. 자, 2개의 시계가 있고 시간이 서로 맞지 않는다면 두 개의 시간 중 어떤 것이 맞는다고 해야 하는가? 적어도 하나가 잘못되었다고 말할 수 있지만 그것이 어떤 것인지 알 수 있는 절대적인 방법은 없다.

정오의 순간을 몇 달에 걸쳐 더 일관되게 예측하면 정확한 시간을 측정할 수 있을 것이라고 말할 수는 있겠다. 그러나 그것은 단순히 지구의 자전을 하나의 기준 시계로 사용하는 데 불과하다. 시계가 지구의 자전에 따른 시간과 동일하지 않은 경우 시계가 잘못되었을 수 있지만, 반대로 지구의 시간이 잘못되었을 수도 있다.

지구는 하나이기 때문에 자전을 기준으로 한 것과 태양을 기준으로 한 시계, 이 두 시계로는 정확한 시간을 알 수 없다. 하지만 3개의 시계가 있고 세 번째 시계가 다른 두 시계와 다를 때 다른 두 시계가 정확하게 동기화되어 있다면 세 번째 시계가 문제라는 증거를 어느 정도 확보할 수 있다. 다른 방법으로는 다른 사람들이 다른 방법으로 만든 수 백 개의 시계가 전 세계에 퍼져 있고 그중 하나만 맞지 않다면 그 시계가 정확하지 않다고 확신할 수 있을 것이다. 1955년은 지구가 그렇게 정확한 시계가 아니라는 것이 밝혀진 시점이다. 지구가 갑자기 변해서 그런 게 아니라 사람들이 더 나은 시계를 만들게 되었기 때문이다.

1955년의 변화는 바로 세슘 원자시계의 발명에서 왔다. 세슘 시계 덕분에 우리는 갑자기 서로 밀접하게 동기화된 시계를 여러 개 가지게 되었고, 이를 통해 지구의 자전 속도가 변한다는 사실을 알게 되었다. 이 세슘 시계에 이어 더 정확한 시계들이 나옴에 따라 매일 하루가 지날 때마다 지구의 자전 속도가 평균적으로 0.00000005초 더 늘어나는 것으로 관측되었다. 즉, 한 세기가 지날 때마다 하루의 길이는 약 2밀리초(0.002초) 더 길어진다. 500년마다 하루가 1초만큼 더 길어지는 셈이다. 고대 이집트인들은 오늘날보다 거의 9초가 짧은 하루를 보내 피라미드를 만드느라 더욱 힘들지 않았을까?

더 먼 옛날로 돌아가면, 지구의 시간이 바뀌는 것은 상당히 극적으로 다가온다. 약 6억 년 전에는 하루가 21시간밖에 되지 않았다는 증거가 있다(물론 오늘날 정의한 기준에 따른 시간이다). 수십 억 년 전에는 하루가 18시간밖에 되지 않았을 것이다.

꾸준히 하루의 길이가 길어지고 있지만 하루하루에 따라 약간의 편차가 있다. 오늘날의 시계와 우리가 지구의 자전을 측정하는 정확도가 너무나 높아졌기 때문에 이러한 개별 변동을 측정하고 그에 따라 지구와 주변에서 일어나는 변화에서 매혹적인 현상들을 추론해볼 수 있다. 아래 그래프는 지난 60년 동안 하루의 길이가 어떻게 변했는지를 보여준다(그 시점부터 측정이 가능했기 때문에 60년의 데이터만 접할 수 있다).

그래프를 보면 계절별 주기가 규칙적으로 나타난다. 이는 지표면의 호수와 바다에 비해 대기에서 수분이 더 많이 증발할 때 지구의 자전 속도가 약간 느려지기 때문에 발생하는 현상이다. 각(角)운동량 보존 법칙(conservation of angular momentum)에 따라 운동량이 생성 또는 소멸 없이 하나의 물리계에서 다른 물리계로 이동하기 때문에 일어나는 것인데, 같은 이유로 피겨스케이트 선수가 팔을 몸 쪽으로 더 가까이 끌어당길 때 더 빠르게 돌게 된다.

2004년 인도양에서 일어난 대규모 지진으로 인해 지구가 '팔'을 내부로 당기게 되면서 하루의 길이가 2.68마이크로초(0.00000268초) 만큼 줄어들었다.

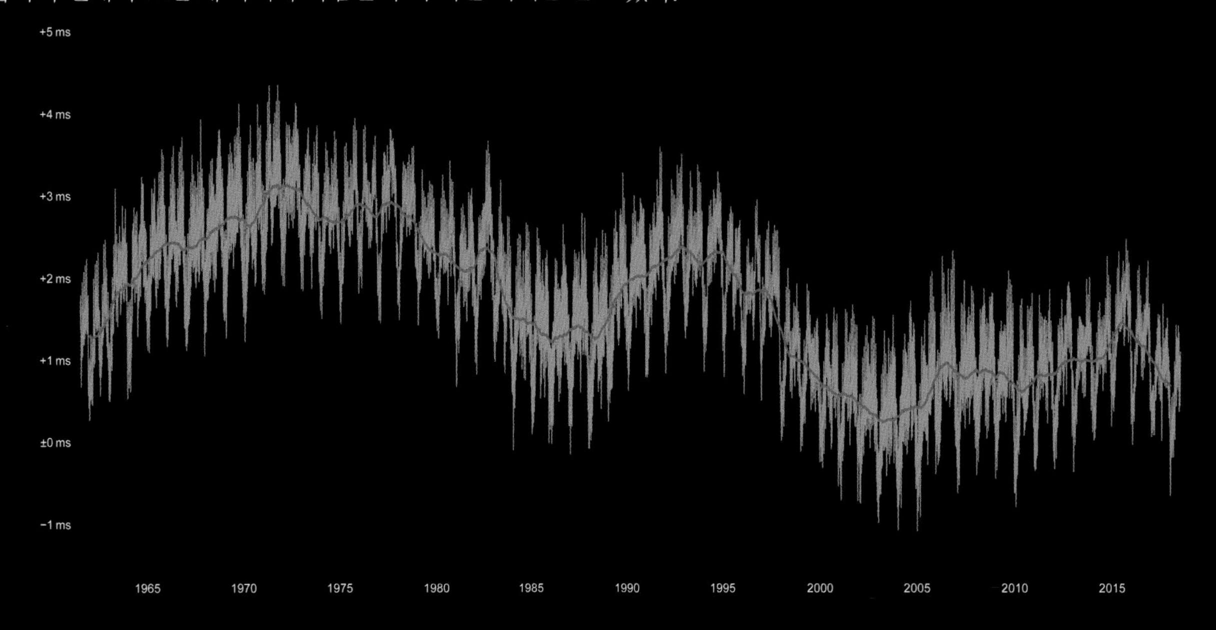

◀ 시간 길이의 변화를 나타내는 그래프

오늘날 최고의 시계는 추나 평형바퀴, 석영 크리스털 발진기를 쓰는 일상의 시계들과 너무나 동떨어져 더 이상 시계로 받아들여지지 않을 정도다. 옆의 그림은 세슘 분수시계(cesium fountain clock)이다. 세슘 원자의 양자 역학적 상태 변화에서 생기는 공진 주파수로 시간을 측정한다. 이 주파수는 이론상 완벽하게 일정하지만 세슘 원자가 서로 부딪히거나 용기의 벽에 부딪혀서 다른 힘이 가해지면 미세하게 교란된다.

이상적으로는 완벽하게 시간을 유지하려면 개별 세슘 원자가 자유롭게 떠다니도록 하는 게 좋다. 자유롭게 떠다니는 원자가 아래로 떨어지고 이후 진공실의 바닥에서 튀어 오르게 되면 시간 측정을 망칠 수 있다. 어떻게 이 문제를 해결할 수 있을까? 이 시계는 작은 세슘 원자들을 진공 기둥을 향해 부드럽게 쏘아 올리는 방식으로 그 문제를 해결하기 때문에 세슘 분수시계라고 불린다. 공중에 던져진 공처럼 세슘 원자는 위쪽으로 날아가 서서히 멈췄다가 다시 떨어지게 된다. 공명 주파수는 세슘이 최고점에 이르러 자유 낙하를 시작하기 직전, 외부의 힘이 작용하지 않는 그 시점에 측정된다.

세슘 원자시계보다 더 정확한 다른 시계가 나왔지만 아직은 연구 프로젝트 단계에 있다. 2019년 현재 국제적으로 인정되는 초의 정의는 세슘 원자에 기반한 것이다. 공식적으로 '1초는 세슘 133원자의 기저 상태(에너지가 가장 낮은 안정된 상태-옮긴이)에 있는 2개의 초미세 층위 사이에서 전이가 일어날 때 9,192,631,770회의 복사가 이루어져 걸리는 시간으로 정의된다.'

국제 원자시간이라고 불리는 세계 절대 표준시간은 약 400개의 최첨단 시계들(대부분 세슘 원자시계)이 연결된 네트워크에 의해 설정되며, 전 세계 수십 개의 국가에서 유지되고 무선 신호에 의해 서로 동기화된다. 다시 설명하지만, 국제 원자시간은 절대적인 표준시간으로 매초마다 1초를 계산한다. 이는 시간 범위를 장기간에 걸쳐 비교하는 것에는 유용하지만, 표준시간 자체가 지구에 문제가 생겨 점점 더 지구의 시간과는 멀어져 가고 있음을 드러낸다(현재, 국제 원자시간이 처음 정의된 이후로 지구와의 시간은 총 37초만큼 차이가 나고 있다).

지구의 회전속도에서 오차가 계속 발생하는 문제를 해결하기 위해 두 번째 표준시간인 협정 세계시간(Coordinated Universal Time, UTC)이 보다 널리 사용되고 있다. 이 시간은 정치적인 이유로 CUT가 아닌 UTC로 불린다(실제로 UTC는 영어와 불어에서 유의미한 약어로 받아들여지지 않지만 프랑스인들이 선호해 그렇게 정해졌다). UTC는 국제 원자시간과 동일하게 시간이 흐르지만 몇 년마다 필요한 경우 '윤초'를 도입해서 지구의 회전과 동기화된다(지구의 자전 자체가 상당히 불규칙적이라서 윤초를 사용하는 기간은 그때그때 맞추어 결정해야 한다. 따라서 보통 사용하기 몇 달 전에 발표된다).

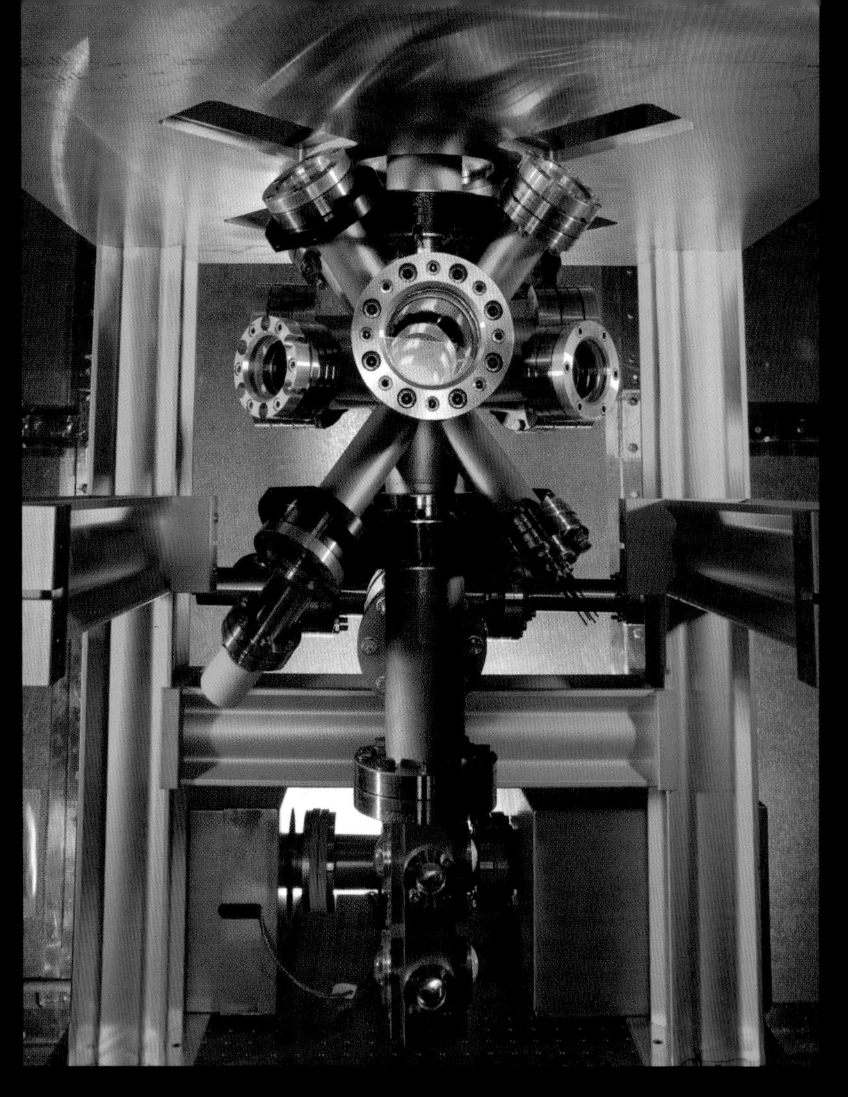

▲ 현대의 세슘 시계

스마트폰과 스마트워치는 단연 정확한 시간에 접근할 수 있는데 이전에 다루었던 WWVB 전파 신호보다 훨씬 더 정확하다. WWVB 시간의 문제는 방송국에서 송출되는 신호 자체보다는 그 신호가 사용자에게 전달되는 데 걸리는 시간에 있다. 전파는 빛의 속도로 이동한다(30cm당 약 1나노초가 걸린다). 만약 송신기에서 500마일(800km) 만큼 떨어져 있다면 라디오 신호가 도착하는 데 0.0027초가 걸리게 된다. 그런 시계를 사용하고 있는 경우 사용자가 송신기 바로 옆에 있는지 아니면 송신기에서 2,000마일 떨어진 대서양 어딘가에 있는지 전혀 알 수 없다. 즉 시간이 0.01초(10밀리초) 만큼 오류가 생길 수 있음을 뜻한다.

스마트폰은 위성항법시스템(GPS)을 사용해 현재 시간을 얻는 방법으로 이 문제를 해결한다. GPS 시계는 124쪽에서 언급했던 WWVB 전파 신호처럼 UTC에 기반하지만, 훨씬 정교한 방법을 사용해 시간을 더 정확하게 유지한다.

지구 궤도를 도는 GPS 위성들은 정확한 시간과 정확한 위치를 나타내는 신호를 지속적으로 송출한다. 전화기가 이 신호를 수신하면 신호에 담긴 시간과 현재 시간을 비교해서 신호가 전화기에 도달하는 데 걸린 시간을 계산할 수 있다. 지연되는 시간을 알게 되면 전화기가 위성으로부터 얼마나 멀리 떨어져 있는지를 계산할 수 있다.

▶ 스마트 워치

빛은 초당 186,282마일(299,792km)을 이동하고, 1피트(30cm)를 이동하는 데는 1나노초(십억 분의 1초)가 걸린다. 상당히 빠르다고 생각할 수 있지만, 현대의 컴퓨터칩이 약 1/3나노초마다 지시를 내린다는 것(3GHz 프로세서 기준으로)을 따져보면 그리 빠른 것 같지 않아 보인다. 즉, 컴퓨터칩이 프로그램의 한 단계를 시행하는 데 걸리는 시간 동안 빛은 약 4인치(10cm)를 이동해 컴퓨터의 끝에서 끝까지도 움직이지 못했음을 뜻한다.

0.ns 0.1ns 0.2ns

그러나 휴대전화가 위성신호에서 발생하는 몇 마이크로초의 지연을 어떻게 정확하게 측정할 수 있을까? 그 비결은 휴대전화가 위성 하나에서만 수신하는 게 아니라 하늘의 다른 위치에서 한 번에 6개 이상의 신호를 수신하는 것이다. 시간 및 위치 신호를 상호 참조함으로써 전화기는 절대 시간을 추정할 수 있다. 그리고 삼각측량법으로 거리를 측정해 지구 위에서의 정확한 위치를 계산할 수 있다. 그리고 그 결과로 각 위성들의 신호 지연을 정확하게 도출한 뒤 절대 시간을 구할 수 있다. 돌고 도는 식이지만 효과는 그만이다.

이 방법은 매우 기발할 뿐만 아니라 휴대전화가 실제 협정세계 시간에서 수 나노초 이내의 시간을 표시하는 것을 잠재적으로 가능하게 한다('잠재적으로'라는 표현을 쓴 것은 휴대전화 제조업체들은 나노초 단위의 정확도에 관심이 없고, GPS 수신기와 화면에 표시되는 시간 사이에 소프트웨어들이 작동하는 시간 지연으로 인해 시간이 1천 분의 1초씩 느려지는 경우에 신경을 쓰기 때문이다. 특수 GPS 시간 표준 수신기로는 약 ±2나노초의 정확한 시간을 일관되게 나타낼 수 있다.)

▼ 이전 페이지의 분수시계는 세슘 원자시계의 극단적인 예이지만 그보다 작은 시계들은 쉽게 구할 수 있다. 이것은 내가 가장 좋아하는 작은 세슘시계로, 유리 세슘실과 히터 및 안테나로 이루어져서 4분의 1인치(5mm)가 겨우 될 정도의 크기이다. 이 사진은 부품들만 보여주고 있다. 실제 작동하는 시계에서는 정교한 전선을 통해 미세 회로와 전원공급 장치에 연결된다.

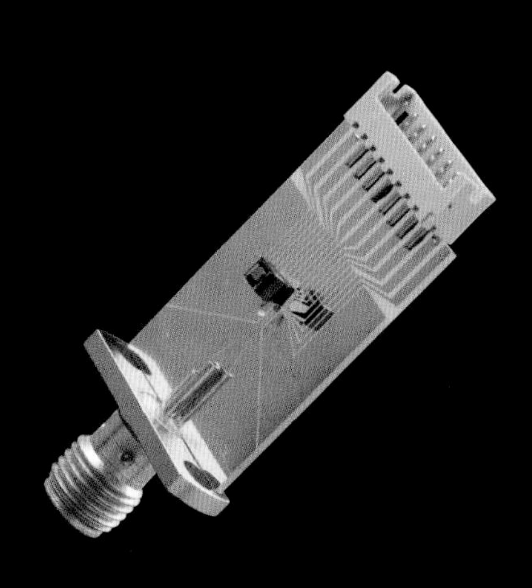

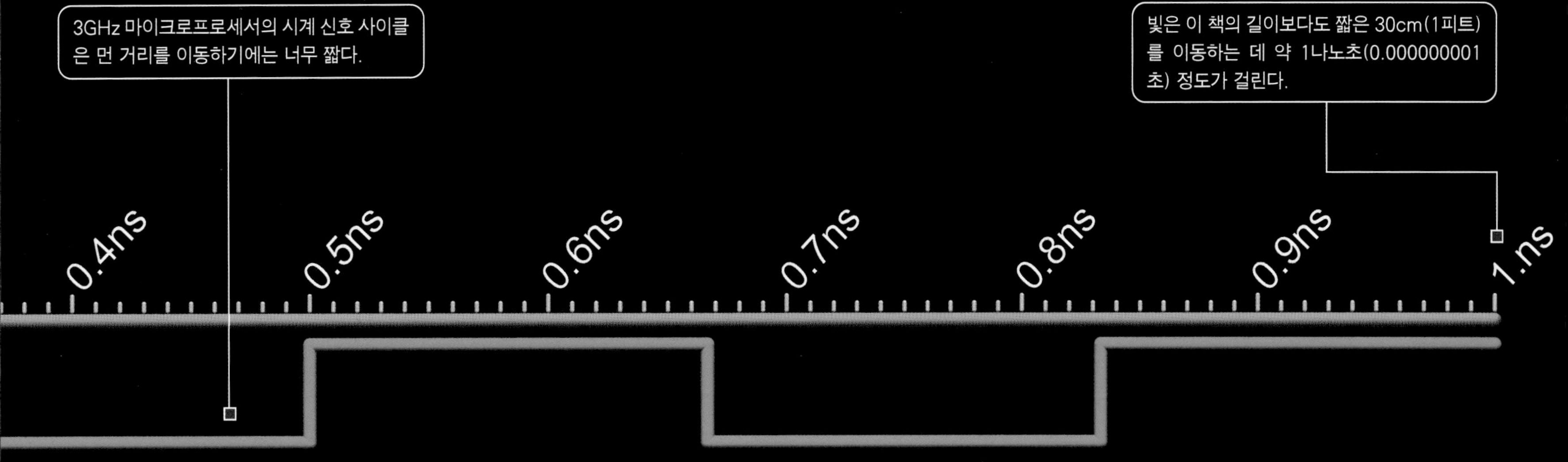

시계에 관한 농담 하나

초정밀 시간은 심오한 이야깃거리지만, 이 장을 그렇게 끝내지 않아도 되어 다행이다. 내가 시계에 관한 하나의 농담을 알고 있기 때문이다.

우선, 취리히를 제외한 스위스의 25개 주는 다른 나라 사람들의 놀림감이 되는 특유의 결함이나 기이한 특질을 지니고 있음을 설명하고자 한다. 스위스 사람들은 6세가 되기 전에 이러한 결함들을 모두 알게 되는데, 다행히도 내 가족은 결함 없는 사람들이 사는 취리히주 출신이었다(지금은 미국 일리노이주에 거주하고 있고, 스위스에는 일리노이주에 대한 농담이 없다).

취리히는 수많은 교회 탑에 달린 시계들로 유명하다. 그중 프라우 뮌스터 대성당의 걸작 시계는 특히 더 유명하다. 언젠가 이 성당의 시계 판은 새롭게 그림을 다시 그려놓을 필요가 있어 악바리 구두쇠나 거만한 은행가를 빼고 평판 높고 정직한 취리히 시민들은 베른주에서 화류가 싼 화가를 고용해 이 시계 판을 보수하려 했다. 여기에서 취리히 시민들이 큰 실수를 했다. 그들은 이렇게 될 줄 알았어야 했다. 한 주가 지났지만 이 화가는 진도를 전혀 내지 못했던 것이다! 왜 진도가 늦어지는지를 묻자, 그는 그림을 그리려고 붓을 들 때마다 빌어먹을 시침이 회전하면서 붓을 후려쳐 떨어지게 한다고 불평하는 게 아닌가! 만약 독자들이 스위스 사람이었다면 그 이유를 바로 알았을 텐데 베른주의 사람들이 너무나 느려서 그렇게 되었던 것이다. 스위스 발음으로 6살짜리 아이에게 (구구절절 설명할 필요 없이) 말해주면 빵 터질 이야기다. 정말이다. 밖에서 이 농담을 하지 말라고 하셨던 어머니의 말이 들리는 것 같다.

▲ 세슘시계는 시간의 금본위제라고 할 수 있다(세슘은 금 말고 유일하게 금색을 띄기 때문에 적절하기도 하다). 루비듐 원자로도 세슘시계와 유사한 시계를 만들 수 있다. 루비듐 시계는 비용이 저렴함에도 석영 크리스털 시계보다 질이 좋아 일부 지역에서 호평을 받고 있다. 하지만 세슘 원자시계만큼 정확하지는 않다. 둘 다 작동하는 원리는 같다. 다만 유리방 안의 부품 하나가 다를 뿐이다.

저울

우리 인류는 수천 년 동안 물건을 거래하고 돈을 주고받을 때 주로 무게를 측정해 왔다. 감자나 금, 또는 다른 어떤 물건을 살 때면 지불한 금액에 해당하는 적정한 양인지를 알아야 하기 때문이었다. 그 적정한 양이란 1천 파운드의 감자나 1천 톤의 철광석, 1트로이온스(약 1/4온스, 온스[oz]는 약 28g)의 금처럼 사고자 하는 물건의 무게로 표시된다.

농부들의 옥수수 가격에 대한 불평을 들어보면(생산 곡물이 어떤 것이든 항상 불평은 나온다) 옥수수 1부셸(bushel)당 가격을 문제 삼고 있음을 알 수 있다. 부셸은 보통 8갤런(약 35L[리터])으로 통한다. 갤런과 리터는 무게가 아닌 부피의 측정값이라서 부셸 또한 부피를 측정한 값이다. 여러분은 무게를 사용해 거래를 한다고 했다가 부피로 거래하는 경우를 언급하니 혼선을 빚을 수도 있겠다. 하지만 대규모 상업 거래에서 사용하는 부셸은 부피를 나타내는 단언가 아니다. 대량의 옥수수를 사고파는 거래에서 부셸은 부피가 아닌 무게라서, 실제로 '옥수수 부셸'은 15.5%의 수분 함량을 지닌 옥수수를 56파운드(약 25kg)만큼 모아둔 것을 뜻한다.

무게는 위조하기가 어려워 누구나 상거래에서 선호한다. 물건의 양을 측정하는 방법 중 가장 일관되고 변하지 않는 것이기도 하다. 곡물을 상자에 넣으면 상자가 가득 찬 것처럼 보이지만 그 무게는 변하지 않는다. 8갤런 부피의 상자에 얼마나 많은 옥수수가 들어가는지는 옥수수의 모양과 쌓이는 방향에 따라 달라질 수 있다. 만약 8갤런 부피의 옥수수를 가루로 분쇄할 때마다 그 가루의 양이 조금 적거나 많은 것을 알 수 있을 것이다. 하지만 56파운드의 옥수수를 분쇄하면 언제나 56파운드의 가루를 얻게 된다. 깃털 1파운드(약 0.45kg)가 아무리 보풀이 나거나 눌려서 포장되어 있다고 하더라도 그것은 항상 1파운드의 깃털이다.

상거래에서 무게는 매우 중요하며, 상거래는 거의 모든 공공생활의 중심에 놓여 있다. 저울이 인류의 문명에서 매우 오랜 세월 중요한 역할을 해온 것은 그 때문이다.

고대의 저울들

적어도 4천, 5천 년으로 거슬러 올라가는 초기의 저울들은 아마 내가 아이스크림 막대기와 성냥을 사용해 만든 것보다 더 복잡하지는 않았을 듯하다. 무게를 측정하는 데 필요한 것은 축(pivot 또는 fulcrum)에서 균형을 잡는 저울대이다. 나머지는 저울을 더 편하게 쓰거나 더 정확하게 하기 위해 고안된 것들이다.

옆의 저울은 내가 하고자 하는 것을 하는 데 지장이 없을 만큼 정확하다. 나는 1982년 이전에 만들어진 단단한 구리 동전과 1982년 이후의 구리로 도금된 아연 동전을 구분하고자 한다. 구리 동전이 더 무겁기 때문에 아연 동전을 테이프로 한쪽 끝에 붙여놓은 뒤 반대편에 구분하고자 하는 동전을 놓아 서로의 무게를 비교한다. 각 동전에 쓰여 있는 년도를 읽는 것보다 훨씬 더 빠르게 두 동전을 구분할 수 있다.

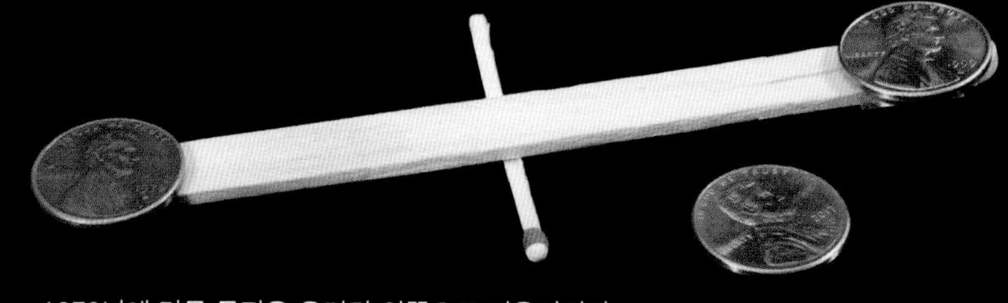

▲ 1978년에 만든 동전을 올리면 왼쪽으로 기울어진다.

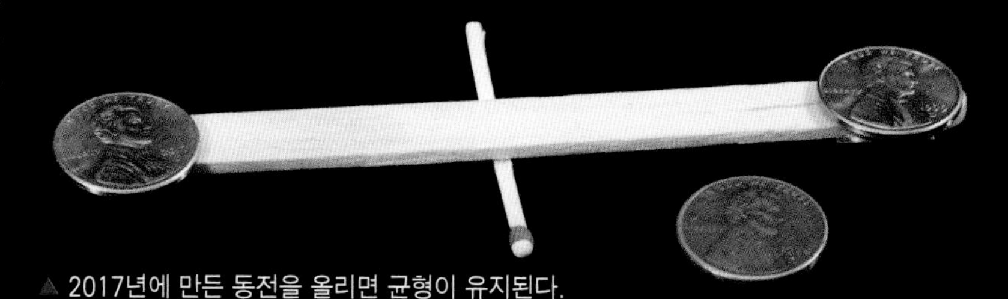

▲ 2017년에 만든 동전을 올리면 균형이 유지된다.

◀ 부피(갤런, 리터, 부셸, 세제곱 등)로 거래하는 것처럼 보이는 물건들조차 실제로는 무게를 사용하고 있다. 시리얼 상자에 흔히 표기되는 이런 라벨은 시리얼 상자가 가득 차지는 않았지만 라벨에 적힌 무게만큼 담고 있음을 보증한다.

▶ 일부 동전의 가장자리에 솟은 홈은 리딩(reeding)이라고 불린다. 깎여있는 부분을 누구나 쉽게 볼 수 있게 설계되어 있다. 오늘날 유통되는 동전은 귀금속으로 만들어지지 않기 때문에 별문제가 없지만 옛날 사람들은 홈의 크기에 아주 예민했다. 동전은 여전히 전통 방식에 따라 제조되고 있다.

실제 동전의 무게를 재는 저울은 내가 앞서 선보인 것보다 훨씬 정교하며 아주 오래 전부터 사용되었다. 아래의 청동저울은 '1816년의 대주조 개혁(Great Recoinage of 1816)' 때에 만들어진 것이다. 이 시대의 영국은 나폴레옹과 재앙적인 전쟁을 치른 다음 금본위제를 다시 채택하기로 하고 동전의 무게를 재설정했다. 새로 만들어진 '국가인증(gold sovereign)' 금화는 정확히 160/623트로이온스의 22K 금을 함유하고 있어야 했다. 귀금속 함량을 기준으로 가치가 매겨지는 다른 모든 동전들과 마찬가지로, 이 새 금화가 나오자 '현명한' 사람들은 동전을 깎아 내거나 거기에 작은 구멍을 몰래 파서 미량을 빼돌리곤 했다. 또 금화가 담긴 주머니를 흔들어서 서로 부딪힐 때 금가루가 떨어지는 것을 챙기는 사람들도 많았다(정말 계속 흔들다보면 새 금화를 하나 만들 수 있을 만큼 많은 가루가 떨어졌다).

이 청동저울은 국가가 인증한 금화와 그렇지 않은 금화를 세 가지 측면에서 구분하게끔 디자인되었다. 첫째, 원에 끼워 지름이 맞는지 확인하고, 둘째, 구멍에 끼워 두께가 맞는지 확인하며, 마지막으로 고정된 평형추와 무게를 비교해 무게가 맞는지 확인한 것이다.

금화가 무게는 정확한데 크기가 약간 다르다면 무슨 문제가 있는 것일까? 금이 (당시에 사용 가능했던) 다른 저렴한 금속들보다 훨씬 밀도가 높은 금속이라서 발생하는 문제였다(즉, 단위 부피당 무게가 더 나간다). 만약 금화의 무게는 맞지만 크기가 너무 크다면 이는 금화가 금 이외의 금속을 너무 많이 사용해 주조되었다는 증거이다.

방금 살펴본 것처럼, 저울대를 따라 무게를 재야 할 물건의 위치가 달라진다. 앞서 소개한 국가인증 금화 저울은 저울대의 특정 지점에 (무게가) 맞는 특정 물체를 올려놓고 무게를 측정하게끔 설계되었다. 그러나 어느 물건에나 쓸 수 있는 범용 저울을 만들려면 양쪽의 무게가 항상 균형점에서 정확히 같은 거리에 위치하게 해야 한다. 저울대 양 끝에 저울판을 매달아 이 문제를 해결할 수 있다. 저울판 위 어디에 물건을 두든지 두 저울판이 흔들리면서 무게 중심을 중앙으로 모으게 된다.

무게를 정확하게 잴 수 있는 저울이 화려할 필요는 없다. 옆의 값싼 플라스틱 저울은 십여 알의 소금 무게에 불과한 20~30mg 정도의 차이를 감지할 수 있다. 1700년대까지 수천 년 동안 정확한 무게를 재는 거의 유일한 방법은 2개의 저울판을 동일한 거리에 둔 저울이었다.

이러한 양팔 저울의 문제는 물건 2개의 무게만 비교할 수 있고, 또한 두 무게가 동일한지 여부만 알 수 있다는 것이다. 생소한 물체의 무게를 재려면 정교한 무게 추들을 사용해 추의 무게를 합산해가야 한다. 이러한 무게 추 세트에는 여러 종류가 있다. 상품의 무게를 재기 위한 것이 있는가 하면, 저울의 정확도를 점검하거나 다른 무게 추 세트의 정확도를 확인하기 위한 것도 있다.

미국을 제외한 거의 모든 국가들은 돈의 단위와 상응하는 무게 추 세트를 고안해 쓰고 있다. 예를 들어 1, 2, 5, 다음에는 10, 20, 50, 100, 200, 500 등으로 무게 추 세트를 구성한다. 영국의 경우 1펜스, 2펜스, 5펜스, 10펜스, 20펜스, 50펜스, 그리고 100펜스(1파운드) 동전들이 있어 무게 추 또한 1g, 2g, 5g, 10g, 20g, 50g, 그리고 100g의 무게로 만들어 쓰고 있다(0.5g, 0.2g, 0.1g, 0.05g, 0.02g, 0.01g도 있다).

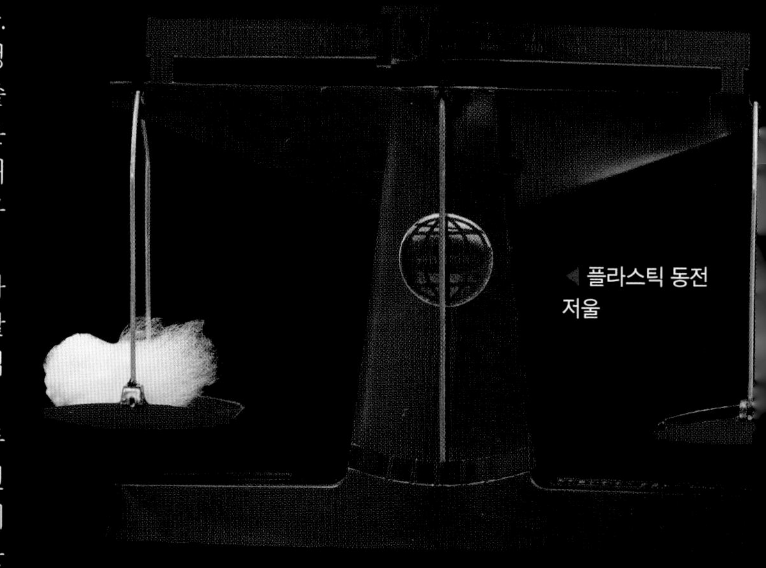

◀ 플라스틱 동전 저울

▲ 이집트의 신 아누비스는 내세로 들어가는 사람들의 마음을 재는 중요한 일을 맡았다. 역시나 양팔 저울을 사용했다. 아누비스와 그의 저울에 대해 처음 언급된 것은 5천 년 전으로 거슬러 올라간다. 하지만 아니(Ani)라는 이름의 서기관을 다룬 '사자의 서(Book of the Dead)'에서 볼 수 있는 이 삽화는 약 3250년 정도밖에 되지 않았다(아니의 파피루스에 담긴 이 부분은 약 2피트(67cm) 정도의 폭으로 되어 있고 전체 길이는 78피트(24m)이다. 대영 박물관에 보관되어 있다. 그에서는 아니가 아누비스의 시험을 통과한 것으로 전하고 있다).

▲ 저울에 걸 수 있는 현대의 표준 무게 추

▲ 이 무게 추들은 러시아 인형처럼 쌓아 올릴 수 있다.

▲ 100g까지의 현대 무게 추

▶ 장식이 된 무게 추는 여러 가지 재미있는 모양으로 만들어진다.

현대식 무게 추 세트에는 각 '2'의 단위가 2개씩 존재한다. 즉 0.02g(20mg)이나 0.2g(200mg), 2g과 20g이 2개씩 있다. 왜 그럴까? 바로 어떤 무게를 재든 이들 숫자가 유용하기 때문이다. 예를 들어서 정확히 96.59g의 무게를 재려면 50g+20g+20g+5g+1g+0.5g+0.05g+0.02g+0.02g이 필요하다. 이 같은 무게 추 조합에서 20g과 0.02g(20mg)이 2개씩 사용된 것을 볼 수 있다.

수학 문제를 좋아하는 독자들을 위해 하나의 문제를 제시하고자 한다. 최대한 적은 수의 무게 추를 사용해 모든 수를 잴 수 있는 효율적인 무게 추들의 조합을 찾아낼 수 있는가? 물론 나는 수학 문제를 싫어하기 때문에 답을 바로 밝히겠다. 만약 저울의 한쪽에만 무게 추를 놓는다고 가정하면(반대쪽은 무게를 재고자 하는 물체를 올려둔다), 2를 거듭 곱해 얻는 숫자들, 즉 1, 2, 4, 8, 16, 32, 64, 128 등을 선택하는 것이 가장 좋다. 이 무게들은 사용하기에 매우 불편하고 엄청 많이 계산해야 하는 것처럼 보이지만, 170페이지에서 정확하게 이 시스템을 사용해 기계적으로 계산하는 저울을 확인할 수 있다.

대저울(steelyard)

대저울은 양팔저울에 비해 큰 이점이 있다. 평형추가 저울대를 따라 이동해 가며 중심점과의 거리를 조절할 수 있다. 이 저울로는 처음 보는 물건이라도 추로 길이를 조정해서 균형을 맞춘 뒤 저울대에 적힌 눈금을 읽어 무게를 측정할 수 있다. 만약 10파운드의 무게 추가 물건보다 두 배 떨어진 거리에서 균형이 맞는다면 그 물건의 무게는 추의 두 배, 즉 20파운드가 되어야 한다.

영국에서 개발된 아운셀(Auncel)은 대저울이다. 간단하고 편리하지만, 안타깝게도 사람의 사악한 본성 때문에 문제를 일으키곤 했다. 1350년 영국의 에드워드 3세가 발간한 법령에 따르면, 누구라도 공정하지 못한 아운셀을 사용해 물건을 팔거나 거래하면 '심각한 처벌'의 고통을 받는다. 이는 단순한 민사범죄가 아니라 중범죄로 다룬다는 표현도 그 법령에 담겨 있다(민사범죄는 피해자가 원할 때만 조사가 진행되지만, 이 법령은 불공정한 대저울을 사용하면 피해자뿐만 아니라 공권력[왕]이 범죄자를 조사해 처벌할 수 있음을 명시하고 있다). 대저울은 저울의 짧은 팔을 살짝 건드리거나 길이의 비율을 조작하는 식으로 상대방을 속이기가 매우 쉽다.

두 끝까지의 길이가 정확하게 같은 양팔 저울은 훨씬 속이기 어렵다. 무게 추가 정확하기만 하다면 평소 웃는 얼굴로 사기를 치는 상인과 거래할 때도 저울만 믿으면 안전하다.

에드워드 3세는 3년 후 무게 추를 정확하게 유지하기 위한 방편으로 다음과 같은 법령을 추가로 발표했다. "짐은 표준 무게 추를 모든 샤이어(Shires, 주정부)에 보내겠다. 시장의 관리인은 짐의 명에 따라 표준 무게와 측정 방법을 이행해야 한다."

▶ 금속, 철, 돌로 만들어진 대저울

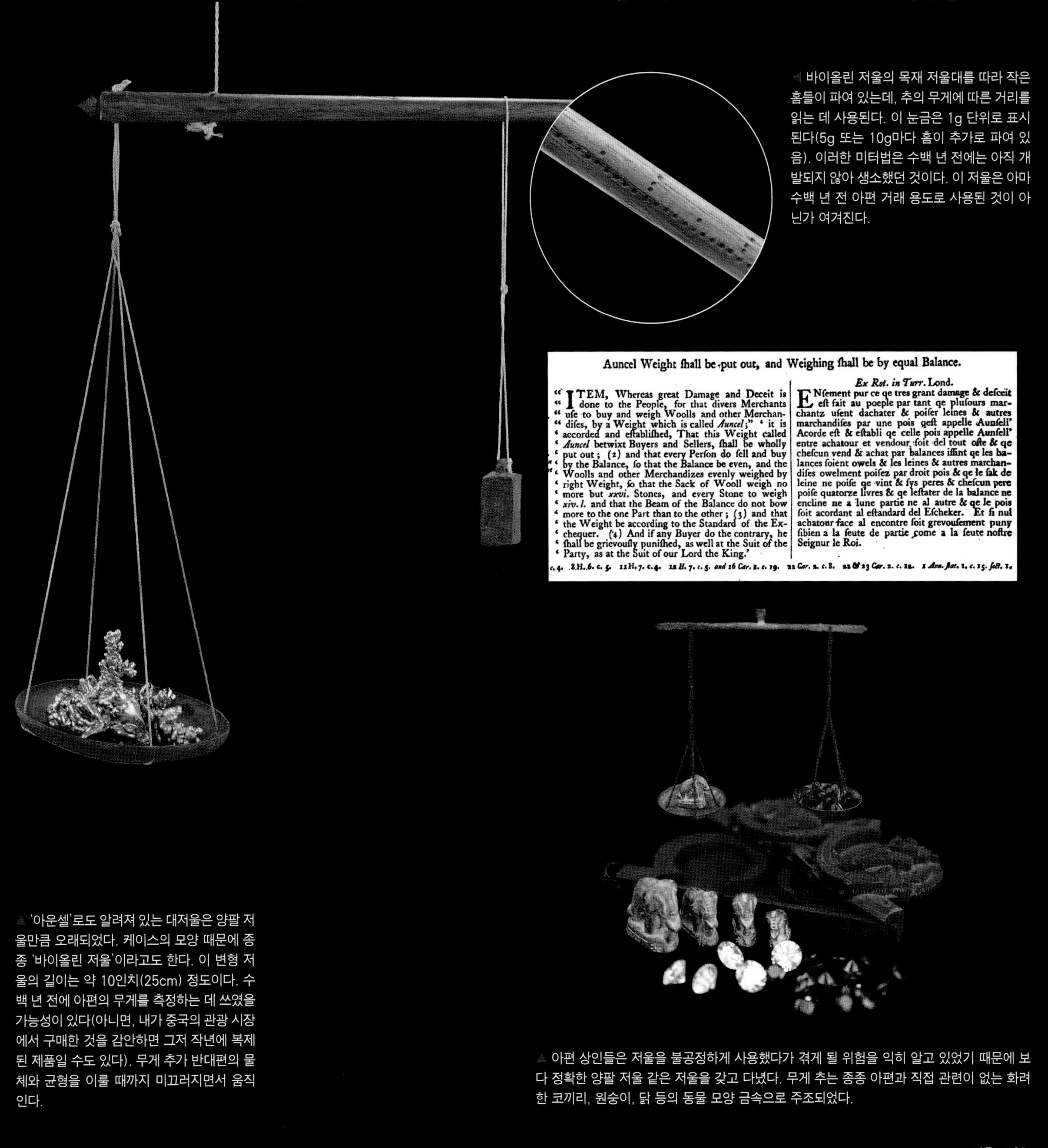

Auncel Weight ſhall be put out, and Weighing ſhall be by equal Balance.

"ITEM, Whereas great Damage and Deceit is done to the People, for that divers Merchants uſe to buy and weigh Woolls and other Merchandiſes, by a Weight which is called *Auncel*;" 'it is accorded and eſtabliſhed, That this Weight called *Auncel* betwixt Buyers and Sellers, ſhall be wholly put out; (2) and that every Perſon do ſell and buy by the Balance, ſo that the Balance be even, and the Woolls and other Merchandizes evenly weighed by right Weight, ſo that the Sack of Wooll weigh no more but *xxvi*. Stones, and every Stone to weigh *xiv. l.* and that the Beam of the Balance do not bow more to the one Part than to the other; (3) and that the Weight be according to the Standard of the Exchequer. (4) And if any Buyer do the contrary, he ſhall be grievouſly puniſhed, as well at the Suit of the Party, as at the Suit of our Lord the King.'

Ex Rot. in Turr. Lond.

ENſement pur ce qe tres grant damage & deſceit eſt fait au poeple par tant qe pluſours marchantz uſent dachater & poiſer leines & autres marchandiſes par une pois qeſt appelle Aunſell' Acorde eſt & eſtabli qe celle pois appelle Aunſell' entre achatour et vendour ſoit del tout oſte & qe cheſcun vend & achat par balances iſſint qe les balances ſoient owels & les leines & autres marchandiſes owelment poiſez par droit pois & qe le ſak de leine ne poiſe qe vint & ſys peres & cheſcun pere poiſe quatorze livres & qe leſtater de la balance ne encline ne a lune partie ne al autre & qe le pois ſoit acordant al eſtandard del Eſcheker. Et ſi nul achatour face al encontre ſoit grevouſement puny ſibien a la ſeute de partie come a la ſeute noſtre Seignur le Roi.

c. 4. 8 H. 6. c. 5. 11 H. 7. c. 4. 12 H. 7. c. 5. *and* 16 *Car.* 2. *c.* 19. 22 *Car.* 2. *c.* 8. 22 & 23 *Car.* 2. *c.* 12. 1 *Ann. ſtat.* 1. *c.* 15. *ſect.* 1.

◀ 바이올린 저울의 목재 저울대를 따라 작은 홈들이 파여 있는데, 추의 무게에 따른 거리를 읽는 데 사용된다. 이 눈금은 1g 단위로 표시된다(5g 또는 10g마다 홈이 추가로 파여 있음). 이러한 미터법은 수백 년 전에는 아직 개발되지 않아 생소했던 것이다. 이 저울은 아마 수백 년 전 아편 거래 용도로 사용된 것이 아닌가 여겨진다.

▲ '아운셀'로도 알려져 있는 대저울은 양팔 저울만큼 오래되었다. 케이스의 모양 때문에 종종 '바이올린 저울'이라고도 한다. 이 변형 저울의 길이는 약 10인치(25cm) 정도이다. 수백 년 전에 아편의 무게를 측정하는 데 쓰였을 가능성이 있다(아니면, 내가 중국의 관광 시장에서 구매한 것을 감안하면 그저 작년에 복제된 제품일 수도 있다). 무게 추가 반대편의 물체와 균형을 이룰 때까지 미끄러지면서 움직인다.

▲ 아편 상인들은 저울을 불공정하게 사용했다가 겪게 될 위험을 익히 알고 있었기 때문에 보다 정확한 양팔 저울 같은 저울을 갖고 다녔다. 무게 추는 종종 아편과 직접 관련이 없는 화려한 코끼리, 원숭이, 닭 등의 동물 모양 금속으로 주조되었다.

우리는 도량 및 계량 규정이 항상 최소량을 보장하게끔 설계되었다고 생각할 수 있다. '버터 1파운드'는 항상 일정량 이상이어야지 그렇지 않으면 우리는 속는다고 여기게 된다. 하지만 옛날의 수많은 관련 법률들은 그 반대의 접근방식을 택했다. 무엇의 무게를 재든 그 기준을 최대량으로 명시했다. 예를 들어, 표준 크기의 통 또는 배럴을 채워 옥수수의 부셸을 측정할 때 옛 법령에 따르면, '쿼터(영국의 28파운드 또는 미국의 25파운드)는 평균적으로 8부셸 이하여야만 한다. 또한 옥수수의 양은 덤 없이 재야한다.' 옥수수의 경우 측정 용기에 채운 후 위에 덤이 남지 않도록 '엄격하게 맞추거나' 윗부분을 쓸어서 평평하게 해야 한다는 것이었다. 왜 쿼터만큼의 옥수수량을 어떤 허용된 최대치 이상이 될 수 없도록 한 것일까? 답변은 다음의 문장에서 찾을 수 있다. "영주의 임차료를 아끼고 농장을 구하기 위해." 땅 주인 즉 영주는 농부들이 수확한 부셸의 수를 산정해서 세금을 부여했다. 만약 어떤 농부가 상인과 짜고 덤을 넣어 수확량을 측정했다면 기록된 부셸 수가 줄어 영주가 '정당하게' 받아야 할 세금을 받지 못하고 '속게' 되기 때문이다.

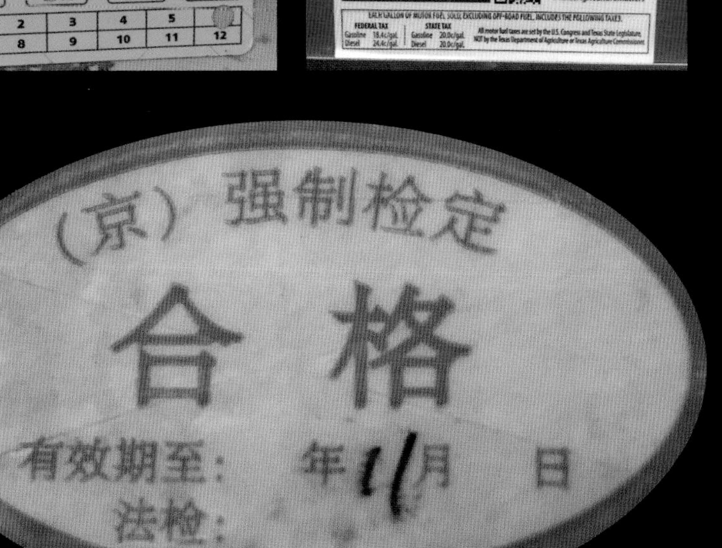

▲ 역사적으로 각국 왕과 정부의 가장 유용하고 합법적인 기능 중 하나는 측정 단위를 표준화하고 그것을 감시하며 시행하는 것이었다. 예를 들어, 오늘날의 주유소 펌프나 가게의 저울에는 보증 표시가 붙어 있다. 이는 저울이나 펌프의 상태를 검사관이 시험했고, 그 결과 정확한 것으로 확인되었음을 증명한다.

▼ 넘치는 옥수수 부셸을 쓸어 양을 맞추고 있다.

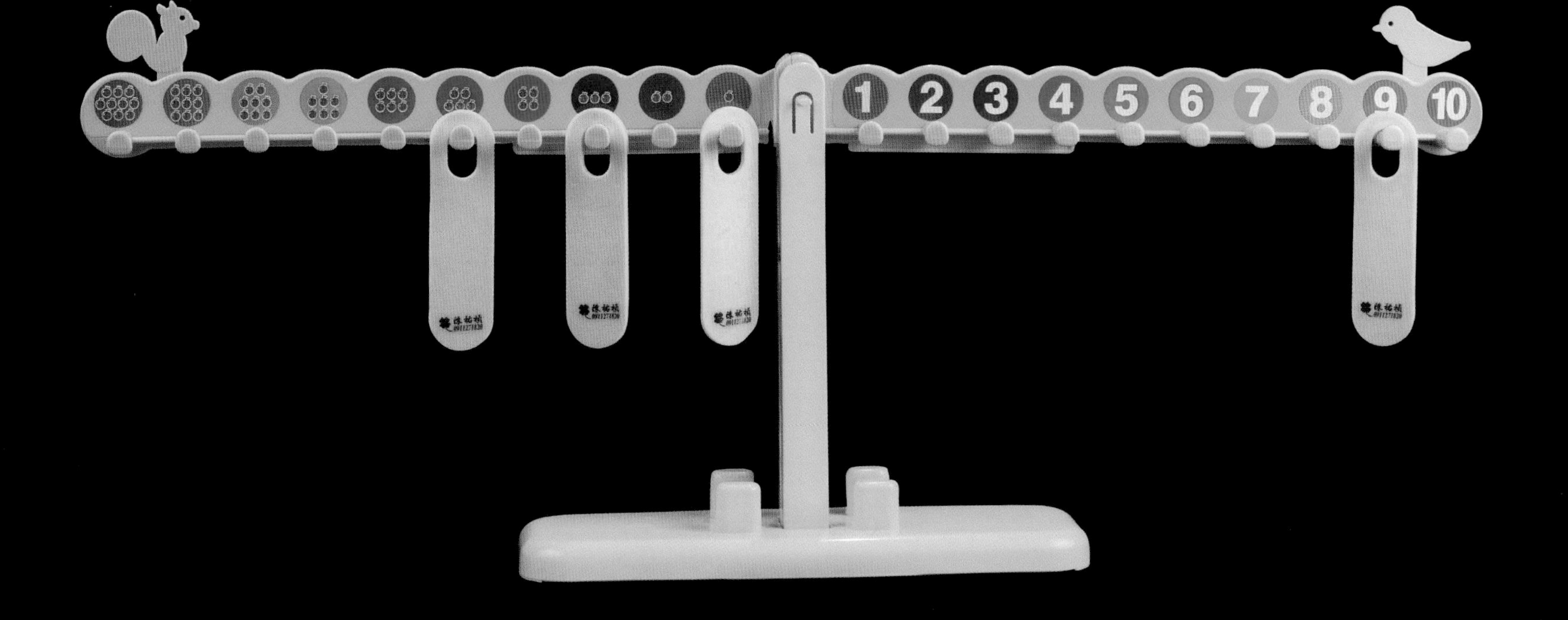

▲ 중국에서 열린 교육 회의에서 찾아낸 깔끔한 교육 보조 도구다. 수학을 가르치기 위한 것으로 무게를 더 멀리 둘수록 지레의 힘을 더 크게 받는다는 대저울의 원리와 동일하다. 서로 다른 숫자가 적혀 있는 고리에 플라스틱 무게 추를 올린다. 만약 양측의 무게가 같다면 균형이 맞추어지는데 구슬 균형 게임 또한 같은 원리를 사용한다. 각각의 구슬은 중심점에서 멀어질수록 더 큰 힘을 받는다.

더 편리한 저울을 향해서

저울이 발명된 이후 사람들은 보다 더 정확하고 편리한 저울을 만들기 위해 노력해왔다. 통상적으로 편리성과 정확성 두 가지를 동시에 충족시키는 저울을 만들기란 어렵다. 따라서 두 가지를 최적화하기 위한 다양한 유형의 저울들이 개발되었다. 지금부터 다양한 상황에 적합하도록 단순화하고 체계적으로 고안된 저울 디자인들을 하나씩 살펴보면서 중요한 아이디어들이 어떻게 나와 현대식 저울로 발전하게 되었는지를 알아보자.

고대의 양팔 저울은 단순하고 정확하지만 사용하기가 번거롭고 이동 및 보관이 어렵다. 또한 지속적으로 제기된 결정적인 문제는 저울판을 지탱하는 줄과 막대의 한계 때문에 큰 물체를 측정할 수 없다는 점이었다. 만약 저울판을 저울의 위에 놓는다면 해결책이 나오지 않을까?

아래의 그림은 거대한 저울처럼 보인다. 단 한 부분만 움직여서 간결해 보이기도 한다. 또한 저울판 위에 어떤 크기의 물체도 올려놓을 수 있다. 디자인이 형편없는 게 단점이지만 보다 더 큰 문제가 있다. 물체를 판 위의 어디에다 놓느냐가 중요하기 때문이다. 판의 가장자리 쪽으로 물체를 움직이면 판의 무게를 조정하지 않더라도 그 방향으로 저울이 기울어지게 된다. 이런 유형의 저울은 물체의 위치와 종류를 정확하게 알 수 있을 때만 사용할 수 있다. 딱 보아도 좋지 않은 저울이다.

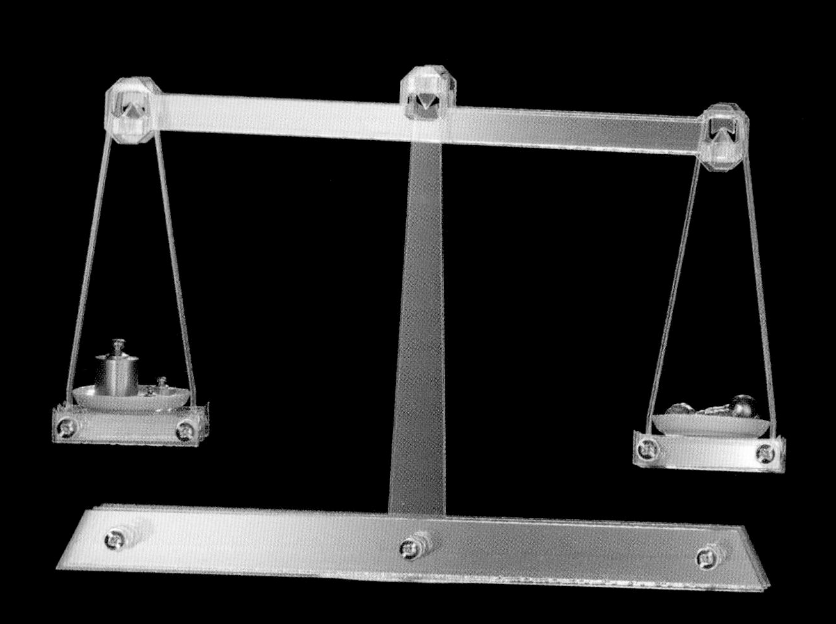

▲ 저울판이 매달려 있는 아크릴 모델 저울

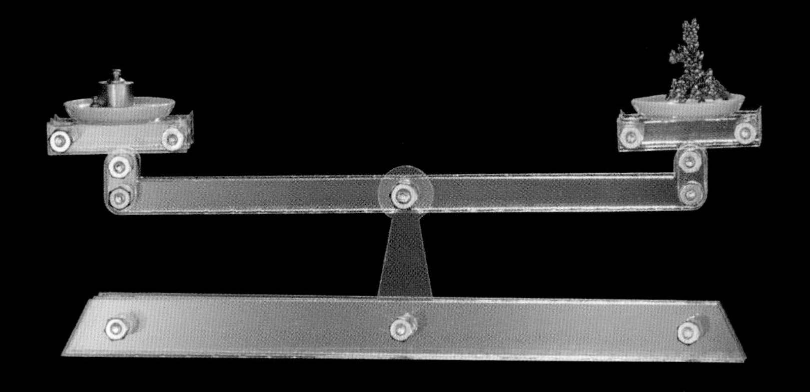

▶ 윗접시 저울. 잘 작동하지 않는다.

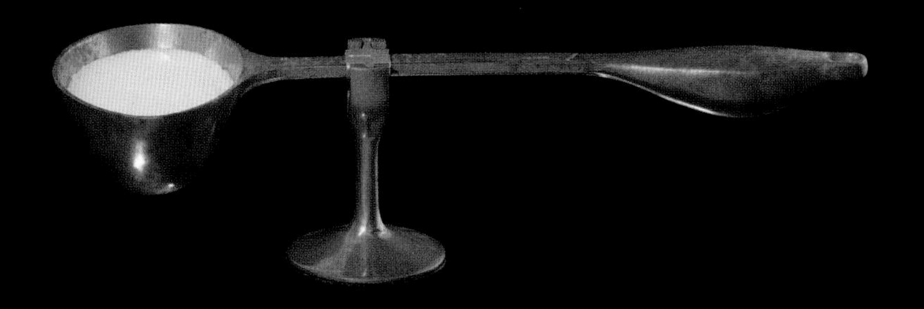

◀ 매우 간단하면서도 기발한 단일 피벗 저울의 예시이다. 바로 자동 계량 숟가락이다. 숟가락 손잡이를 따라 단위(g)를 나타내는 눈금이 있어 피벗을 옮겨가며 양을 정확하게 측정할 수 있다. 물이나 기름, 밀가루 또는 원하는 물질을 숟가락에 붓는다. 계량하려는 물질이 숟가락에 균일하게 퍼져 있어야만 균형점을 기준으로 일관된 위치가 유지되어 저울이 작동한다. 단단한 덩어리의 물체를 측정하려면 숟가락에 넣는 위치가 중요한데, 저울이 정확한 무게를 측정하지 못할 수도 있기 때문이다.

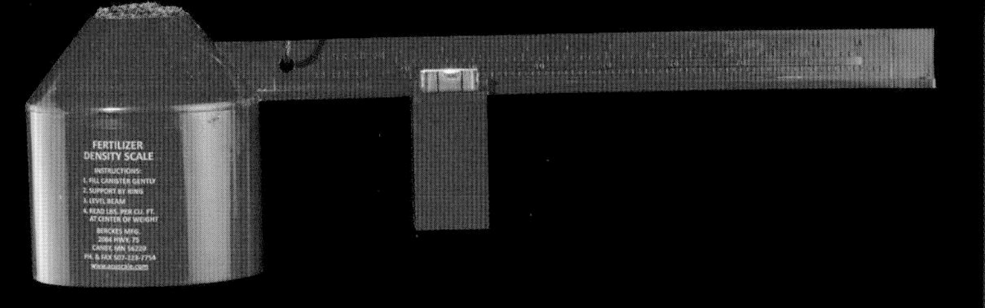

▲ 이 저울은 정확도를 담보할 수 없는 디자인이지만 특수한 경우에는 요긴하게 쓸 수 있는 저울의 하나다. 일정한 부피의 측정 컵에 분말과 미세한 알갱이(특히 비료)를 가득 채워 측정하도록 만들어졌다. 일종의 대저울이라고 할 수 있다. 하지만 영리하게 응용한 부분이 두 가지 있다. 첫째는 저울대 부분에 수평계(bubble level)가 장착되어 있어, 이를 이용해 저울대가 수평을 이루고 있는지 정확하게 알 수 있다(저울이라면 당연히 이래야 하는데, 다른 몇몇 저울에서는 간과하고 있다는 게 솔직히 놀랍다). 둘째는 측정 컵이 일정한 부피를 지녀 이 저울은 측정하려는 물체의 무게뿐 아니라 밀도(단위 부피당 무게)까지 알아낼 수 있다. 비료를 다룰 때는 이 두 가지 기능이 아주 중요하다.

▲ 이것은 무게를 측정하고자 만든 저울이 아니다. 맞다. 오래된 양팔 저울처럼 무게 추가 있지만 중심축이 금속 고리로 만들어져 저울이 자유롭게 기울어지지 않는다. 그렇기 때문에 추들은 그냥 아무렇게나 정해진 무게를 지닐 뿐 제대로 된 저울에서 볼 수 있는 정수의 법칙(1, 2, 4, 8, 등등)을 따르지 않는다. 이것은 그저 선반용 장식품이다(중국 판지아위엔 시장[베이징의 가장 큰 벼룩시장-옮긴이]에서 산 제품이다 보니 장식품이라는 사실이 그리 놀랍지 않다).

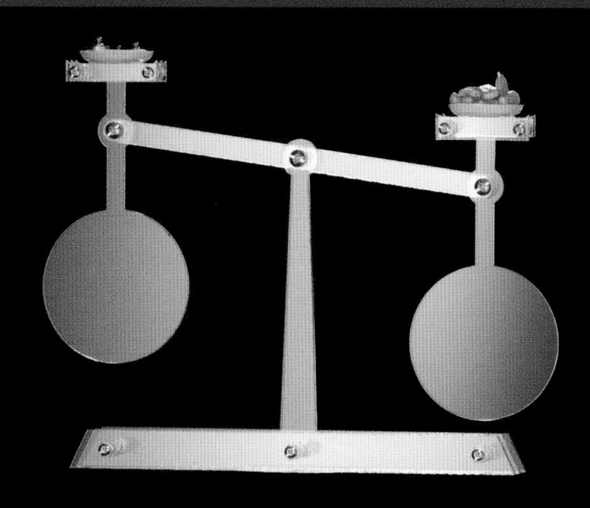

사라진 저울

매우 희귀한 종류의 저울이다. 너무 희귀해서 실제로는 존재하지 않겠지만, 나는 한 번 본 적이 있다. 좀 더 설명하자면 베이징의 판지아위엔 벼룩/골동품/모조품 시장의 어떤 골동품 가게에서 이 저울의 디자인을 찾았다. 종업원은 아주 가치 있는 이탈리아의 골동품으로 수백 년이 된 물건이라고 주장했다. 그녀는 수천 위안에 팔고자 했지만 나는 이것이 명백하게 가짜라고 생각했기 때문에 구매하지 않았다.

이런 품질의 저울은 날카로운 금속이나 석재로 만들어진 중심 날을 균형점으로 사용하는 경우가 많다(중심 날에 대한 설명은 168, 169페이지를 참조). 대신에 이 제품은 황동 공에 (중심을 벗어난) 구멍을 뚫고 그곳에 투박한 나사를 박아 고정시켰다. 아마 저울의 작동 원리를 전혀 이해하지 못하거나 신경 쓰지 않는 사람이 사진을 보고 대충 만든 게 아닐까 싶다. 실제로 저울에서 정말 중시해야 할 부분을 즉흥적으로 처리해버렸다. 지금에 와서는 그것이 진품이든 아니든 종업원이 원하는 터무니없이 비싼 가격을 지불하고서라도 사왔어야 하는 게 아닌가하며 후회하고 있다. 이후 비슷한 종류의 저울은 사진조차도 찾을 수 없었고 6개월 후 내가 다시 중국을 방문했을 때는 이미 팔리고 없었다. 그렇게 영원히 사라진 저울이다. 나에게 자문을 했던 저울 전문가들조차도 이것이 '판타지' 같은 저울이며 인테리어 장식 소품으로 만들어졌을 것이라고 말했다. 이러한 디자인으로 설계된 저울은 나와 내가 자문을 구했던 전문가들이 아는 한 존재하지 않는다.

하지만…. 정말 제대로 만들었다면 이론적으로는 이 저울이 작동할 수 있지 않을까 생각해본다. 위의 모형은 사라진 그 저울을 최대한 기억해내서 만든 것이다. 이 저울은 양팔 저울의 한 가지 문제점, 즉 줄이 물건을 측정하는 데 방해가 되는 부분을 해결하고 있다. 각 저울판 아래의 무거운 추는 저울판에 물건을 올려 두더라도 그 질량의 중심이 항상 중심점에 위치하게 한다. 다시 말해, 어떤 물체를 올려 두더라도 이 저울은 정확하게 무게를 잴 수 있다는 것을 뜻한다. 그 외에는 중국 골동품 가게의 다른 양팔 저울들처럼 사용하고 운반하는 데 번거로운 저울에 불과하다. 물론 너무 무거운 물체를 올려두면 저울판이 쓰러지면서 물건이 와르르 쏟아져 내리게 될 것이다. 어느 누구도 이런 저울을 사용하지 않는지를 잘 설명하는 이유가 아닐까?

저울과 수학의 만남

다양한 아이디어를 기반으로 했던 여러 유형들 가운데 첫 번째로 제 기능을 하게 된 저울이 1669년 나온 것은 물리 현상을 접목시켜 분석하는 데 오랜 시간을 투자한 수학자 덕분이었다. 우리가 지금까지 살펴본 저울들의 근본적인 문제는 무게를 재는 물건의 질량 중심을 균형점으로부터 일정 거리에 유지하게 하는 것이었다.

저울의 균형점과 물건의 질량 중심 사이의 거리가 중요한 것은 다음의 두 요소 때문이다. 지렛대와 위치 에너지. 바로 이 두 가지 요소 중 하나가 보다 더 정확하고 편리한 저울을 만드는 열쇠이다.

▲ 어떤 자세에서 돌을 내려놓겠는가?

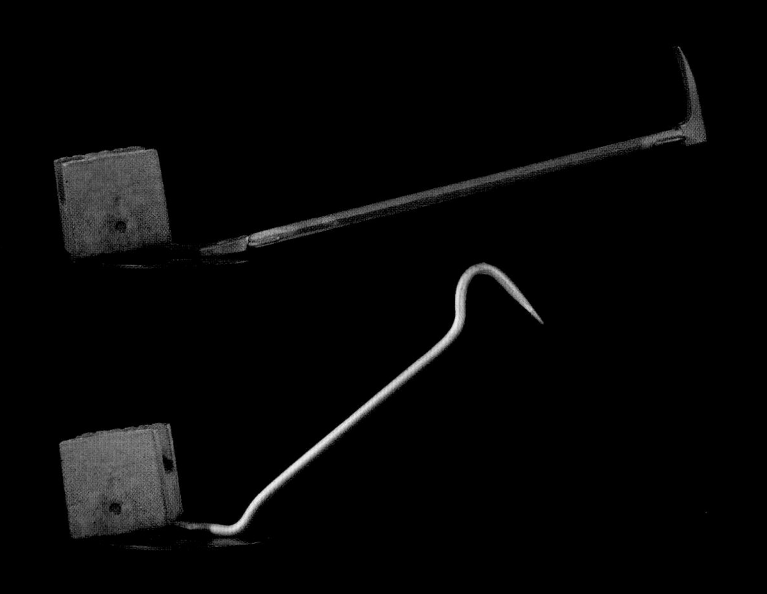

▲ 지렛대는 작은 힘을 큰 힘으로 바꿀 수 있게 한다. 일반적인 경험을 통해 지렛대가 길수록 무거운 물체를 쉽게 들어 올릴 수 있다는 것을 대부분 알고 있다. 만약 지렛대의 길이를 두 배로 늘려 더 많은 힘을 만들어낸다면 반대편에 위치한 물체를 들어 올리는 데 필요한 힘을 절반으로 줄일 수 있다.

위치 에너지는 높은 곳에 위치한 사물에 내재한 에너지이다. 사물이 더 높은 곳에 있을수록 더 많은 위치 에너지를 가진다. 물체가 떨어지면 위치 에너지가 운동 에너지, 즉 움직이는 물체의 에너지로 변환된다. 발에 무거운 물건이 떨어지는 것을 상상해보자. 그 물체가 더 높은 곳에서 떨어질수록 그 물건이 발 위에 떨어질 때 갖게 되는 운동 에너지가 커진다.

에너지의 핵심 원칙은 바로 에너지가 보존된다는 것이다. 즉 사물의 위치 에너지를 높이기 위해서는 그 사물을 더 높은 곳으로 올리면 된다. 하지만 그 사물을 올리기 위해서는 일을 해야 하고 사물이 더 무거울수록 그것을 올리기 위해서 더 많은 에너지를 써야 한다. 또한 사물을 더 높은 곳으로 올리려 할 때도 더 많은 에너지가 필요하다.

저울은 일종의 지렛대이다. 중간에 균형점(받침점)이 있고 양쪽에 힘이 가해진다. 지렛대의 원리에 따라 저울을 살펴보자. 균형점에서 서로 다른 거리에 같은 무게의 물건들을 놓는다. 더 멀리 위치한 물건이 더 큰 힘을 갖기 때문에 균형을 무너뜨리고 자신의 방향으로 저울을 기울게 하고, 이에 따라 반대쪽은 위로 올라가게 된다.

이제 위치 에너지에 따라 동일한 상황을 생각해보자. 저울대가 기울어져 더 긴 쪽이 올라가면, 더 긴 쪽의 무게가 더 짧은 쪽의 무게보다 더 많이 증가한다. 즉, 하나는 더 많은 위치 에너지를 가지게 되고 다른 하나는 위치 에너지를 잃게 된다. 물론 두 물체의 위치 에너지 총합은 변하지 않는다. 만약 짧은 쪽을 손가락으로 밀어 힘을 가한다고 생각해보자. 그 경우 긴 쪽이 내려가면서 밸런스가 맞춰진다. 전체적으로 두 물체가 가진 위치 에너지가 저울대의 움직임에 사용되는 운동 에너지로 변환되어 위치 에너지의 총합은 감소하게 된다.

위치 에너지로 볼 때, 이런 저울의 문제는 한 물체가 다른 물체보다 더 많은 힘을 갖는 게 아니라 그 물체가 다른 것보다 더 먼 거리를 이동한다는 것이다. 1669년 수학자인 질 드 로베르발(Gilles de Roberval, 1602~1675)은 여기서 수학적인 해결책을 찾을 수 있다는 사실을 발견했다.

로베르발(Roberval) 저울

오늘날 로베르발 저울이라고 알려진 이 저울은 저울대를 영리하게 배치해 저울이 균형을 유지하는 위치와 상관없이 두 저울판을 언제나 동일한 위치에 둠에 따라 두 물체가 서로 다른 거리를 움직이는 문제를 해결했다. 오른쪽의 물체는 중심점에서 더 멀리 떨어져 있지만 저울판이 같은 높이에 위치하기 때문에 왼쪽의 물건과 수직으로 동일한 거리를 움직인다(반대 방향으로). 그렇기 때문에 에너지 보존의 법칙에 의해 물체가 있는 위치와 상관없이 균형이 유지된다.

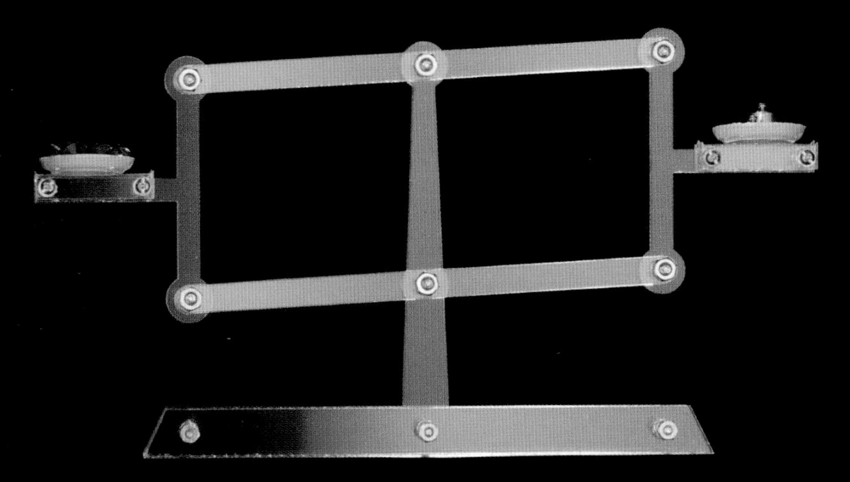

▲ 로베르발 저울 모형

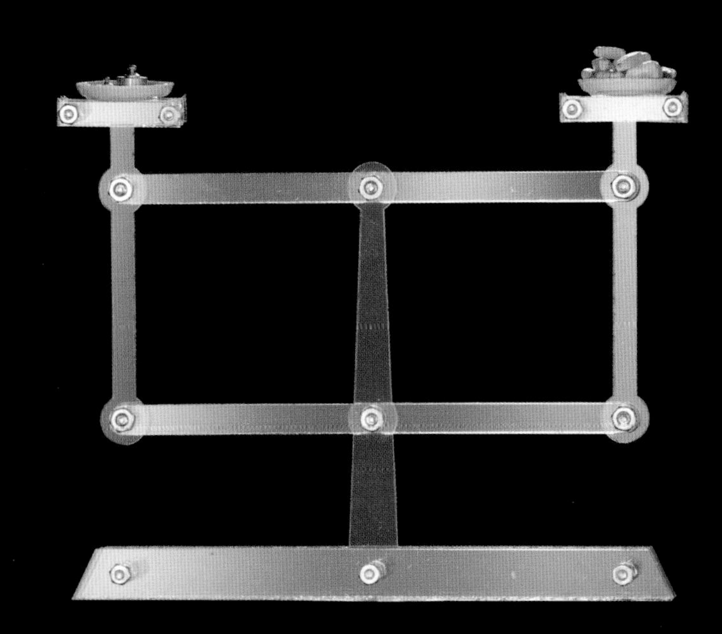

▲ 저울판을 맨 위에 올려놓은 로베르발 저울

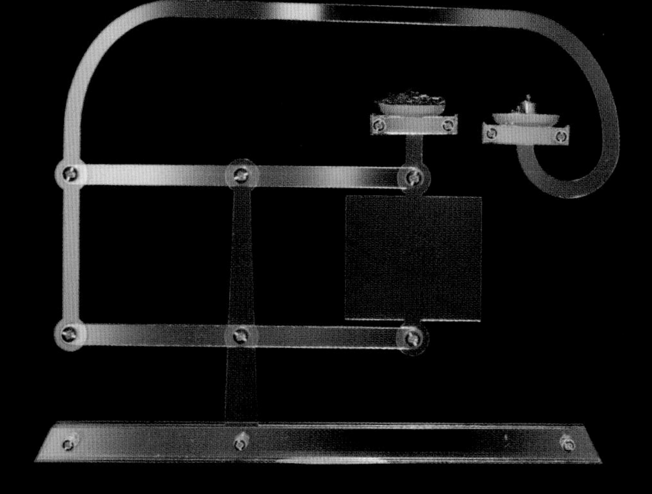

▲ 저울판이 위에 있는 로베르발 저울

로베르발 저울이 정말 놀라운 점의 하나는 하나의 저울판이 다른 쪽으로 완전히 기울어지더라도 저울의 균형이 잡혀 있고 무게를 잴 수 있다는 것이다. 어떻게 이럴 수 있을까? 자, 에너지의 보존 때문에 일어나는 현상이고 에너지 보존법칙은 거짓말을 하지 않는다(어려운 이야기 아닌가?). 이런 현상이 회전력과 지렛대의 원리에 따라 일어난다는 사실을 이해하기란 훨씬 더 어렵다. 솔직히 말해서 나 또한 독자들처럼 당황스럽지만 이 저울은 여전히 제대로 작동한다. 사진에는 어떠한 속임수도 가해지지 않았다. 다른 많은 상황들처럼 에너지의 보존은 여러 복잡한 계산들과 혼란스러운 기하학을 건너뛰어 무슨 일이 일어나는지 결과를 볼 수 있게 해준다.

▶ 상단에 저울판을 놓은 주철로 만든 로베르발 저울

보통 저울판은 저울을 간소화하고 편리하게 쓰기 위해 상단의 저울대 위에 올려놓는다. 하지만 저울의 원리는 같다. 하단의 두 번째 저울대는 저울판의 높이를 동일하게 유지하고 상단의 저울대가 중요한 역할을 한다. 이 저울대의 중심축은 무게를 재는 사물들의 전체 무게를 떠받치는 데 정교하고 마찰이 일어나지 않아야 한다. 하단의 저울대는 저울대가 넘어지지 않도록 유지하는 역할만 하기 때문에 그 중심점은 단순하고 느슨하다. 하단의 저울대는 가로로 가해지는 힘만 소량 떠받친다.

▼ 과거 학교의 교육용 저울과 주방용 저울, 그리고 상업용 저울들 모두 로베르발 저울의 일종이었다. 종종 두 번째 저울대는 내부에 숨겨져 있지만 저울판이 기울어지지 않는 것을 보고 그 저울대가 존재한다는 것을 알 수 있다.

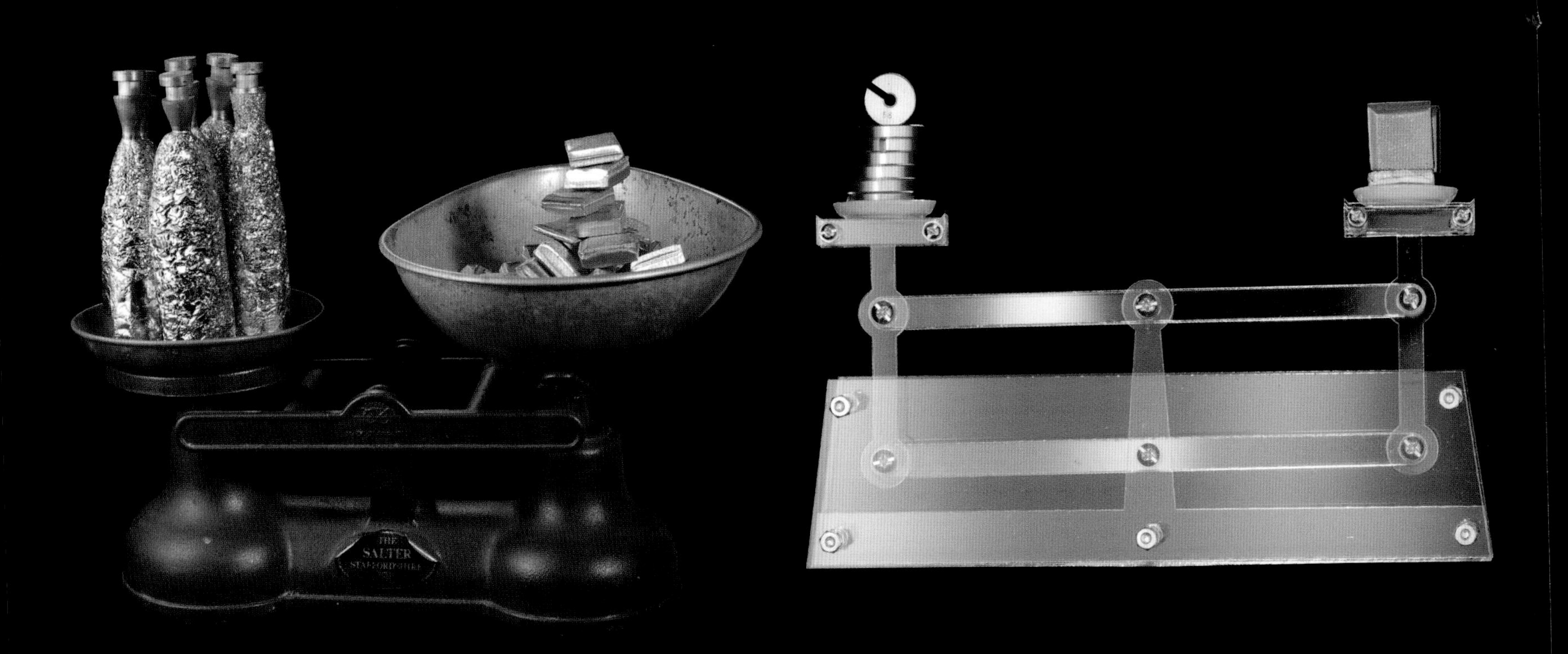

▶ 때로 두 저울대가 모두 숨겨져 있는 경우에는 케이스 위의 저울판만 보이게 된다. 하지만 내부 작동 구조는 여전히 로베르발 저울과 같다. 이러한 저울은 158페이지와 159페이지에서 찾아볼 수 있다.

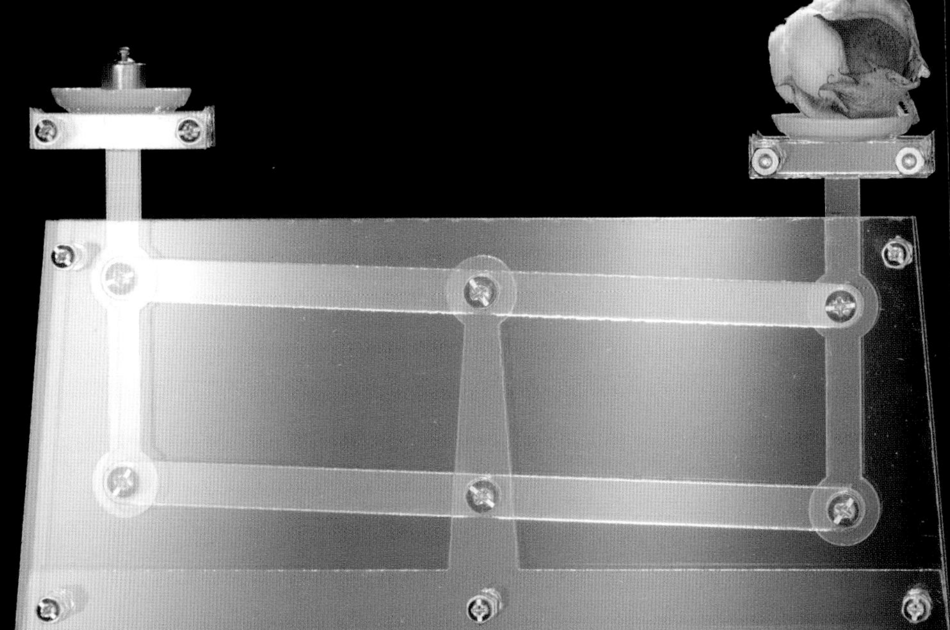

러시아의 변형 로베르발 저울

주철로 만들어진 개방형 로베르발 저울은 매우 흔한 제품으로 벼룩시장이나 이베이에서 쉽게 찾아볼 수 있다. 이는 (1)지난 한 세기에 걸쳐서 매우 많이 생산되었고, (2)거의 부수어지지 않으며, (3)사람들이 더 이상 무게를 측정하는 데 사용하지 않더라도 쉽게 버리지 않고 있기 때문이다. 그렇다보니 소박한 테마 식당과 잘 꾸며놓은 아파트에서 장식품으로 쓰이거나 수많은 골동품 상점과 시장 매점 등에서 먼지에 쌓여 한 켠을 차지하고 있다.

나는 세상에서 가장 큰 벼룩시장으로 알고 있는 모스크바의 이즈마일로프스키 시장 한가운데(시장 입구의 관광객 구역이 아니라 수 km를 더 들어간 구역)에서 이 기묘한 변형 로베르발 디자인을 찾았다. 로베르발 디자인은 보통 하단에 하나의 저울대를 두어서 상단의 저울대와 함께 움직이게 하는데, 이 제품은 저울 아래 가장자리에 2개의 독립적인 하단 저울대를 고정시켜 사용한다. 이 복잡한 디자인에 어떤 장점이 있을까 생각해보았는데 내가 알 도리는 없었다. 하지만 무언가 장점이 있으니 이런 기묘한 디자인을 고안하지 않았을까? 누군가가 내게 답을 주기 전까지 또 하나의 작은 미스터리로서 흥미를 불러일으키게 될 것 같다.

▲ 이런 변형 로베르발 저울을 러시아의 벼룩시장에서 찾았다. 전면 및 후면의 주철 프레임을 투명 아크릴로 교체해 내부 메커니즘을 보다 더 명확하게 볼 수 있게 했다.

▼ 저울대를 숨긴 아르 데코(art deco, 1920년대 프랑스를 중심으로 유행한 단순한 디자인을 특징으로 한 장식미술-옮긴이) 저울

하나의 무게, 여러 각도

로베르발 저울과 대저울은 양팔 저울보다는 사용하는 데 더 편리하다. 하지만 사용자가 수동으로 무게를 추가하거나 제거하고 거리를 설정해 균형을 맞춰야 하는 단점이 있다. 만약 저울이 그냥 무게를 전해준다면 훨씬 더 간단하지 않을까? 이러한 저울은 오늘날 쉽게 눈에 띌 뿐만 아니라 디지털 시대 이전부터 오랫동안 존재해 왔다. 저울대를 구부리는 간단한 트릭을 사용해서 측정된 무게를 자동으로 다이얼의 포인터로 표시하는 저울도 있다.

▶ 작은 걸이용 우편 저울

▲ 이 작은 우편 저울은 몇 온스 단위의 편지 무게를 측정하는 데 사용된다. 물체의 무게로 인해 평형추가 균형점에서 멀어질수록 레버리지가 증가한다. 여기서 눈여겨 볼 것은 저울대가 균형점에서 구부러져 있다는 점이다. 만약 저울대가 평평했다면 회전각도가 별 의미가 없고 어떤 각도에서든 저울이 평형을 유지한다. 하지만 저울대가 구부러지면 추의 무게로 회전함에 따라 한쪽은 균형점에 더 가까워지고 다른 쪽은 점점 더 멀어진다. 이것은 양측 사이의 레버리지의 균형을 이동시키고 각각의 레버리지에 무게를 곱한 값이 같아질 때까지 계속해서 회전한다. 측정된 무게를 나타내는 이 회전 각도를 온스/그램으로 보정해 다이얼 포인터에 나타내 보여준다.

▲ 이 저울은 옆의 우편 저울처럼 구부러진 저울대 구조를 사용한다. 접시가 내려가면 점점 더 무거워지는 접시의 무게에 맞추기 위해 평형추가 흔들린다(이 저울은 내 어머니의 것이다. 수십 년 전에 사용하시던 것이 아직도 기억난다. 이 책에 수록해 더 큰 의미를 부여하게 되어 기쁘다).

◀ 이 멋진 우편 저울은 다른 우편 저울들과 동일한 원리로 작동하지만 '깔끔한 속임수'를 품고 있다. 바로 2개의 다른 계량 단위를 사용한 것이다. 평형추는 중심점에서 거리가 다른 두 위치에 언제든지 놓일 수 있다. 위로 뒤집었을 때 눈금의 범위는 0~200g이다. 아래로 뒤집으면 눈금이 0~1,000g이 된다. 평형추의 무게는 변하지 않지만 중심점에서의 거리를 변경해 저울판에 작거나 큰 무게의 물체들을 올려놓고 측정할 수 있다.

▼ 이 계란 저울은 우편 저울과 비슷하지만 귀엽다. 뒷면에는 중심을 잡는 평형추가 있다. 이것을 조이거나 푸는 식으로 무게 측정을 교정하는 (또는 상인이 쉽게 고객을 속일 수 있는) 약간 복잡한 메커니즘을 사용한다.

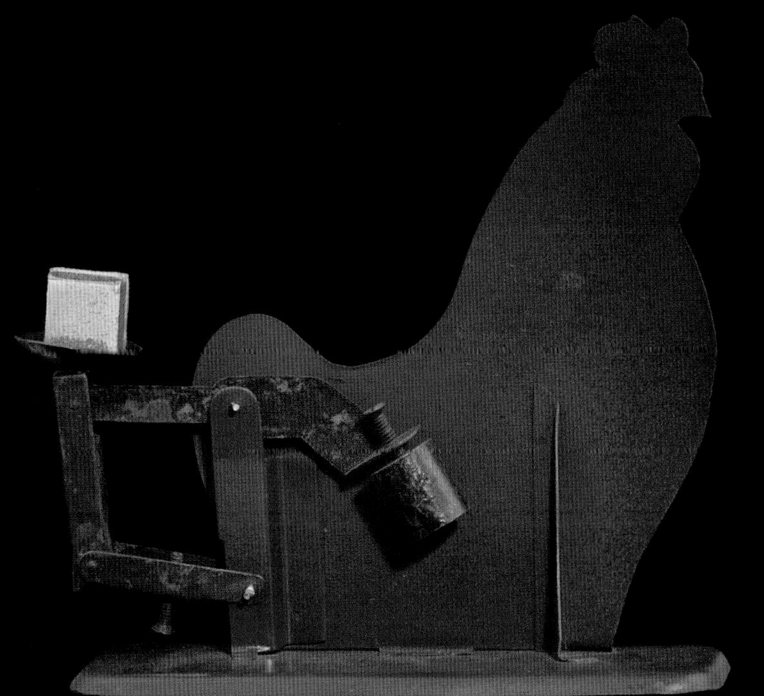

톨레도(Toledo) 저울

이 크고 오래된 톨레도 브랜드의 저울은 복잡해 보이지만(실제로 복잡하지만) 방금 전에 살펴본 우편 저울처럼 중심점에서 평형추가 멀어지면서 레버리지를 증가시키는 동일한 원리를 사용한다. 이러한 유형의 '플랫폼 저울'은 매우 편리하다. 커다랗게 열려 있는 플랫폼 위 아무데나 무게를 재고자 하는 물건을 올려둔 뒤 큰 다이얼을 통해 그 무게를 구할 수 있다. 우리가 사용할 수 있는 가장 편리한 수준의 저울이라고 할 수 있다. 이 저울의 편리성은 크고 무거운 구조와 복잡한 메커니즘을 대가로 얻은 것이다.

저울판의 무게를 보정한다는 의미는 판에 무엇을 올려놓은 뒤 표시되는 무게를 0으로 조정하는 것을 뜻한다. 예를 들어, 저울에 빈 양동이를 올려 둔 뒤 무게를 다시 0으로 맞출 수 있다. 그런 다음에 양동이 위에 물체를 넣으면 저울에 나타나는 무게는 양동이 안에 들어 있는 물체의 무게이다. 굳이 양동이의 무게를 잰 뒤 전체 무게에서 뺄 필요가 없다. 어떤 저울은 아주 단순히 다이얼이나 포인터를 회전하는 식으로 판의 무게를 보정할 수 있지만 이 저울의 경우는 상당히 무거운 평형추를 앞뒤로 이동하고 무게를 더하거나 빼는 방식으로 조정된다(판의 무게를 보정하는 것은 저울을 보정하는 것과는 다르다. 후자의 경우는 0점으로 맞춰놓고 여러 가지 일정한 무게들을 시험 측정하는 과정을 뜻한다).

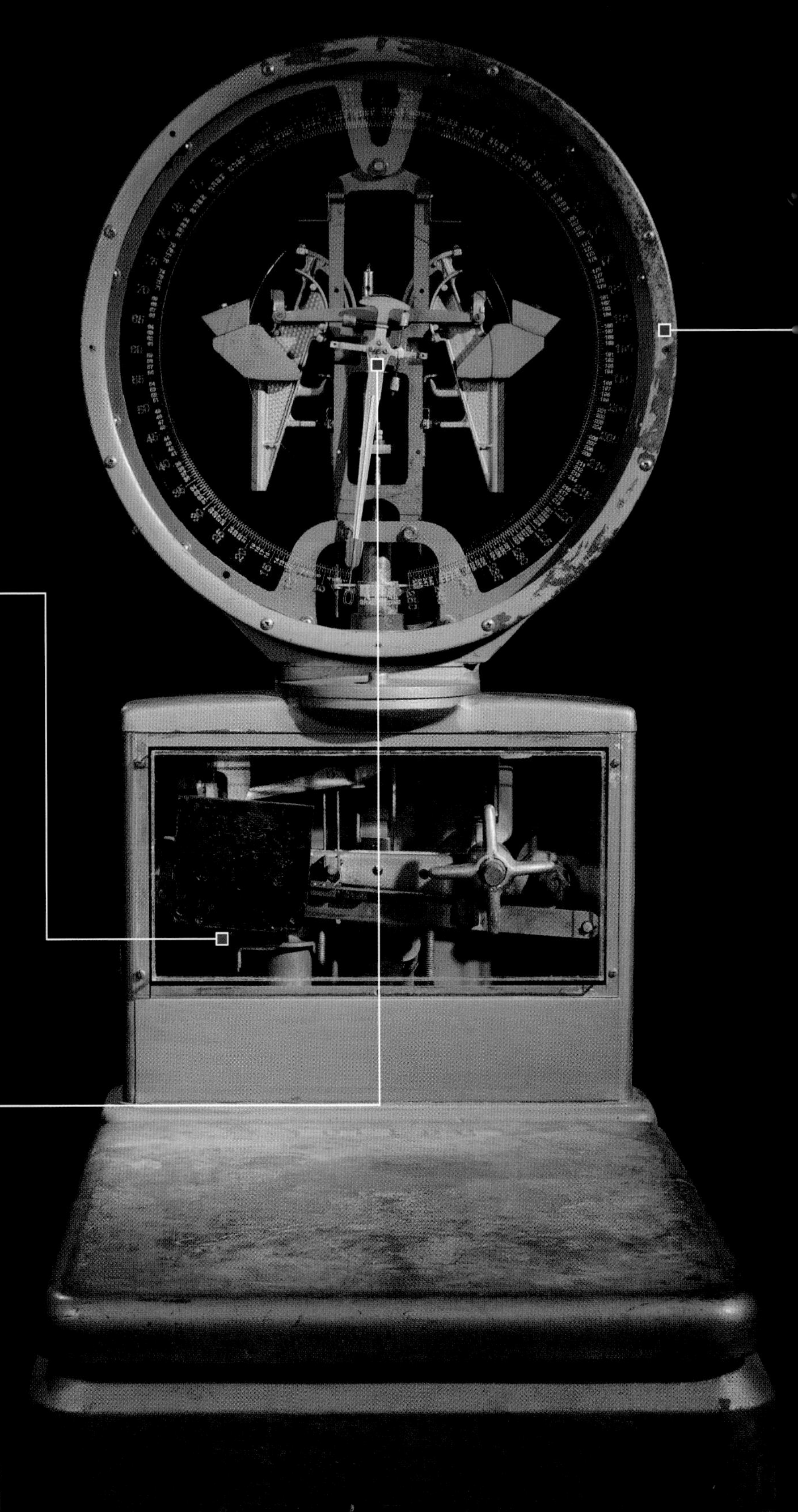

▲ 다이얼 포인터 자체의 무게가 회전 중심과 완벽하게 균형을 이루지 않으면 무게의 측정에 영향을 줄 수 있다. 작은 평형추를 위아래와 좌우로 움직여 균형점을 조정하고 잠재적인 오류의 원인을 상쇄할 수 있다.

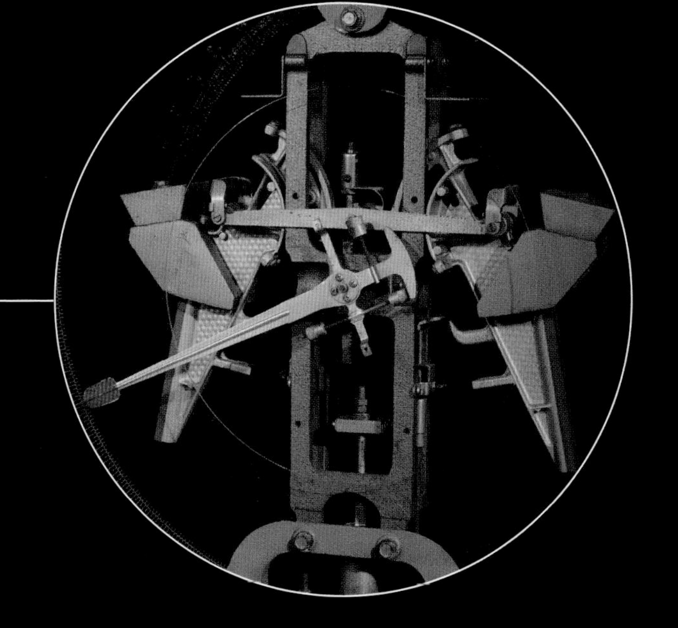

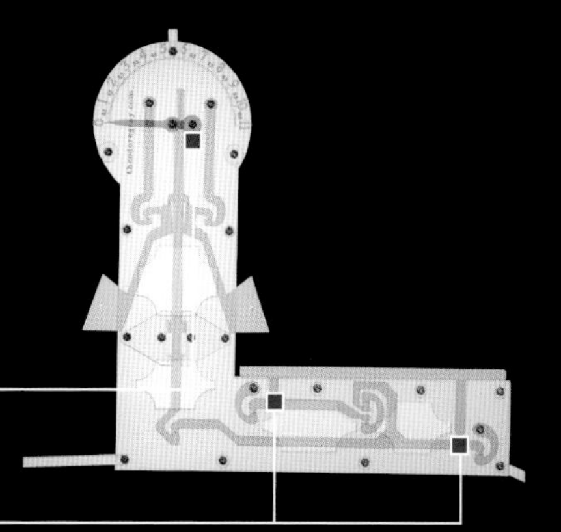

이 단순화된 모형은 톨레도 스타일의 플랫폼 저울이 어떻게 복합 레버리지(compound leverage)와 흔들리는 추가 복잡하게 얽히는 지점들을 활용하는지를 보여준다.

래크피니언(rack and pinion) 기어 시스템은 매달린 막대의 하강 움직임을 증가시키면서 다이얼 포인터의 원 운동으로 변환시킨다.

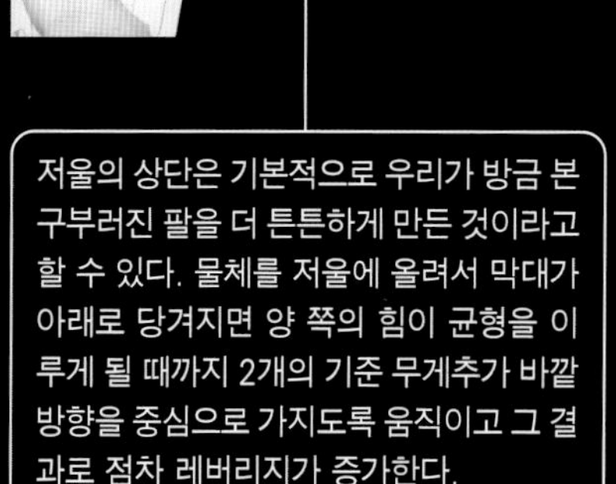

레버리지는 무게 측정에 미치는 힘을 줄이기 위해 사용된다. 이 2차원 모델에서 전체 레버리지는 15대 1인데, 이는 플랫폼의 오른쪽을 중심으로 하는 무게의 경우 긴 팔과 짧은 팔의 길이가 15:1 비율이라는 것을 뜻한다. 반면 왼쪽을 중심으로 하는 무게의 경우 5:1 비율 하나와 그 다음 3:1 비율이 합쳐져서 동일한 15:1 비율을 만들어낸다. 물건을 어디에 올려놓든지 항상 15:1의 비율이 발생한다. 이 기계적 특성으로 인해 저울 어느 곳에 물건을 올려놓더라도 무게가 변하지 않는다.

저울의 상단은 기본적으로 우리가 방금 본 구부러진 팔을 더 튼튼하게 만든 것이라고 할 수 있다. 물체를 저울에 올려서 막대가 아래로 당겨지면 양 쪽의 힘이 균형을 이루게 될 때까지 2개의 기준 무게추가 바깥 방향을 중심으로 가지도록 움직이고 그 결과로 점차 레버리지가 증가한다.

이 평형추의 팔들은 서로의 무게를 지탱하고 있는데, 이 때문에 이 저울이 탱크와 같은 구조로 만들어진다. 평형추 2개가 '날개' 위에서 아래로 내려오는 장착레일의 거의 맨 위에 부착되어 있는 것을 볼 수 있다. 만약 날개 중간이나 아래쪽에 부착되었다면 훨씬 더 많은 레버리지를 가지게 되고 그것을 들어올리기가 훨씬 더 어려워질 것이다. 그러한 방법으로 저울의 칭량(최대 측정 용량)을 높일 수 있다.

이 저울은 실제로 250파운드보다 훨씬 큰 칭량을 갖도록 조정될 수 있다. 동일한 모델인 톨레도 2181은 칭량이 200파운드(약 90g)에서 2,000파운드(900kg)에 이르는 다양한 모델로 판매되고 있다. 그 모델들은 오직 다이얼 면에 인쇄된 숫자와 평형추가 레일에 부착된 위치만 다르다.

분명히 말하자. 저울은 말 그대로 무거운 물체를 재기 위한 것이 아닌가.

이 저울은 왜 이리 클까?

이 저울이 이렇게 크다고 언급했던가? 이것은 무거운 공작기계로 만들어진 것으로 두께가 1/4인치인 주철 케이스와 거대한 주철 평행 팔들을 사용한다. 중심점은 경화강철을 사용해 만들어졌다. 하지만 칭량은 일반적인 가정용 체중계 정도인 250파운드 밖에 되지 않는다. 그렇다면 왜 이렇게 크게 만든 것일까? 부분적으로는 고된 노동을 하는 노동자들이 날마다 불평하며 무거운 소고기를 던지는 창고나 공장 같은 환경에서 버틸 수 있도록 하기 위해서다(이 제품은 실제로 정육점에서 사용되던 것이다). 때때로 지게차가 이 저울에 부딪힐 수도 있다. 저울의 내부는 눈금의 1천분의 1까지도 정확하게 잴 수 있는 정밀한 정밀기기이다(이 저울의 눈금은 1/4 파운드이다). 이렇게 깨지기 쉽고 비싼 기기를 거친 환경에서 사용하기 때문에 그렇게 무겁고 단단하게 만들어 보호하는 것이 합리적일 것이다.

▶ 앞서 본 거대한 주철 톨레도 저울과 비슷한 현대식 저울이다. 판금과 플라스틱으로 만들어졌고 옛 제품에 비해 무게나 비용은 약 1/20 정도밖에 되지 않는다(160페이지에서 자세히 살펴보도록 하자). 그렇다면 싸구려 쓰레기 제품이라는 걸 뜻하는가? 그런 측면도 있지만 장점이 많은 제품이다. 디자인은 여러 상황에 적절히 대응하게끔 만들어졌다. 제품 내부의 메커니즘은 정교하지 않아 이전의 제품들처럼 단단하고 무겁게 만들어 보호할 필요는 없다. 누군가가 이 저울로 트럭을 몰아서 부쉈다 하더라도 새 제품으로 교체하는 데 큰 비용이 들지 않는다. 구조가 약하다고 할 만큼 가벼워졌기 때문에 지게차가 아닌 한 손으로 집어 들고 옮길 수 있다.

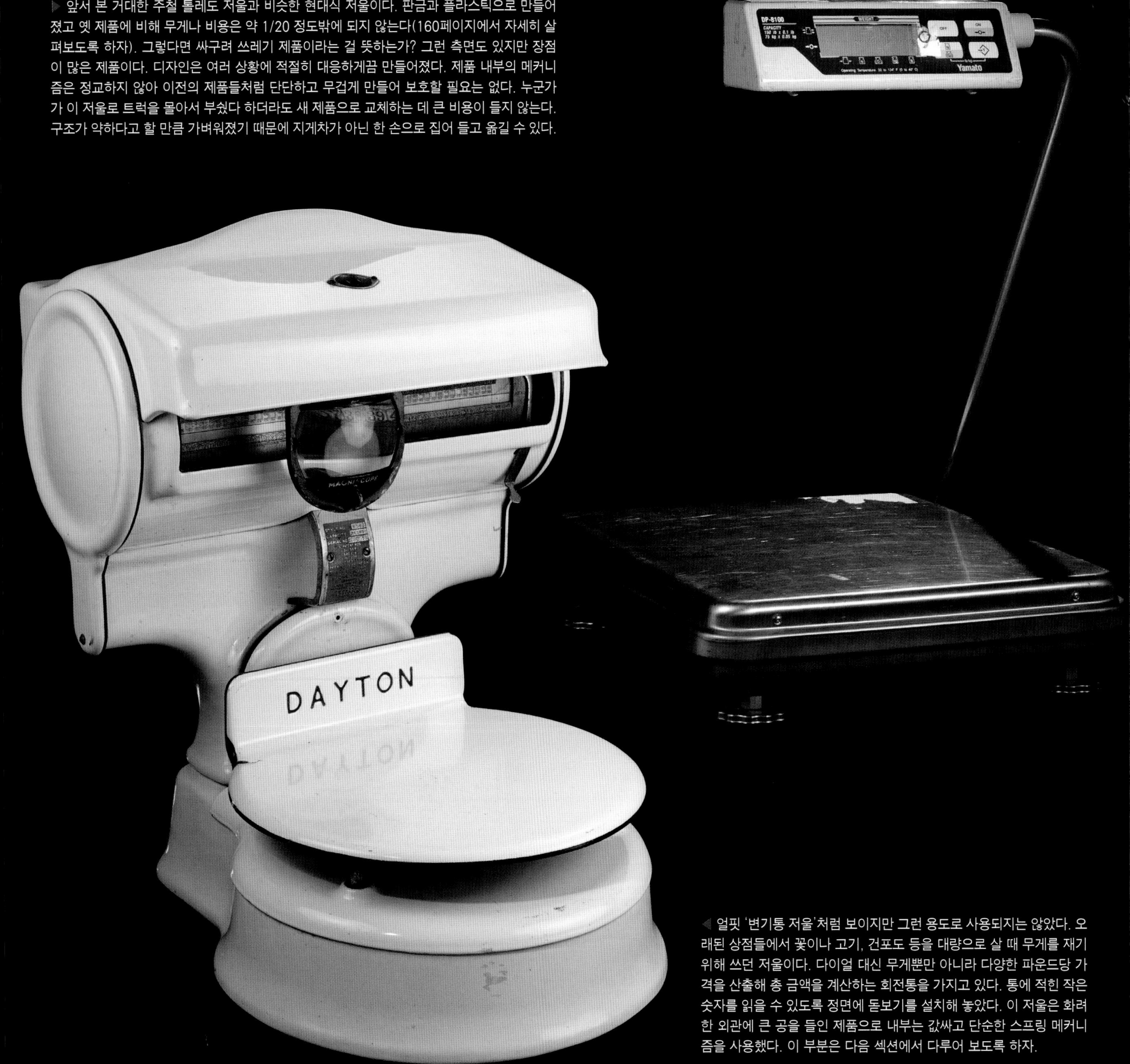

◀ 얼핏 '변기통 저울'처럼 보이지만 그런 용도로 사용되지는 않았다. 오래된 상점들에서 꽃이나 고기, 건포도 등을 대량으로 살 때 무게를 재기 위해 쓰던 저울이다. 다이얼 대신 무게뿐만 아니라 다양한 파운드당 가격을 산출해 총 금액을 계산하는 회전통을 가지고 있다. 통에 적힌 작은 숫자를 읽을 수 있도록 정면에 돋보기를 설치해 놓았다. 이 저울은 화려한 외관에 큰 공을 들인 제품으로 내부는 값싸고 단순한 스프링 메커니즘을 사용했다. 이 부분은 다음 섹션에서 다루어 보도록 하자.

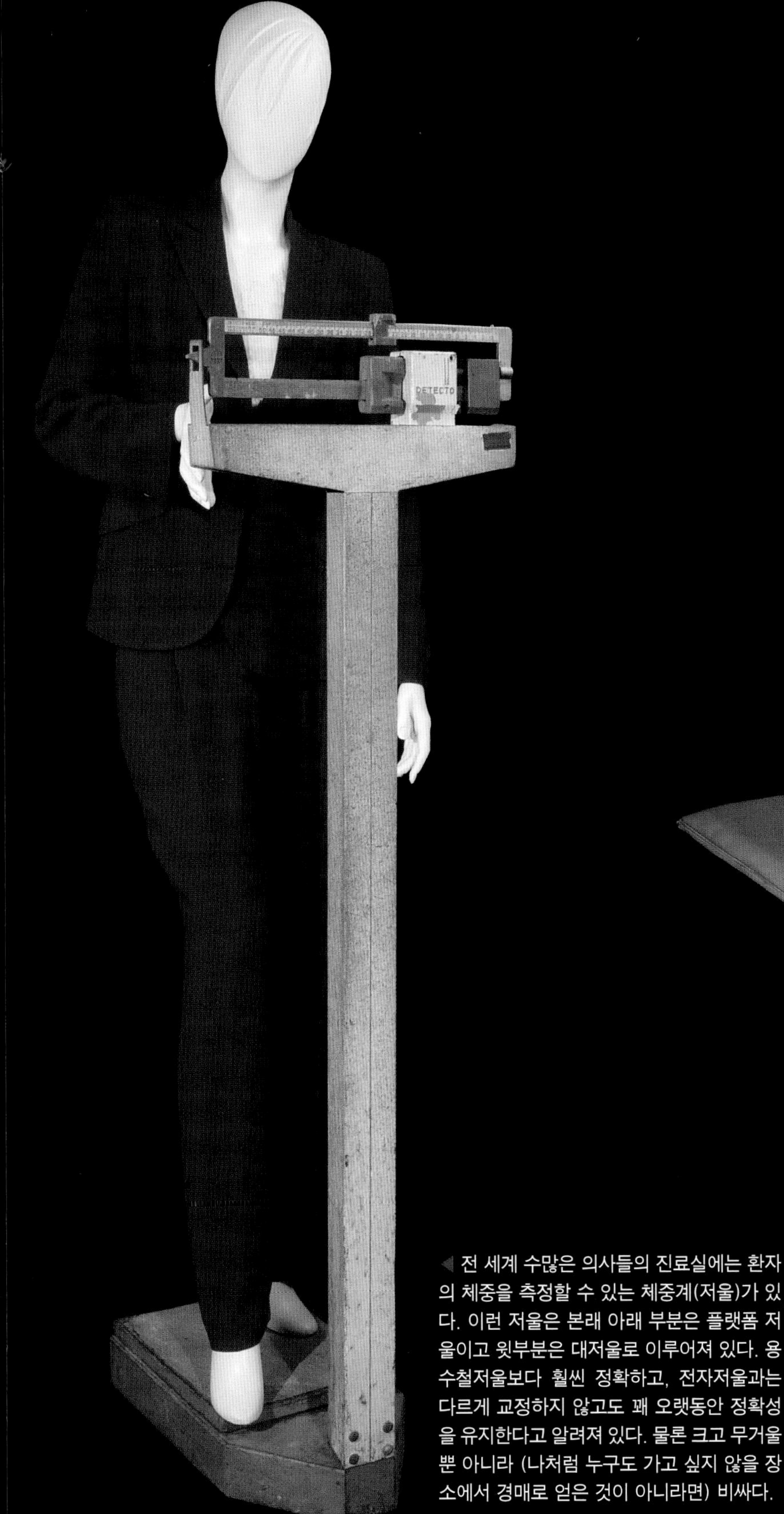

◀ 전 세계 수많은 의사들의 진료실에는 환자의 체중을 측정할 수 있는 체중계(저울)가 있다. 이런 저울은 본래 아래 부분은 플랫폼 저울이고 윗부분은 대저울로 이루어져 있다. 용수철저울보다 훨씬 정확하고, 전자저울과는 다르게 교정하지 않고도 꽤 오랫동안 정확성을 유지한다고 알려져 있다. 물론 크고 무거울 뿐 아니라 (나처럼 누구도 가고 싶지 않을 장소에서 경매로 얻은 것이 아니라면) 비싸다.

사람의 체중계에 관해

나는 한때 부동산 경매나 폐교된 학교 경매, 문을 닫은 업소 경매 등 수많은 경매 현장을 찾아다니며 필요하지 않은 물건들을 구입한 바 있다. 가장 기억에 남는 것 중 하나는 링컨 발달센터로 알려졌던 의료단체의 경매였다.

링컨을 기념해 설립된 이 단체는 1875년 '일리노이 정신박약 아동 정신병원'이라는 이름으로 출발했다. 이후 시간이 지나면서 이 단체는 기구가 확대되고 치료술 또한 진화하면서 발전해왔다. 2002년에 문을 닫을 때는 옛 '정신병동' 중 가장 크고 오래 유지되어온 장소로 꼽혔다. 경매 자체를 하기에는 소름 끼치는 곳이 아닌가! 이 체중계를 얼마를 주고 샀는지는 기억나지 않지만 많은 환자들이 체중계에 올라갔을 그 과거가 겨우 짐작될 뿐이다.

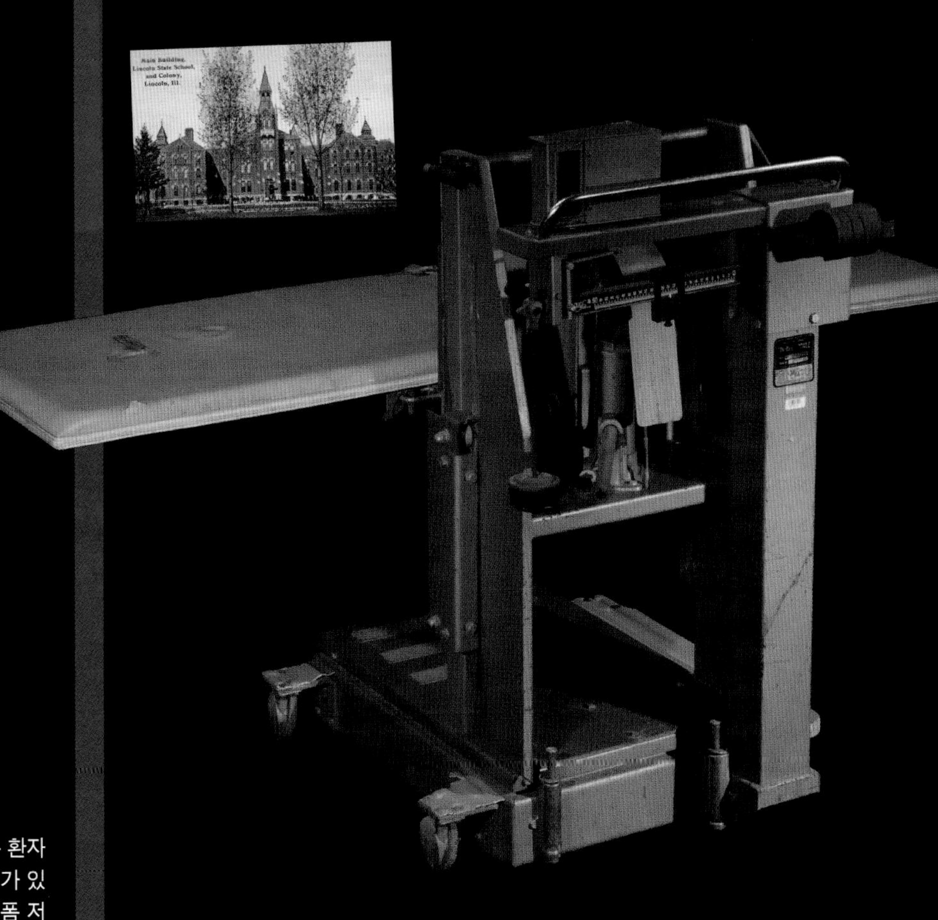

▲ 내가 경매에서 샀던 물건들 중 가장 소름이 끼치는 제품이다. 링컨 발달센터의 진료실에서 사람들의 체중을 재는 용도로 사용되었던 것이다. 이 저울은 누워있는 사람의 체중을 잰다. 죽은 사람의 무게를 쟀을 수도 있다. 아니면 체중을 재기 싫어서 끈에 묶인 채로 발로 차고 비명을 지르는 사람들의 체중을 쟀을 가능성도 있다.

저울을 넘어서

우리가 지금까지 본 저울에는 중력이 작용한다. 중력이 물체를 지구로 당기는 힘으로 인해 저울대에 아래로 누르는 힘이 발생한다. 그 힘들이 정확하게 같을 때 저울은 균형이 맞춰지고 두 물체가 같은 무게를 지녔다는 것을 알 수 있다. 즉, 두 힘이 서로에게 작용하게 하는 것인데 물체의 무게를 알아내기 위해 반대로 작용하는 힘을 이용하는 방법은 여러 가지가 있다.

중력처럼 스프링 또한 힘을 만들 수 있다. 1770년 리처드 솔터(Richard Salter)는 저울이란 도구가 이 세상에 나온 이후 정말 새로운 아이디어라고 할 수 있는 용수철저울을 발명했다. 물체의 무게가 용수철을 끌어내리고 용수철의 장력이 물체를 다시 당겨 올린다. 그 두 힘이 균형을 이룰 때 용수철이 늘어난 정도에 따라 물체의 무게를 측정할 수 있다. 이 아이디어는 지속적으로 널리 퍼져 오늘날에도 여러 저울이 솔터라는 이름으로 팔리고 있다. 모두 리처드 솔터를 기려서 지어진 이름이다(이런 사연을 알지 못하는 수많은 사람들 또한 용수철저울을 만들어 판매하고 있다).

용수철저울의 문제점은 기존의 저울처럼 정확하지 않고 신뢰하기 어렵다는 것이다. (양팔 저울과는 달리) 단지 한 번 재서 정확한 무게를 확인할 수 없고 무게를 제대로 쟀는지 검증하기 쉽지 않다. 온도가 변하면 스프링의 장력이 변하고 오랜 기간 사용하거나 과하게 무거운 물체를 잴 경우 용수철이 늘어나기도 한다. 이런 이유로 (또한 톨레도 회사의 막대한 로비로) 인해, 법에 따라 용수철저울은 물건을 판매하기 위해 무게를 재는 용도로는 사용되지 못하게 되어 있다. 스프링을 사용하지 않는 저울 회사들은 자사 제품들이 더 정확하다는 평가를 받은 셈이어서 흐뭇해 했던 것 같다. 톨레도 저울 회사의 경우 '스프링 없는 정직한 저울'이라는 슬로건을 내걸기도 했다. 어찌되었건 용수철저울을 전적으로 신뢰할 수는 없다.

100파운드 칭량의 이 저울은 얼핏 톨레도 스타일의 저울로 보이지만 덮개를 벗기면 전혀 다른 저울이 나타난다. 내부는 저렴한 용수철저울이다. 이 제품을 조금 변호하자면 내가 저울들을 시험해보려고 50파운드 무게를 측정해 본 결과 톨레도 저울은 5파운드의 오류가 나타난 것에 비해 이 저울은 정확하게 50파운드를 측정해냈다.

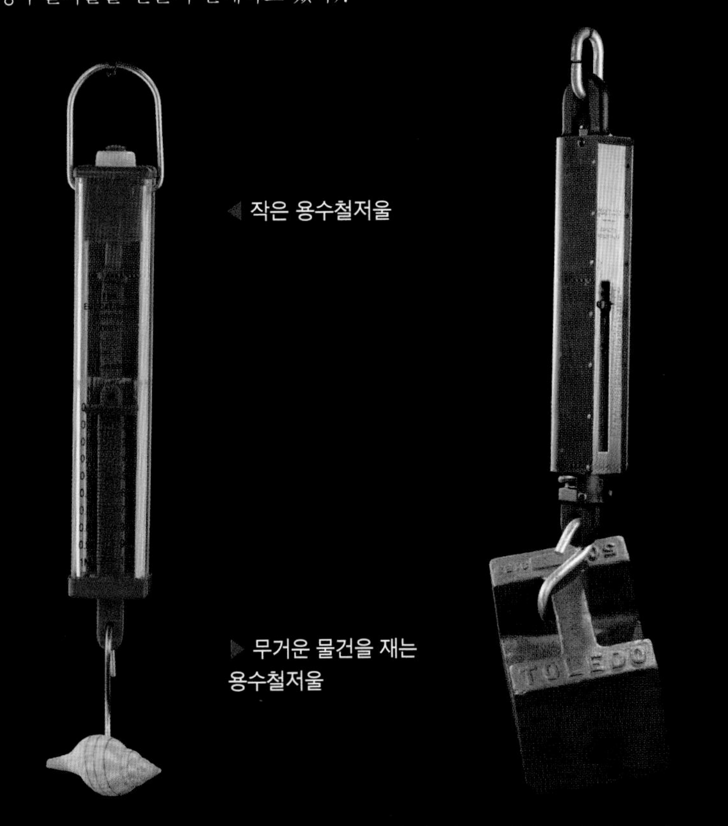

◀ 작은 용수철저울

▶ 무거운 물건을 재는 용수철저울

용수철저울의 가장 큰 장점은 어떤 무게 추나 섬세한 균형점도 필요하지 않아 훨씬 작고 튼튼하게 만들 수 있다는 것이다. 위 오른쪽 저울은 최대 500파운드까지 측정할 수 있다. 50파운드의 물체를 달았는데도 포인터가 거의 움직이지 않은 것을 볼 수 있다. 하지만 저울 자체의 무게는 몇 파운드에 불과하며 모든 방향에서 무게를 잴 수 있다. 어딘가에 부딪히거나 떨어지거나 또는 밟히더라도 부서지지 않고 잘 작동한다.

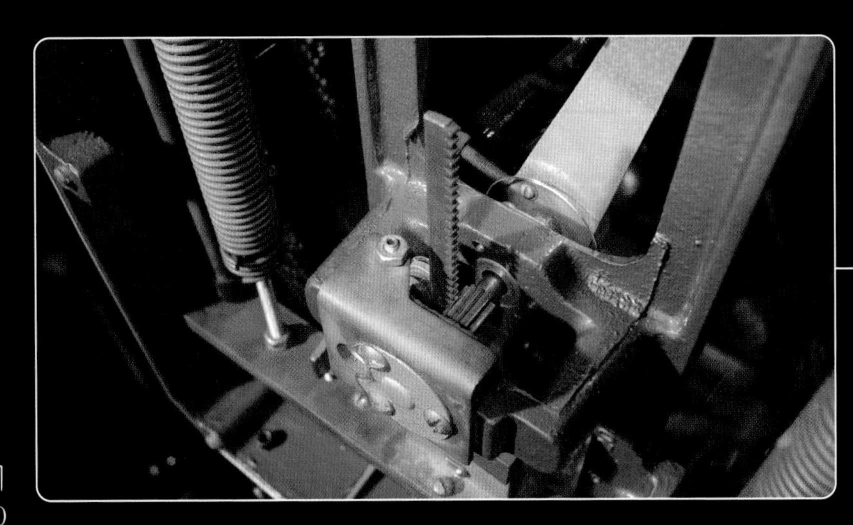

▲ 다이얼의 뒷면에는 용수철의 신축을 더 용이하게 하는 래크피니언 기어가 잘 보인다. 물건을 걸어서 스프링이 늘어나면 직선 기어(래크)가 아래로 당겨지면서 포인터에 연결된 작은 둥근 기어(피니언)를 회전시킨다. 포인터가 둥근 기어의 직경보다 훨씬 크기 때문에 래크가 조금만 움직이더라도(작은 무게가 달리더라도) 다이얼의 끝에서는 큰 움직임으로 나타나 작은 무게도 쉽게 읽을 수 있다.

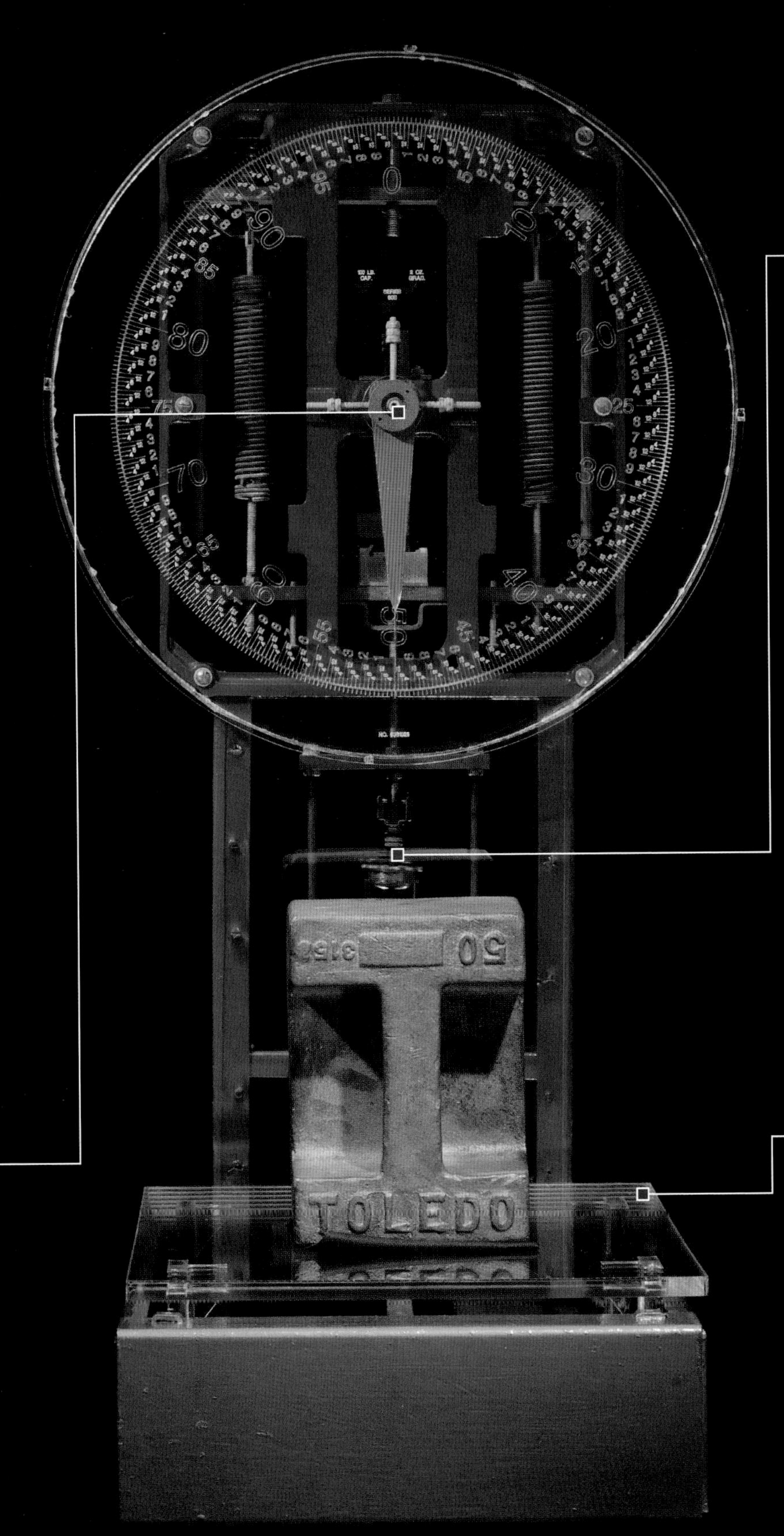

▲ 이것은 기름으로 채워진 충격 완화용 대시포트(dashpot)이다. 내부에는 다이얼이 회전할 때 기름을 거쳐 위아래로 움직이는 느슨하게 맞춰진 피스톤이 있다. 미끈한 오일 때문에 피스톤의 속도가 늦춰지고 진동이 완화되어 보다 빠르게 물건의 무게를 측정할 수 있다. 또한 유체의 양이 변하지 않아 무게를 읽는 데는 영향을 미치지 않고 그저 결과를 더 빨리 볼 수 있게 한다. 이런 종류의 저울을 운반할 때는 기름이 채워져 있다는 것을 기억해야 한다. 옆으로 넘어져서 당신의 하얀색 도요타 시에나 미니밴 내부에 기름이 쏟아져 나올지도 모른다. 물론 내가 그렇게 멍청한 짓을 했다는 것은 아니다.

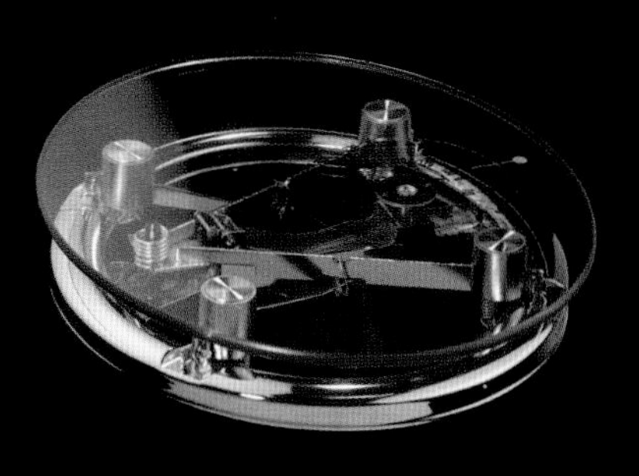

▲ 비록 신뢰할 수 없다고는 하지만 용수철저울의 인기는 여전히 매우 높다. 누구나 약간의 오차는 대수롭지 않게 넘기기 때문에 용수철저울로도 충분한 경우가 많다. 정말 자신의 몸무게가 몇 백g 정도 차이 난다고 해서 문제를 삼게 될까? 어쩌면 약간 부정확한 게 좋을 수도 있다. 이 가정용(욕실) 저울은 작고 약한 스프링에 레버리지를 적용하는 방법을 보여주고 있다. 저울 위에 서는 사람의 무게가 양방향 평형대의 짧은 팔을 누르고 반대쪽의 긴 팔은 스프링을 끌어당긴다. 스프링이 더 큰 레버리지를 가지기 때문에 실제 사람의 무게가 만들어내는 힘만큼 스프링을 당기지 않아도 된다.

▲ 금속 저울판을 투명한 아크릴로 교체해서 저울판에서 스프링으로 무게를 전달하는 레버 암 세트를 볼 수 있게 했다(이 레버가 작동하는 원리를 보여주는 다이어그램은 155페이지에서 찾아볼 수 있다).

▲ 간단한 비-전자식(non-electronic) 주방 저울들은 대부분 용수철저울이다. 전자저울보다 크고 정확하지는 않지만 배터리를 사용하지 않고 수십 년 또는 수백 년 동안 적당히 정확하게 작동할 수 있다는 큰 장점이 있다. 경험상 저렴한 전자저울이 몇 년 이상 가는 것을 본 적이 없다.

변형률계(strain guage) 저울

오늘날 가정에서 사용하는 대부분의 주방 및 욕실 저울들은 스프링이나 추를 전혀 사용하지 않는 완전 전자식 제품이다. (힘이 가해졌을 때 변형하는 정도를 측정하는) 변형률계 센서를 사용하기 때문에 상당히 정확하지만 그렇지 않을 때도 있다. 화려하고 현대적인 것처럼 보이지만 변형률계 저울은 실제로 용수철저울과 크게 다르지 않다. 단순히 스프링을 단단한 금속 블록으로 교체해 스프링이 늘어난 거리를 계산하는 것과 유사한 전자식 방법을 사용한다. 슈퍼사이즈 모형으로 이런 저울이 어떻게 작동하는지 살펴보자.

▲ 변형률계 전자 욕실 체중계

요즘 배터리를 사용하는 주방저울들은 대부분 변형률계 센서를 사용한다. 이 저울들은 아주 정확하지는 않지만 요리용치고는 꽤 정확하게 작동한다.

변형률계 센서를 사용하면 143페이지의 오래된 아편 저울보다도 작아 주머니에 들어갈 만한 크기의 정확한 저울을 만들 수 있다. 물론 오늘날에도 이런 제품들이 마약을 재는 데 쓰이기도 한다.

여기 튜브의 물을 통해 전기의 저항력을 측정하는 기기에 연결된 고무 튜브가 있다. 이 고무 튜브는 소금물로 채워져 있다. 저울판에 물건을 올려놓으면 고무는 상대적으로 짧고 두껍게 유지된다. 이 상태에서는 7.28킬로옴(kΩ)의 저항력을 가진다. 저울에 물건을 올리면 스프링은 늘어나고 튜브는 더 길고 얇아진다. 튜브가 더 길어졌기 때문에 전기가 더 먼 거리를 가야하고 얇아졌기 때문에 더 많은 저항력을 받아서 전기가 튜브를 통해 흐르는 것이 더 어려워진다. 이제 저항력은 최대 10.49킬로옴에 이른다. 우리가 이미 무게를 알고 있는 물체들로 이 저항력을 무게에 조정해 맞추면 저울이 완성된다.

물론 고무 튜브가 늘어나는 길이를 측정하는 데 눈금을 이용하면 더 쉽다. 따라서 이 저울은 좀 어리석어 보일 수 있다. 그것은 단순한 용수철저울에 불과할 뿐이다. 만약 튜브가 너무 뻣뻣해서 물체를 올리더라도 아주 미세하게만 길이가 변한다면 어찌될까? 그리고 우리가 눈으로 눈금을 보는 게 아니라 전자적인 수치로 무게를 표시하고 싶다면 어찌 해야 할까?

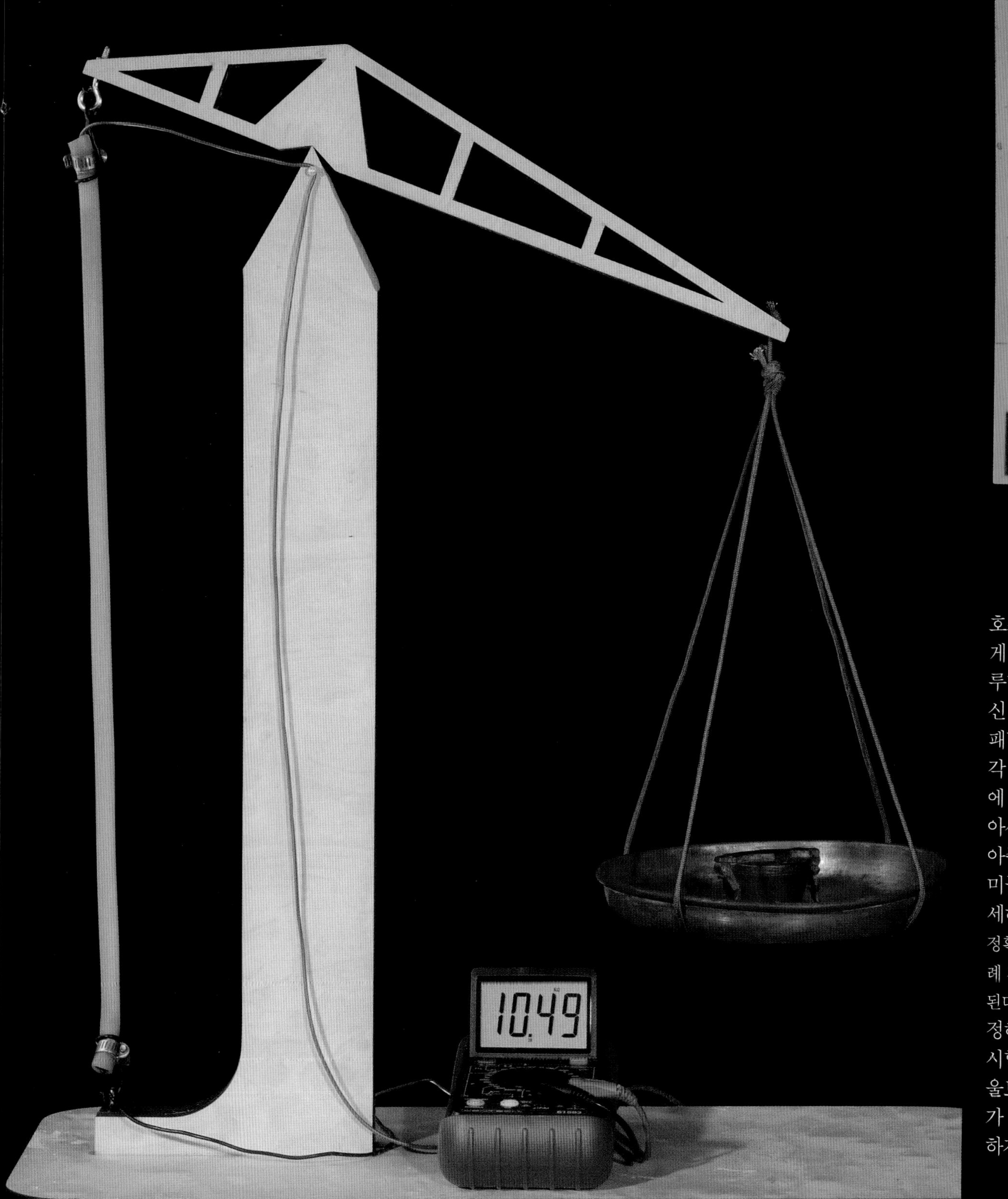

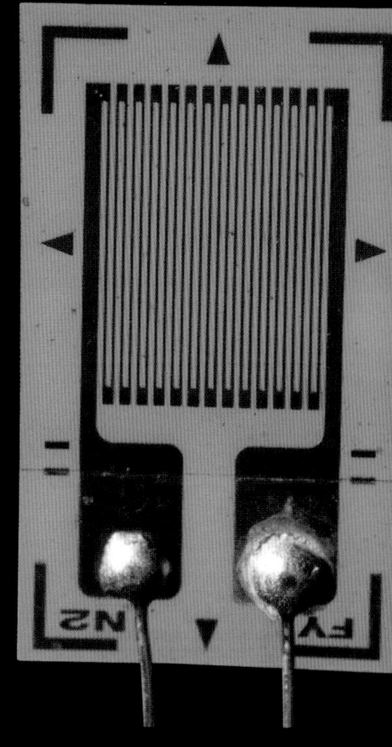

이 실제 변형률계 저울은 스프링-호스(spring-and-hose)장치와 동일하게 작동한다. 하지만 스프링 대신 알루미늄 막대를, 물이 채워진 호스 대신 절연 시트 표면에 얇게 지그재그 패턴으로 프린트된 알루미늄 선을 각각 사용하는 점이 다르다. 이 구조물에 사람이 올라가거나 물건을 올려놓아서 힘이 가해지면 알루미늄 막대가 아주 조금 휘게 된다. 그러면서 알루미늄 선들을 움직여서 전기저항을 미세하게 증가시킨다(저항을 더 늘려 더 정확하고 쉽게 무게를 측정하려면 여러 차례 지그재그로 알루미늄 선을 프린트하면 된다). 적절하게 그 저항의 차이를 보정해서 디지털로 변환하면 무게를 표시할 수 있다. 이런 장치는 용수철저울보다는 더 정확하지만 여전히 문제가 있는데 다음 섹션에서 다루도록 하자.

소리로 무게를 잰다?

변형률계 저울은 부품이 움직이지 않고 견고하며 현대적인 것처럼 보인다. 하지만 환상에 불과할 뿐이다. 실제로는 용수철저울처럼 금속 조각을 물리적으로 왜곡시켜가며 무게를 재기 때문에 변형률계가 실제로 더 길어지지 않으면(굽어서 실제 모양이 변하지 않으면) 화면에 나타나는 무게가 변하지 않는다. 즉 변형률계 저울은 용수철저울이 드러냈던 모든 문제들에서 여전히 벗어나지 못하고 있는 것이다. 시간이 지남에 따라 마모되거나 측정값의 정확성 여부를 확인하기 어려우며 특히 같은 무게를 계속 잴 때 더욱 그러하다. 이 저울은 또한 온도의 변화에 상당히 민감하기도 하다. 요점은 어떤 종류이든 금속을 구부러뜨리는 방식으로 작동하는 기계는 언제나 문제가 있다는 것이다.

이와 아주 다르면서 기발하게 무게를 재는 방법들이 있는데, 그중 하나는 이 페이지에서 다룰 소리를 이용해 무게를 재는 것이다.

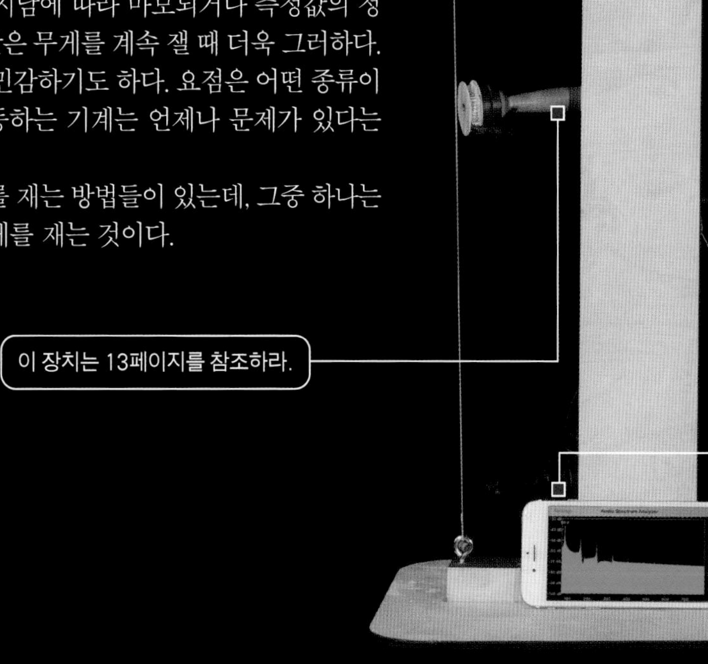

바이올린 줄을 뜯으면 줄이 진동하면서 소리를 만들어낸다. 현을 팽팽하게 조이면 매우 빠르게 진동하고 높은 음(고주파)이 나온다. 줄을 느슨하게 하면 더 낮은 주파수에서 진동해서 낮은 음이 나온다. 바이올린이나 기타를 조율하는 핀은 장력을 바꿔서 음의 높이를 바꾸게 된다.

현이 얼마나 단단하게 잡아당겨지는가에 따라 소리가 다양하게 난다는 것은 다른 말로 음의 주파수를 사용해 현의 장력을 측정할 수 있음을 뜻한다. 마찬가지로 소리로 무게를 재는 방법이 있다.

▲ 자, 고정된 점과 저울대의 짧은 팔 사이에 늘여져 있는 기타 줄이 있다. 저울대의 긴 팔에는 저울판이 놓여있는데 판 위의 무게가 작을 때는 약한 장력이 가해져서 매우 낮은 음(80.0Hz)이 난다. 판에 무거운 물체를 올리면 장력이 증가하고 현이 더 높은 음(116.3Hz)을 만든다. (높거나 낮은) 음의 주파수는 저울판 위의 무게에 따라 달라지는 줄의 장력에 의해 결정된다. 무게를 알고 있는 물체들을 사용해 중량에 따른 음의 범위를 튜닝하면 소리로 무게를 알려주는 저울을 완성할 수 있다.

이 장치의 어떤 부분도 작동할 때 움직이거나 구부러지지 않는다(물론 기타 줄이 약간 늘어나긴 하나 저울 자체와는 관련이 없다). 저울대의 팔은 힘을 기타 줄로 전달하지만 거의 움직이지 않는다. 만약 전체 메커니즘이 완전히 뻣뻣한 금속으로 되어있는 경우에도 여전히 작동해서 이렇게 소리로 재는 저울은 용수철저울보다 더 정확하다고 보아야 한다. 무게에 영향을 미칠 만큼 늘어나거나 굽어지지 않기 때문에 시간이 지나더라도 측정값이 변할 가능성은 적다. 또한 진동 주파수는 장력과 줄의 무게에 따라 거의 완벽하게 결정되어서 온도에 영향을 받지 않는다.

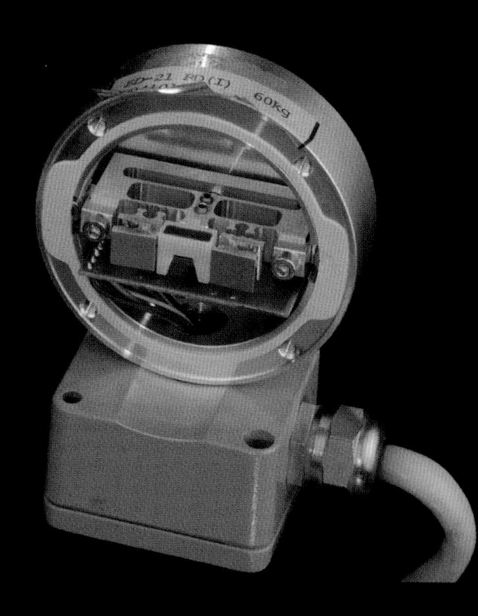

▶ 매우 견고해서 사실상 파괴할 수 없는 물체이다. 트럭의 무게를 잴 수 있을 만큼 두껍게 가공된 알루미늄으로 만들어졌고 방수기능 또한 갖추고 있다. 즉 실제로 트럭의 무게를 재는 저울이다. 좀 더 구체적으로 말하면, 트럭을 이 저울 4개 위에 올려놓고 재듯이, 쓰레기 처리 트럭의 네 바퀴를 차체에 고정시키는 현가장치(suspension)에다 부품을 장착하는 식으로 설계되었다.

▲ 껍데기 내부에는 진동하는 철사와 압력 센서가 있으며 장치의 앞면에서 중앙 블록으로 진동하는 철사로 힘(무게)을 전달하는 짧은 막대가 있다. 쓰레기처리 회사는 이런 센서를 트럭의 각 바퀴에 달아서 쓰레기를 수거하러 마을을 돌아다니는 동안 지속적으로 무게를 모니터링할 수 있다. 결국 회사는 고객들이 매주 버린 쓰레기의 양을 정확하게 계산해서 비용을 청구하게 된다(각 집의 쓰레기통을 들어 올리는 유압식 팔 부분에 센서를 장착해 무게를 측정할 수도 있다).

▶ 이 사랑스럽고 사랑스러운 기기는 철사로 힘을 전하는 진동 변환기라고 부른다. 소리를 이용해 무게를 측정하는 저울은 이 모델을 상업적으로 변화시킨 버전이다. 바이올린 줄 대신에 양쪽 끝에 시피이이 실린더로 연결된 짧은(1/2인치[1cm] 미만) 길이의 황동 철사스프링을 사용한다. 이 기기의 구조는 바닥을 통해 삽입되는 막대가 중간의 블록에 나사로 고정되고 힘을 전달할 수 있도록 신중하게 설계되었다. 평행사변형 모양은 이 막대의 상승력(upward force)을 증폭시켜서 철사에 장력으로 전달하며 진동 주파수를 증가시킨다. 실제로 이 장치의 모든 것들은 아주 미세하게만 움직인다. 철사가 그냥 조여질 뿐 그런 모습은 눈에 보이지 않는다.

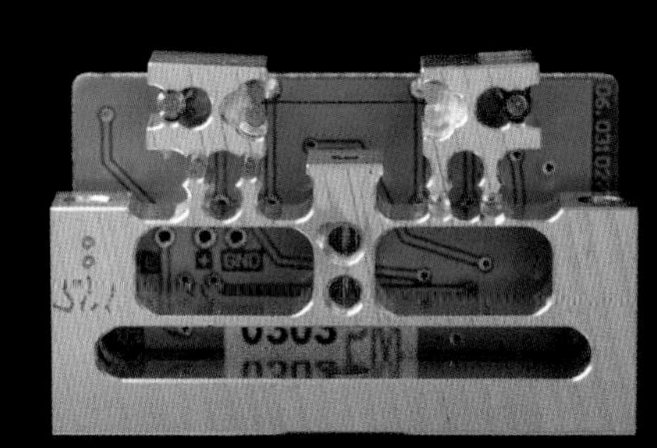

◀ 나는 이 특별한 힘 변환기를 무척 좋아한다. 매우 기발한 공학적 구조를 사용한 게 그 이유지만, 내 할아버지이자 스위스인인 아르민 위스(Armin Wirth)가 개발한 것이기 때문이기도 하다(1923년의 사진).

▶ 진동 주파수를 기반으로 하는 저울의 원리는 표면 탄성파 저울(surface acoustic wave scale)에서 진가를 발휘한다.

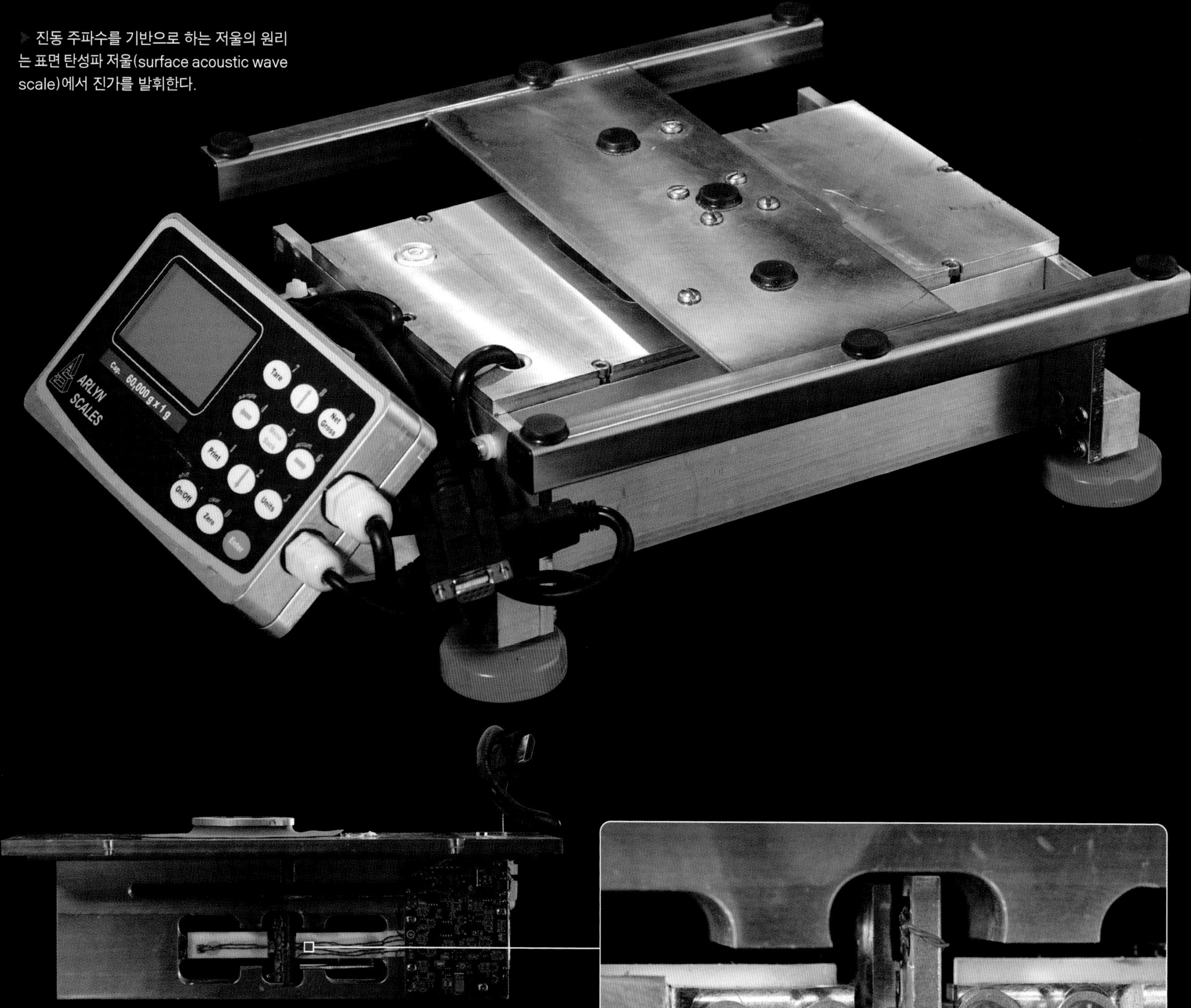

▶ 진동 철사 센서와 마찬가지로 견고한 산업용 케이스가 씌워진 표면 탄성파 저울은 내부에 두꺼운 알루미늄 블록이 작은 센서로 힘을 전달하지만 실제 눈에 띄는 움직임은 없다. 두 센서에서 다른 점은 이 저울의 센서는 표면을 가로 지르는 압전파(piezoelectric waves)를 지닌 석영 크리스털 조각의 하나라는 것이다(석영 크리스털이 어떻게 전기장과 반응해 공명 발진기를 만들어내는지에 대한 설명은 120~124페이지를 참조). 크리스털에 가해지는 응력이 그 응력을 만들어내는 파장에 영향을 미치고 따라서 저울의 무게를 매우 정확하게 측정할 수 있게 한다.

소금 한 알의 무게

거의 모든 일상에서 사용되던 고대의 양팔 저울은 용수철저울, 플랫폼저울, 대저울, 로베르발 저울과 전자저울로 완전히 대체되었다. 아이러니하게도, 가장 오래된 양팔 저울이 가장 오래 애용되었던 것은 바로 초고도로 정밀한 측정 덕분이었다. 양팔 저울처럼 상업용 저울을 발전시키는 동력은 편리성과 부정의 소지를 없애는 것이다. 하지만 과학연구에서는 측정 단위의 1백만 분의 1 이하의 오류도 찾아내야 하고 극미하다 못해 거의 보이지도 않는 작은 양의 사물까지 측정해야 하기 때문에 강박적이라고 할 만큼 정확성을 중시하고 있다. 오늘날 여러 기술을 기반으로 하는 고정밀 전자저울이 거의 모든 영역에서 기계식 저울을 대체했다. 하지만 옛 물건들은 여전히 디자인과 구성의 아름다움을 뽐내고 있다.

우리는 고정밀 저울을 '분석용 저울'이라고 부르고 있다. 옛 저울들을 꾸준히 개선시켜 활용한 것들이다.

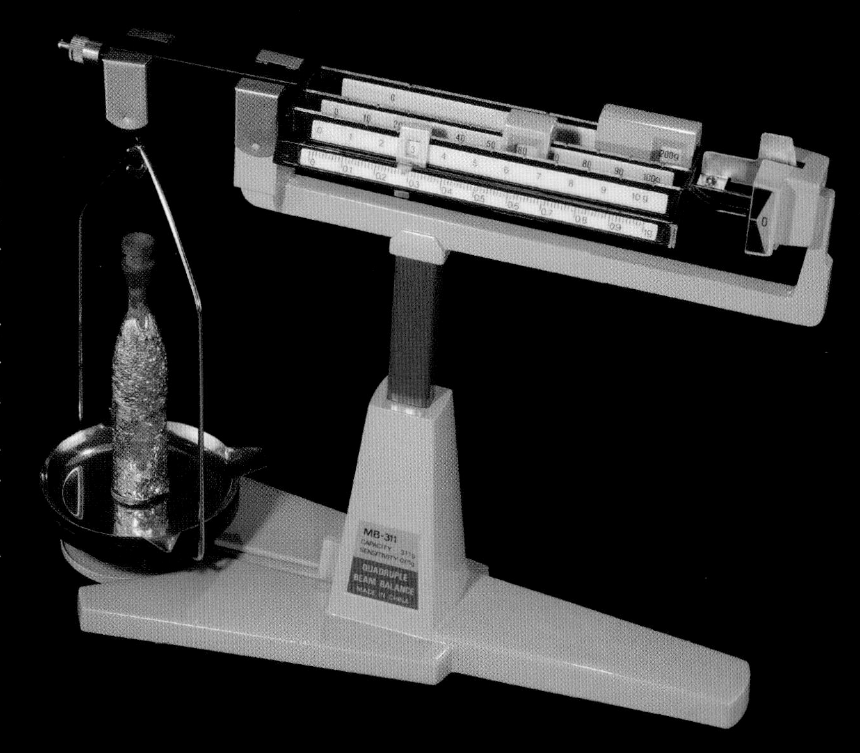

▲ 일회용 면도기(과거에는 하나의 날이었지만 이제는 최대 5개의 날을 사용한다)처럼 저울 또한 더 많은 저울대로 더 멋지게 발전시킬 수 있다. 위 저울은 4개의 독립적인 저울대를 사용해서 100g 단위와 10g 단위와 1g 단위와 0.1g 단위를 측정한다. 추가로 저울대를 늘리려면 더 높은 중심점과 더 높은 품질의 부품들이 필요하다.

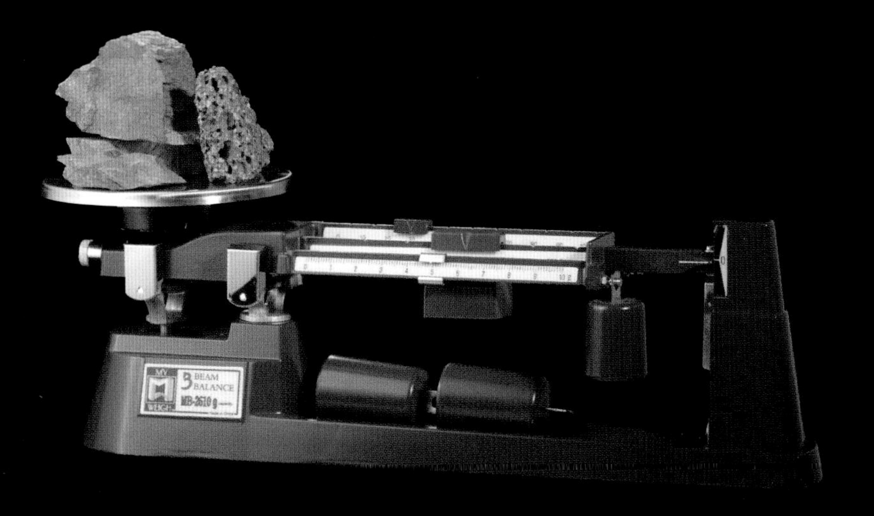

▲ 수십 년간 전 세계 고등학생들 사이에는 삼단 저울이 유행했다. 사실 상당히 편리하면서 정확하다고 하지만 이 섹션에서 이후 살펴보게 될 여러 저울만큼 정확하지는 않다. 본질적으로 이것은 왼쪽에 물건을 올려놓는 판이 있고 오른쪽에는 추를 매달 수 있게 한 일종의 대저울 형태로 만들어졌다. 하나의 저울에 하나의 추를 다는 게 아니라 저울대 3개에 점점 더 가벼운 추를 사용한다. 각각의 저울에는 주어진 무게에 따라 정확하게 움직여야 할 거리를 표시하는 멈춤 쇠가 있다. 가장 뒤쪽에 있는 눈금은 100g 단위를 나타내고 중간 눈금은 10g 단위를 나타내며 앞쪽 눈금은 1g 단위로 표시된다(이 눈금 중간에 50, 5, 0.5g 단위를 그려 넣어 측정하려고 시도해볼 수도 있다).

▲ 오히려 퇴보하는 저울들 또한 존재한다. 이 조잡한 저울은 저울판 2개를 가지고 있다(세 번째 저울판으로 보이는 것은 그저 저울 위에 올려 둔 용기의 무게를 빼고 판의 무게를 조정하기 위해 사용된다).

보통의 완벽한 양팔 저울은 평평하고 곧은 저울대를 사용하기 때문에 중심점 3개가 모두 직선에 위치하게 된다. 평평한 저울대에 매달린 무게가 완벽하게 일치한다면 어떤 자세로도 저울이 정지 상태를 유지한다. 이 저울은 로베르발 저울의 디자인과 마찬가지로 저울대가 평평한 직선을 유지한다고 해서 무게가 동일하다는 게 아니라 어떤 위치에 물체를 놓아도 평행이 유지될 때 그 두 물체 무게가 동일하다는 것을 알 수있다.

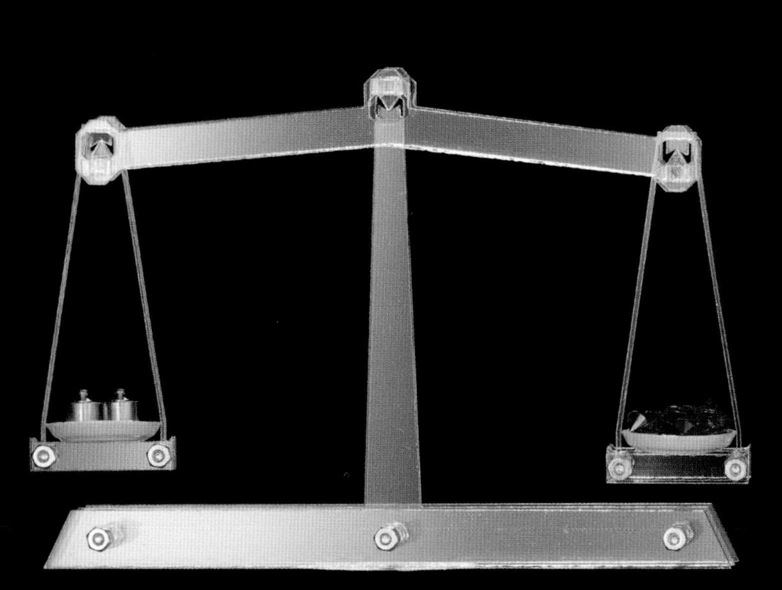

저울대가 아래로 구부러져서 중앙 균형점이 2개의 양팔 끝의 균형점보다 약간 높아지면, 저울은 앞에서 본 우편 저울과 거의 비슷한 역할을 한다. 무게가 같을 때는 이렇게 구부러져도 저울을 수평 위치로 돌아가게 하는 약한 복원력이 작용한다는 것을 알 수 있다. 수평이 맞지 않게 두더라도 양쪽의 무게가 같은 한 저울은 수평으로 돌아오게 된다.

대신 저울대를 위로 구부리면 양쪽의 무게가 완벽하게 일치해도 저울대가 직선을 유지할 수 없어 쓸모없는 저울이 된다. 어찌하든 이 저울은 한쪽 또는 다른 쪽으로 기울게 된다. 이런 구조로는 그 어떤 실용적인 저울도 만들 수 없다.

아래로 구부러진 저울대가 완벽하게 균형을 이루면, 완벽한 수평이 나온다. 하지만 약간 균형이 맞지 않으면 (이 경우 오른쪽이 약간 더 무겁다.) 살짝 기울어진 각도에서 균형이 잡히게 된다. 이 각도를 예측할 수 있기 때문에 긴 포인터와 보정된 눈금을 추가해 양쪽의 무게가 살짝 차이가 나는 것을 읽을 수 있다. 아주 작은 추를 사용하지 않고도 소수점 2자리 정도의 차이를 읽을 수 있다는 점에서 매우 유용하다. 그냥 단순히 두 팔이 포인터의 눈금 범위에 올 때까지 한쪽에 표준 무게 추를 올려 두기만 하면 된다. 다음 페이지에서는 정확하게 동일한 디자인을 사용한 실제 저울을 살펴보도록 하자.

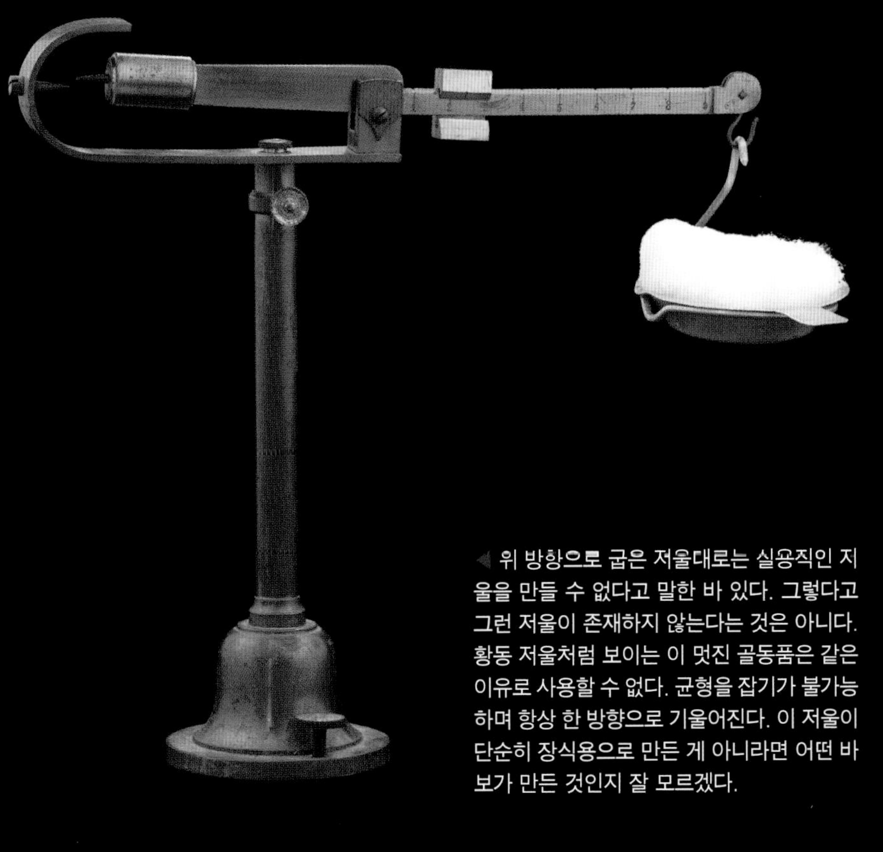

◀ 위 방향으로 굽은 저울대로는 실용적인 저울을 만들 수 없다고 말한 바 있다. 그렇다고 그런 저울이 존재하지 않는다는 것은 아니다. 황동 저울처럼 보이는 이 멋진 골동품은 같은 이유로 사용할 수 없다. 균형을 잡기가 불가능하며 항상 한 방향으로 기울어진다. 이 저울이 단순히 장식용으로 만든 게 아니라면 어떤 바보가 만든 것인지 잘 모르겠다.

분석(Analytical) 저울의 구조

저울의 정확도를 높이려면 구조상 오류를 낼 소지가 있는 것들을 하나하나 찾아 제거해야 한다. 가장 큰 문제는 균형점을 뾰족하게 하는 것과 균형을 맞추는 것이다. 좋은 저울은 매우 단단한 재질의 '날'과 '받침'을 가지고 있다. 좀처럼 훼손되지 않는 딱딱한 강철이 산업용 저울에 사용된다. 정밀한 저울들에는 이상적으로는 단단하고 유리 같은 크리스털 물질이 쓰인다. 처음에는 마노(agate)가, 점차 시간이 지나면서 합성 사파이어가 쓰였다. 이 오래되고 저렴한 모델은 강철 날을 사용한다.

▶ 1950년대에 만들어진 중저가의 분석 저울이다. 수백 년 전의 저울들과 크게 다르지 않다. 눈금이 매겨진 저울을 따라 바닥까지 내려가는 매우 긴 포인터를 볼 수 있다.

▶ 날의 모서리가 섬세하고 쉽게 손상되기 때문에 정밀 저울에는 항상 저울대를 올리거나 내리는 레버를 둔다. 저울을 이동하거나 물건(무게를 잴 물건과 무게 추)을 올리고 내릴 때 날이 훼손되는 것을 막기 위해서다. 이 저울은 저울대를 날의 모서리에서 완전히 떨어지게 올리거나 내리는 단순한 풀림장치(release mechanism)를 사용한다. 더 고급스런 저울들은 정교하고 다양한 부분-복구기구를 갖추고 있다.

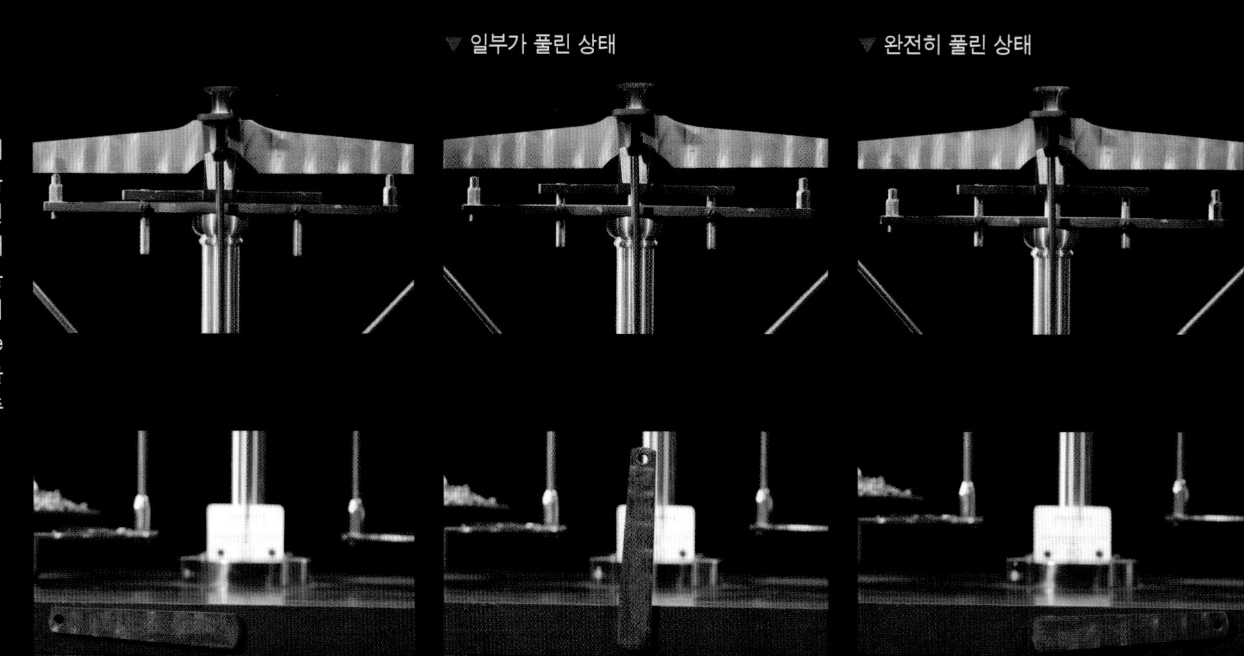

▼ 일부가 풀린 상태

▼ 완전히 풀린 상태

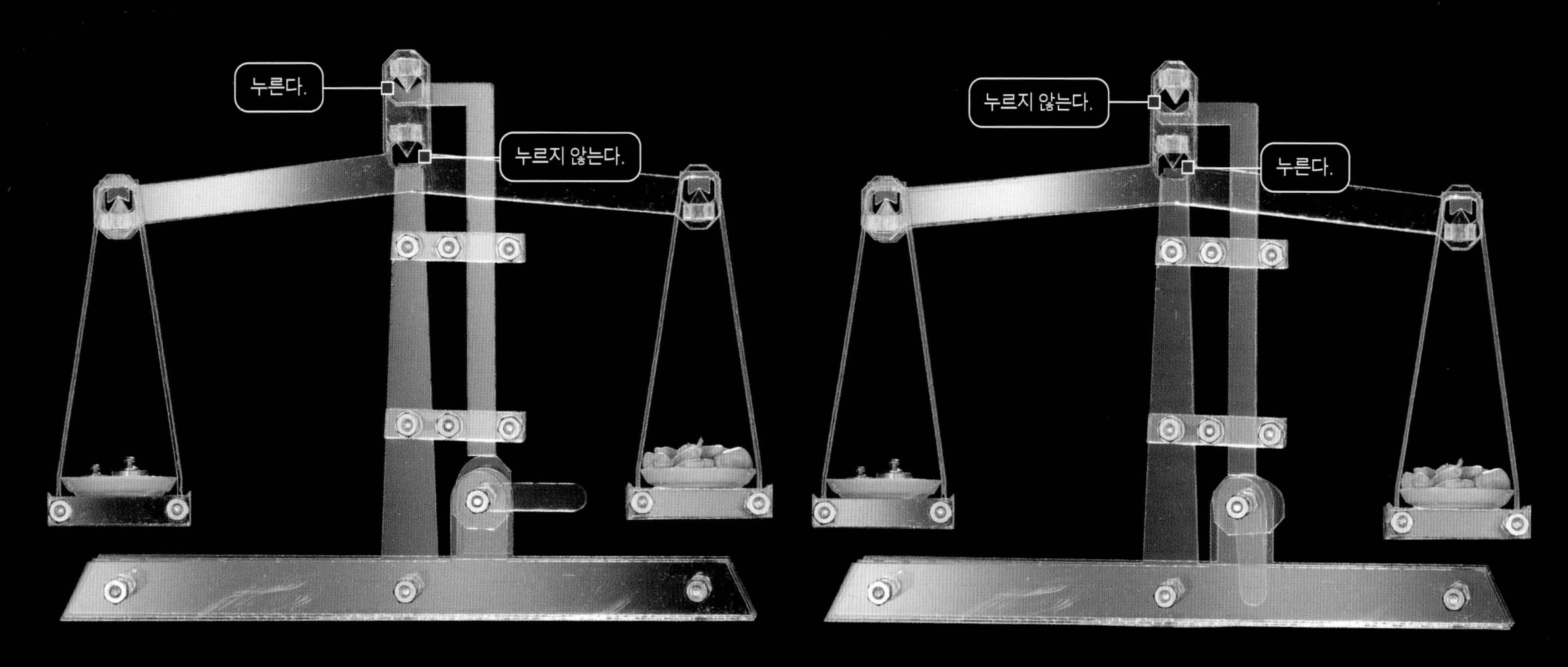

▲ 복잡한 풀림장치는 실제 저울을 사용할 때 찾아보기 어려워 보다 기발한 부분-풀림장치가 어떻게 작동하는지 보여줄 수 있는 모델을 제시한다. 제어 레버가 부분적으로 풀린 자리로 올라가면 저울대가 정확한 균형점은 아니더라도 중심을 잡게 된다. 또한 기본 균형점보다 훨씬 위에 고정되기 때문에 양쪽의 무게가 차이 나더라도 덜 기울게 된다. 이 상태에서는 정교한 날과 받침대가 손상될 염려 없이 저울대에 물건을 올려놓아도 된다. 우선 저울을 어느 정도 대략 균형을 맞춘 뒤 조정해가며 정확한 무게를 측정할 수 있다.

▲ 제어 레버를 아래로 내리면 상단의 균형점이 분리되고 값비싸고 아주 정밀한 크리스털 균형점에 맞춰지게 된다(제발 부드럽게 다루어주길 바란다). 제대로 장치를 조작했다면 두 팔의 무게가 (이 모델에는 없지만) 포인터의 범위 내로 접근하기 때문에 167페이지처럼 총 무게를 읽을 수 있다.

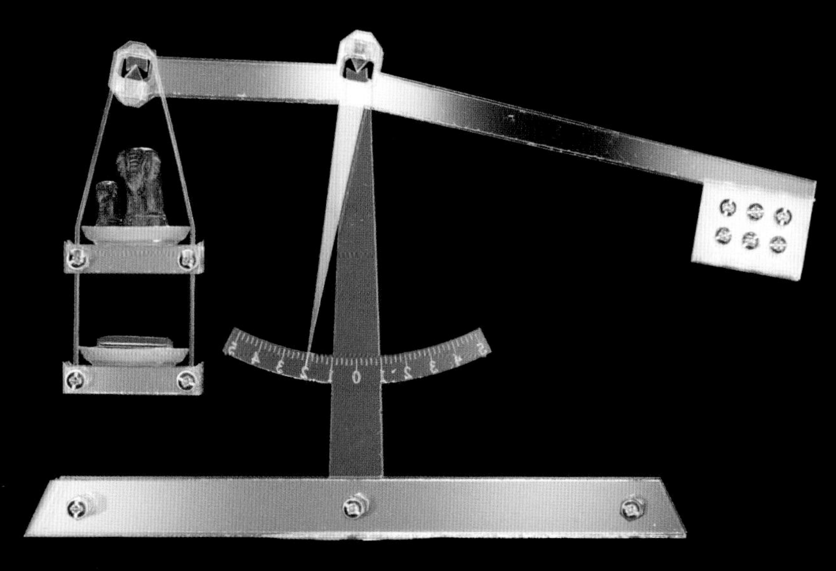

▲ 이중 균형 아크릴 모델

표준 양팔 저울이 변형되면서 현대적인(전자식 이전의) 분석 저울에 이르렀다. 이제 그 변형체의 최종판을 다루어보자. 무게를 재고자 하는 물체와 보조 무게 추를 저울대의 같은 위치에 놓고 그 저울대의 반대편에 무게 추를 고정시켜놓는다. 재고자하는 물건과 보조 무게 추의 무게를 합한 것이 반대편의 고정된 무게 추와 같을 때까지 보조 무게 추를 빼내거나 더해가며 균형을 맞춘다.

이 디자인은 세 가지 장점이 있다. 첫째, (고정된 평형추가 필요 없기 때문에) 2개의 칼날을 사용한다. 둘째, 물건이 무겁거나 가볍거나 언제나 양팔의 총 무게가 정확하게 동일하게 맞춰진다. 즉, 저울대가 구부러지는 정도가 항상 일정하게 유지될 수밖에 없다. 마지막으로, 중심점이 어느 정도 물건 쪽으로 이동하기 때문에 보조 무게 추를 쓰면서도 저울의 칭량(측정 가능한 최대량)이 줄어들지 않는다. 이렇게 중앙 날에 가해지는 총 무게의 양이 줄어들면서 정확도가 향상된다.

분석 저울

1970년대의 이 학습용 분석 저울 모델은 우리가 지금 다루고 있는 다자인의 모든 것을 보여주고 있다. 약간 구부러진 저울대, 3개가 아닌 2개의 칼날을 사용하고, 보조 무게 추들이 무게를 재고자 하는 물건과 같은 쪽에 위치해 있으며, 마지막으로 높이의 차이를 이용해 소수점 두 자리까지 무게를 구하는 기능 등이다. 여기에 더 혁신적인 기능이 있다. 바로 보조 무게 추를 자동으로 더하거나 빼는 톱니와 레버로 구성된 시스템이다. 이전에 가장 효율적인 무게 추 세트는 1g, 2g, 4g, 8g, 16g, 32g처럼 2의 배수로 증가하는 것이라고 설명한 바 있는데, 그 시스템이 이 저울에 사용되었다. 사용자는 정면 패널에 표시되는 멋진 소수점의 숫자들을 보지만 내부에서는 톱니들이 2의 배수로 양을 표시하는 과정이 이루어진다. 물론 그런 번거로운 산수를 사용자가 볼 필요가 없어 감춰놓는다.

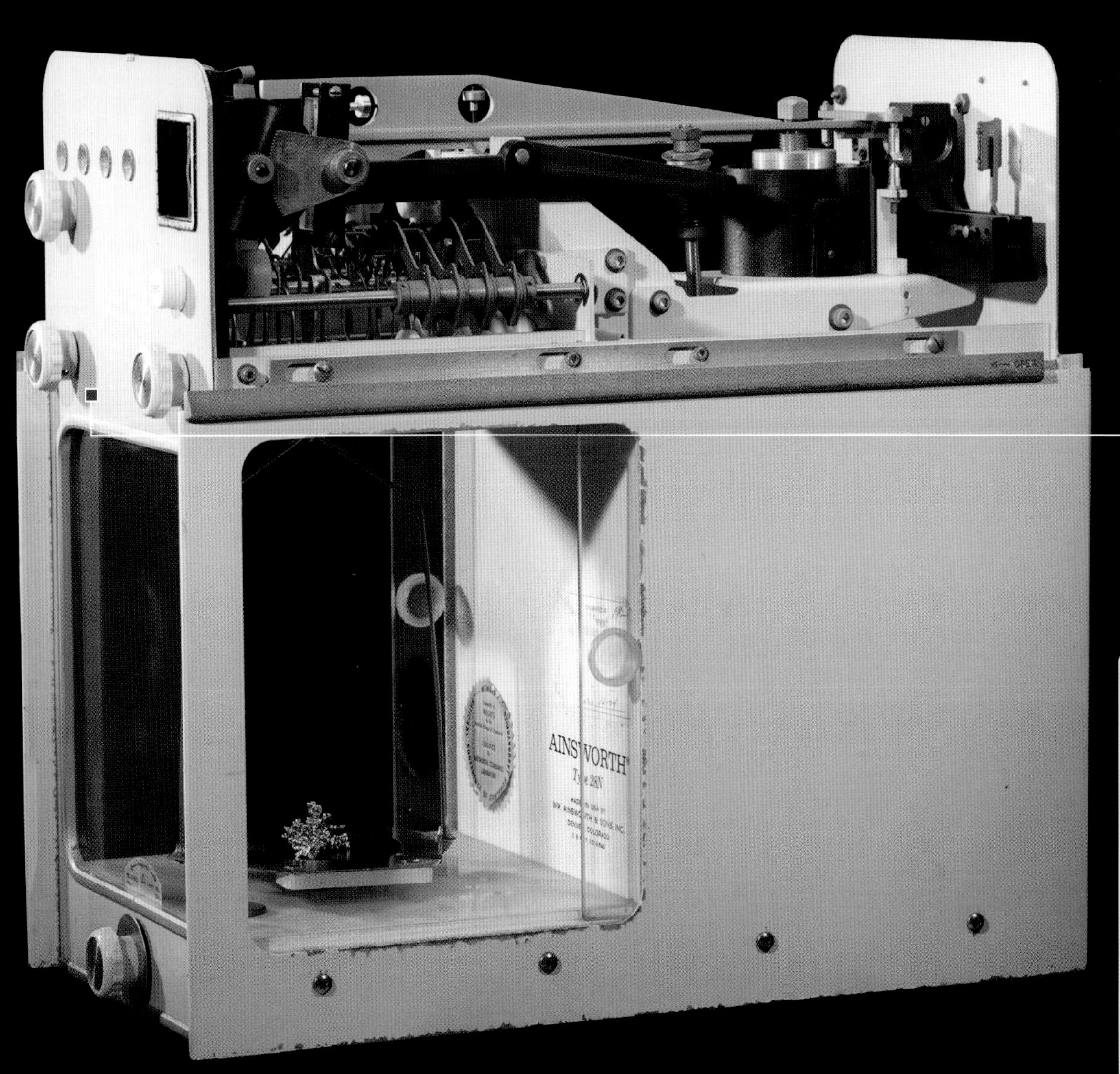

▼ 3개의 큰 다이얼은 10과 1과 0.1g을 나타낸다. 각 다이얼은 다음 페이지에 나오는 캠 장치(cam mechanism)를 이용해서 저울판에 보조 무게 추를 넣고 빼게 된다.

간격 표시기(gap indicator)가 투사된 이미지의 표시 중 하나로 정확하게 정렬될 때까지 이 스위치를 조정해 가장 마지막 무게 단위인 0.0001g을 읽어낸다. 이 단위는 10분의 1mg(10,000분의 1g)을 나타낸다. 실제 상황에서 이런 숫자는 완벽하게 정확하지는 않을 가능성이 높다. 저울을 정말 정교하게 정비한 뒤 완벽하게 높이가 일치하고 먼지를 한 톨도 없이 제거한 뒤에야 신뢰할 수 있는 수준에서 10분의 1mg 단위를 측정할 수 있다(이 저울은 10분의 1mg 이하의 차이를 정확하게 측정하지만, 실제로 무게를 그렇게 정확하게 읽는 것은 쉽지 않다).

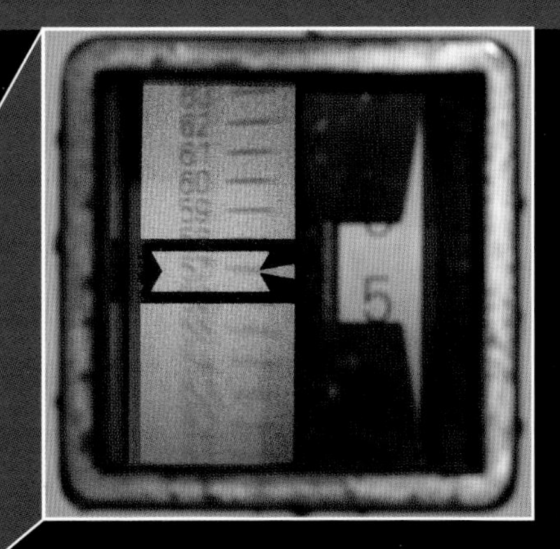

◀ 무게의 다음 두 자리(0.01g, 0.001g)는 광학 돋보기로 판독한다. 저울대의 뒷면에는 함께 위아래로 움직이는 미세한 에칭 유리 돋보기가 있다. 조명과 렌즈가 이 돋보기의 전면에 초점을 맞추면서 두 단위의 숫자들을 읽어낸다. 앞서 설명했던 보정된 포인터와 비슷하지만 훨씬 더 민감하게 작동한다.

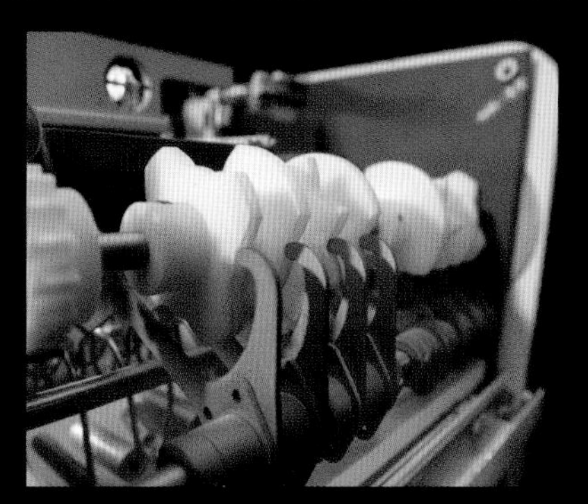

◀ 리프터 암(lifter arms)들은 모두 같은 축에 장착된 캠(이상한 모양의 디스크)에 의해 제어되는데, 이는 저울 전면의 다이얼에 연결된다. 각 캠은 고유한 모양을 지녀 연결된 리프터 암들이 각각 다른 위치에서 위아래로 움직이게 된다. 그렇게 여러 캠들이 함께 작동하면서 이진법의 숫자를 센다(1, 2, 4, 8, 16, 32 등의 2의 배수를 사용해 숫자를 세는 방법).

▲ 이 작은 무게 추들로 저울대가 얼마나 치우쳐있는지를 파악해 바로잡을 수 있다. 저울대가 정상에서 약간만 벗어나 있어도 무게의 마지막 세 자리 단위를 읽는 광학 돋보기에서는 큰 차이가 날 수 있어 반드시 바로잡아야 한다.

▲ 이 저울에는 1900년대 중반부터 분석 저울에 표준처럼 사용된 사파이어 날과 받침이 있다.

십진법	이진법	8g	4g	2g	1g
0	0000	켬	켬	켬	켬
1	0001	켬	켬	켬	꺼짐
2	0010	켬	켬	꺼짐	켬
3	0011	켬	켬	꺼짐	꺼짐
4	0100	켬	꺼짐	켬	켬
5	0101	켬	꺼짐	켬	꺼짐
6	0110	켬	꺼짐	꺼짐	켬
7	0111	켬	꺼짐	꺼짐	꺼짐
8	1000	꺼짐	켬	켬	켬
9	1001	꺼짐	켬	켬	꺼짐

▲ 보통 사용하는 숫자인 십진수는 0에서 9까지의 숫자로 나타낸다. 이진수는 각 자리에 0또는 1만을 가진다. 1, 10, 100, 그리고 1000 대신에 이진법은 1, 2, 4, 8의 자릿수로 나타낸다. 십진수로 입력된 캠 세트의 작동을 통해서 네 자리의 이진수로 변환된다(틀을 전체적으로 균일하게 채워 넣기 위해 캠들이 불규칙적으로 배치된 점을 유의하라).

▶ 보조 무게 추들이 모두 저울 판 위의 복잡한 프레임에 걸려 있다. 약간 난잡하고 허술해 보이지만 실제로 무게를 재는 데는 영향을 미치지 않는다. 이 프레임에 매달려 있어야 하는 무게 추들을 제외하고 어떤 것도 접촉하거나 부딪히지 않는 한 저울의 정확성은 유지된다. 각 무게 추에는 부딪히지 않고 프레임에 내리거나 프레임에서 완전히 들어 올릴 수 있는 리프터 암이 달려 있다.

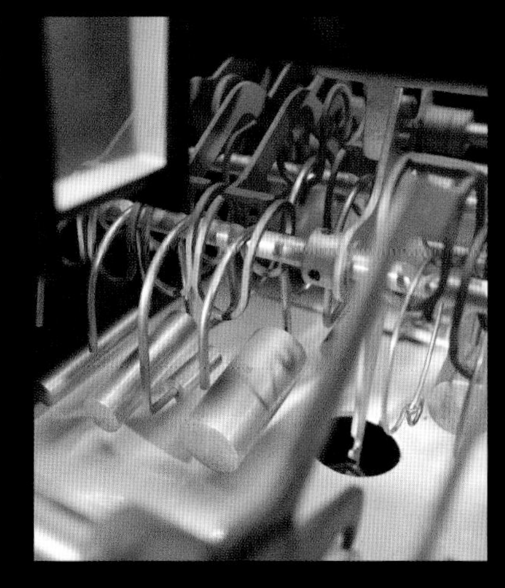

다시 한 번, 현대 기술은 기계의 아름다운 내부 구조들을 앗아간다. 이 현대식 변형률계 분석 저울은 이전의 평형 분석 저울과 거의 동일한 정확도를 지니지만 가격은 10분의 1에 불과하다. 여전히 수평을 맞추고 저울판을 깨끗하게(먼지를 제거하는 데) 해야 하지만 그 외에는 투박한 다이얼이나 까다로운 광학 돋보기 등을 수리할 필요가 전혀 없다. 오늘날 화학을 전공하는 학생들은 기계식 분석 저울을 볼 일이 거의 없고 화학과 대학생들마저도 기계식 분석 저울을 한 번도 본 적이 없는 경우가 많다는 불편한 보고서를 본 적이 있다. 글쎄 내가 학생이었을 때는 여전히 기계식 저울을 사용했고, 우리는 그 기계들을 좋아했다.

▲ 이 현대판 변형률계 분석 저울은 기계적으로 볼 때 매우 흥미가 떨어진다.

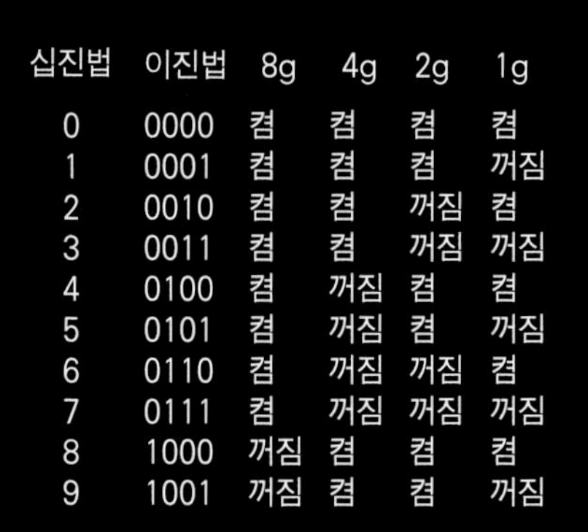

세상에서 가장 정확한 저울

이 거대한 장치는 세계에서 가장 정확한 저울로 워싱턴 DC의 미국표준기술연구소(National Institute of Standards and Testing, NIST) 지하에 있다. 내가 이 책을 집필하는 동안 이 저울이 놀라운 일을 해냈다. 바로 kg을 새롭게 정의했다. 이에 따라 모든 무게 단위들도 새롭게 정의되기에 이르렀다.

우리는 140~141페이지에서 정확한 저울을 보정하는 데 사용되는 표준형 보조 무게 추들을 보았다. 이 무게추들은 국가의 표준 무게 기준에서 최선의 근거가 될 만큼 다양한 정확도의 추출 방식에 따라 만들어진다. 그 모든 표준 무게 기준들을 바로잡는 절대적인 기준은 플래티넘-이리듐 합금 실린더로 만들어진 '국제 킬로그램 표준기(the International Prototype Kilogram)'로 파리의 금고에 조심스럽게 보관되어 있다. 이 실린더의 무게가 2018년 11월까지 1kg으로 정의되어 왔다.

우리는 132~133페이지에서 시계가 지구의 자연 시간보다 더 정확해지는 순간을 살펴본 바 있다. 매일 측정하는 정오의 시간이 약간씩 달라진다. 우리는 이런 사실 때문에 시계가 더 정확하다는 것을 알고 지구의 자전으로 계산한 시간보다 시계를 더 믿고 있다.

자, 기가 막히게 잘 맞는 저울이 하나 나왔다. 이 저울로 세계에서 애지중지하고 있는 국제 킬로그램 표준기의 무게를 재보았는데 그 무게가 정확하게 1kg이 아닌 것으로 나타났다. 우리는 이제 변하지 않았을 것으로 여겨졌던 그 금속 덩어리보다 이 새로운 저울을 믿게 되었다.

어떻게 정성스레 관리되고 있는 금속 덩어리의 무게가 변할 수 있을까? 누구든 완벽하게 이해하지 못했지만, 이 금속 덩어리는 지난 백 년 동안 아주 조금씩(200억 분의 1만큼) 가벼워지고 있는 게 아닌가 하는 의심을 사왔다. 그 이유는 아무도 모른다. 하지만 이제는 적어도 이러한 의문을 확인시켜줄 도구가 생겨난 것이다.

새로운 저울은 물리적 물체의 무게에 의해 나타나는 아래로 누르는 힘과 전류가 만들어내는 위로 들어 올리는 힘을 비교해서 무게를 잰다. 따라서 이 저울은 질량의 기본 단위를 시간과 거리의 단위와 연관시켜 작동한다. 대단한 성과이다. 미터(meter)는 역시 파리에서 보관중인 표준 미터 막대(standard meter bar)로 정의되어 왔지만, 지금은 빛의 속도를 사용해 정의된다. 과거에 시간은 지구의 자전을 기준으로 정의되었지만 이제는 세슘 원자의 특성에 따라서 정의된다. 표준 측정 단위들은 하나씩 파리가 아닌 우주 어딘가 존재하고 측정할 수 있는 것들과 연관 지어서 보편적이고 변경이 불가능하게 정의되어가고 있다. kg은 보편적으로 정의되지 않았던 마지막 단위였다. 하지만 이제는 더 이상 그렇지 않다.

무게 및 측정에 관한 국제위원회(the international committee on weight and measure)가 표준 킬로그램을 이 장비로 대체하기로 결정한 그 순간은 아마 측정의 역사상 가장 중요한 전환이라고 할 수 있다. 어떠한 표준 물체가 없어도 이상적으로 측정할 수 있는 시스템이 완성된 것이다.

NIST

거대 물체용 저울

다양하고 섬세한 분석 저울의 저 편에는 중노동을 하는 저울들이 있다. 바로 차나 트럭, 트레일러, 기차, 비행기 등의 무게를 재는 저울들 말이다. 이 저울들 중 몇몇은 플랫폼저울이나 전자저울과 완전히 같은 방법에다 더 큰 레버리지를 주어서 더 넓은 범위의 무게를 잴 수 있게 만든 것들이다. 하지만 아주 무거운 물건을 재기 위해 완전히 다른 측정법을 고안한 저울들도 있다.

▲ 트럭의 무게를 측정하는 폐차장의 커다란 저울

▲ 폐차장 사무실의 저울대

이 저울은 재활용 금속을 쌓아둔 공터로 고철을 운반하는 트럭의 무게를 측정하는 데 사용되었다. 트럭이 도착했을 때와 고철을 내리고 난 뒤 다시 무게를 측정해서 그 차이에 해당하는 고철의 무게만큼 값을 운전자에게 지불한다. 여기에서 과거형으로 설명한 것은 비록 오늘날의 모든 폐차장에도 동일한 시스템을 쓰고 있지만 이 제품은 그 재활용 사업장이 몇 년 전에 문을 닫아서 폐품처럼 녹슬고 망가졌기 때문이다.

이 트럭 크기의 플랫폼 아래에는 저울대와 균형점이 이전에 본 플랫폼저울과 비슷한 구조의 시스템을 갖추고 있지만 지금은 훨씬 더 넓은 지하에, 그것도 물에 잠겨 있다는 점이 다르다. 레버의 끝은 사무실 창 아래에 있다(건물 벽에 자라고 있는 여러 덤불 뒤편). 마지막 레버는 사무실 내부의 저울대로 닿아있는 수직 막대로 이어진다.

폐차장 사무실에는 오래된 병원의 진료실 저울에서나 볼 법한 저울대가 있다. 역시 몇 십g을 재는 대신 이것은 몇 백kg을 재는 용도라는 차이가 있다. 거의 15년간 비워지고 버려진 이곳을 처음 다시 찾은 것은 초현실적인 경험이었다. 어렸을 때, 나는 이곳에서 아연 방수판으로 주물을 만들며 놀곤 했었다. 이후에는 내 친구 짐이 플라즈마 기법으로 작품을 만드는 데 필요한 철판을 구하러 이곳에 오곤 했다. 하지만 그 삶은 지나갔다. 짐 또한 수년 전 죽었고, 이 애처로운 사무실 또한 그렇다.

위의 사진은 폐차장의 저울대를 약간 청소한 뒤 찍은 것이다. 아마 1960년대에 톨레도 저울 회사에서 만든 제품으로 보이며, 최대 정격 용량은 100,000파운드(45,000kg) 또는 약 50톤(45메트릭톤[1,000kg을 1톤으로 하는 중량단위])이다.

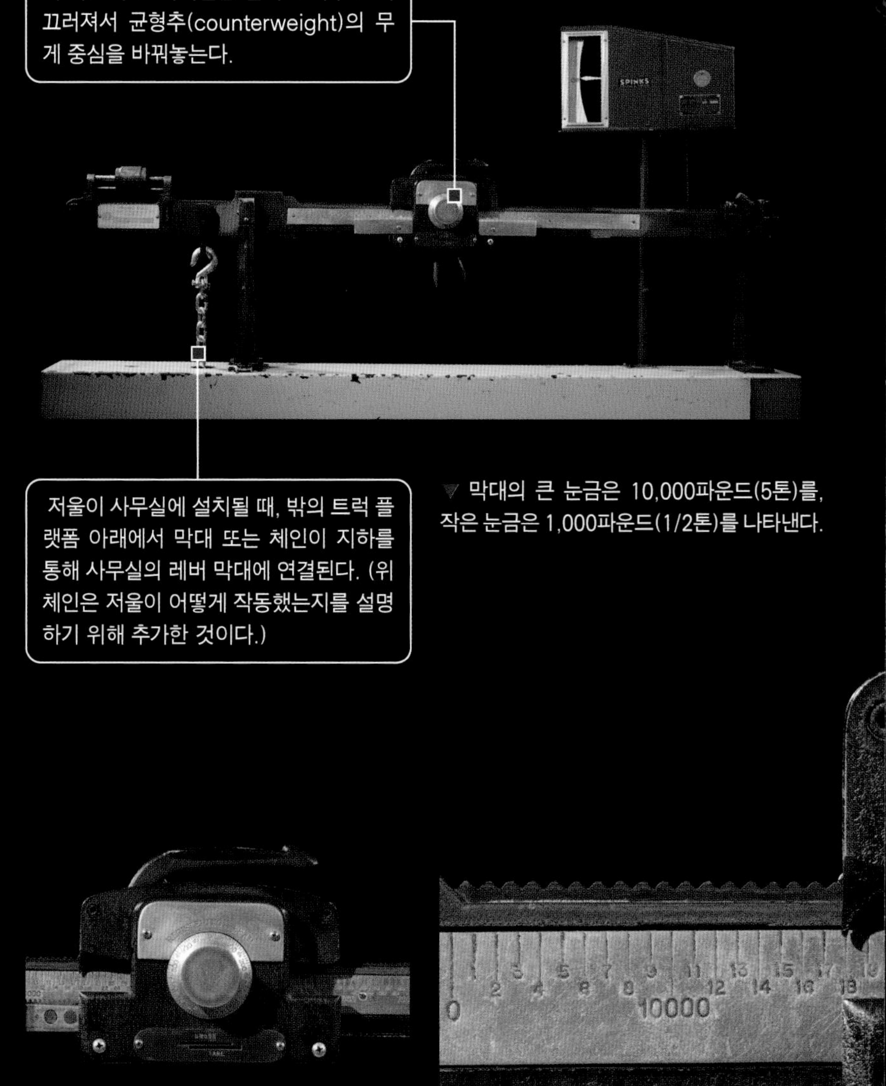

▼ 막대의 큰 눈금은 10,000파운드(5톤)를, 작은 눈금은 1,000파운드(1/2톤)를 나타낸다.

▲ 상단의 핸들을 누르면 균형추가 풀려 움직이고, 핸들을 놓을 때 1,000파운드 단위로 일정한 지점에 멈추어 선다.

균형추는 단순한 덩어리가 아니다. 눈금이 그어진 다이얼이 돌아가면서 연결된 작은 두 번째 균형추(상단에 톱니 기어가 달린 막대)가 옆으로 움직인다. 이 보조 무게 추는 여러 저울대가 달린 실험실 저울의 작은 저울대처럼 작동한다. 다이얼을 완전히 돌리면 작은 무게추가 10파운드 또는 막대의 작은 눈금만큼 이동한다. 다이얼이 10파운드의 작은 눈금을 지날 때 딸깍 소리가 난다. 더 작은 단위의 다이얼이 없는 것으로 미루어 이 저울은 10파운드 이하의 무게를 재는 용도가 아니라는 것을 알 수 있다(100,000파운드만큼 무거운 트럭에서 10파운드의 단위는 10,000분의 1에 불과하다. 이 정도의 저울이면 상당히 정확한 편이고 실제로 이보다 더 정확하게 무게를 잴 경우도 거의 없다. 이 폐차장은 구리와 같이 값비싼 금속을 재는 작은 저울들도 구비하고 있었다).

▲ 균형추 앞면에 있는 이 구멍은 매우 영리한 기능을 한다. 바로 내장된 프린터 기능이다! 주저울대와 다이얼의 바닥에는 숫자들이 양각되어 있다. 먹지를 위에서부터 구멍에 넣고 그 아래의 황동 손잡이를 누르면 먹지가 눌려 영수증에 현재 설정된 저울의 눈금을 인쇄한다.

SCRAPPY MCSCRAPFACE SCRAP YARD
SERVING YOUR IMAGINARY RECYCLING NEEDS SINCE 2019
"HIGHEST PRICES PAID"
FOR FIGMENTS OF YOUR IMAGINATION

		Price	Total
Gross	68 790		
Tare	37 520		
Net	31 270	10¢	$3,127

고철이 적재된 트럭이 도착하면 우선 저울 플랫폼에 차량을 올려놓고 '총중량(Gross)' 구멍에 영수증을 넣으면 트럭과 고철의 총중량이 그곳에 인쇄되어 나온다(여기서 총중량은 용기와 그 내용물의 무게의 합을 의미한다).

짐을 내린 뒤 트럭을 다시 플랫폼 위에 올리고 영수증을 '용기(Tare)' 구멍에 넣는다. 이 구멍에도 종이가 삽입되어 있어 용기 부분에 무게가 인쇄되어 나온다(여기서 용기는 비어 있는 트럭의 무게를 의미한다). 이제 총 무게에서 용기의 무게를 빼면 트럭에 적재되었던 금속의 무게를 구할 수 있다. 그 금속의 파운드당 가격을 무게에 곱해서 트럭 운전자에게 지불해야 할 총 금액을 계산할 수 있다.

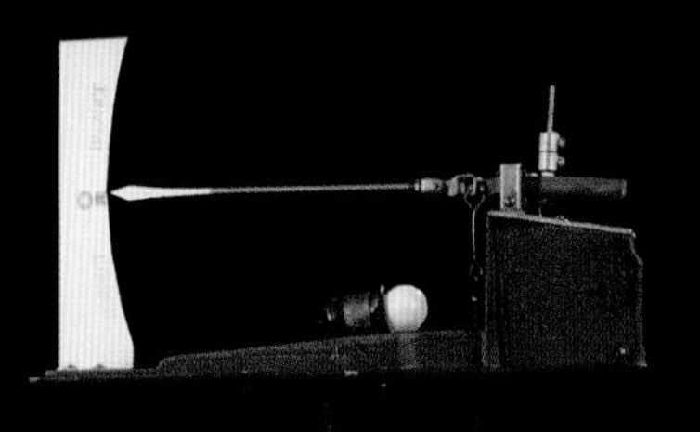

▲ 이것은 톨레도의 제품이 아니라 부품시장에서 판매하던 부가(add-on) 제품이다. 저울에 제동장치인 기름 대시포트를 달아 측정값을 더 안정적이고 빠르게 구할 수 있게 도와준다. 또한 저울이 정확히 수평상태에 있음을 표시하기 위해 고도의 증폭장치를 지닌 포인터의 기능도 한다. 그렇게 저울을 더 정확하고, 되도록 더 쉽게 읽을 수 있게 한다(사무실 안이나 바깥의 저울 플랫폼에서 사무실 창문을 통해 이 포인터가 달린 저울 전체를 볼 수 있었다. 트럭 운전사들은 이러한 숫자판을 보고 저울이 수평 상태에 있음을 쉽게 알아냈다. 아마 거래의 신뢰를 높이기 위한 하나의 방편이 아니었나 생각된다).

▲ 이 포트에다 점성 기름을 넣어 휘저으면 포인터의 움직임이 느려진다. 바람개비를 돌려 기름의 저항력을 조절하기 때문이다. 모서리 부분은 저항력이 낮아지고 옆 부분은 기름을 밀어내는 데 훨씬 많은 힘이 필요하게 된다.

이 모든 게 저울이 전자식으로 바뀌고 영수증이 컴퓨터로 출력되는 것을 제외하고는 여전히 고철 사업(상품을 무게로 거래하는 모든 사업)이 돌아가는 방식이다. 고철 사업 자체는 달라지지 않았다

전자저울은 오늘날 계량기기의 대종을 이루고 있지만 이렇게 기술이 살아남아 응용분야에 쓰이는 사례는 별로 없다. 예를 들어, 이 트레일러 걸개 저울(trailer hitch scale)은 최대 2,000파운드(900kg)에 달하는 물체의 무게를 재는 단단한 강철 덩어리다. 이 저울에는 전자제품이나 배터리가 없다. 이 장에 나오는 다른 저울들과는 완전히 다른 원리에 의해 작동하는데 바로 유압을 사용하는 것이다. 저울의 내부에는 레버나 균형점, 스프링, 변형율계 또는 다른 종류의 저울 부품들이 존재하지 않는다. 오직 작은 유압 실린더와 압력계 하나가 있을 뿐이다.

오른편 저울의 상단에 있는 것은 트레일러의 연결 고리를 올려놓기 위한 구조물이다(이 부분은 보통 차의 트레일러 걸개에 연결된다). 이 저울은 트레일러에 관련된 모든 무게를 재려는 목적을 가진 게 아니라 트레일러 걸개에 놓이는 무게를 재는 것이다.

적재된 트레일러의 연결고리에서 무게를 측정하는 게 바람직한 이유는 바로 적재된 무게의 약 1/3 정도가 걸개 부분을 누르게 되기 때문이다. 그렇지 않으면 속도를 줄일 때 차바퀴가 옆으로 미끄러지는 현상(fishtailing)이 일어나고 제어력을 잃을 수 있다. 연결고리에 더 많은 무게를 가할수록 그런 현상이 일어날 확률이 줄어들고 자동차의 뒷바퀴에 더 많은 견인력이 전달되기 때문에 어쨌든 좌우로 작용하는 횡력에 저항할 수 있게 된다.

▲ 트레일러 걸개 저울은 일체형 디자인이라서 실제 작동 구조를 볼 수 없다.

▼ 저울의 메커니즘을 설명하기 위해 옆으로 펼친 모델을 만들어보았다.

이것은 유압 실린더로 글리세린으로 가득 차 있다(유압 오일 또한 잘 작동하지만 보통 글리세린이 측정기기에 많이 사용된다). 이 실린더를 누르면 내부의 옆면 구멍을 통해 액체가 밀려나온다. 실린더를 둘러싼 고무 밀봉이 액체가 유출되는 것을 방지한다.

이 고압 호스는 유압을 실린더에서 압력측정기로 전달한다.

이것은 반으로 자른 동일한 유압 실린더로 부품들이 작동하는 것과 호스 커넥터로 연결되는 구멍을 볼 수 있다.

▲ 항상 그렇듯이 현대 기술이 모든 것을 망친다. 위는 우리가 방금 살펴본 멋지고 오래된 기계와 비슷한 크기와 용량을 지닌 트럭 저울이다. 하지만 이 저울에는 흥미로운 부분이 없다. 그 아래에 레버나 막대가 있지 않고 저울대나 움직이는 무게 추가 달려 있지도 않다. 그냥 보이는 그것과 사무실 안의 작은 전자제어 장치만 존재한다.

실제 무게를 재는 것은 금속 기둥에 고정된 4개의 변형계측 장치다. 이를 각 모서리에 하나씩 두어서 트럭이 지나갈 때 가해지는 압력을 사용해 무게를 예측하게 된다. 트럭의 무게가 어떻게 분포되었는지는 여기에서 중요하지 않다. 4개의 저울이 각각 측정한 값을 합한 것으로 무게를 결정한다. 마치 4개의 완전히 독립된 저울을 사용하는 셈이고 총 무게는 4개의 저울이 각자 측정한 무게의 합이다.

이 숫자판으로 호스를 통해 도달하는 압력을 읽는다. 압력은 실린더에 실린 무게를 측정한 것이기 때문에 무게가 커지면 압력 또한 커진다. 가해지는 무게와 생성되는 압력은 실린더의 직경에 의해 결정된다. 커다란 실린더는 주어진 양의 압력 이내로 더 많은 무게를 지탱할 수 있다. 아주 작은 실린더조차도 매우 무거운 무게를 쉽게 지탱할 수 있으며 이 실린더는 10톤급이다. 또한 압력계는 매우 높은 압력을 읽을 수 있다. 수천 프사이(PSI, 제곱인치당 파운드) 내에서는 완벽하게 잘 작동한다. 작은 유압 저울은 매우 무거운 물체를 측정할 수 있지만 그리 정확하지는 않다.

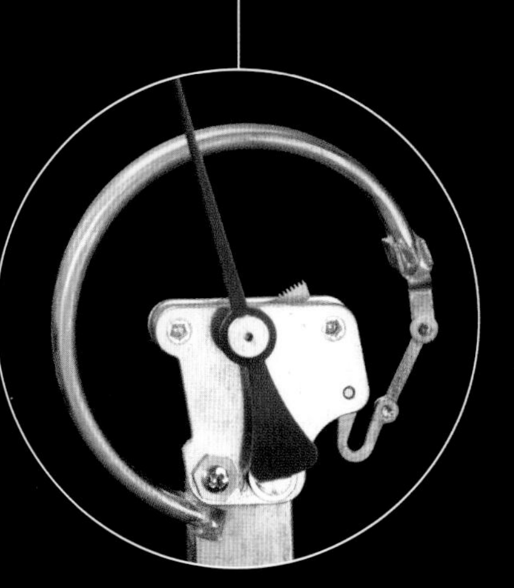

◀ 압력계는 '부르동 관'처럼 작동한다. 평평한 나선 모양의 튜브 내부 압력을 증가시키면 튜브가 살짝 팽창하면서 곧게 펴진다.

▲ 튜브의 움직임은 중앙의 래크피니언 기어를 통해 다이얼의 회전으로 바뀐다.

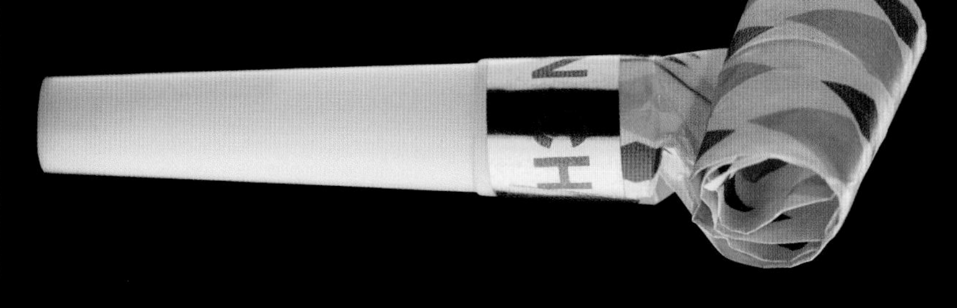

▲ 이 평범한 파티 소품들은 '부르동(Bourdon) 관'(한쪽 끝이 막힌 구부러진 관–옮긴이)의 일종이다. 끝 부분을 불면 평평한 종이 튜브 내의 압력이 커지면서 똑바로 펴지게 된다.

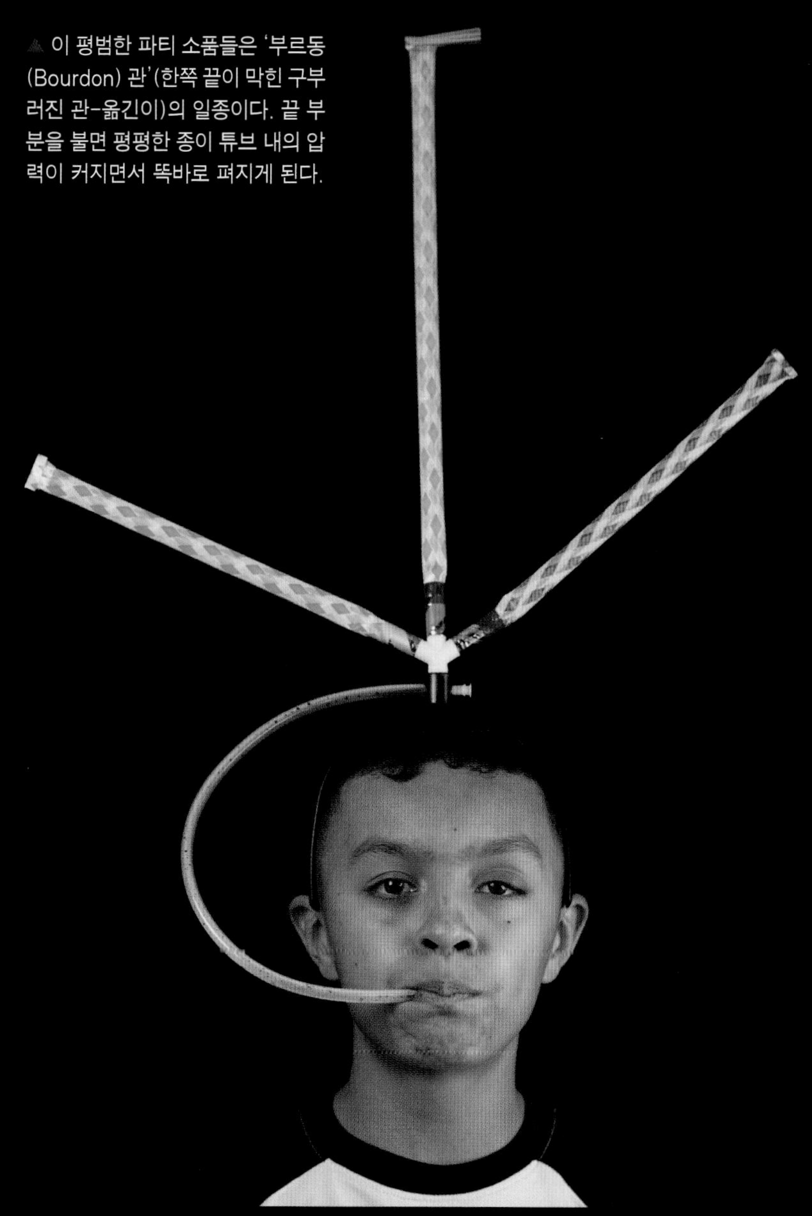

▲ 누군가의 머리에 3개의 종이 부르동관을 올려놓으면 몹시 우스꽝스럽다. 시도해볼 만한 가치가 충분하지만 무게를 측정하는 측면에서는 전혀 도움이 되지 않는다.

저울 아닌 저울

추 저울과 용수철저울은 무거운 물체가 중력에 의해 지구 방향으로 당겨지는 힘을 이용해 물건의 무게를 잰다. 어…, 무겁다는 게 그런 의미 아닌가? 답은 '그럴 수도 있고 아닐 수도 있다'이다. 아마 아는 사람은 알겠지만 우주에서는 모든 게 무게를 가지지 않는다. 하지만 어떤 물건들은 여전히 말 그대로 '무겁다.'

우리가 지금 지구에서 50파운드의 철 덩어리를 가지고 있다고 가정해보자. 파운드당 가격으로 구매했다면 이 철 덩어리를 사는 데 50파운드 무게만큼의 돈을 지불했을 것이다.

이제 같은 50파운드의 철 덩어리를 우주로 가져갔다고 생각해보자. 그곳에서는 무게가 '없다'. 우주에서 저울 위에 철 덩어리를 올려놓으면 그냥 떠서 날아가게 된다. 하지만 여전히 같은 철 덩어리이다. '무게가 나가지 않는다고' 누군가가 이 철을 공짜로 주지는 않을 것이다. 여전히 같은 양의 철이기 때문에 지구에서 요구하는 것과 같은 금액을 요구할 것이다.

자, 더 이상 물건을 누르는 힘이 없는 경우 어떤 기준으로 철을 구매할 수 있을까? 이론상으로 이 우주의 시장에서 철 덩어리의 가격은 어떻게 결정할 수 있을까?

우리는 물건의 '질량'을 기준으로 값을 치른다. 질량은 지구에서 측정하거나 무게가 1/6이 되는 달에서 측정하거나 또는 무게가 존재하지 않는 우주에서 측정하더라도 변하지 않는다.

여기 지구상에서 우리는 거의 항상 (물리 수업을 제외한) 이 문제를 무시하고 질량과 무게라는 단어를 서로 바꾸어서 사용하곤 한다. 중력은 지구 어느 곳에서나 거의 비슷한 크기로 작동하기 때문에 물체를 아래로 잡아당기는 힘을 이용해 그 질량을 정확하게 측정할 수 있다. 하지만 로켓을 만들거나 다른 행성에서 살려고 계획 중이라면 그런 문제를 따져봐야 한다.

우리는 질량과 무게를 직관적인 느낌으로 구분한다. 질량이 크다는 것은 물체가 아래로 당겨지는 힘(무게)을 어느 정도 제거하더라도 움직이기 어렵거나 이미 움직이고 있는 물체를 멈추게 하기 어렵다는 것을 뜻한다. 예를 들어, 물에 떠 있는 큰 배를 움직이게 하는 것은 매우 힘들지만 한 번 움직이기 시작하면 그것을 멈추게 하는 것 또한 매우 어렵다.

◀ 만약 대형 화물선의 조타수가 실수로 배를 잘못 움직이는 문제가 일어난다면 배는 물 위에서 무게가 없는 듯 떠 있지만 여전히 매우 무거운 질량을 지니고 있어 쉽게 움직이지 못한다. 아마 그 조타수가 할 수 있는 일은 가만히 앉아서 사고 영상이 유튜브에 올라가는 것을 기다리는 것밖에 없을 수도 있다.

안을 볼 수도 없고 들어 올릴 수도 없는 양동이가 있다고 상상해보자. 그 양동이가 비어 있는지 또는 모래로 채워져 있는지를 알 수 있을까? 물론 그렇다. 팔을 뻗어서 한쪽에서 반대쪽으로 흔들어보자. 빈 가벼운 양동이는 쉽게 움직일 것이고 아주 빠르게 앞뒤로 흔들 수 있을 것이다. 모래로 찬 양동이는 질량이 훨씬 크기 때문에 움직이는 데 더 힘들 것이다. 빈 양동이를 움직일 때와 같은 힘을 사용한다면 비교적 천천히 움직일 것이다. 이런 상황이 무중력에서도 작동하는 계량 장치의 원리로 쓰일 수 있다.

▲ 비어 있는 판은 빠르게 흔들린다.

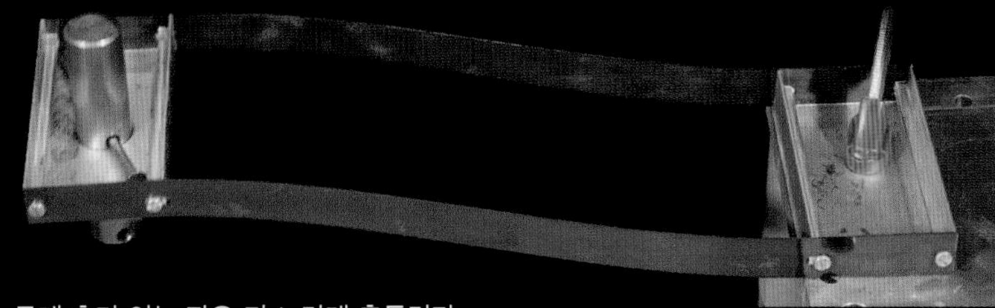

▲ 무게 추가 있는 판은 더 느리게 흔들린다.

이 '관성 저울(inertial balance)'은 중력의 존재 여부와 관계없이 동일하게 작동한다. 위의 예에서 보았듯이, 이 저울은 사람의 팔처럼 작동하는 일직선의 강철 스프링 밴드 2개를 지니고 있다. 물체를 올려 두지 않고 흔들면 초당 몇 차례의 속도로 빠르게 앞뒤로 움직인다. 하지만 물체를 올려 두고 흔들면 훨씬 천천히 흔들리는 것을 볼 수 있다. 물체가 더 무거울수록(질량이 더 클수록) 저울은 더 천천히 흔들린다. 1분당 회전수를 계산하면 그 판 위의 물체의 질량을 계산할 수 있다. 이 기기는 사물의 관성(움직이지 않으려는 의지)을 이용해 질량을 측정하기 때문에 '관성 저울'이라고 불린다.

우주정거장에서 지내는 우주 비행사들은 중력이 없는 곳에서 오래 지내기 때문에 자신들의 몸무게(또는 질량)를 지속적으로 관찰해 건강을 살펴야 한다. 그래서 이 우주정거장은 우주 비행사의 무게(또는 질량)를 측정하기 위한 관성 저울을 갖추고 있다. 옆 사진은 나사의 과학자 빌 맥아더가 국제 우주정거장에서 관성 저울을 사용하고 있는 모습이다. 우주 비행사는 저울을 사용하기 위해 손잡이를 쥐고 밀고 당기는 커다란 스프링에 최대한 저항하려고 힘을 준다. 센서가 스프링이 앞뒤로 진동하는 속도를 측정하고 그것으로 아주 정확한 무게를 계산해낸다. 잠깐, 제법 정확한 질량을 계산해낸다는 말이었다. 우주에는 무게가 아닌 질량만 있지만 지구에는 둘 다 있다.

▲ 지구상에서 실용적인 목적으로 쓰는 관성 저울은 없다. 자연스런 중력장을 사용하는 게 거의 모든 경우에 더 편리하다. 위 그림은 예외이다. 이 책의 다른 장과 흥미롭게 연결되어 있기 때문이다. 바로 시계를 기반으로 한 저울이다.

▲ 석영 크리스털 발진기는 매우 안정적인 주파수로 진동하기 때문에 한 때는 세계에서 가장 정확한 시계로 통했다. 크리스털 발진기의 공진 주파수를 변경하는 유일한 방법은 그 크기를 변경하거나 중량을 추가하는 것이다. 위에서 본 것처럼, 작은 무게가 더해지면 속도가 느려지게 된다. 얼마나 작은 무게가 차이를 만들어낼까? 석영 크리스털 발진기가 매우 정교하고 일정해서 1ng(나노그램)만 추가되더라도 그것을 감지할 수 있다. ng은 10억 분의 1g 또는 0.000000001g이다. 그런 성질을 이용해 표면에 증착되는 미세한 금속층 두께의 무게를 재거나 센서에 대고 부는 미세한 연기 입자들을 등을 측정하는 데 유용하게 쓰인다.

지구 무게 재기

지구에서 무게를 재는 법을 배웠지만 지구 자체의 무게는 어떻게 잴 수 있을까? 여기에서는 무게와 질량의 차이를 매우 신중하게 구분해야 한다.

지구의 무게는 얼마일까? 가장 간단한 대답은 지구의 무게가 없다는 것이다. 지구는 우주정거장에 떠 있는 우주 비행사처럼 무중력 상태에 있다. 그러나 이는 우리가 찾는 답이 아닌 게 분명하다. 우리는 지구의 질량이 무엇인지 물어야 한다. 아니 다르게 말하자면, 지구 위에 지구가 놓여 있다면 그 무게는 얼마일까?

▲ 지구를 복사해서 지구 위 저울에 올려놓는다면 저울이 지구의 무게를 잴 수 있겠지만, 이런 방법이 현실성이 있을까? 그렇지 않다. 더 나은 방법을 찾으려면 중력이 작용하는 방식에 대해 더 깊게 생각해야 한다.

지구 표면에서 우리가 무게라고 경험하는 것은 지구의 질량에 의해 생성된 중력끌림(gravitational attraction)에서 기인한다. 하지만 지구뿐만 아니라 모든 사물이 중력끌림을 생성한다. 달이나 화성이나 높은 산이나, 심지어는 간단한 쇳덩어리까지 모두가 각각 중력끌림을 가진다. 사물이 커질수록 그 사물이 만드는 중력이 커진다. 물론 우리는 보통 행성보다 작은 것들이 중력을 만들지 않는다고 생각하는데 그렇지 않다. 커다란 산조차도 믿을 수 없을 정도로 작은 중력을 생성한다.

▲ 지구 위의 쇳덩어리를 생각해보자. 우리는 보통 지구가 쇳덩어리를 당긴다고 생각하지만 실제로는 쇳덩어리 또한 자체의 중력으로 지구를 당기고 있다. 정확하게 말하자면 지구와 쇳덩어리는 각각의 질량에 비례하는 힘들을 곱한 만큼 서로를 당기고 있는 것이다.

만약 쇳덩어리를 저울에 놓으면 지구의 중력장으로 인해 쇳덩어리의 무게를 구할 수 있을 것이다. 하지만 그 반대 또한 적용된다. 우리가 지구에 있는 물체의 무게를 잴 때마다 문자 그대로 지구의 무게를 재고 있기도 하다. 우리는 지구 위에다 복사된 지구를 올려놓고 무게를 구할 수는 없지만 훨씬 작은 다른 물체 위에 놓여 있는 지구의 무게를 재는 것은 가능하다.

▲ 우리는 저울을 지구의 중력에 맞추어 조정해놓았기 때문에 어떤 사물이 지구로 당겨지는 힘(아래로 향하는 힘)을 무게로 변환할 수 있다. 만약 같은 사물과 저울을 달에 가져가서 무게를 잰다면 질량은 변하지 않았지만 달의 중력이 지구보다 약 6배 작기 때문에 무게 또한 그만큼 줄어든다. 즉 달에서 측정한 무게를 질량으로 변환하고자 한다면 저울을 달의 중력에 맞게 조정해야 한다.

달의 중력을 어떻게 측정할 수 있었을까? 바로 저울과 쇳덩어리를 달에 가져가서 무게를 측정하면 된다. 이미 이 쇳덩어리의 질량을 알고 있어 달에서 잰 무게를 기반으로 달의 무게를 질량으로 변환하는 데 필요한 교정계수(calibration factor)를 구할 수 있다.

▲ 달의 중력을 측정했으니 이제 지구의 복사본 대신 달을 대입해서 지구의 질량을 구하는 방법이 있다. 이전보다는 다소 실현가능해졌지만 이런 방법으로는 여전히 지구의 질량을 구할 수 없다.

▲ 하지만 쇳덩어리를 달에 놓는 게 아니라, 다른 쇳덩어리 위에 두고 그 쇳덩어리의 중력장이 무게에 얼마나 영향을 미치는지를 알아보자. 이를 통해서 쇳덩어리가 만드는 중력장의 세기를 계산할 수 있고 이어서 쇳덩어리의 무게 측정값을 질량으로 전환하는 데 필요한 계수를 구할 수 있다. 그런 다음에는 단순히 쇳덩어리 위에 지구를 올려놓고 무게를 측정하기만 하면 된다.

▲ 그렇다면 쇳덩어리 위에 지구를 두는 것은 지구에 쇳덩어리를 두는 것과 같지 않나? 이 그림을 거꾸로 돌리면 이전에 본 것과 정확히 같은 그림이 나타난다. 다시 말해서 앞에서 말한 것과 같이 지구 위의 쇳덩어리 무게는 쇳덩어리 위의 지구의 무게와 같다.

이제 하나 남은 어려운 부분은 2개의 쇳덩어리 사이의 인력을 측정하는 것이다(쇳덩어리 위에 저울이 있고 그 위에 또 쇳덩어리가 있는 사진). 2개의 쇳덩어리가 서로를 당기는 인력을 느낀 적이 있나? 그것은 거의 무한하게 작은 양이라서 나도 느껴본 적이 없는 것은 마찬가지다. 힘이 너무 작아서 측정하기에 무척 어려울 수 있지만 1798년 헨리 캐번디시(Henry Cavendish, 1731~1810)는 이것을 찾아냈고 오차는 고작 1% 정도밖에 되지 않았다.

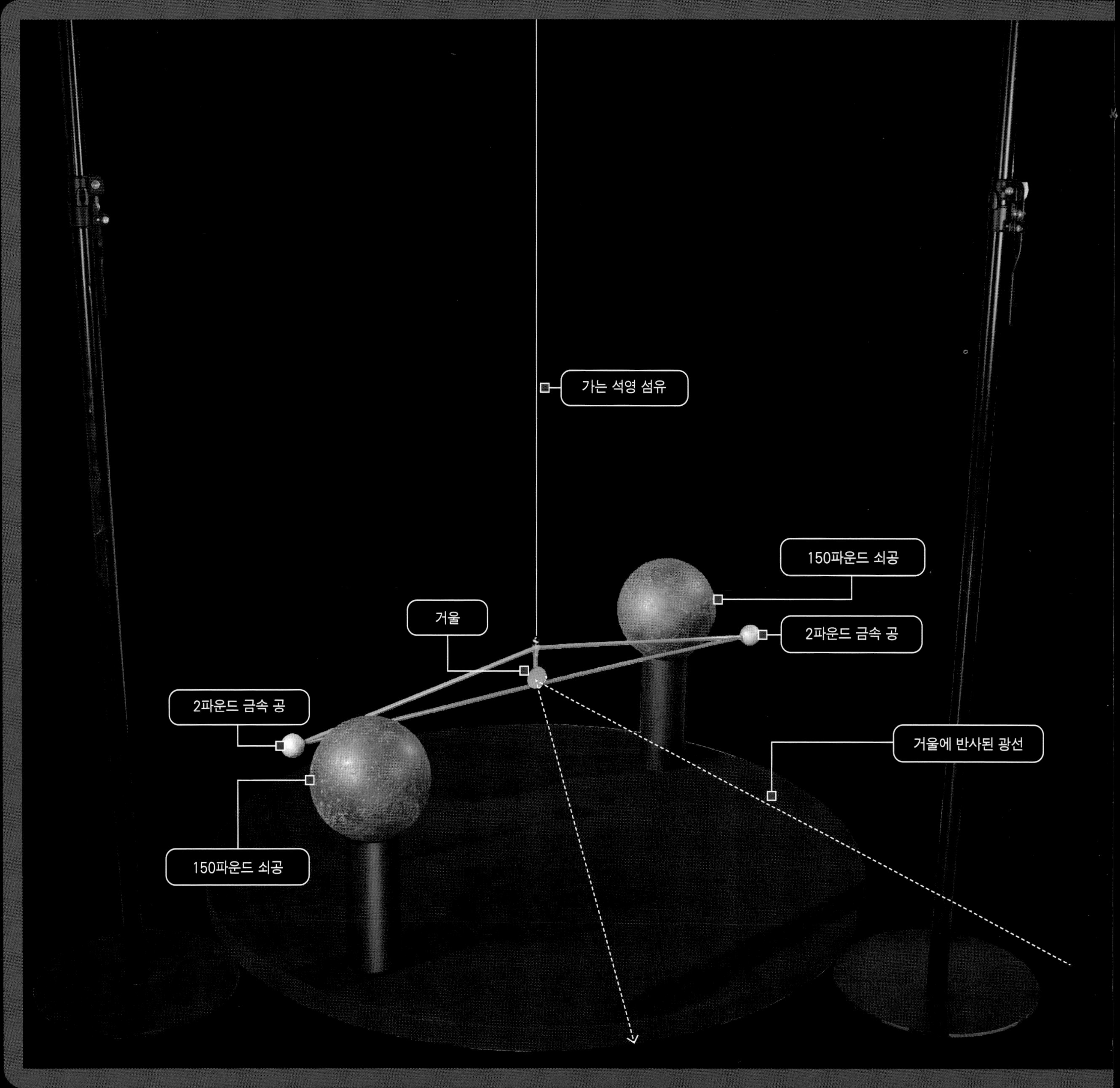
가는 석영 섬유
150파운드 쇠공
거울
2파운드 금속 공
2파운드 금속 공
거울에 반사된 광선
150파운드 쇠공

캐번디시 실험

1700년대의 위대한 과학자 중 한 명인 헨리 캐번디시는 성격이 너무 내성적이라 다른 사람들과 거의 대화를 하지 않았다고 한다. 그 오랜 혼자만의 시간을 이용해 지구의 무게를 제대로 측정해냈기에 그의 성격을 나무랄 필요는 없겠다. 그는 극도로 민감한 석영 섬유 비틀림 저울을 사용해 두 쌍의 무거운 공 사이의 중력을 직접 측정했다. 즉, 그는 작은 공의 무게를 지구의 중력을 기반으로 해서 측정한 게 아니라 큰 공의 중력에 맞추어 측정한 것이다. 두 공 사이의 중력을 측정한 뒤 큰 공의 무게를 지구의 중력과 연결해 지구의 총질량을 측정했다. 이는 측량의 세계에서 가장 주목할 만한 업적이라고 할 수 있다. 그가 계산해낸 지구의 질량은 오늘날의 것과 비교했을 때 1% 정도밖에 차이가 나지 않는다. 5,972,200,000,000,000,000,000kg(6,583,000,000,000,000,000,000톤).

이 실험의 모든 과정들은 감히 상상하지 못할 정도로 민감하고 심지어 가능한 선에서 가장 무거운 공을 이용해야 하기 때문에 수행하기가 더욱 어렵다. 이 사진에서는 튼튼한 나일론 낚싯줄을 사용해 작은 두 공을 잡아 두는 약간의 꼼수를 썼다. 캐번디시는 섬세하고 쉽게 끊어지는 석영 섬유를 사용해서 이 실험을 진행해야 했기 때문에 정확하게 공을 매달려고 노력하는 동안 엄청나게 많은 섬유들을 사용했을지 상상이 간다. 기록이 남아있지 않아 알 길이 없지만 실험도 최소한 스무 번 이상 실패했을 것이라고 여겨진다.

나는 이번 장을 이 놀라운 장치로 마무리하는 게 적합하다고 생각한다. 사람의 몸무게가 인력을 방해할 수 있기 때문에 밀폐된 방에 보관하고 망원경으로 멀리 떨어져야만 관찰할 수 있을 정도로 너무나 섬세한 저울이다. 캐번디시는 사람들에게서 격리되어 있어야 할 만큼 개념적으로 완벽하고 모양이 섬세한 기기를 만들어냈다. 마치 그 자신의 성격과 같지 않은가?

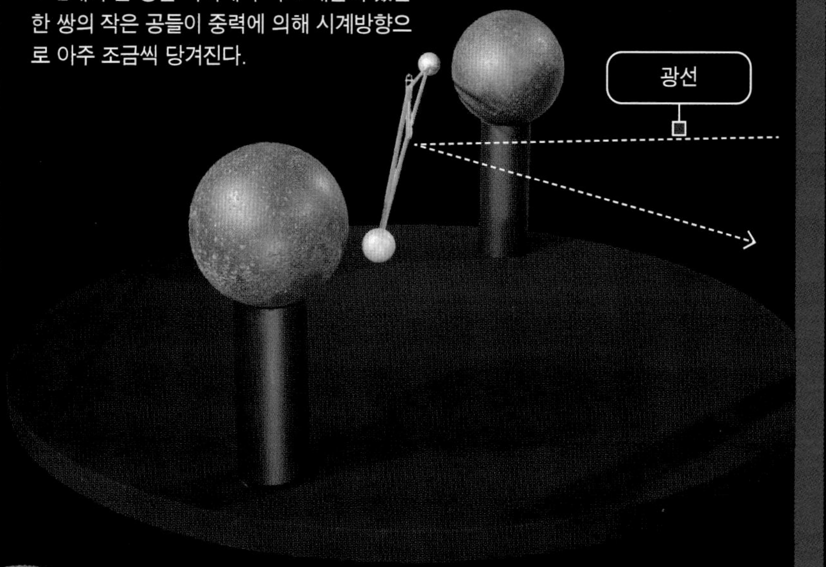

▼ 2개의 큰 공들 사이에서 서로 매달려 있는 한 쌍의 작은 공들이 중력에 의해 시계방향으로 아주 조금씩 당겨진다.

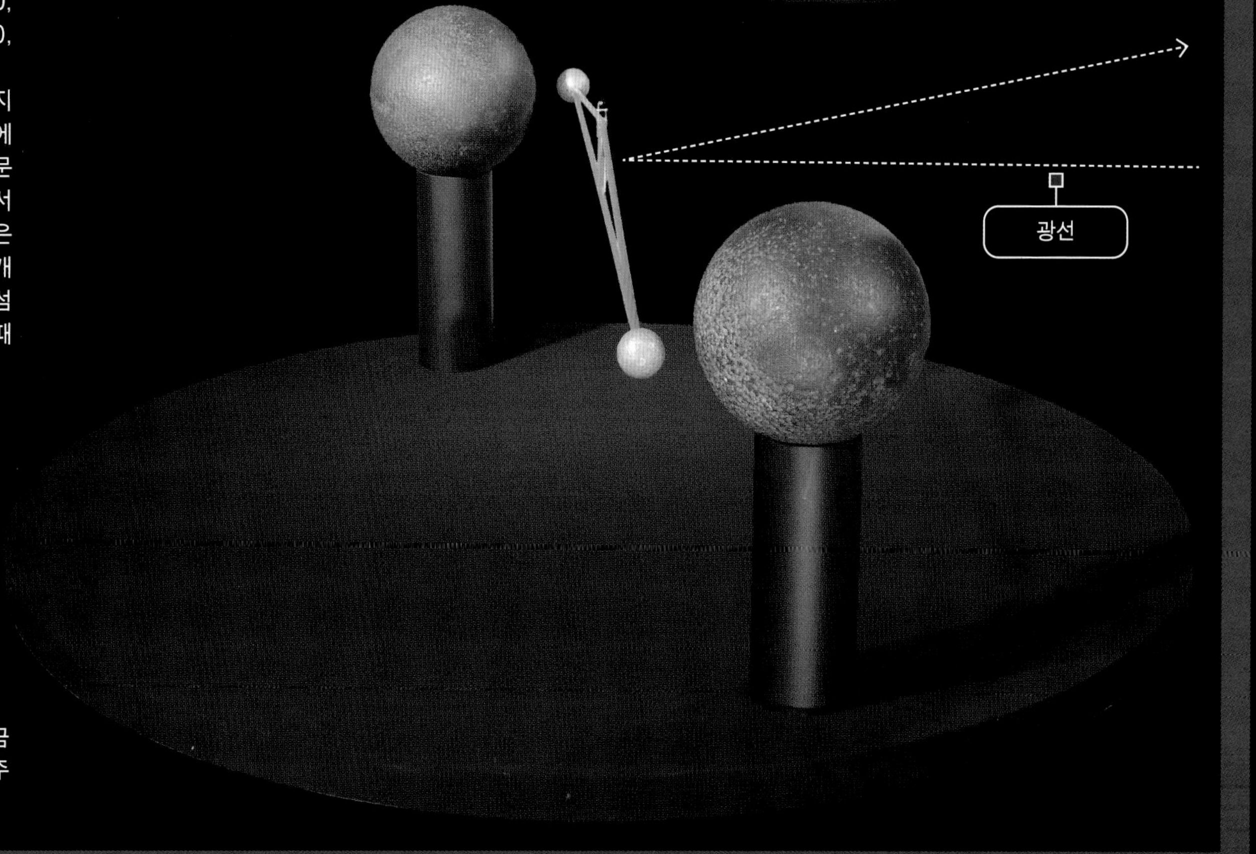

▶ 큰 공들을 반대쪽으로 돌리면 작은 공이 시계 반대 방향으로 당겨진다. 매달린 구조물의 중앙에 장착된 거울에서 반사된 광선이 벽에 새겨 둔 눈금을 따라 조금 움직이는 것을 볼 수 있다(이것을 통해 아주 작은 공의 움직임을 확대해서 볼 수 있다).

나를 슬프게 하는 베어링

내가 어렸을 때, 아마 10살이나 12살 즈음이었던 것 같다. 우리 가족은 지하 작업장에 놀랄 만한 볼 베어링 한 쌍을 가지고 있었다. 나는 베어링만 보면 뿌듯했었다. 여느 베어링처럼 무거우면서 자유롭게 회전을 했으니…. 반짝반짝 기름칠도 잘 되어 있던 것으로 기억한다. 내가 계속 만지작거리면서 기름 코팅이 사라지고 시간이 지나면서 녹이 슬기 시작했다. 나는 그런 변화를 알고도 아무런 조치도 하지 않았다. 이후 베어링이 들러붙기 시작했고, 나는 성인이 되어 집을 떠났다.

이 베어링 한 쌍을 한 번도 잊어본 적이 없다. 매일 생각하는 것은 아니지만 종종 기억이 날 때마다 베어링에 녹이 슨 게 슬펐으며, 내가 그렇게 만든 게 아닌가 해서 부끄러웠다.

어린 시절, 나는 많은 물건들을 분해했지만 다시 조립해서 작동하게 했던 경우는 거의 없었던 것 같다. 매번 주의를 기울여 문제를 해결하고자 했지만 결과는 좋지 않았다. 물론 제대로 개선하거나 조립한 것들도 있었지만 그것들은 기억에 크게 남지 않는다. 내가 기억하는 것의 대부분은 실패하고, 그러면서 내가 이 훌륭한 일에 어울리지 않는 사람이라고 느꼈던 패배감이다.

나중에, 수년의 시도를 되풀이하면서 내가 작업한 것들이 기존의 제품보다 더 나아지기 시작했다. 나는 무능한 실패자가 아니라 그저 한 명의 소년이었을 뿐이다. 우리는 실패를 통해 배운다. 실패는 우리를 실패자로 만드는 게 아니라 경험자로 만든다. 실패는 바로 당신이 어떻게 지금의 당신이 되었는가를 고스란히 보여준다.

아버지가 집에서 계시기에는 너무 나이가 드셨을 때, 나는 지하실에 베어링이 있던 그 집으로 다시 돌아갔다. 내가 자란 옛집을 보니 행복해 하면서도 아직도 내가 두었던 그 자리에 베어링이 있다는 것에 조금 놀랐다. 물론 훨씬 더 녹이 슬었다. 하나는 간신히 회전했고 다른 하나는 전혀 회전하지 않았다. 그 후로도 몇 년간 그 자리에 두었지만 이 책을 쓰면서 나는 이전의 내가 아니라는 사실을 기억했다. 이제 나는 녹을 제거할 수 있는 물건을 어디에서 구입할 수 있는지를 아는 나이가 아닌가?

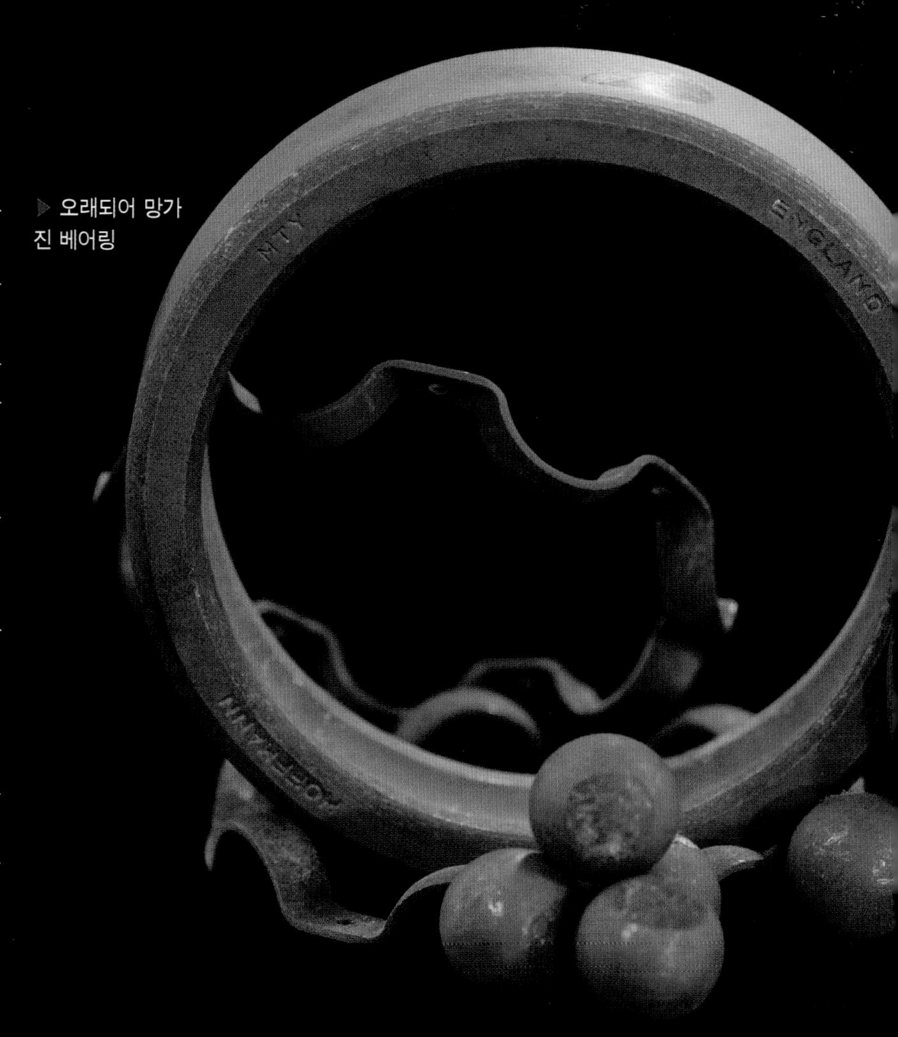

▶ 오래되어 망가진 베어링

베어링의 잠겨 있는 부분이 너무나 단단하게 굳어있어 완전히 분해한 뒤 모든 부품을 녹 제거제에 완전히 담가 두었다. 이전의 프로젝트에서 그런 방법으로 성공적으로 녹을 제거해보았기 때문에 역시 그때처럼 밤새 넣어둔 뒤 다음날 아침에 리벳 대신에 1번 기계 나사를 사용해 베어링을 다시 조립하고자 했다.

아침에 내려와 보니 용액에 부글부글 거품이 나는 게 아닌가? 안 돼! 제발…. 나 자신에 대한 혐오와 함께 상실감과 공포감이 생생하게 스쳐 지나갔다. 베어링에는 맞지 않은 녹 제거제를 사용했던 것이다. 금속을 다시 빛나게 하는 제거제가 아니라 판화용으로 금속 표면을 부식시키는 제품을 쓰다니…. 왜 이렇게 멍청한 것일까! 이 베어링은 인생의 절반을 내가 다시 집으로 돌아오길 기다렸는데! 내가 돌아와서 합당한 사랑을 다시 베풀며 필요한 기름칠을 해주어 아름다운 소리를 내며 다시 회전할 그날을 기다렸을 텐데! 그런 베어링을 내가 죽이고 만 것이다.

고쳐보자!

나는 지금은 작동하지 않는 내 아버지의 냉장고와 제빙기를 물려받았다. 그냥 몇 년간은 이것들을 가지고만 있었다. 이제 "더 이상 이대로 둘 순 없어. 유튜브 비디오를 보고 고쳐봐야겠어!"라고 마음먹은 시점이 왔다. 75달러와 2개의 회로판을 사용해서 고쳐보니 다시 작동하는 게 아닌가! 성공적으로 기기를 수리하는 것보다 나 자신을 더 인정하는 방법은 없다.

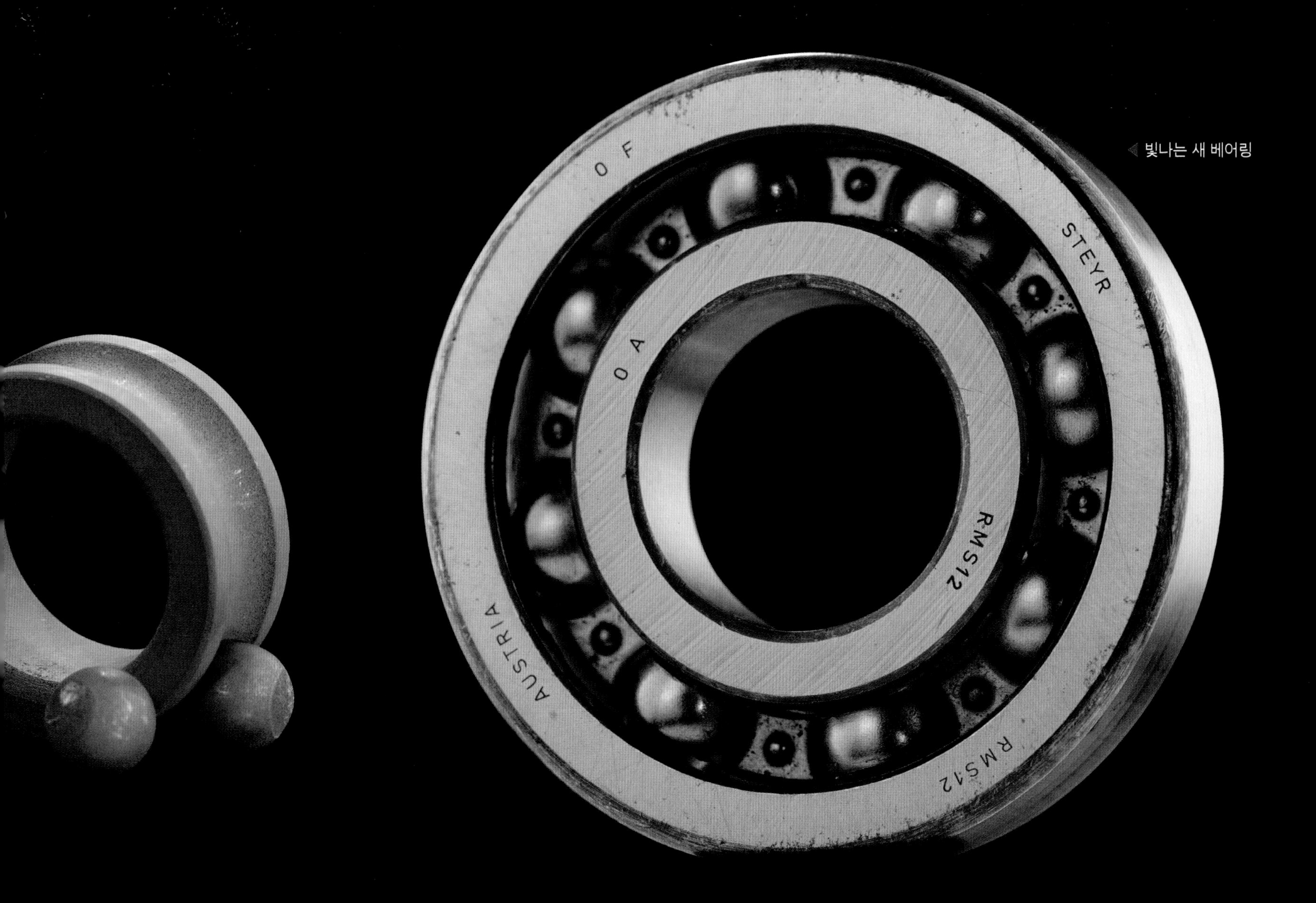

◁ 빛나는 새 베어링

어떻게 베어링을 원래대로 바꿔놓을 수 있을까? 물론 새 베어링을 구입해도 되겠지만 그것은 동일한 베어링이 아니다. 나는 의자에다 흩어진 부품들을 올려놓고 생각해보았지만 아무것도 할 수 없었다. 지금은 내 가족들의 유골을 보관하는 기억의 선반에다 옮겨 놓았다.

2주 후, 크레글리스트(Craiglist)에서 톨레도 저울을 구매하던 중, 내 자신이 오랜 세월 알고 있던 놀라운 공작 기계 부품들에 둘러싸여 있음을 알아챘다. 팔 길이의 드릴 날, 다리 길이의 곧은 날의 리머(reamer, 구멍을 정밀하게 다듬는 공구-옮긴이), 멋진 선반 척(lathe chuck, 선반 작업을 할 때 가공할 물건이 움직이지 않도록 고정하는 장치-옮긴이) 등으로 매장은 혼잡했다. 나는 흥에 겨운 러시아인 주인을 만나 유대를 나누었고 그에게 큰 기대를 걸며 혹시 그의 훌륭한 컬렉션 중 커다란 베어링이 있는지 물었다. 이런 곳에서는 '커다란' 물건을 찾으면 보통 생각하는 것보다 훨씬 더 큰 게 나오는 데, 이번 역시 마찬가지였다. 그가 판매하고 있던 가장 작은 베어링은 내 머리보다 더 크고 매우 비쌌다. 사고 싶었지만 너무 비쌌다. 더구나 내가 원하는 것과 같은 게 아니었기 때문에 사지 않았다.

그러다가 나는 그것을 발견했다. 바닥에 널려있던 상자에 이런저런 잡동사니들 사이에 나를 필요로 하는 그 베어링이 있었다. 내가 두 번이나 망가뜨린 그것보다 조금 더 크고 조금 더 빛이 났다. 하지만 이것 역시 방치되어 있었다. 러시아인 주인은 그냥 가져가라고 했다. 아마 내가 필요하다고 하니까 단순히 금전 거래 이상의 의미를 지닌 베어링으로 알았던 것 같다. 그렇게 해서 베어링을 얻게 되었다. 이번에는 절대 녹이 슬도록 놔두지 않을 것이다.

내 어린 시절 그 베어링을 망가뜨린 것은 은혜로만 용서받을 수 있는 죄였다. 운명이 나를 러시아인 주인에게 이끌었고 그의 은혜로 나는 돌보아야 할 새로운 베어링을 얻었다. 집으로 가져오는 내내 행복했다. 마치 구원을 받은 것처럼….

옷감 만들기의 알파(A)에서 오메가(Ω)

천을 만드는 실과 도구는 인간의 그 어떤 발명품만큼이나 오래되었다. 세계의 모든 문화와 모든 대륙, 모든 사람들이 너무나 오랫동안 나름의 방적 기술과 섬유 직물을 사용해왔다. 그래서 이런 아이디어들이 어디에서 기원하는지는 그저 추측만 하고 있을 뿐이다. 우리의 언어 또한 은유와 비유의 실로 촘촘하게 짜인 결과물이라 할 수 있다. 언어를 실의 은유라고 불러도 되지 않을까? 긴 이야기의 실타래를 풀어나가는 이야기꾼에서부터 촘촘하게 짜이는 이야기들을 공유하며 은유로 다시 꿰다보면 하나하나가 우리의 말과 삶의 방식을 형성하는 날실과 씨실이 된다. 우리는 짜인 옷을 입으며 직물을 덮고 잠에 들며, 깔개를 엮고 매듭과 굽을 달아 신고 걷는다. 때로는 우리의 존재 자체가 실낱같을 때도 있다.

영어 단어 'text(글)'는 천을 의미하는 'textile(섬유)'과 어근이 같다. 캐나다 시인 로버트 브링허스트(Robrt Bringhurst)는 《고대의 은유(An ancient metaphor)》란 저서에서 "생각은 실이며 이야기꾼은 방적기로 (이야기의) 실타래를 돌리는 사람이지만 진정한 이야기꾼, 시인은 이야기를 짜는 사람(weaver)"이라고 말했다. 필경사들이 아주 오래전부터 말로 전해오던 이 추상적 개념들을 새롭고 눈에 보이는 사실로 만들었다. 오랜 작업 끝에 나오는 그들의 작품이 균일하고 유연한 질감(texture)의 재질 위에 적혀졌기 때문에, 이후 이런 글로 표현된 페이지를 옷을 뜻하는 단어를 사용해 'textus(본문)'라고 부르게 되었다.

ELDREDGE
TWO SPOOL

보잘것없이 보일지 모르겠지만 목표는 이렇다. 이 장에서 우리는 냄비집게 헝겊을 만들 것이다. 원리에 충실해가며 처음부터 시작하고자 한다.

무엇인가를 만들려고 할 때는 항상 무엇부터 해야 하는지 묻게 된다. 사람들이 홀치기염색으로 티셔츠를 만들었다고 말하면 대개 이미 존재하는 티셔츠를 채색했다는 것을 뜻한다. 솔직히 말하면, 어려운 작업은 티셔츠를 만드는 것이지 그저 티셔츠에 부분부분 염색물을 들이지 않게 하는 것은 아니다(염색물 또한 자신이 만든 게 아닐 것이다). 이렇게 티셔츠를 재미 삼아 '만든다'고 해서 문제될 것은 없지만 나는 조금 더 깊이 들어가고 싶었다. 처음부터 거의 아무것도 없이 그냥 약간의 면화 씨앗만 가지고 말이다.

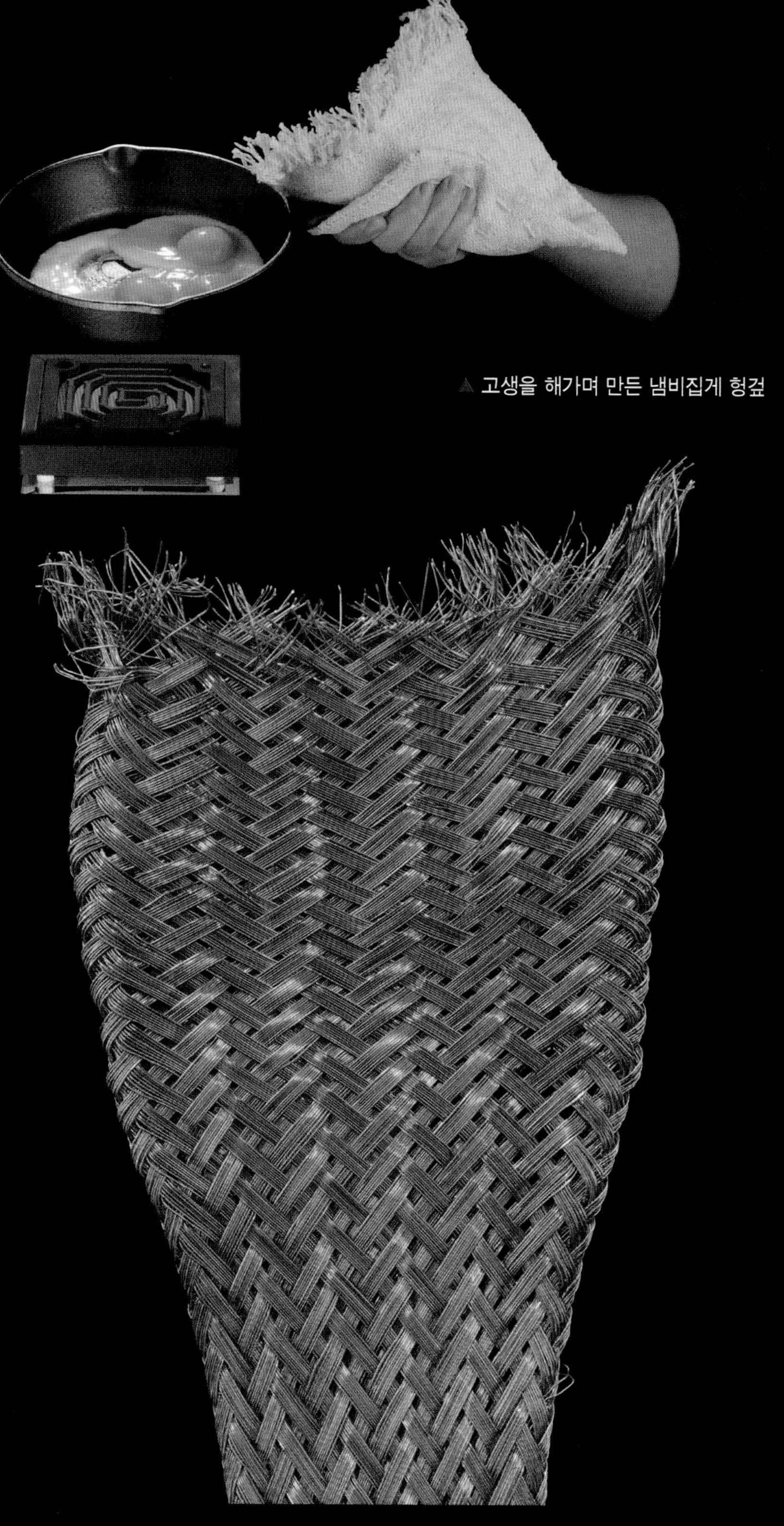

▲ 고생을 해가며 만든 냄비집게 헝겊

▲ 금속으로도 옷을 짤 수는 있다. 그런데 정말 철사로 만든 셔츠를 입고 싶은 사람이 있을까? 한 때 그것을 원하는 사람들이 있었지만, 빛나는 갑옷을 입은 기사가 선망의 대상이었던 시절이 지나자 그런 사람들은 거의 모두 사라졌다. 그러니 금속은 대량으로 일상의 옷을 만드는 데 적절한 섬유는 아닌 것 같다.

섬유

직물산업에서 가장 중요한 것은 섬유이다. 동물의 털, 식물의 줄기, 곤충, 누에고치, 암석, 또는 공장의 합성 물질, 그리고 길고 가늘며 유연한 모든 것들은 누군가가 엮어보려고 시도했을 것이다. 암석도? 계속 읽어보자.

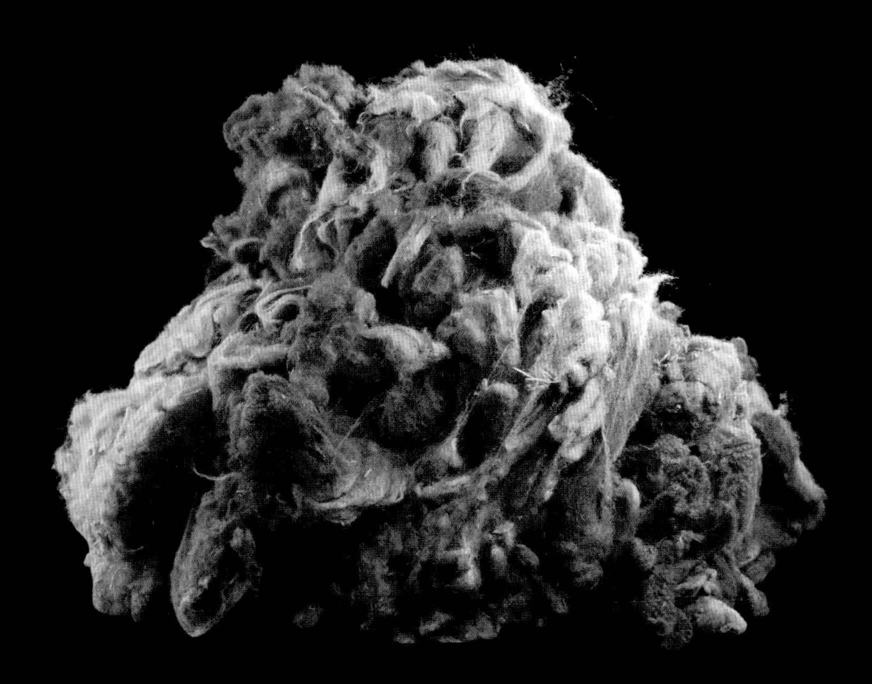

▲ 양에서 나오는 양모는 아마 8천 년 넘게 옷을 만드는 데 사용된 섬유일 것이다. 따뜻하고 쉽게 실로 만들 수 있고 내구성이 뛰어나 이만한 섬유도 없다. 양이 많고 사람이 적던 시절에는 끝없이 재생산이 가능한 섬유의 원천이었다. 그러나 인간이 양의 숫자보다 더 빠르게 증가하면서 양털이 점점 부족해지고 결국 값이 오르게 되었다. 다른 비슷한 동물의 털(앙고라토끼, 알파카 등) 또한 섬유로 사용할 수 있지만, 그 종류와 상관없이 동물 섬유의 공급은 제한될 수밖에 없다. 따라서 값을 지불할 수 있는 사람들에게만 돌아가게 된다.

▼ 곤충(누에 또는 아주 드문 경우로 거미)에서 얻는 섬유는 아주 부드러워 정말 고급 섬유로 친다. 하지만 양모보다도 공급량이 적고 세탁하기가 어렵다. 내 개인 생각으로는 약간 축축하기까지 하다. 곤충 섬유 또한 대량으로 옷을 만들기 위한 현실적인 대안이 되지 못한다.

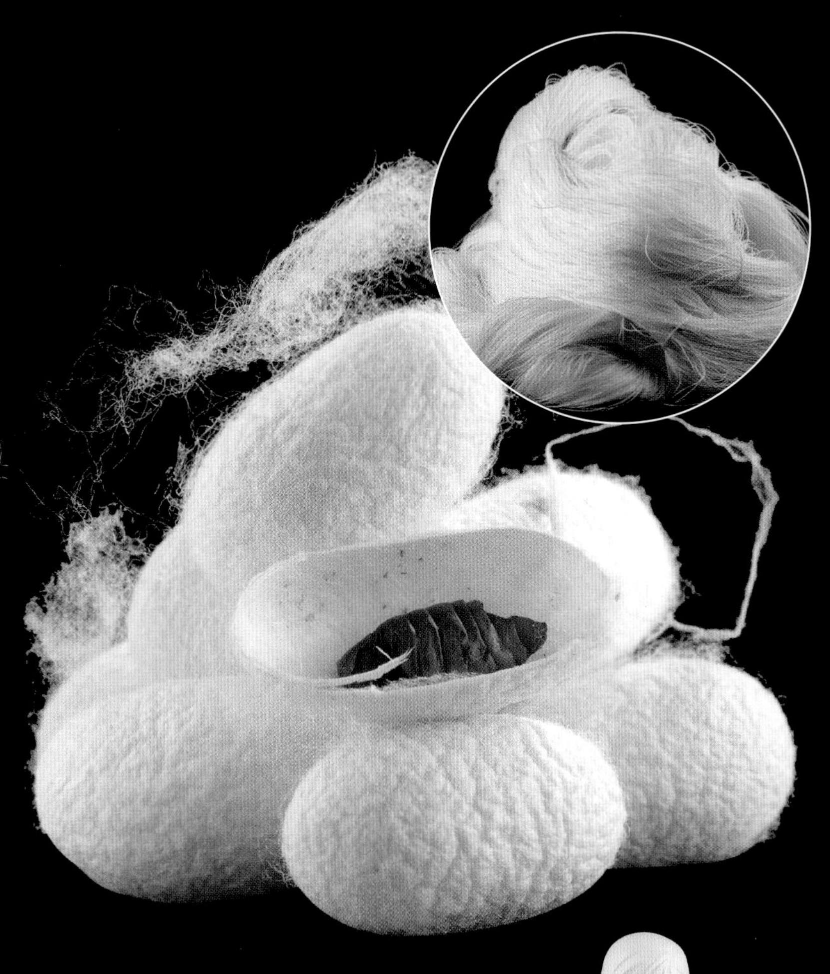

◀ 이것은 악명 높은 섬유질인 석면이라는 암석으로 만들어진 내열성 용광로 장갑이다. 철사 장갑보다 편안하지만 내구성이 뛰어나지 않고 섬유가 분해될 때 공기 중에 떠다니면서 폐로 들어가 폐암을 유발할 가능성이 상당히 높다. 우리는 더 이상 이런 종류의 섬유를 사용하지 않는다. 철사와 마찬가지로 석면 또한 옷을 만드는 데 좋은 섬유가 아니다.

▶ 이제 어딘가에 도착하는 것 같다. 석유에서 추출한 화학물질로 공장에서 만든 이 합성 담요는 문자 그대로 비단처럼 부드럽고 돌 만큼 저렴하다. 인공 섬유는 옷을 만들기에 가장 저렴한 실을 제공한다. 매년 전 세계적으로 엄청난 양의 합성섬유 의류가 제조되고 판매된다. 이 담요에 사용된 폴리에스터/폴리아미드 혼합 초극세사는 실제로 가격 대비 매우 훌륭한 제품이다. 하지만 여전히 합성섬유는 다양한 종류의 옷을 만들기에는 적합하지 않은 것으로 여겨진다.

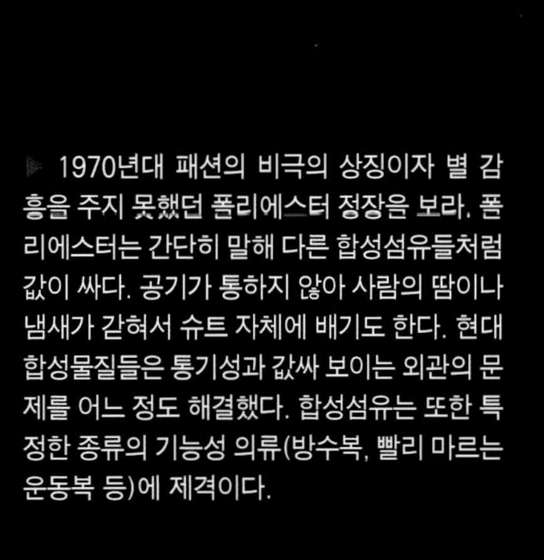

▶ 1970년대 패션의 비극의 상징이자 별 감흥을 주지 못했던 폴리에스터 정장을 보라. 폴리에스터는 간단히 말해 다른 합성섬유들처럼 값이 싸다. 공기가 통하지 않아 사람의 땀이나 냄새가 갇혀서 슈트 자체에 배기도 한다. 현대 합성물질들은 통기성과 값싸 보이는 외관의 문제를 어느 정도 해결했다. 합성섬유는 또한 특정한 종류의 기능성 의류(방수복, 빨리 마르는 운동복 등)에 제격이다.

◀ 하지만 질 좋은 섬유(면을 뜻한다)에 비해 일상적으로 착용해 피부에 닿는 의류로는 적합하지 않다.

면의 재배

면은 섬유의 왕이다. 생산이 쉽고 경쟁도 필요 없다. 면이야말로 옷에 딱 맞는 섬유이다. 부드럽고 따뜻하며 통기성이 좋다. 편안하며 가려움증을 유발하지 않으며 내구성 또한 강하고 질기다. 현대식 농업 및 산업의 발달로 생산비가 놀랄 만큼 저렴해졌고 누구나 쉽게 다룰 수 있다. 세상의 그 어떤 섬유보다 옷을 만드는 데는 단연 면이다. 그래서 이 장에서는 면에 대해 이야기를 나누겠다.

면제품을 만들기 위해서 필요한 첫 번째 단계는 면을 기르는 것이다. 면은 목화에서 나오고, 목화는 목화씨에서 나오며, 목화씨는 목화 꽃에서 얻는다. 우리는 아주 오랜 세월 이런 식으로 면을 생산해왔다. 목화를 키우려면 어딘가에 공간을 확보해야 한다. 가장 기본적인 면의 형태가 씨앗임은 더 말할 필요가 없다. 따라서 씨앗 판매점에서 목화씨 한 봉지를 사는 것으로 이 여정을 시작했다.

▲ 목화에서 면섬유를 분리시키는 조면기(繰綿機, 200페이지를 참조)에서 꺼낸 목화씨는 솜털이 보송보송하다. 하지만 상업적 규모로 심어진 씨앗들은 산업용 파종기를 순조롭게 통과시키기 위해 솜털을 제거하고 살충제와 흑연 가루로 코팅한다.

나는 지금 살고 있는 일리노이 중부 집의 40분의 1에이커(약 100m²) 정도 되는 땅에 목화를 심었다(목화 농사를 망칠 경우를 대비해 몇 개는 화분에 심었다). 비록 농부는 아니지만 여러 번 식물을 기르는 데 실패한 경험이 있어 이번에는 모든 것을 규칙에 따라 실행하기로 했다.

식물을 심는 것은 간단하다. 목화씨를 6인치(15cm)마다 1인치(2.5cm) 깊이로 심고 각 줄 간의 거리는 24인치(60cm)로 둔다. 내가 도우미들과 함께 목화씨 2,000개를 심는 데 2시간이 걸렸다. 듣기에 거슬리지는 않는가? 하지만 그저 40분의 1에이커에 목화를 심는 데 걸린 시간이었다. 1에이커 전체에 심었다면 하루 8시간씩 10일이 걸렸을 것이다. 매년 700만 에이커에서 목화가 재배된다. 우리 같은 한심한 인력이 그 많은 양의 목화를 심으려 한다면? 약 4천만 명이 한 달 동안 만사를 제쳐놓고 목화만 심어야 할 것이다. 우리가 꿈도 꾸기 어려운 일임에는 두말할 필요가 없다.

산업용 파종기

현대 산업에 사용되는 커다란 파종기(이것은 겨울에 보관하기 위해 포개놓은 것으로 보인다)로는 한 사람이 하루에 수천 에이커에 이르는 밭에 목화씨를 심을 수 있다. 이 기계는 한 번에 12줄을 심고 사람보다 2만 배 더 빠르게 작동한다. 설비가 다소 부실한 농장에서 사용되는 작은 2열 기계식 파종기도 수작업보다 100배 이상 빠르다.

▲ 기계의 각 줄에는 자체적으로 조종되는 '단위 파종기'가 공통 구동축에 연결되어 있다(이 멋진 버전의 기계는 씨앗을 안정적으로 담아 진공호스를 이용해 파종한다).

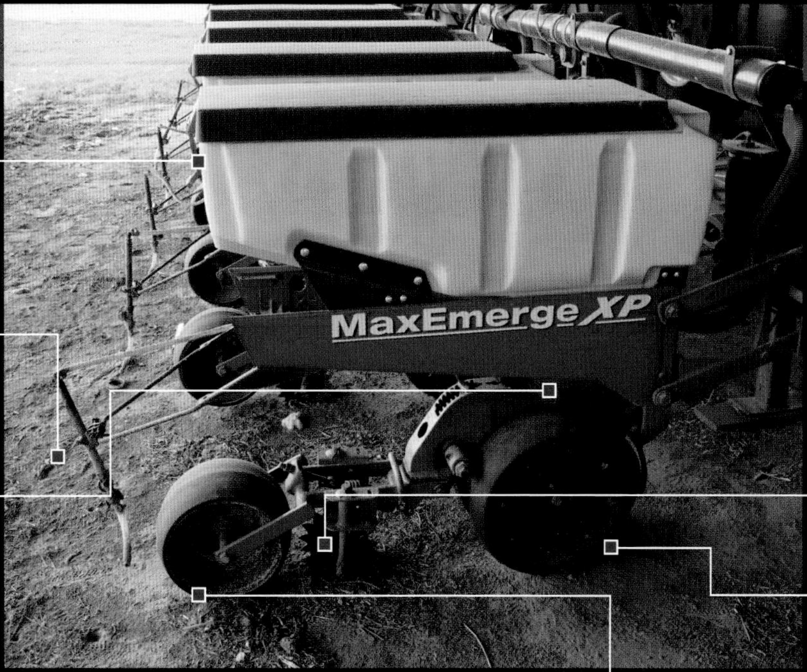

목화 씨앗이 호퍼(hopper)에 채워진다.

스프레이 노즐이 약간의 비료를 공급해서 씨앗이 잘 발아하고 자랄 수 있도록 돕는다.

씨앗 호퍼 아래에는 파종기에서 씨앗을 선택하는 메커니즘을 담당하는 부분이 있다.

각이 진 톱니바퀴는 토양을 뒤로 밀고 난 후에 씨를 놓고 밭고랑을 닫는다.

이 두 바퀴 사이에 숨겨진 한 쌍의 디스크는 씨앗이 들어갈 수 있는 얕은 홈(고랑)을 파낸다.

마지막 바퀴는 씨앗 위에 토양을 부드럽게 눌러준다.

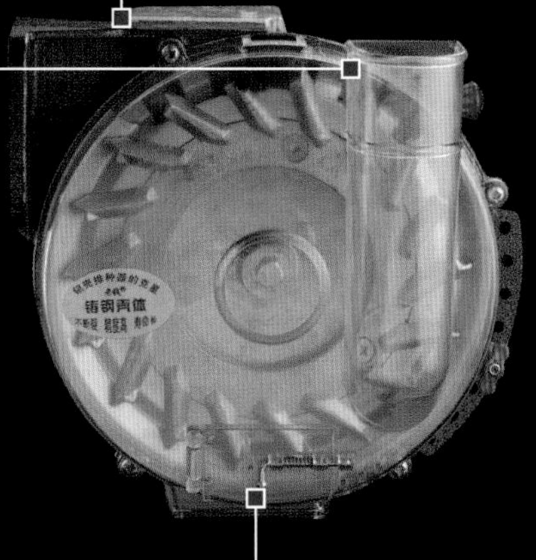

호퍼에서 나오는 씨앗이 여기에 들어간다.

이 톱니(sprocket) 기어는 파종기를 작동시키는 구동축에 연결되어 있다. 구동축을 돌리면 기계 내부의 씨앗 디스크가 회전한다.

▶ 파종기의 핵심 부분이다. 호퍼에서 나온 씨앗이 여기에 표시된 디스크 측면으로 흘러내려가며 시계 반대 방향으로 회전한다. 작은 씨앗 컵이 달린 디스크의 비스듬한 톱니가 각각 하나의 씨앗을 집어 든다. 맨 위의 작은 브러시가 한 번에 씨앗을 하나씩 움직여 디스크에서 기계 바닥으로 떨어뜨리기 때문에 흙으로 떨어진다.

이곳 튜브를 통해 씨앗이 구멍을 지나 땅으로 떨어진다.

이 레버는 수동 변속기 자동차의 기어 시프터(shifter)와 비슷하다. 구동기어에 물려있는 디스크의 속도를 변경한다. 이를 통해 씨앗을 심는 간격을 변경하거나 여러 구동축의 속도에 대응해나간다. 동일한 메커니즘을 사용해 각기 씨앗 간 간격이 다른 여러 종류의 씨앗을 심을 수 있다.

◀ 파종기의 내부를 촬영하기 위해서는 파종기를 내 스튜디오 안으로 가져와야 했다. 숙련된 농부라면 이것이 파종기와 비슷하지만 완전히 동일한 메커니즘은 아니라는 것을 알아차릴 수 있다. 또 숙련된 농부라면 사람들이 왜 존 디어(John Deere)의 부품을 구매하고 싶지 않아 하는지 알게 될 것이다(나는 예쁜 초록색 버전의 이 물건을 중국 시골의 농업 물품 판매점에서 (존 디어 제품) 가격의 6분의 1에 구매했다).

목화 키우기

씨앗을 심은 후에는 식물이 자라는 5~6개월의 성장기 동안 노심초사하며 때때로 물이나 화학비료를 주어야 한다.

매시간 농업 관련 방송을 수시로 내보내는 지역 라디오 방송국을 들으면서 농부들이 언제나 날씨에 만족하지 못한다고 생각하곤 했는데 이제야 그 이유를 알게 되었다. 그 여름의 나는 소규모로 농사를 짓는 농부였기 때문에 매일 매일의 날씨가 만족스럽지 않았다. 항상 너무 춥거나 너무 건조하거나 또는 너무 습했다. 날씨가 완벽한 날에는 들쭉날쭉한 예보를 들으면서 미래의 날씨를 불평했다. 농부들이 실제로 다른 나라들의 날씨에도 불평을 늘어놓는 것을 본 적이 있다! 예를 들어, 만약 브라질의 날씨가 좋으면 작황이 좋을 것이고 국제 시장에서 곡물 가격이 내려가 본인들의 이익이 줄어들 것이라고 불평하는 식이다.

▲ 신난다! 내가 화분에 목화를 심은 지 1주일 후에 씨앗이 나왔다.

목화는 전 세계 수많은 곳에서 재배되며 재배의 모든 단계가 매우 자세하게 알려져 있다. 또 지역별로 목화를 기르는 데 최적의 방법이 개발되어 쓰이고 있다. 다시 정리해서 말하자면, 목화는 생산을 극대화하게끔 재배되고 있고 계절마다 성장을 미세하게 조정하기 위해 화학물질이 투여되고 있다. 식물의 키가 더 자라는 것을 막는 대신 더 많은 목화 꼬투리가 더 크게 자라게 하기 위해 특정 단계에서는 식물 호르몬을 뿌려준다. 성장기 말에는 첫 번째 서리 전에 모든 꼬투리가 성장을 멈추고 열리게 하기 위해 또 다른 화학물질을 뿌린다. 잎이 미리 떨어지게 해서 기계로 수확하는 것을 더 효율적으로 유도하는 화학물질도 사용된다.

나는 헌신적인 농부로서 이 모든 과정들을 따르려 노력했고 그 노력은 성과를 맺었다.

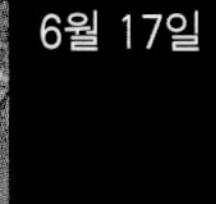

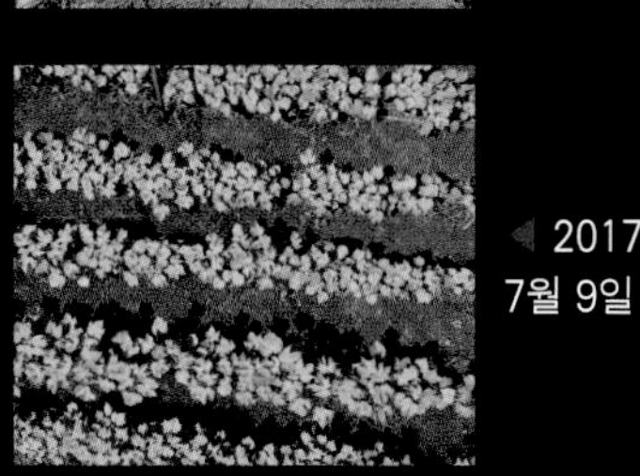

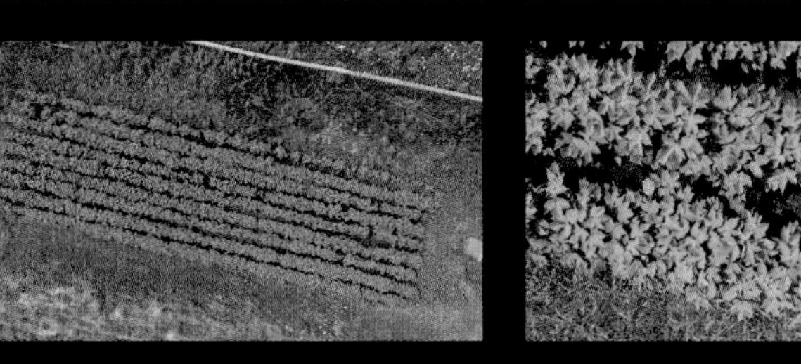

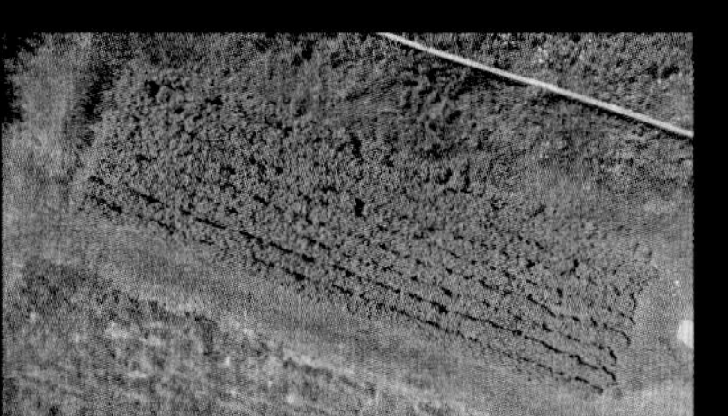

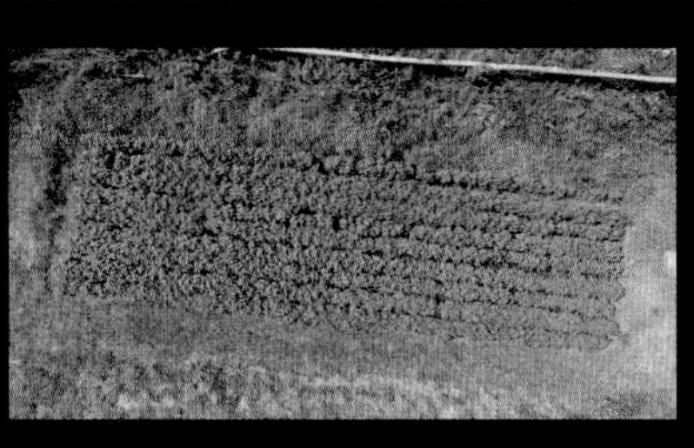

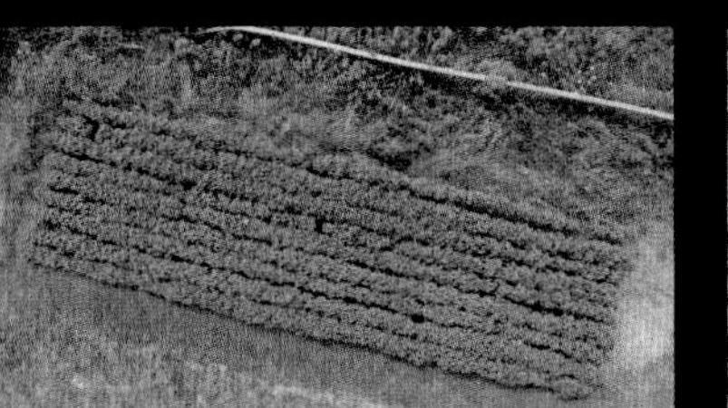

◀ 2017년 5월 27일

◀ 2017년 6월 17일

◀ 2017년 6월 27일

◀ 2017년 7월 9일

◀ 2017년 7월 25일

◀ 2017년 8월 12일

◀ 2017년 8월 24일

◀ 2017년 8월 31일

목화는 다 자라는 데 약 160~170일이 걸린다. 나는 미국에서 목화 재배가 가능한 최북단에 살고 있었다. 목화밭은 따뜻한 남쪽에서 가장 잘 자라기 때문에 목화하면 그쪽 지방을 생각하는 사람들이 많다. 운이 좋게, 일리노이 중부 지역도 날씨가 상당히 좋은 편이라서(아직도 날씨는 약간 불만이다) 제 때를 맞춘 몇몇 화학 처리를 통해 내 목화가 첫 서리 전에 수확할 수 있을 정도로 잘 자랐다.

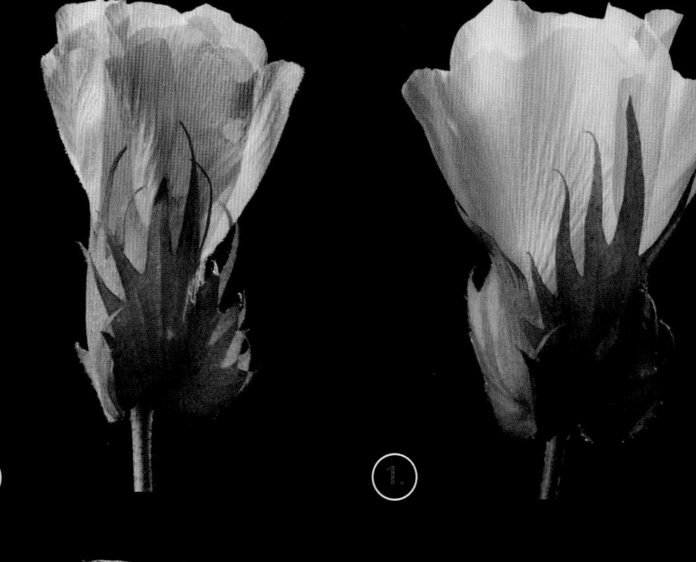

1. 식물이 몇 달 동안 자란 후에는 이 우아한 핑크 색과 하얀색 꽃이 피기 시작한다. 목화 재배 성공의 첫 사인이다.

2. 잠시 후 꽃이 마르고 떨어지면서 목화 꼬투리라고 불리는 작은 구근이 남는다.

3. 투리가 자라기 시작해 골프공 크기(직경 3~4cm 정도)에 도달한다.

4. 장기의 중간 즈음에 꼬투리들은 일종의 젤리로 가득 차게 된다. 이 젤리들이 이내 천천히 씨앗과 섬유질로 변한다.

▲ 내 작은 밭에서 대규모의 면화가 재배되었다. 전 세계적으로 매년 10만 제곱마일(26만 km^2)의 목화가 심어지고, 이 중 대부분은 중국과 인도에서 재배되며 미국은 총 생산량 기준으로 3위를 차지한다. 이 재배 면적은 프랑스의 영토의 절반에 해당한다! 중국 베이징에서 남쪽으로 2시간 거리에 위치한 난탕투안첸(南塘疃村) 마을 밖의 이 밭은 마을의 여러 가족들이 조그만 구역으로 나뉘어 농사를 짓는다.

▲ 목화 식물은 옥수수나 밀, 대두 같은 연한 줄기를 가진 한해살이 식물이 아니다. 목화를 몇 년 동안 자라도록 두면 딱딱한 나무줄기 투성이의 커다란 수풀로 변한다. 물론 이 6개월 된 목화에서도 그러한 나무줄기가 자라기 시작하는 것을 볼 수 있다. 그러나 매년 새로 목화를 심을 경우 수확량이 더 많기 때문에 겨울이 추운 지역에서도 목화를 어느 정도 수확하면 모두 제거한 뒤 다시 재배한다.

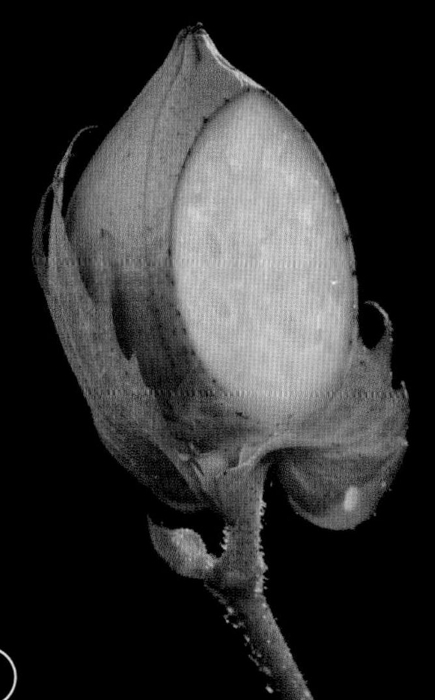

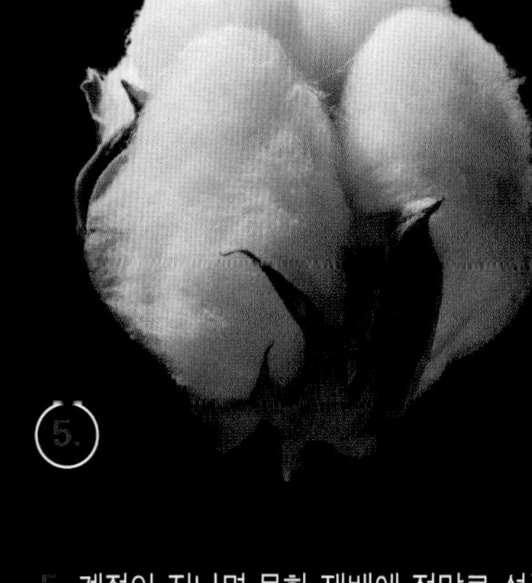

5. 계절이 지나면 목화 재배에 정말로 성공하는 영광스러운 순간이 다가온다! 아직 식물에 매달려있는 꼬투리가 마르면서 열리면 젤리가 아름답고 푹신하고 부드러운 면섬유로 변한 것을 볼 수 있다. 아직 끝난 것은 아니다. 이 사랑스럽고 부드러운 꼬투리들을 사용해 헝겊을 만들려면 여전히 많은 과정이 남아있다.

수확

목화의 수확은 기계가 우리를 농장의 중노동에서 해방시킨 명확한 사례로 꼽을 만하다. 그러나 나의 경우 수확 면적이 고작 40분의 1에이커에 불과해서 직접 손으로 수확하는 게 유일한 대안이었다. 나의 등은 몇 주 동안 자신을 혹사한 나에게 화를 내며 고통을 안겼다.

▲ 중국의 노동자가 목화를 따고 있다.

중국 전역을 포함해서 전 세계 대부분 지역에서 목화는 기계로 수확한다. 하지만 한 번에 하나씩 손으로 수확하는 지역 또한 여전히 남아있다. 수확기간이 되면 목화가 너무 자라서 이 여자 농부의 모습이 거의 보이지 않는다. 목화를 직접 손으로 수확하는 경우 각각의 꼬투리가 자연의 시간표에 따라 성숙하고 열리기 때문에 총 한 달 이상에 걸쳐서 수확이 마무리된다. 목화는 수확기간 내내 농부들이 여러 번 밭을 휘젓고 걸어 다녀도 여전히 초록색을 유지하며 건강하게 버틴다. 수확이 끝나면 내년의 농사 준비를 위해 모두 제거된다. 어쨌든 겨울을 나지 못하기 때문에 잔인하다고 생각하지는 말자.

▲ 루이지애나주 카토카운티의 목화밭. 수확할 채비를 마쳤다.

기계로 목화를 수확할 때는 상황이 매우 다르다. 화학물질을 (트럭과 농작물 비행기에서 분사되는 식물 성장 조절기) 사용해 목화의 모든 꼬투리를 다 자라게 한 다음 나뭇잎을 떨어뜨리게 한다. 그 결과 녹색이 거의 또는 전혀 보이지 않는 줄기와 흰색 목화의 바다를 볼 수 있다.

▼ 비행기에서 내려다본 루이지애나주 목화밭

공중에서 볼 때 마치 눈밭처럼 보이지만 루이지애나주 카토카운티의 가장 남쪽에 있는 로건 농장의 목화밭이다. 이 사진을 찍을 때 얼마나 덥던지 내 드론의 배터리가 너무 과열되어서 고장 날 뻔했다.

이 밭과 중국 목화밭의 차이는 다음과 같다. 중국의 밭은 여러 가족들이 소유하고 있다는 점이고 이 밭은 한 가족이 소유하며 약 12명 이내의 계절노동자들을 고용한다는 점이다. 어쨌든 이 루이지애나주 목화밭의 수확량은 난탕투안췌 마을 전체와 비슷하다.

▲ 루이지애나주 목화밭에서 사용되는 수확용 기계

▲ 수확기 내부

목화 수확을 하는 데 온 마을 사람들이 달라붙을 수 있지만 이 기계를 사용하면 그럴 필요가 없다. 현대식 면화 수확기(사람이 아닌 기계)는 사람이 손으로 하는 것보다 수십만 배 더 빠르게 작업할 수 있어 약 200 에이커(80헥타르) 이상의 면적을 수확한다. 놀랍게도 기계식 목화 수확기는 1950년대까지 상업적으로 별로 재미를 보지 못했다. 마찬가지로 노동집약적인 면 생산과정들이 훨씬 더 전에 기계화되었다는 점을 감안하면, 조면기가 만들어졌을 때 수확기도 만들어졌다면 미국 남부의 역사 또는 노예의 역사가 어떻게 바뀔 수 있었을지 상상해볼 수 있다(198페이지를 참조).

수확기계 내부를 보면 기계식 목화 수확이 어려운 이유를 알 수 있다. 어떻게 줄기에서 꼬투리를 빠르고 안정적으로 제거할까? 각각의 수평 스파이크가 빠르게 회전하고 스파이크들을 고정하는 틀이 왼쪽에서 오른쪽으로 돌면서 수직 축을 중심으로 회전한다. 이런 식으로 꼬투리들이 기계의 우측으로 이동한다. 이렇게 복잡한 움직임은 내부에 수백, 수천 개의 기어로 이루어지는데, 위의 사진만 봐도 이 수확기계가 얼마나 큰지 알 수 있다. 사람들이 수확기계의 팔 사이에 들어갈 정도로 넓고 높다. 스파이크가 회전할 때 젖어 있어 면섬유가 달라붙기 때문에 사진을 보면 물탱크가 장착되어 있는 것을 볼 수 있다. 이 수확기는 물 공급 장치가 갖춰져 있어서 정기적으로 물을 보충한다. 물을 사용해 스파이크를 끈적끈적하게 만드는 것은 기계적인 방법으로 수확을 가능하게 하는 여러 가지 핵심 아이디어 중 하나였다.

▲ 이것은 엄청나게 큰 기계이다.

▲ 작동하는 동안 말려진 목화는 수확기 뒤에 있는 커다란 실린더형 통에 저장된다. 롤이 완성되면 (몇 분마다) 자동으로 플라스틱으로 수축포장되고 기계의 뒤편으로 보내진다.

▲ 가장 최근에 완성된 롤은 계속 작동하는 동안 수확기의 뒷면의 닫힌 통 안에 저장되고 새로운 롤이 만들어지기 시작한다. 기계가 밭의 모서리에 이르면 완성된 롤을 내려놓고 추후에 편리하게 가져갈 수 있다. 기계는 멈추지 않고 작동한다.

▲ 다음의 면 생산단계로 완성된 롤을 운반하는 트럭은 한 번에 4개의 롤을 실을 수 있어 완성된 롤은 4개씩 모아서 정렬된다. 이 트럭들은 벨트 구동식 스쿠프 경사로가 있는데 4개의 롤이 정렬된 뒤편으로 가서 한 번에 꿀꺽 빨아들여 버린다.

▼ 수확기에서 꺼낸 신선한 목화 꼬투리 더미. 씨앗을 담은 꼬투리로, 순수한 목화섬유는 씨앗이 없다.

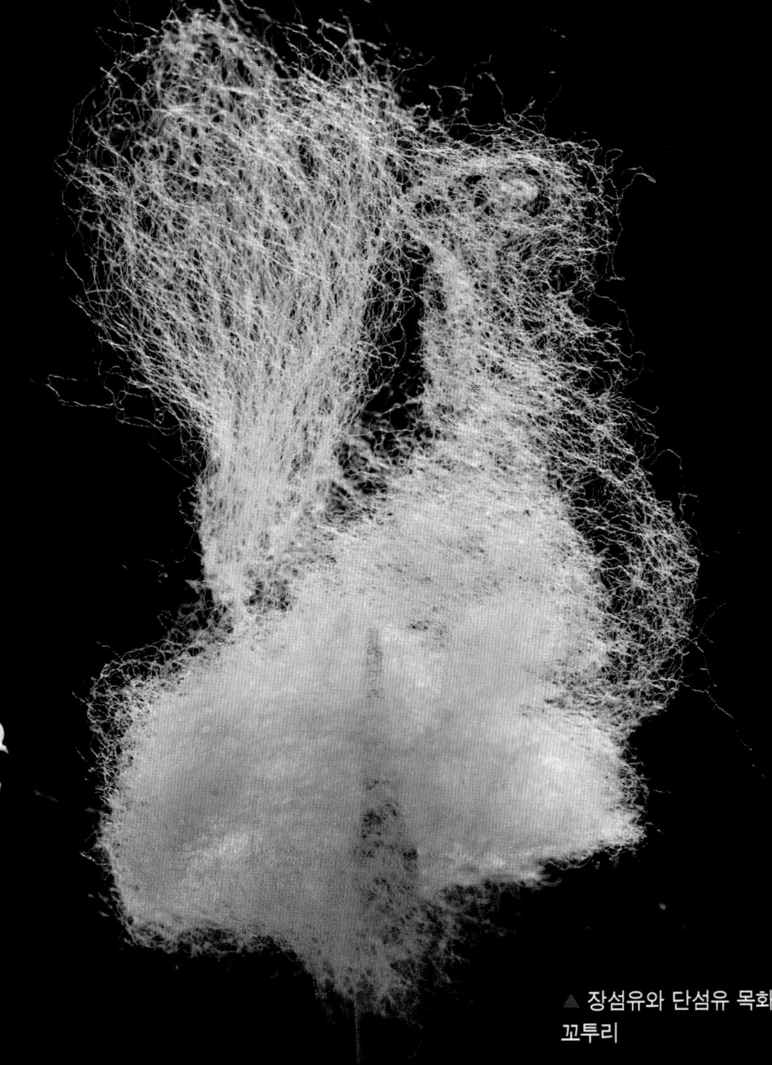

▲ 장섬유와 단섬유 목화 꼬투리

껍질을 따서 분리한 후에는 목화 꼬투리(boll) 더미가 남는다(기계식 수확기를 사용하는 경우 압축된 목화 꼬투리 롤이 생긴다). 목화 꼬투리는 순수한 목화섬유와 씨앗을 지니고 있다. 그리고 그 안에 목화의 가장 큰 문제가 들어있다.

우리는 섬유가 식물을 직물로 바꾸기 때문에 그것에 관심을 가지고 있다. 하지만 식물은 어떤가? 식물의 경우 생존과 번식에서 중요한 것은 섬유가 아니라 씨앗이다. 그렇다면 왜 식물이 귀찮게 섬유를 만들까? 이 질문에 대한 확실한 답은 없다. 가장 그럴듯한 이론은 섬유질이 물을 흡수해 씨앗이 잘 발아하도록 보호하는 환경을 제공한다는 것이다. 또한 동물들이 씨앗을 먹기 어렵게 만든다. 혹시 목화 꼬투리를 먹어본 적이 있는가?

(식물의 관점에서) 섬유의 목적은 씨앗을 보호하는 것이기 때문에 당연히 씨앗에 매우 견고하게 부착되어 있다. 섬유와 씨앗을 분리하는 노동을 효율적으로 수행하는 기계가 발명되어 이 끔찍한 잡일이 사라진 그날은 마침내 미국 역사가 새로운 단계에 진입한 날이라고 표현할 수 있다.

세계에서 자라는 여러 종류의 목화가 있는데 크게 장섬유와 단섬유 두 품종으로 나눌 수 있다. 모든 목화 식물들은 동일한 속도로 섬유를 길러내는데 장섬유와 단섬유의 차이는 꼬투리가 얼마나 오래 자라 마르고 열리느냐에 달려있다. 장섬유 목화는 매우 긴 성장 시기가 가능한 일부 지역(적도 근방)에서만 재배할 수 있다.

이집트면(egypt cotton), 해도면(海島綿, sea island cotton), 피마면(pima cotton)은 섬유질이 길고 최고급 원단을 생산하지만 이러한 품종을 키울 수 있는 열대 지방이 많지 않아 더 비싸다. 긴 섬유는 씨앗을 떼어내기가 비교적 쉽다.

육지면(陸地棉, upland cotton)으로 알려져 있는 가장 흔한 단섬유 목화는 미국 남부와 전 세계 거의 모든 지역에서 자란다. 미국 면화 수확량의 95%와 전 세계 면화 수확량의 90%가 단섬유이다. 불행히도 이 단섬유를 씨앗에서 빼내기는 훨씬 더 어렵다.

이 멋진 나무 기계는 나에게는 생소한 라오스의 고산족인 아카족이 만든 것이다. 손으로 깎은 한 쌍의 웜 기어(worm gear, 직각으로 교차하는 2개의 축 사이에서 회전 속도를 낮추는 기어 장치-옮긴이)들로 두 롤러를 연결해 회전시킨다. 핸들을 돌리면 두 롤러가 회전한다. 나무 쐐기로 두 롤러 사이의 간격을 조절해 섬유질이 통과할 수 있게 하되 씨앗은 통과하지 못할 만큼의 간격을 둔다. 장섬유 목화를 이 롤러에 넣으면 나무의 거친 표면이 섬유를 잡아채며 돌아 씨앗에서 빠져나오게 된다. 이 기계는 '조면기'의 하나(조면기를 뜻하는 'gin'은 'engine'의 줄임말)이다. 이런 종류의 조면기는 인도에서 만들어져 적어도 1,500년 이상 사용되어 왔다.

"하지만 잠깐만요!" 미국에서 학교를 다닌 독자들이 "엘리 휘트니(Eli Whitney)는 어떻습니까? 그가 18살에 목화 조면기를 발명하지 않았습니까? 음… 아니 17살에요. 아니 그러니까 그렇게 오래된 건 아니잖아요?"라고 따져 묻는다. 그렇다. 이 기계가 조면기는 맞지만 미국 학생들이 알고 있는 그런 조면기는 아니다. 단섬유 육지면에는 무용지물이라서 우리가 미국에서 사용하는 기계와는 별로 연관성이 없다. 미국 목화의 경우 섬유가 길지 않고 씨앗에 너무 단단하게 부착되어 있어 그런 간단한 장치로는 분리할 수 없다.

미국 학교를 다니는 아이들은 여러 학년에 걸쳐서 조면기의 중요성을 이해하며 엘리 휘트니가 놀라운 조면기를 발명해 세상이 어떻게 변화되었는지를 배우게 된다. '휘트니 조면기. 엘리 휘트니의 발명품. 목화를 조면한다.' 그 내용이 무엇인지 정확하게 모르면서도 말이다.

과거를 돌이켜보면 상당히 놀라운 일이다. 내가 평생 기계류에 대해 관심을 가졌고 5학년 때 대충 엘리 휘트니와 그의 위대한 조면기를 배웠음에도 불구하고 이 책을 집필하느라 준비하기 전까지는 실제로 그것이 어떻게 작동하는지 전혀 몰랐다. 슬프게도, 이것이 전형적인 학교의 실상이다. 사람과 정치의 문제만 중요하게 다루고 기계에 대해서는 거의 신경을 쓰지 않는다. 기계가 사람보다 훨씬 더 흥미로운데도 말이다(휘트니는 예일 대학을 졸업했고 모자 등등을 만들었다고 하는데 나는 별로 관심이 없다).

◀ 동남아시아의 멋진 나무 조면기

엘리 휘트니의 조면기

엘리 휘트니의 발명품 기능을 설명하기 위해, 나는 흔히 톱니 조면기라고 불리는 그의 독창적인 디자인을 투명한 아크릴을 이용해 만들어 보았다. 주요 부분은 원형 톱날과 매우 유사한 장치와 그 톱날에 연결되어 회전하는 빗이다. 톱날의 고리형 톱니가 목화 섬유를 잡아채는데 이때 빗과 톱니 사이의 거리가 너무나 좁아서 씨앗은 통과하지 못하게 된다.

단지 손으로 작동하는 이 같은 금속 조면기로 성인들이 열심히 작업하면 하루에 45파운드(20kg)의 목화를 처리할 수 있다. 이는 사람이 오로지 수작업에 의존해 하루에 1파운드를 처리하던 것에 비하면 장족의 발전이다. 기계의 생산성이 사람의 그것보다 50배 정도 향상될 때마다 우리가 감히 상상하지 못했던 결과들이 초래된다. 하지만 이 기계는 오늘날의 기계와는 비교도 되지 않는다. 현대의 전동 조면기는 45파운드의 목화를 약 0.5초 만에 처리할 수 있다! 앞으로 소개되는 몇몇 공장에서는 여러 개의 조면기를 동시에 작동시켜 조면기당 10만 파운드(45,000kg) 이상의 면을 생산한다.

▼ 휘트니의 첫 번째 작품인 이 조면기는 수동으로 움직이는 작은 기계라서 구형 롤러 조면기보다 별로 복잡하지는 않지만, 몇 가지 장점 덕분에 모든 종류의 목화에 사용할 수 있었다.

◀ 자, 전통 방식대로 어린이 일꾼이 투명한 조면기를 작동하는 것을 볼 수 있다. 우리는 실제 이 조면기로 내가 기른 20파운드의 목화를 처리했다.

이 쪽에서 보면 뒤편의 크랭크가 돌아가면서 톱날을 고정시킨 통을 시계방향으로 회전시킨다.

원재료의 목화 꼬투리들(씨앗과 붙어 있는 섬유들)이 호퍼로 들어간다.

▼ 산업용 조면기의 '톱니'이다. 작고 매우 날카롭지만 씨앗이 아니라 섬유만 잡아챌 수 있는 모양새를 지니고 있다.

호퍼의 바닥은 이빨이 넓게 벌려진 빗으로 되어 있다. 꼬투리는 그 구멍에 들어가기에는 너무 크지만 대체로 깨끗하게 정리된 섬유에 남아있는 씨앗들이 그 안으로 들어가 모아진다.

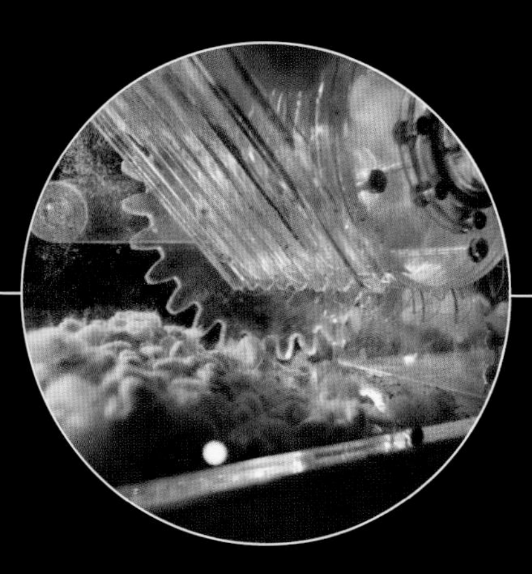

조면기는 세상에서 먼지가 가장 많은 작업환경에서 작동한다. 여기저기로 목화 섬유가 날아다니지 않나!(업계에서는 이렇게 풀려서 날아다니는 목화 섬유를 '보풀[lint]'이라고 부르는데 아주 적절한 단어라고 생각한다.)

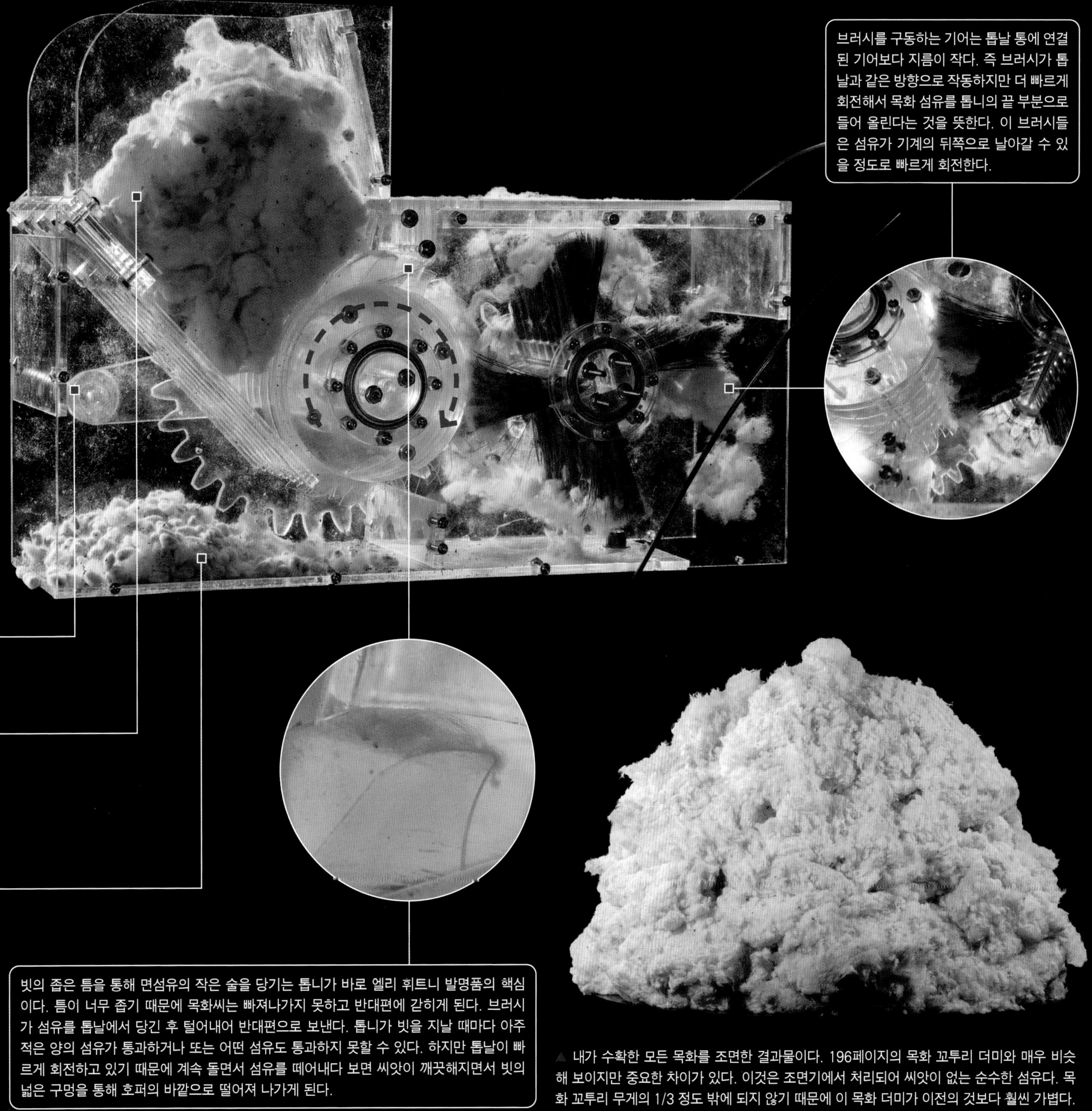

▲ 내가 수확한 모든 목화를 조면한 결과물이다. 196페이지의 목화 꼬투리 더미와 매우 비슷해 보이지만 중요한 차이가 있다. 이것은 조면기에서 처리되어 씨앗이 없는 순수한 섬유다. 목화 꼬투리 무게의 1/3 정도 밖에 되지 않기 때문에 이 목화 더미가 이전의 것보다 훨씬 가볍다.

조면기

▲ 목화의 다른 산출물인 씨앗들이다. 왼쪽이 내가 처음 심었던 씨앗의 양이고, 오른쪽은 목화 농사를 지은 후 추수한 씨앗의 양이다. 보다시피 처음보다 훨씬 많은 양의 씨앗을 얻었다. 농업이란 그런 것이다. 사실 옥수수, 밀, 콩 등의 씨앗은 우리가 먹기 때문에 더 많은 씨앗을 만들어내는 게 농사의 관건이다. 이런 씨앗들은 일부가 내년 식재용으로 저장되고 나머지는 먹는다. 목화의 경우 씨앗은 부산물에 가깝다. 하지만 여전히 내년에 심어야 할 씨앗이 필요하고 약간의 기름을 뽑아낼 수 있어서 경제적으로 중요하다.

▼ 목화를 거론하면 노예제도의 그림자를 피할 수 없다. 미국에서 목화를 재배했던 지역은 노예제도와 밀접한 관계가 있다. 조면기는 막대한 양의 노동력을 절약할 수 있어 노예의 필요성을 줄이고 노예제도를 없애는 데 도움이 되었을 것이라고 생각할 수 있다. 하지만 역사는 정반대로 흘러갔다. 조면기가 나오기 전에는 노예를 사용하더라도 단섬유 육지면을 재배하는 것이 그리 수익성이 높지 않았다. 하지만 목화를 기계적으로 처리할 수 있게 된 후로 갑자기 목화를 심고 가꾸고 수확해 면을 만드는 산업의 수익성이 더 높아졌다. 덩달아 조면을 담당할 노예의 수요가 급증했고, 이런 추세는 1864년 남북전쟁이 종식될 때까지 멈추지 않았다.

▲ 다음 해에 심지 않는 목화 씨앗은 면실유로 압축되어 튀김이나 여러 가공식품의 성분으로 사용된다. 조면기 작업자들이 농부들에게 돈 대신 씨앗을 받아 기름 제조공장에 팔아넘기는 경우가 다반사이다.

세상 저편의 조면기들

나는 몇 파운드의 목화를 직접 조면해보았다. 이제 세계의 반대편에 있는 두 커다란 나라들(중국과 미국)에서 훨씬 많은 양의 목화를 어떻게 조면하고 있는지 살펴보자. 베이징에서 고속열차를 타고 남쪽으로 2시간 정도 가면 중국의 대표적인 목화 생산지인 난탕투안췐(南塘疃村)이 있다. 지구 반대편에 있는 루이지애나주 카토카운티의 길리엄 진 컴퍼니(Gilliam Gin Company)는 미국을 대표하는 목화산업체이다.

중국에서는 목화를 손으로 수확한 후 플라스틱 시트에 묶어 트럭에 적재하고 조면기로 가져간다. 중국에서 조면기는 종자와 섬유를 분리하는 기계와 공장을 통칭하는 이름이다. 농부는 무게를 따져 돈을 받기 때문에 목화가 트럭에 가득 찼을 때와 내렸을 때의 무게를 재어 돈을 받는다. 이 농부는 약 10,000파운드(4,500kg)의 목화를 판매했다.

미국에서는 농부가 일주일 동안 조면기를 돌릴 수 있을 만큼 충분한 양의 목화를 공급하기 때문에 계량을 따로 할 필요가 없다. 농부는 무게와 상관없이 자신의 목화가 처리된 후 나오는 씨앗은 남겨두고 면을 다시 가져간다. 중국에서는 운송 트럭들이 각각 공장이 한 시간 정도 돌아갈 양의 목화를 가져오기 때문에 결과물을 나누는 것은 실용적이지 않고 실어온 목화의 무게에 따라 돈을 받는다.

▲ 들어올 때 무게를 측정하고

▲ 난탕투안췐 공장의 시험용 조면기

하나의 시스템을 살펴보면 그와 유사한 다른 시스템의 많은 것들을 유추해볼 수 있다. 예를 들어, 옥수수(내가 사는 곳에서 자란 옥수수들)는 무게 단위로 팔리는데 말린 옥수수를 기준으로 한다. 만약 옥수수에 수분이 남아 있다면 수분의 무게는 제외한다. 그래서 옥수수를 구매하는 회사의 양곡기는 수분 함량을 알아보기 위한 수분계를 장착하고 있다. 모든 조면기 또한 수분 측정기가 있을 것이라고 예상했고 실제로 그랬다. 하지만 목화의 경우는 추가로 더 복잡한 부분이 있다. 목화에 따라 씨앗과 섬유의 비율이 다른데, 돈은 섬유를 판매한 양에 한해 지불되는 것이다. 그래서 조면 공장에 들어오는 목화는 옆의 작은 시험용 조면기를 사용해 1kg의 목화 꼬투리에서 얼마만큼의 섬유가 나오는지를 측정한다(물론 미국의 경우 농부가 조면된 모든 섬유를 돌려받기 때문에 그런 시스템이 필요 없다).

중국의 조면 공장의 작업장에 도착한 트럭에서 목화를 내리는 데 약 20분이 소요된다. 그런 다음 두 사람이 갓 내린 목화 꼬투리를 (내가 본 것 중) 가장 강력한 진공청소기로 긁어모은다. 수백 피트(100m) 이상 멀리 떨어진 공장까지 12인치(30cm) 파이프로 연결되어 있고, 그곳에서 조면 과정이 이루어진다.

▲ 루이지애나, 조면에 앞서 트럭에서 목화를 내리고 있다.

미국의 시스템은 약간 다르다. 기계식 수확기로 만든 목화 롤을 몇 초 만에 트럭 뒷면에서 컨베이어 벨트로 올려놓는다. 이후 롤이 '워킹 플로어'에 올라가면 교차하며 움직이는 알루미늄 판들이 롤을 트럭에서 멀리 이동시킨다.

목화 정제

워킹 플로어는 거대한 롤을 천천히 거대한 흡입 기계로 이동시킨다. 이 거대하고 회전하는 죽음의 기계는 롤을 자른 뒤 조면기로 빨아들인다. 이렇게 두 나라에서 목화를 조면기까지 들여오는 방식이 많이 다르지만 이 시점 이후로는 상당히 비슷한 과정으로 조면 처리를 하게 된다.

거대한 흡입 기계는 괴물 같은 기계의 꼭대기 부분에 목화 꼬투리를 쌓아두고 난 뒤 작은 가지와 잎들을 구분한다. 어느 정도 청소가 된 목화 꼬투리는 분류기 앞의 활송(滑送)장치(물 · 곡물 · 석탄 · 화물 · 우편물 등을 아래로 떨어뜨리는 관-옮긴이)로 떨어지고 이어 진공 배관으로 빨려 들어가 조면기로 전달된다.

▲ 워킹 플로어가 목화 롤들을 거대한 진공청소기로 이동시킨다.

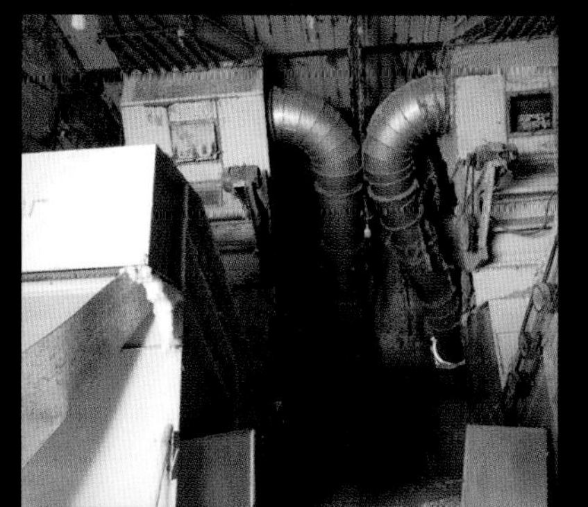

▶ 정제기가 잔해물을 분리한다. 이 기계는 중국에서 사용되는 것이다. 미국의 기계는 세부적인 부분들이 다르지만 크기는 비슷하다.

▲ 공급 호퍼는 깨끗한 목화를 조면기로 전달한다.

목화 조면(ginning)

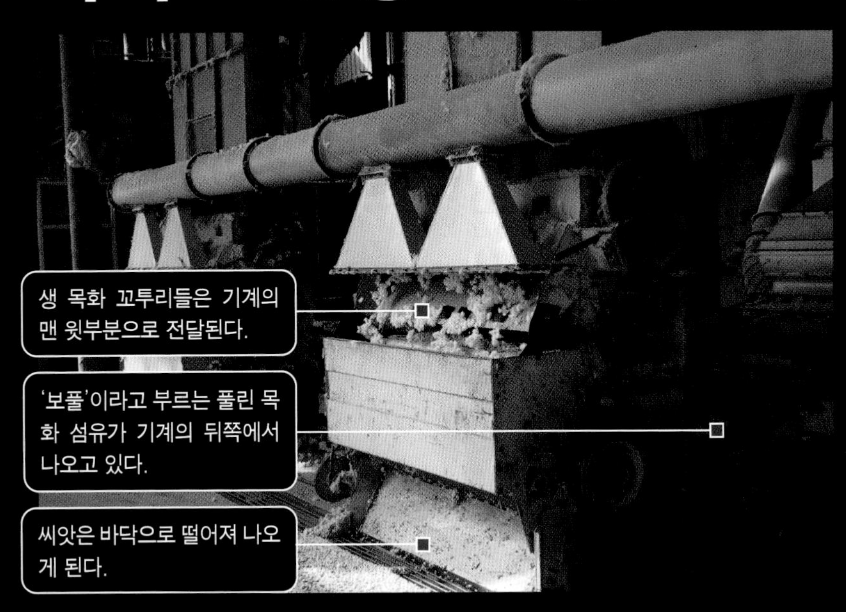

최초의 조면기는 조그마한 수동식 기계였지만 빠른 속도로 작동하는 훨씬 더 큰 기계로 발전했다. 아래는 1900년대 중반의 신제품이다. 거대하고 먼지가 많이 쌓이는 모터 구동 기계이다. 더 새롭고 더 큰 제품들이 많이 나왔지만, 모두 휘트니의 독창적인 디자인과 본질적으로 같은 방식으로 작동한다.

◀ 조면기 안에서 199페이지의 모델과 비슷한 톱니와 빗을 볼 수 있다. 다만 그 모델보다 훨씬 더 크고 훨씬 더 많은 목화가 놓여 있다. 작동할 때 이 톱니들은 매우 빠르게 돌면서 목화 꼬투리를 찢는데 얼마나 빨리 회전하는지 씨앗이 기계 앞으로 쏟아져 나온다.

▼ 잔가지 분류기

섬유는 이 평평한 금속 배관을 통해 흐르는 강력한 공기의 흐름을 따라 조면기의 뒷면으로 나오게 된다. 기이하게 생긴 앞뒤의 S자 곡선을 살펴보자. 잔가지 분류기로 자세히 보면 S자 모양의 오른쪽 상단에 열린 틈이 있고 왼쪽 하단에는 다른 틈이 존재한다. 면섬유는 매우 가볍기 때문에 비누 거품이나 연기가 공기의 흐름과 함께 흐르는 것처럼 S자 곡선 주위의 공기의 흐름을 따라간다. 그러나 더 무거운 나뭇가지 잎 또는 약간의 씨앗은 코너 부분에서 빠르게 돌지 못하고 틈을 통해 날아가게 된다. 두 틈의 정확한 위치와 너비는 섬유는 날아가지 않지만 나뭇가지와 잎은 대부분 날아가도록 조정된다(중국과 미국의 조면기 모두 동일하게 이런 정제 과정을 여러 번 거치도록 되어 있다).

◀ 미국의 조면기는 더 크다. 하지만 그 크기만큼 면을 더 많이 처리하지는 못한다. 전반적으로 이 두 공장은 시간당 비슷한 양의 면을 처리하리라고 나는 생각한다(이 정지 화면에는 포착되지 않은 부분이 있다. 바로 기계 앞면으로 폭포처럼 떨어져 나오는 면들이다. 면이 연출해내는 나이아가라 폭포를 상상해보라).

목화 꾸러미 포장

조면 과정이 끝나고 깨끗하게 정제되어 거의 불순물이 없는 면 보풀들은 다음 방으로 날아 들어가서 괴물 같은 압축 기계를 거쳐 단단한 꾸러미로 만들어진 다음 배송된다.

부드러운 목화 보풀이 이곳으로 들어간다.

보풀이 먼저 왼쪽 기둥에 모아지고 반복적으로 압축된다. 펌프는 몇 초마다 내려가서 새 층을 아래로 누른다.

이 커다란 실린더의 직경으로 미루어 상당히 많은 양의 힘을 생성하도록 설계되었다는 것을 알 수 있다.

몇 분 후 왼쪽 꾸러미를 만들기에 충분한 섬유가 축적되면서 기계의 전체 절반이 180도 회전해 두 기둥의 위치가 바뀐다. 오른쪽은 실제 압축이 이루어지는 곳이다.

꾸러미가 완전히 압축되면 압축실이 올라가고 작업자들은 위에서 누르는 압력이 제거되기 전에 면 꾸러미를 철사로 묶는다. 깊고 두껍게 감싸인 구조를 보면 이 거대한 강철 압축실 내부에 엄청난 양의 압력이 있어야 한다는 것을 알 수 있다.

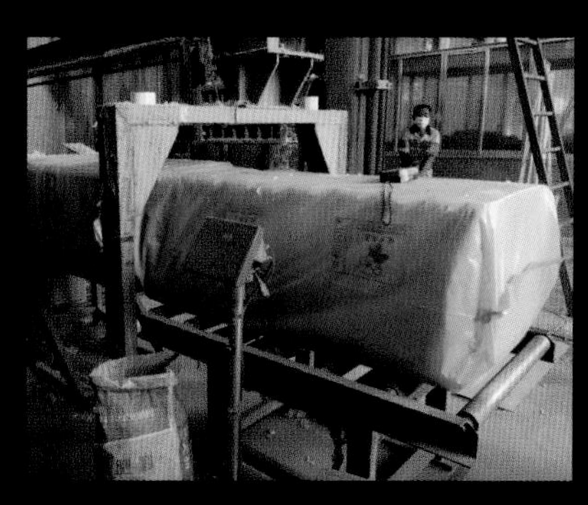

압축기에서 나온 꾸러미는 비닐로 싸인 채 무게를 측정하고 창고로 보내진다.

미국의 면 꾸러미는 거꾸로 세워진 외에는 중국의 것과 거의 동일하다. 중국처럼 수압 펌프(hydraulic rams)가 면을 아래로 누르는 게 아니라 위로 밀어 올려서 기계 상단에 꾸러미가 모이게 한다(꾸러미가 거의 구덩이에 가라앉아 있어서 사진 찍기가 더 어려웠다). 재미있는 사실은 두 기계가 실제로 면을 같은 방향으로 밀고 있다는 것이다(이해가 가는가? 이 거의 동일한 기계들은 지구 반대에 위치해 있는데 하나는 면을 위로 밀어 올리고 하나는 면을 아래로 누르고 있다. 때문에 지구를 중심으로 볼 때 실제로 두 램이 같은 방향을 향하고 있는 것이다).

▲ 이렇게 쌓여 있는 재고를 보면 뿌듯함이 느껴진다. 마음이 진정되는 것 같기도 하다. 모두 사람의 노력과 행운, 그리고 부와 번영이 가시적으로 드러나 있는 것이다. 이 창고는 수백만 달러에 달하는 솜을 별 문제없이 보관할 수 있다. 힘들여 손에 넣은 물건을 가방에 담아 안전하게 보관하고 있는 셈이다. 창고는 수확 시기가 되면 천천히 채워지고 이듬해 솜을 실로 방적하는 공장에 팔면서 천천히 비워진다. 재고의 썰물과 밀물은 바로 섬유를 생산한 마을의 번영을 나타낸다.

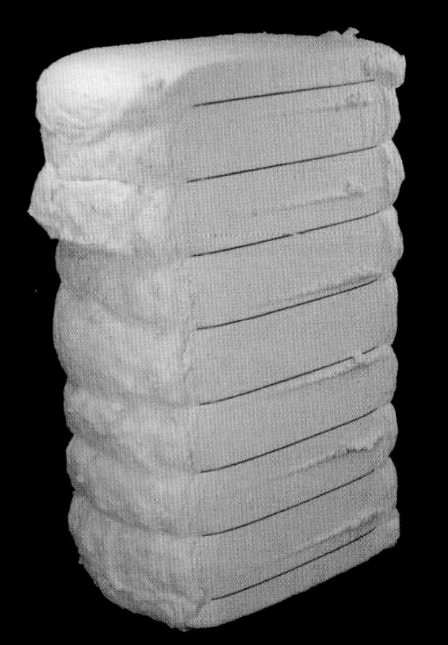

◀ 면 꾸러미의 표준 무게는 500파운드(230kg)이다. 큰 금괴와 마찬가지로 꾸러미마다 자연스럽게 조금씩 차이가 나기 때문에 판매할 때 각각 무게를 측정한다. 면 꾸러미 하나의 가격은 시장가격에 따라 매일 달라진다. 2018년 중반 이 책을 집필할 때 이런 면 꾸러미 하나의 국제 시가가 약 600달러 정도였다. 조면 공장에서는 약간 더 싸지만 최종 사용자에게 배송될 경우 조금 더 비쌌다(카토카운티의 조면 공장에서 500달러를 주고 이것을 샀다). 약 1억 2천만 개의 이런 꾸러미들이 2018년 전 세계에서 생산되었다.

◀ 중국에서는 면 꾸러미를 집으로 가져갈 수 없었다. 하지만 루이지애나에서 산 꾸러미는 운전해서 집으로 가져갈 수 있었다. 나는 고속도로 한가운데에서 에어컨도 없는 녹슨 픽업트럭의 창문에 팔을 걸치고 땀을 흘리는 내 자신을 볼 수 있었다. 남부를 지나가는 트럭이라면 흔한 모습이다(그래 내 차는 픽업트럭이 아니다. 내 픽업트럭은 이미 처분했다. 이 오래된 화물용 밴이 있어 그것으로 운전했다. 하지만 오래된 것이 맞고 약간 녹이 슬었으며 잠깐 에어컨이 고장 났다).

▲ 섬유를 돈 받고 팔지만 씨앗 또한 활용해야 한다. 조면기의 바닥에서 쏟아져 나오던 씨앗의 강을 기억하는가? 씨앗은 바닥의 이 홈통에 쌓이고, 홈통의 나사송곳을 이용해 씨앗들을 옆으로 당겨 꺼낼 수 있다.

▼ 섬유가 방적공장으로 가는 동안, 씨앗은 나사송곳 컨베이어를 통해 인정사정없이 안마당으로 내던져진다. 이후 기름용이나 동물 사료용으로 팔려나갈 것이다.

이 나사송곳이 씨앗을 공장 밖으로 꺼낸다.

나사송곳을 따라 다른 위치에 있는 문들을 열어 씨앗이 빠지는 위치를 선택할 수 있다.

▲ 두 나라의 시스템과 두 공장의 세부 작동 방식은 다르지만 세계 최상급의 상업용 면 꾸러미를 만들고 있는 점에서는 다를 게 없다. 왼쪽 사진이 중국 공장이고, 오른쪽이 미국 공장이다.

산업혁명

뛰어내려라, 사방을 돌며 면화 한 꾸러미를 따라,
뛰어내려라, 사방을 돌며 매일 한 꾸러미를 따라.

— 리드 벨리(Lead Belly), '면화 한 꾸러미를 따라(Pick a Bale of Cotton)'

미국의 포크송인 '면화 한 꾸러미를 따라'는 1940년 리드 벨리가 녹음한 매우 유명한 노래이다. 이 노래의 이전 버전은 가사를 여기에다 다 적을 수 없는 노동가였다. 그 안에는 "저 실로(Shiloh)에서 온 (아프리카계 미국인)은 하루에 한 꾸러미를 따는데 너는 할 수 있니?"라는 가사도 있었다. 내 생애에서 약 125분의 1 꾸러미를 따본 경험에 미루어, 내가 하루에 500파운드 한 꾸러미를 절대로 딸 수 없음은 확신할 수 있다. 채찍을 맞아가며 작업하는 가장 빠른 노동자들이 매일 약 3분의 1 꾸러미를 땄다고 한다. 그러니 하루 전부를 걸고 24시간 동안 꾸러미를 따면 하루에 하나를 할 수 있었을까?(존 헨리[19세기 후반, 미국의 흑인 노동자로 증기기관의 도입으로 실직의 위기에 놓이자 기계보다 더 많은 일을 하다가 일찍 사망했다고 전해진다.-옮긴이]가 그랬을 텐데 그는 쓰러져 죽었을 가능성이 높다)

반면, 기계는 전혀 다른 이야기이다. 앞에서 본 기계식 수확기는 하루에 200개의 꾸러미를 쉽게 딸 수 있다. 정상적인 작업 속도로 한 대의 기계가 최소 600명을 대체할 수 있다. 이런 기가 막힐 사례가 1천 개가 넘는 분야에서 일어난 게 바로 산업혁명이었다.

▲ 독일 켐니츠(Chemnitz)의 리하르트 하르트만(Richard Hartmann) 공장의 기계실, 1868년경.

조면기가 발명되기 전에는 생산 단계가 전적으로 수농이었다. 따라서 면직물은 값비싼 사치품이었다. 그러나 엄청난 양의 저렴한 면섬유가 쏟아져 나오기 시작하면서 사람들은 생산공정 하나하나를 보다 효율적인 기계식으로 바꿔나갔다. 미국 북부의 절반과 영국의 많은 지역들 또한 목화의 방적과 직조를 기계화한 공장들에서 완벽하게 처리했다. 조면기로 대량생산된 값싼 면 섬유는 산업혁명의 기반이 되었고 산업혁명을 떠받치게 되었다.

조면기는 경제적으로나 사회적으로 핵심 발명품이라고 여겨진다. 하지만 나는 그것이 하나의 은유(隱喩)로서 역사에서 더 큰 자리를 차지할 가치가 있다고 생각한다. 사람들은 말 그대로 수천 년 동안 목화를 재배하고 가공해왔다. 대를 이어 거의 모든 과정을 손으로 만들어 왔고 셔츠나 멋진 드레스를 만들기에 충분한 옷감을 만드는 데 몇 주나 보내야 했다.

생각해보라. 사람들은 50세대를 거슬러 올라가는 조상들과 동일한 일을 하면서도 단순한 기계 하나가 작업량을 50배나 늘려 놓게 된다는 사실을 이해하려고 그리 오래 고민한 적이 없다. 그러한 기계가 고대에도 누군가에 의해 제작되었을 수 있지만 말이다. 눈앞의 현실만 바라보는 인류의 사고방식은 정말 특이하다.

조면기는 강력한 아이디어의 사례이다. '어쩌면 기계로 이 힘든 일을 대신할 수 있지 않을까?' 이 아이디어가 산업혁명에 미친 영향은 세상의 그 어떤 변화보다 더 크다. 일단 아이디어가 실현되면 새롭고 기발한 기계들이 여기저기서 튀어나오기 시작한다. 체인 링크나 프레첼 과자를 만드는 기계가 발명되고 기어나 빵을 자르는 기계가, 심지어는 화려한 나비 리본(fancy bow)을 만드는 기계까지 생겨난다.

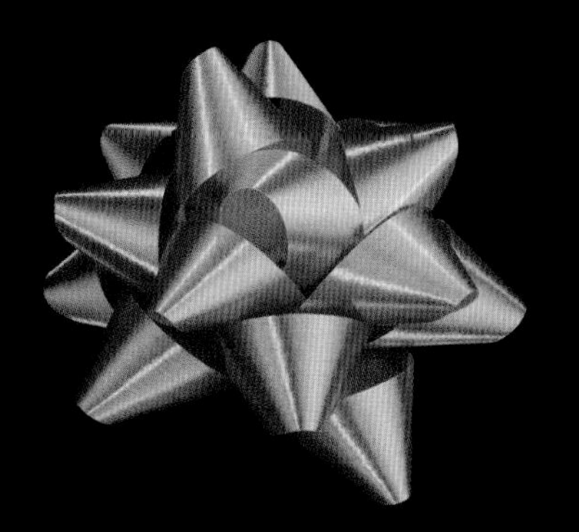

◀ 다음 페이지에서 기계의 작동방식을 확인하기 전에 이 리본을 만든 기계의 모습을 상상해보라. 얼마나 복잡할까? 이 기계가 고리를 만들어 리본을 중앙에다 하나로 고정시킬 수 있을까? 어떻게 리본의 각 고리 길이를 정확하게 측정할 수 있는 것일까?

이 나비리본 제조기계는 1950년대에 나온 것이다. 산업화가 진행된 이후의 발명품이지만 이것이야말로 우리가 존경하는 조면기와 같은 아이디어가 끊임없이 이어져 나타나는 기계의 완벽한 진화의 예시라고 생각한다. 이 기계는 매우 간단하면서도 완벽하게 작동한다. 리본을 올려놓고 플라스틱 못을 끼운 다음 손잡이를 돌리면 나비리본이 짠! 하고 완성된다.

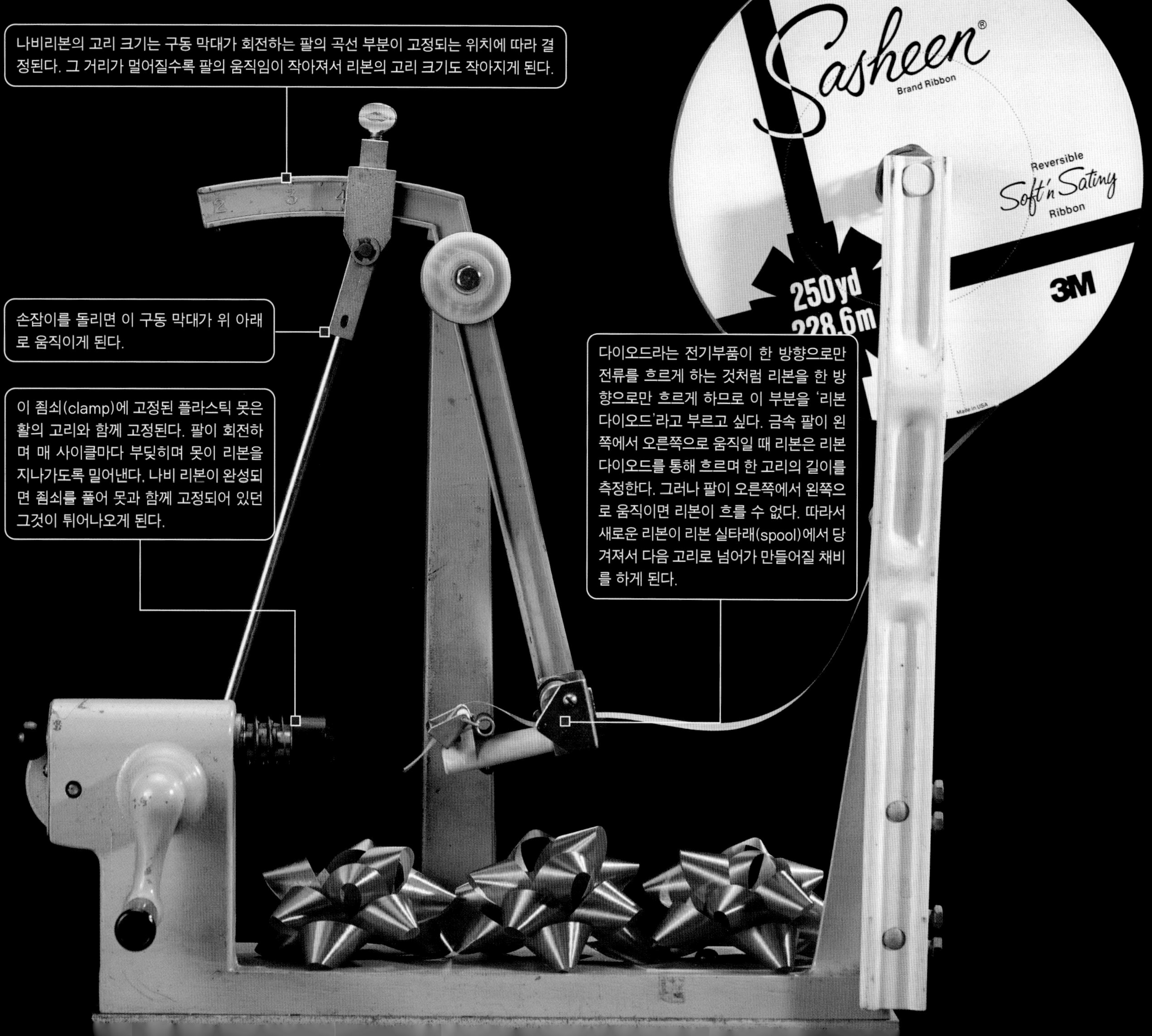

나비리본의 고리 크기는 구동 막대가 회전하는 팔의 곡선 부분이 고정되는 위치에 따라 결정된다. 그 거리가 멀어질수록 팔의 움직임이 작아져서 리본의 고리 크기도 작아지게 된다.
손잡이를 돌리면 이 구동 막대가 위 아래로 움직이게 된다.
이 죔쇠(clamp)에 고정된 플라스틱 못은 활의 고리와 함께 고정된다. 팔이 회전하며 매 사이클마다 부딪히며 못이 리본을 지나가도록 밀어낸다. 나비 리본이 완성되면 죔쇠를 풀어 못과 함께 고정되어 있던 그것이 튀어나오게 된다.
다이오드라는 전기부품이 한 방향으로만 전류를 흐르게 하는 것처럼 리본을 한 방향으로만 흐르게 하므로 이 부분을 '리본 다이오드'라고 부르고 싶다. 금속 팔이 왼쪽에서 오른쪽으로 움직일 때 리본은 리본 다이오드를 통해 흐르며 한 고리의 길이를 측정한다. 그러나 팔이 오른쪽에서 왼쪽으로 움직이면 리본이 흐를 수 없다. 따라서 새로운 리본이 리본 실타래(spool)에서 당겨져서 다음 고리로 넘어가 만들어질 채비를 하게 된다.
Sasheen®
Brand Ribbon
Reversible
Soft'n Satiny
Ribbon
3M
250yd
228.6m
Made in USA

소면(carding)

리본을 간단하게 만들어보았으니 이제 헝겊으로 눈을 돌려보자. 면섬유를 분리했으니 그것을 실로 만들어야 한다.

조면기에서 갓 나온 목화 섬유를 '보풀'이라고 한다. 이것은 정말 옷 건조기의 보푸라기 필터에서 볼 수 있듯이 아무렇게나 뭉쳐있는 섬유처럼 생겼다. 놀랍게도 이 섬유와 완성된 옷감 사이에는 차이가 없다. 옷은 그저 꼬이고 짜인 보다 정렬된 섬유의 형태일 뿐이다.

생각할 때마다 매우 놀랍다는 느낌이 드는데, 면 셔츠는 단순히 셔츠 모양으로 멋지게 짜인 보풀 더미에 지나지 않다. 충분히 주의를 기울이면 셔츠를 짜거나 풀어서 보풀 뭉치로 다시 바꿔놓을 수 있다. 셔츠가 몇 년이나 그 형태로 유지된다는 것은 섬유를 꼬아 옷을 만드는 작업이 얼마나 실수 없이 이루어졌는지를 나타내는 증거다.

면 보풀을 셔츠나 헝겊으로 만드는 첫 번째 단계는 모든 섬유를 같은 방향으로 정렬하는 것이다. 이를 면을 '소모(梳毛)'한다고 한다. 간단히 말하면 면을 가지런하게 다듬는 것이다. 소규모로 작업할 때는 아래의 소모 빗을 사용하면 된다. 날카롭고 각진 철사 톱니가 촘촘하게 달린 단순한 빗이다. 두 빗을 사용해 면을 반복적으로 빗으면 면섬유들이 같은 방향을 향하게 된다. 그런 다음 반대 방향으로 다시 빗어서 면을 각진 철사에서 분리한다.

약간의 면을 손으로 빗은 뒤 얻은 정렬된 면은 '푸니(puni)'라고 불린다. 방적을 할 준비가 된 면섬유라고 할 수 있다. 이 과정은 단조롭지만 고통스러울 만큼 느려서 정말 극소량의 면이 아니라면 기계를 사용할 것을 추천한다. 산업 현장에서는 훨씬 더 복잡한 과정을 걸친다. 간단한 한 단계 빗질 과정은 5개의 개별 기계를 거치면서 면섬유를 세밀하게 정렬시키고 난 뒤에야 방적으로 넘어가게 된다.

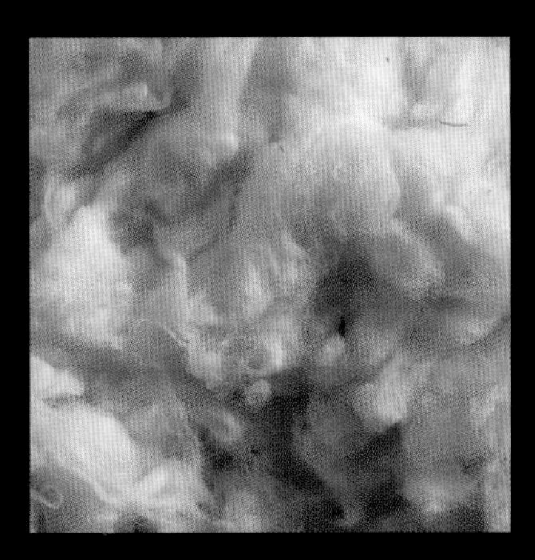

▲ 면 보풀

▲ 소모 빗

▼ 손으로 빗은 '푸니'다. 방적 과정을 거치면 실로 변한다.

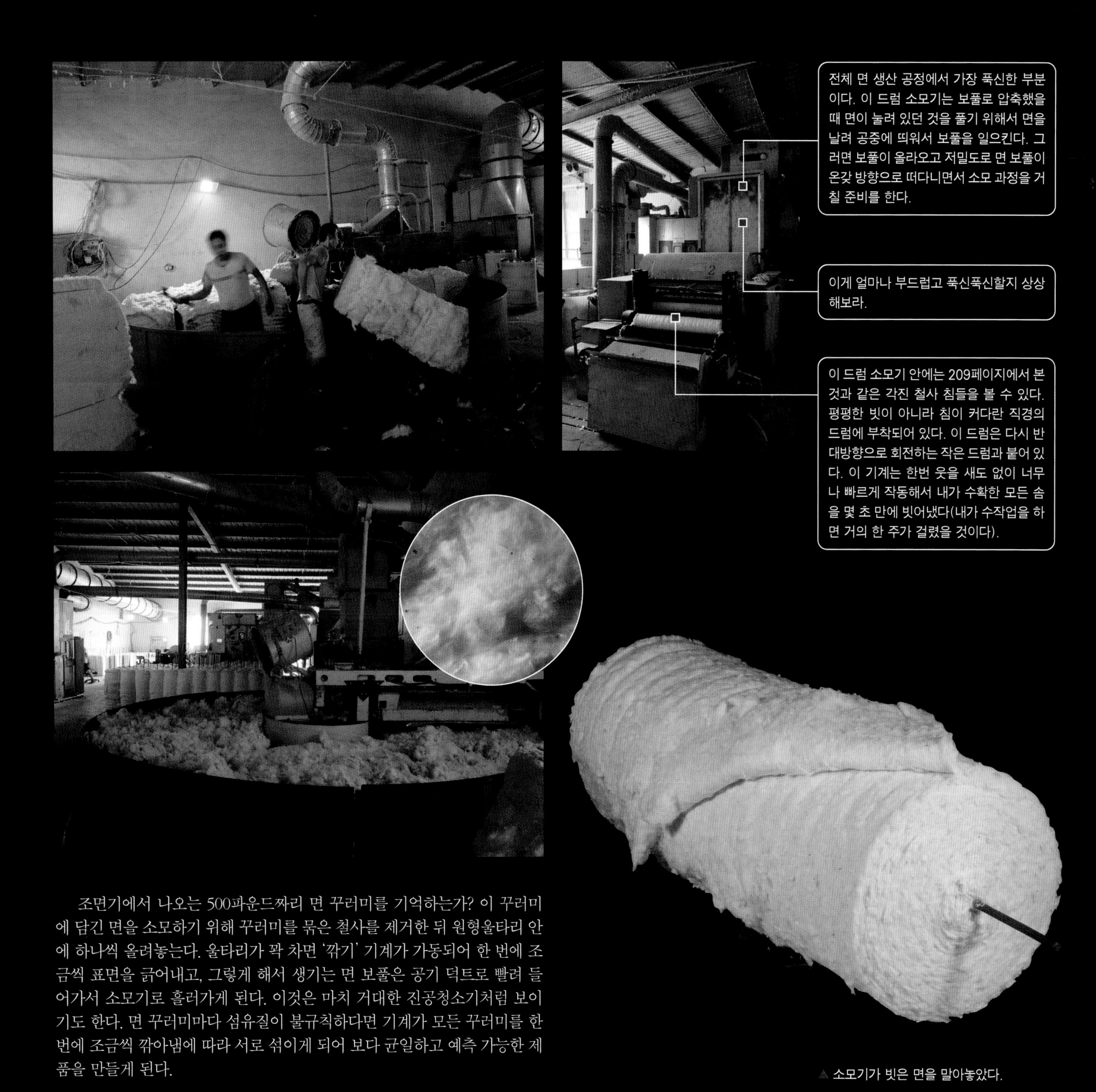

조면기에서 나오는 500파운드짜리 면 꾸러미를 기억하는가? 이 꾸러미에 담긴 면을 소모하기 위해 꾸러미를 묶은 철사를 제거한 뒤 원형울타리 안에 하나씩 올려놓는다. 울타리가 꽉 차면 '깎기' 기계가 가동되어 한 번에 조금씩 표면을 긁어내고, 그렇게 해서 생기는 면 보풀은 공기 덕트로 빨려 들어가서 소모기로 흘러가게 된다. 이것은 마치 거대한 진공청소기처럼 보이기도 한다. 면 꾸러미마다 섬유질이 불규칙하다면 기계가 모든 꾸러미를 한 번에 조금씩 깎아냄에 따라 서로 섞이게 되어 보다 균일하고 예측 가능한 제품을 만들게 된다.

▲ 소모기가 빗은 면을 말아놓았다.

소모기는 면을 큼직한 크기로 말아놓는다. 아래의 면은 내가 손으로 만든 면 푸니와 크기만 다를 뿐(사람 크기만 하다) 본질적으로는 같다. 이런 면은 손으로 방적할 수 있지만 기계로 방적하기에는 충분히 고르지 않다. 완벽하리만큼 균일한 실을 만들려면 방적하기 전에 섬유를 보다 더 고르게 정렬시켜 놓아야 한다.

▲ 소모기로 빗은 면은 이 공장에 임시 보관되어 다음 처리 단계를 기다리게 된다.

이 기계는 소모기로 빗은 면섬유를 풀고 당겨서 두껍고 느슨한 밧줄 모양으로 만드는데 이것을 '슬리버(sliver)'라고 부른다. 슬리버에는 4단계가 있고 각각의 단계를 거칠수록 더 얇고 더 완벽하게 정렬된다.

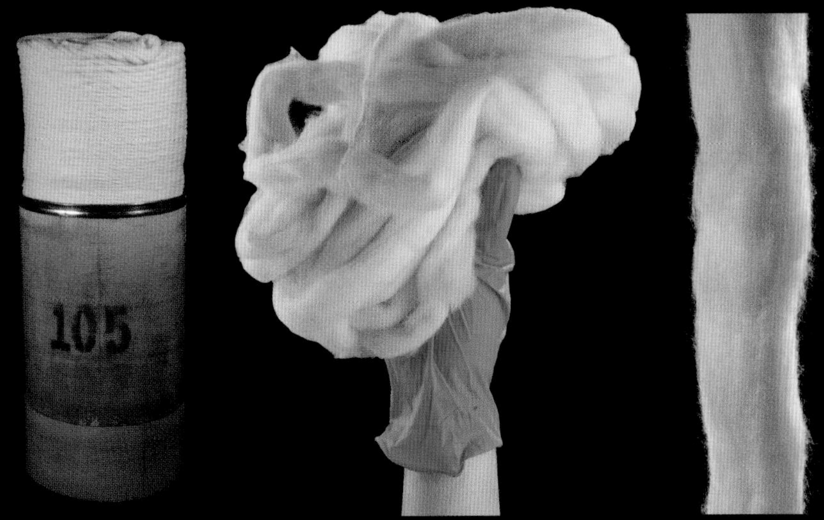

▲ 아주 가볍게 꼬아놓은 1단계 슬리버가 다음 기계로 넘어가기 전에 큰 드럼에서 일시적으로 감겨 있다. 굵은 밧줄처럼 보이지만 실제로는 매우 가볍고 느슨해 쉽게 분리할 수 있다. 섬유는 고르게 정렬되어 있으나 아직 서로 꼬이지는 않았다.

▲ 이 기계는 12개 이상의 1단계 슬리버를 동시에 풀고 서로 섞은 다음 당겨서 새롭고 더 얇은 2단계 슬리버로 바꿔놓는다.

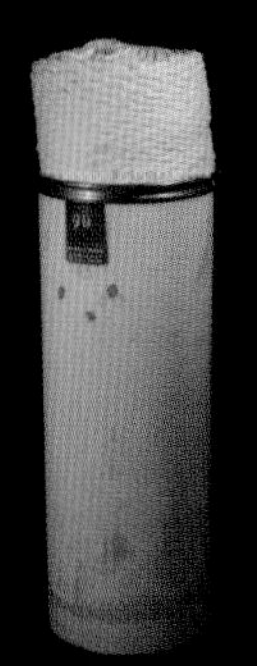

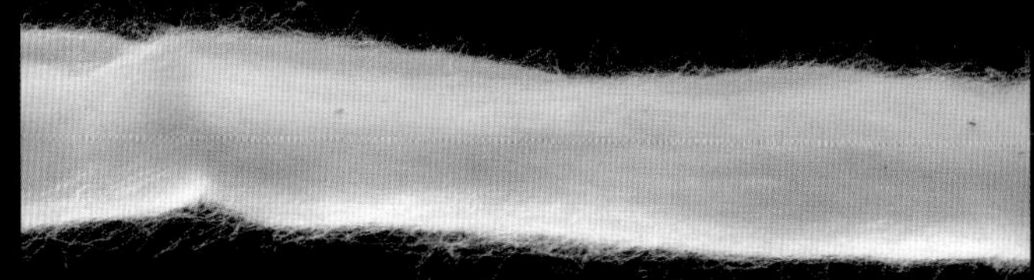

▲ 2단계 슬리버가 다시 통에서 감겨져 임시 저장된다. 1단계 슬리버와 비슷하지만 더 얇고 더 정렬되어 있다. 이 과정은 설탕 · 버터 · 땅콩을 섞어 만든 토피(toffee)사탕을 당기는 과정과 비슷하며 토피사탕을 면섬유로 바꾼 것이라고 볼 수 있다.

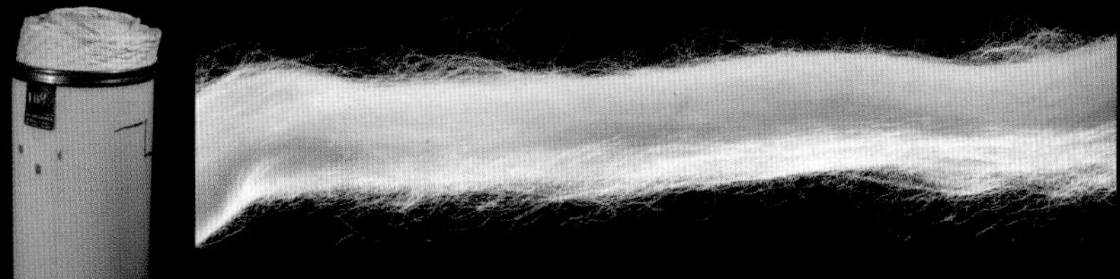

▲ 토피사탕과 마찬가지로 면섬유도 반복의 연속이다. 이 3단계 슬리버는 앞 페이지에 나온 것과 같은 기계로 만든다. 12개의 2단계 슬리버 밧줄들이 혼합되고 당겨져서 하나의 3단계 슬리버 밧줄이 나온다.

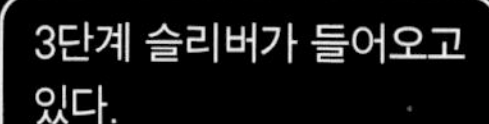

▲ 우리는 아직 슬리버를 완성하지 못했지만 이번에는 조금 다르게 보이지 않는가? 이 기계는 (왼쪽에서 본) 3단계 슬리버를 들여와서 토피사탕을 당기는 것처럼 다시 당기는데 이번에는 훨씬 더 얇은(1/4인치, 5~6mm) 슬리버를 만든다. 이후 16인치(40cm) 높이의 플라스틱 축에 임시로 감아놓는다.

이것은 적절한 속도로 하나의 푸니에서 섬유를 뽑아내는 인간의 손 기술을 모방한 기계의 부분이다. 3단계 슬리버가 왼쪽에서 들어와 일렬로 놓인 4개의 바퀴를 통해 당겨진다. 각각의 바퀴는 이전 것보다 조금 더 빠르게 회전한다. 가장 빠른 바퀴에서 빠져나오는 4단계 슬리버는 단위길이당 훨씬 더 약은 섬유로 되어 있다.

▲ 실타래에 감겨 방적 준비를 마친 슬리버

4단계 슬리버는 두꺼운 실처럼 보이지만 여전히 아주 조금 꼬여있는 상태이다. 조금이라도 잡아당기면 즉시 분리된다. 이런 상태의 면섬유는 마침내 방적 과정에 들어갈 준비를 마친 것이다. 실타래에 감겨 있는 4단계 슬리버는 방적기에 들어가는 날까지 별도의 장소에 저장된다.

공장의 전체 공정은 지속적으로 흘러간다. 기계마다 다음 기계에 필요한 속도와 동일한 속도로 중간 작업물을 생산해 전달한다. 이론적으로는 한 시스템에서 다음 시스템으로 직접 연결되게끔 할 수도 있다. 하지만 실제 생산 과정에서는 적어도 몇 시간 정도 분량의 생산량을 쌓아놓고 '완충 시간'을 가지는 게 기계가 고장 날 때를 대비한 좋은 보험이 된다. 이 공장에서는 방적 속도를 제한해서 그런 효과를 기대하고 있는데, 다른 모든 기계들이 고장 날지라도 생산량을 따라잡을 수 있기 때문이다. 결국 궁극적인 생산성은 방적기계를 가동할 수 있는 시간을 얼마나 100%에 가깝게 유지하느냐에 달려 있다.

방적(spinning)

헐렁한 섬유에서 실을 뽑아내는 과정을 방적이라고 한다. 우리는 손으로 천천히, 혹은 간단한 기계로 빠르게, 또는 100개 이상의 실을 동시에 회전시키는 기계를 사용해 엄청난 속도로 방적을 할 수 있다.

고대의 방적기술은 천천히, 그리고 사색을 즐기는 무척 유용한 것이었다. 며칠, 몇 주, 몇 달 동안 혼자 또는 마을사람들이 함께 실을 뽑아내서 짜고, 뜨개질하는 가장 단순한 도구로 옷과 담요 등 수백 가지의 물건들을 만들 수 있었다.

물레를 만지려면 약간의 연습과 기술이 필요하다. 한 손은 빠르게 움직여야 하는 반면 다른 손은 원하는 두께의 실을 뽑아내기 위해 적당한 속도로 푸니에서 섬유가 나오게 해야 한다. 얇고 가는 실을 만드는 것은 대충 두꺼운 실을 만드는 것보다 훨씬 더 어렵다.

'방적(spinning)'이라는 단어는 실을 만드는 전체 과정을 뜻한다. 슬리버는 쉽게 떨어져 나오기 때문에 굳이 섬유에서 뜯어내려고 할 필요가 없다. 그냥 서로 분리되어 미끄러지며 떨어져 나온다. 하지만 섬유가 서로 꼬이면 더 이상 그렇지 않다. 실을 끊기 위해서는 탄탄하게 엮여있는 섬유들을 끊어내야 한다. 이 모든 게 방적 과정이다. 즉, 방적은 그저 꼬여있는 섬유를 뽑아내는 과정이다.

이런저런 종류의 수동 물레의 문제는 실을 만드는 과정에서 계속 강하게 힘으로 비틀어야 한다는 점이다. 간단한 기계로 이러한 문제를 쉽게 해결할 수 있다.

'잠자는 숲속의 공주'에서 독일의 민화 '룸펠슈틸츠헨(Rumpelstiltskin)'에 이르기까지 고전 동화의 이야기와 노래에 나오는 목제 방적기는 흔히 면화를 방적하는 데 사용되는 것이 아니다. 혹시 밀짚을 금으로 바꿔놓거나 어떤 사람을 찔러 수백 년 간 잠에 빠뜨리는 게 아니라면, 보통 이런 종류의 방적기는 양모용으로 만들어진 것이다(양모 섬유는 면섬유보다 두세 배는 더 길다. 때문에 그런 섬유를 제대로 방적하는 기계는 모양과 구조가 다르다).

▶ 동화에 나오는 방적기

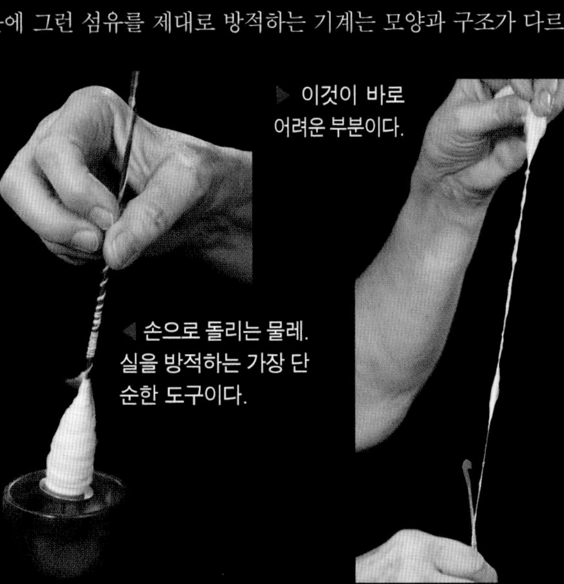

▶ 이것이 바로 어려운 부분이다.

◀ 손으로 돌리는 물레. 실을 방적하는 가장 단순한 도구이다.

여기에 방금 전 본 휴대용 물레와 거의 동일한 물레가 장착되어 있다. 유일한 차이는 작은 도르래 바퀴가 있어 벨트로 구동할 수 있다는 것이다.

물레의 역할은 힘을 덜 들이면서 빠르게 회전시키는 것이다. 이 바퀴가 클수록 한 바퀴 회전할 때마다 더 많은 시간이 걸린다.

면섬유는 미국 역사뿐 아니라 마하트마 간디(Mahatma Gandhi)가 이끈 (영국으로부터의) 인도 독립투쟁에도 양모 이상으로 중요한 역할을 했다. 영국은 기계화된 면화산업을 통제하는 방식으로 식민지 인도인들을 통제했다. 간디는 수백만의 인도인들에게 물레를 직접 만들어서 경제력을 되찾도록 장려했다. 일반적으로 목화 방적에 적합한 물레를 플로어 차카(floor charkha)라고 부른다. 이 기계는 실제 플로어 차카가 아니고 실제로 사용이 가능한 소형 모델로, 그 자체로 역사적 · 문화적 중요성을 증명한다. 사람들은 별로 필요 없는 기계를 기념하는 모델을 만들지 않는다.

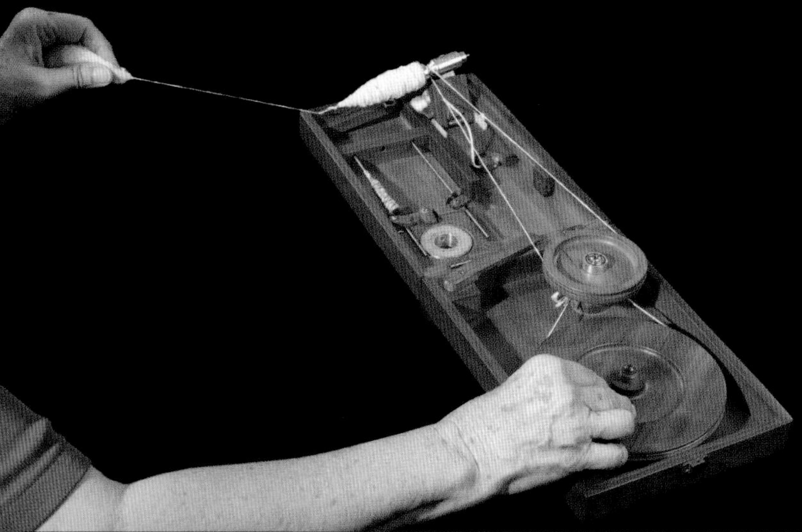

▲ 인도의 차카(물레)는 거대한 플로어 모델에서 말 그대로 양장본 책 크기 만한 '북 차카'에 이르기까지 다양한 크기로 만들어졌다. 북 차카의 경우 커다란 바퀴를 설치할 공간이 없어(플로어 모델의 경우 매우 큰 기어로 큰 기어 비율을 만들어 방적 속도를 빠르게 했다.) 대신에 복합 도르래 장치를 사용했다. 약간 큰 바퀴를 돌리면 작은 바퀴가 돌아가고 또 중간 크기의 바퀴가 돌아간 다음 물레에 연결된 아주 작은 바퀴가 빠르게 돌게 된다. 이는 시계의 복합 기어 체인에 사용된 것과 정확하게 동일한 아이디어다.

동화의 오류

나는 불행한 공주가 저주받은 물레에 찔려 백 년 동안 깊은 잠에 빠지는 '잠자는 숲 속의 공주' 이야기가 항상 이해되지 않았다. 내가 어렸을 때 본 동화책에는 날카로운 부분이 전혀 없는 양모 물레의 사진이 있었다. 기계의 세부 요소들이 완전히 무시되는 전형적인 동화의 예시이다. 예를 들어, 디즈니 만화에서 잠자는 숲 속의 공주가 만지는 물건은 물레가 아니다. 실패작이다! 날카롭지도 않단 말이다! 유감스럽게도 디즈니의 유명한 연구부서가 물레에 관해서는 완전히 실패한 게 아닌가 싶다.

동화를 쓴 사람들은 틀리지 않았다. 다만 100년 후 물레에 대한 일반적인 지식이 사라진 후에 그림을 그린 사람들이 틀렸다. 면 방적기의 물레는 사실 날카로운 바늘을 사용한다. 단순히 오늘날의 책과 영화에서 볼 수 있는 사진들이 대부분 잘못 묘사했을 뿐이다.

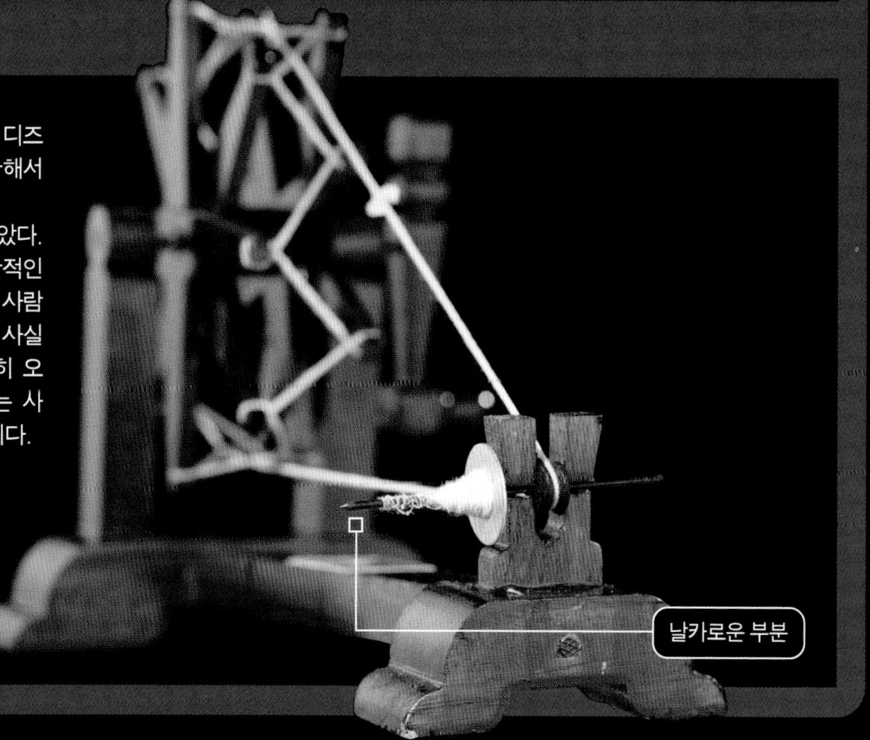

▲ 물레의 기능을 하는 산업용 방적기

산업용 방적기의 경우 실타래에 감겨 있는 4단계 슬리버가 기계 상단에 매달려 있고 하단에는 완성된 실들을 감는 작은 실타래들이 줄지어 있다. 양단의 사이에서 슬리버가 부드럽게 아래로 늘어지면서 기계 바닥의 실타래가 빠르게 회전함에 따라 빠른 속도로 꼬이게 된다. 하나로 이어지는 3개의 롤러(212페이지의 기계와 유사)가 점점 빨리 돌며 4단계 슬리버를 적당한 두께로 늘려 회전시킨다. 회전은 실제로 마지막 롤러 너머에서 발생한다.

방적기에서 면사가 완성되어 나오지만 이 상태로는 공장을 떠나지 못한다. 방적을 하면서 실을 아주 작은 목제 실타래에 감기 때문에 많은 양을 처리할 수 없다(실타래는 방적기가 최대한 빠르게 회전하게끔 작게 만들어놓는다).

여러 개의 실타래에 적게 감긴 실들을 하나의 큰 실타래에 감으려면 작은 실타래를 잇는 많은 매듭이 있어야 함을 뜻한다. 오른쪽의 나시 감는 기계의 중간 부분은 자동으로 매듭을 만드는 장치이다. 약 1초 만에 작은 매듭이 생기고 양쪽 여분의 실이 잘려서 거의 보이지 않는 연결이 남는다. 기계의 센서는 실 끊김을 감지하고 중앙집진 흡입기(suction arms)들이 실의 양 끝을 다시 살려 매듭장치로 모은 뒤 기계를 자동으로 다시 가동시킨다.

▲ 방적실의 공기는 외부보다 훨씬 뜨겁고 습하다. 위의 거대한 파이프에서 알 수 있듯이 방에 일정한 습기의 연무가 끼여 있는 것은 우연이 아니다. 면섬유의 특성은 습도에 따라 크게 달라진다. 당기고 회전하는 단계들을 거칠 때 일관된 성질을 갖게끔 섬유를 항상 약간 습한 환경에서 유지해야 한다.

작은 실타래들에서 풀려난 실들이 훨씬 더 큰 실타래에 다시 감겨진다.

방적 단계에서 만들어진 작은 목제 실타래들이 이 회전 탑에 장착된다. 이후 하나 하나씩 기계의 바닥으로 이동되어 풀어지게 된다.

▲ 실타래에 실을 감는 수십 대의 기계가 사람의 개입 없이 작동한다. 작업자는 새 목제 실타래로 회전 탑을 채우고 비워진 실타래를 다시 회전 탑으로 가져가 새 실을 감는다.

◀ 자동으로 다시 감고 배럽을 만들어내는 이 기계는 여러 개의 작은 목제 실타래에 감긴 실들을 원뿔 모양의 골판지 코어가 달린 큰 실타래로 옮겨놓는다.

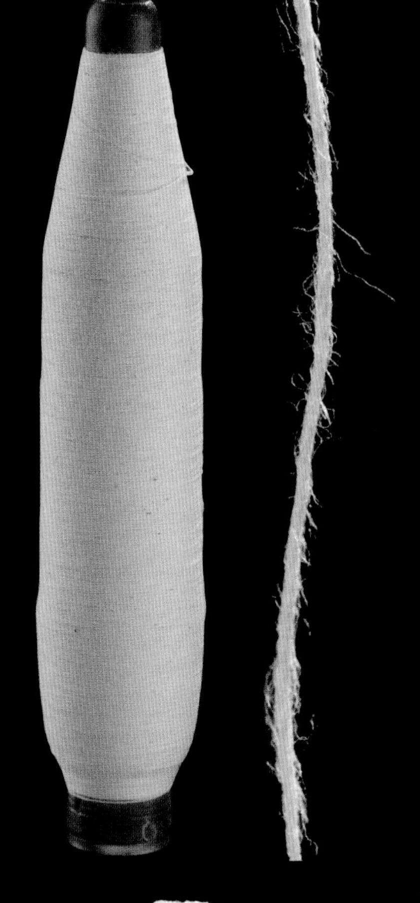

▶ 방적기가 만들어낸 작은 실타래들. 이 실타래의 실은 훨씬 더 큰 실타래에 감겨져 소비자들에게 간다.

▶ 나의 면 뜨개실 뭉치!

냄비집게 헝겊에 더 가까이 갔다! 이제 우리는 내가 기르고 조면하고 빗은 면을 '북 차카'로 방적해 뜨개실로 바꿔놓았다. 이 정도면 헝겊을 만들기에 충분하다. 내가 방적했다고 말하고 싶지만 안타깝게도 면방적 기술을 배울 시간이 부족했다. 때문에 지역의 방적/길쌈 동호회 회원이자 내 친구인 수(Sue)는 내가 불쌍하게 보였는지 면을 방적해주었다. 면을 훨씬 더 얇게 방적할 수도 있었다. 하지만 그녀가 얇은 실보다 두꺼운 실을 뽑아내는 게 더 쉽고, 또한 내가 헝겊을 짜는 데도 더 나을 것 같아 이렇게 두껍게 방적해달라고 요청했다.

직조(weaving)

방적기에서 실이 나와 실패에 감기면 다음은 천을 만들어야 한다. 천을 만드는 데는 두 가지 중요한 방법이 있다. 바로 직조와 뜨개질이다. 이 중 직조는 가장 오래되고 가장 널리 쓰이는 방법이다. 뜨개질한 편직물도 훌륭하지만, 직조에 의한 직물이야말로 문명의 초석 중 하나라고 할 수 있다.

직조는 위아래로 움직이는 게 전부이다. 가장 단순한 패턴은 평직이라고 하는데 모든 실이 모든 방향에서 위아래로 번갈아 교차한다(아래의 천은 두꺼운 밧줄로 만들어져 어떻게 실이 직조되는지를 한 눈에 볼 수 있다. 물론 실제 천은 보통 훨씬 얇은 뜨개실이나 실로 짜인다).

▲ 밧줄 천의 확대 사진. 가장 간단한 형태의 직조인 평직 패턴을 볼 수 있다.

가장 단순한 직조기

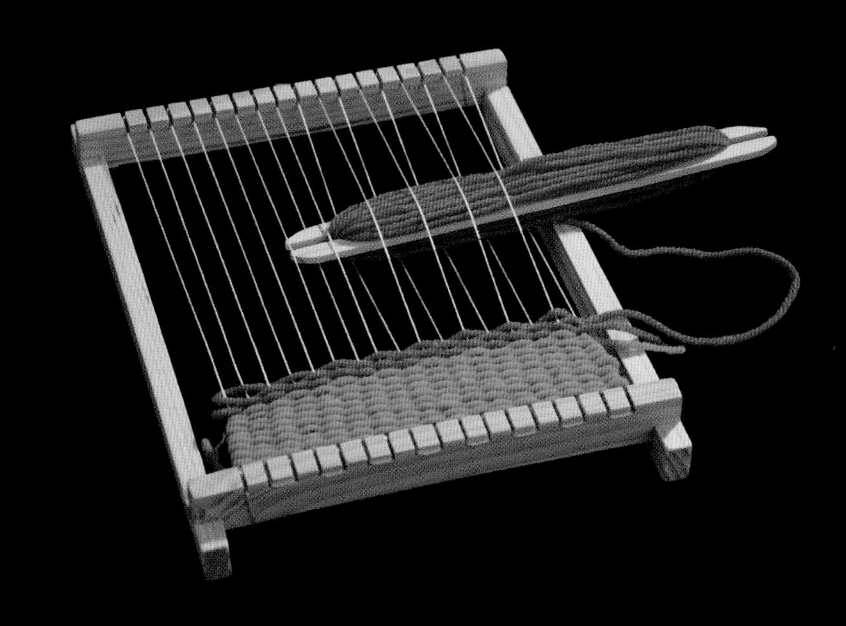

직조는 어떤 것이든 거의 기술을 사용하지 않고도 할 수 있다. 가장 간단한 직조기(베틀)에서 날실(warp yarn)이라 불리는 실이 2개의 막대 또는 봉 사이로 뻗어 있는 것을 볼 수 있다. 천을 만들기 위해서는 씨실이 잔뜩 감겨 있는 나무 셔틀을 날실 하나하나의 위 아래로 번갈아 통과시킨다. 셔틀이 반대편으로 빠져나가면서 이 때 풀려진 실들은 날실 사이에 짜인 채로 남게 되고, 셔틀을 다시 반대 방향으로 돌려 날실을 통과시킨다.

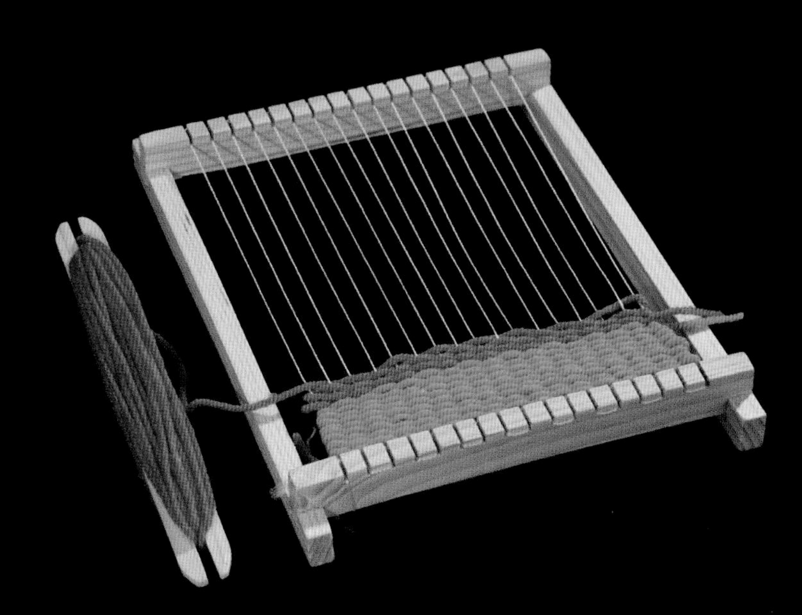

▲ 셔틀을 끝까지 잡아당긴 후 새 씨실을 빗질해서 이전에 직조된 씨실과 함께 묶는다. 이런 과정을 수백 번 또는 수천 번 하면 천이 나온다.

손으로 직조하다 보면 셔틀 또는 실이 매달린 일종의 스틱을 교대로 날실 위아래로 밀어 넣으면서 시간을 많이 보내야 한다. 작업을 조금 하고나면 미칠 듯이 지루해진다. 다행스럽게도 더 좋은 방법이 있는데, 바로 잉아(heddles, 직조기[베틀]의 날실을 한 칸 걸러 끌어올리도록 만든 장치-옮긴이)를 사용하는 것이다. 옆의 아이들 장난감처럼 생긴 잉아는 파란색 플라스틱으로 만들어졌지만, 절반의 날실을 한 번에 같이 들어 올릴 수 있어 커다란 직조기와 동일하게 작동한다.

▲ 가장 원시적인 직조기 중에는 날실이 고리처럼 감겨 있는 2개 이상의 막대기로 구성된 구조를 지닌 것들이 있다. 이 단순한 직조기로 숙련된 직공은 손으로 2개의 다른 색 실 사이의 위아래 교차점을 신중하게 선택해서 우아한 패턴을 짜낼 수 있다. 물론 속도는 상당히 느리다.

날실 절반을 들어 올리면 그 사이의 틈새를 통해 셔틀을 쉽게 통과시킬 수 있고 자동으로 날실이 번갈아 가며 아래로 내려간다는 것을 알 수 있다.

'비터 바(beater bar)'라고 불리는 내장된 빗이 앞뒤로 움직이면서 각각의 실을 셔틀 뒤로 끌어당긴 후 제자리에 넣는다. 실을 제자리에 넣은 뒤 직조기 상단의 레버를 돌려서 셔틀이 반대 방향으로 통과하도록 만든다.

이 레버를 돌리면 잉아가 교대로 위 또는 아래로 이동하게 되어 홀수 번호의 실이나 짝수 번호의 실이 교대로 올라가고 내려가게 된다.

씨실은 셔틀에 감겨 있다. 매번 앞뒤로 움직이면서 조금씩 실이 풀려나오게 된다.

홀수 위치의 씨실은 하나의 잉아를 통과하고 짝수 위치의 씨실들은 다른 잉아를 통과한다.

발 페달 구동 직조기

▼ 대형 직조기 또한 기본적으로는 장난감 모델과 동일하나 더 무겁고 더 넓다.

베틀은 발 페달로 작동되는 플로어 직조기(floor loom)로 진화한다. 옆의 직조기는 1960년대의 6-잉아 시어스(Sears) 모델이다. '6-잉아'는 바닥의 발 페달을 사용해 올리고 내릴 수 있는 6개의 독립적인 틀을 가지고 있다는 것을 뜻한다. 천을 만들기 위해 날실을 배치할 때 직조하고자 하는 패턴에 따라 어떤 날실이 어떤 잉아를 통과할 지 결정할 수 있다. 평직의 경우 그냥 2개의 잉아를 사용해 하나는 홀수 위치의 실에 사용하고 다른 하나는 짝수 위치의 실에 사용하면 된다.

약 40피트(12m)의 날실이 직조기 뒤의 '날실빔(warp beam)'에 감겨져 있다. 직조할 때 직조된 직물을 앞면의 흡수 빔에 천천히 감는 동시에 뒤쪽의 날실 기둥에서 추가로 날실이 풀려나오게 한다. 초대형 산업용 직조기의 경우 수백, 수천, 또는 수만 개의 개별 날실을 날실빔에 두르고 잉아의 눈에 개별 실을 통과시킨 뒤 앞의 흡수 빔에 묶어야 하기 때문에 직조기에 실을 감는 과정이 최소 몇 시간에서 최대 몇 주까지 소요될 수 있다.

잉아는 금속 막대에 매달려 있는 나무틀이다. 틀에는 철사 잉아의 눈이 달려 있다.

비터 바는 금속이며, 무게가 실려 있어 씨실을 제 위치로 돌려보내는 역할을 한다.

완성된 원단은 이곳에 감기게 된다.

셔틀이 날실을 벗어나지 않고 틈새를 통과하게끔 돕기 위해 끝을 뾰족하게 했다.

구멍은 실이 감길 때 엉키지 않게 한다.

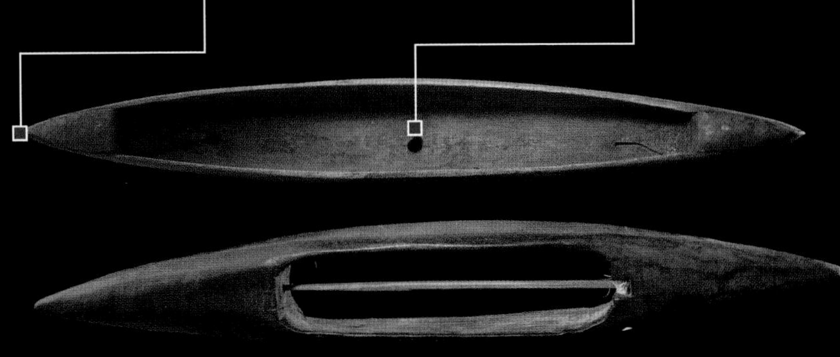

▲ 더 큰 직조기는 실이 감긴 막대 대신에 '보트 셔틀'을 사용한다. 보트 셔틀은 모양 때문에 (어떤 것은 아래가 뚫려 있어 보트로 사용될 수 없지만) 생긴 이름으로, 보트 안에는 길고 얇은 실이 감겨 있고 구멍을 통해 보트 끝에서 풀려나오게 된다.

내가 손수 뽑아낸 실로 면직물을 만들 때가 되자 빠르게 직조하면서도 낭비를 최소화할 수 있는 직조기를 갖고 싶어졌다. 그래서 내가 만들고자하는 헝겊의 크기에 딱 맞는 사이즈의 레이저 절단 아크릴 직조기를 만들기로 결정했다.

나의 헝겊 직조기는 날실이 큰 직조기처럼 날실빔에 감겨 있는 게 아니라 두 막대 앞뒤로 벌려지는 단순한 아이들 장난감 같아 보인다. 하지만 자동으로 씨실을 위아래로 엮는 기계적 잉아 메커니즘을 지닌 더 복잡한 직조기이다.

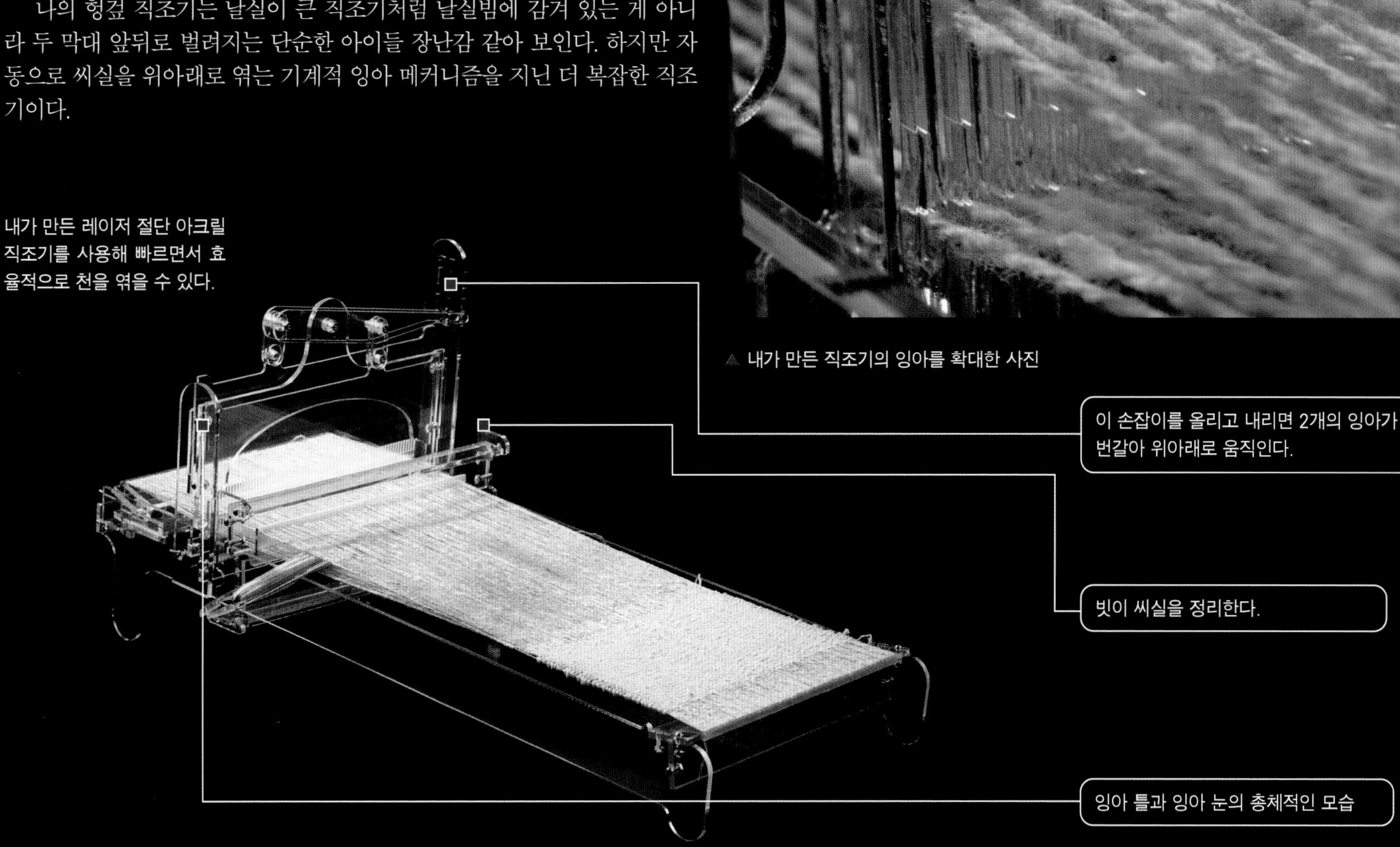

내가 만든 레이저 절단 아크릴 직조기를 사용해 빠르면서 효율적으로 천을 엮을 수 있다.

▲ 내가 만든 직조기의 잉아를 확대한 사진

내가 디자인한 아크릴 잉아 구조가 자랑스럽다. 하지만 구식의 잉아를 사용해 천을 짜는 사람들이 거의 남아 있지 않아 그 진가를 알아보기는 어려울 것 같다. 나의 잉아는 이미 낭겨진 씨실을 빗는 것처럼 미끄러지고 빗의 톱니가 실과 정확히 일대일로 겹쳐서 모든 짝수에 해당하는 실들이 위아래로 자유롭게 움직이게 한다. 이후 두 번째 잉아 틀이 반대로 홀수 실을 잡아내어 짝수 실이 미끄러지게 만든다.

이 디자인으로 전체 잉아 틀을 제거한 상태에서 일정한 길이의 실을 앞뒤로 반복해 매우 빠르게 실을 꿀 수 있다. 그런 다음 당겨진 실 위로 잉아 틀을 내려서 천을 짜게 된다.

내가 아는 한, 이 헝겊 직조기는 세계 유일한 디자인이다. 즉, 어떤 오래된 디자인이라도 거기에서 새로운 아이디어가 나오지 말란 법이 없음을 증명하고 있다. 물론 이 책을 읽은 독자가 같은 아이디어를 사용한 오래된 특허 정보를 가져온다면 나의 이런 주장은 반증될 것이다.

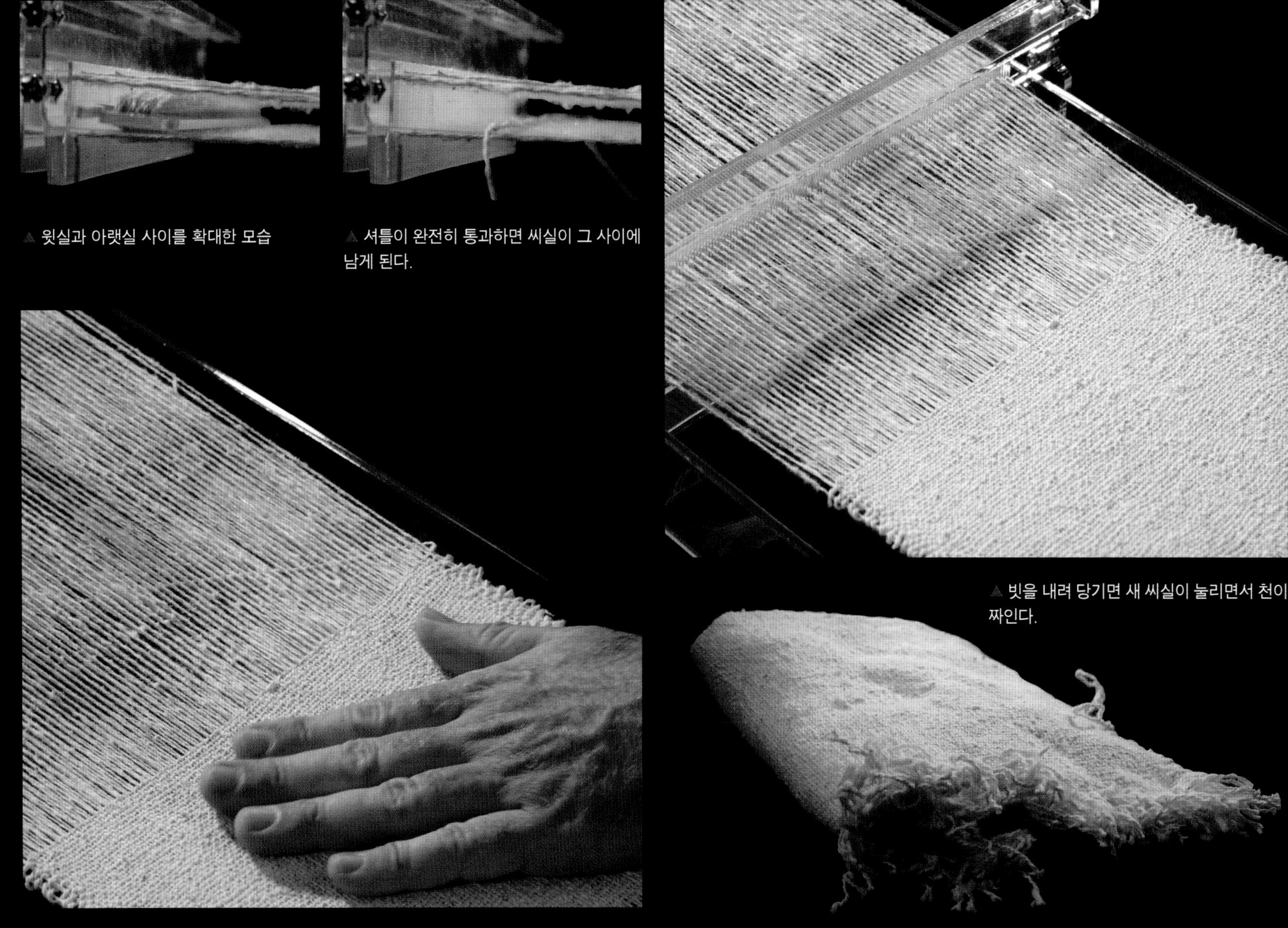

▲ 윗실과 아랫실 사이를 확대한 모습

▲ 셔틀이 완전히 통과하면 씨실이 그 사이에 남게 된다.

▲ 빗을 내려 당기면 새 씨실이 눌리면서 천이 짜인다.

▲ 새 씨실은 날실에 비스듬히 당겨져 눌러지면서 날실 사이를 오르내릴 수 있는 여분의 간격을 만들어놓는다. 이렇게 간격을 확보해놓지 못하면 새 씨실을 당기면 당길수록 천의 폭이 점점 좁아지게 된다. 이는 초보 직공들이 자주 겪는 문제이다.

▲ 직조기에서 천을 꺼내고 날실을 양쪽 끝에 있는 술(tassel)로 묶으면 하나의 작품을 만나게 된다. 바로 천이 완성된 것이다! 실제로 이 천을 그대로 냄비집게 헝겊으로 사용할 수 있다. 하지만 이것을 꿰매고 누빈 뒤 그 안에다 솜을 넣고자 한다. 먼저, 생산 현장에서 천이 어떻게 직조되는지를 살펴보자.

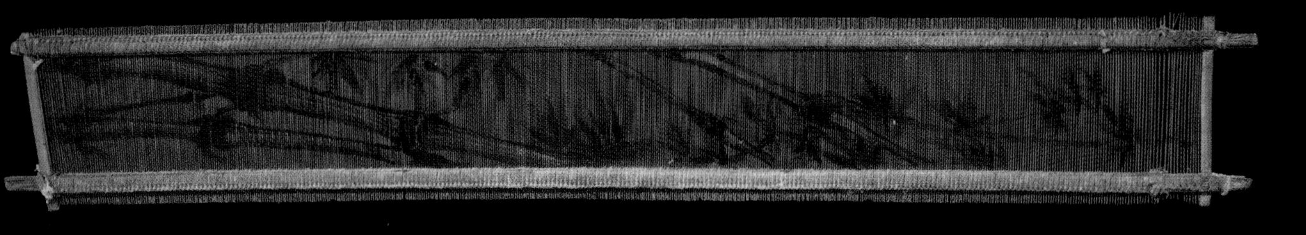

◀ 직조기의 비터 바는 중국의 오래된 제품처럼 대나무를 쪼개서 만들 수 있다. 그러한 대나무 비터 바는 베틀이 사라진 지 오래되었지만 여전히 쓰일 만큼 가치가 있다. 전통 그림으로 장식된 옆의 작품은 이제 임무가 끝나 은퇴한 마당이라서 벽에 걸려 있다.

직조 공장 방문기

중국 허베이성 시골에 있는 이 직조 공장을 방문한 순간 심장이 내 평생 가장 강렬하게 뛰는 것 같았다. 공장은 어디를 가나 시끄럽지만, 이 공장에서 나오는 소리는 아프리카 드럼과 테크노 음악, 그리고 폴 사이먼을 떠오르게 할 정도로 끊임없이 변화하는 리듬이었다. 그러나 그저 그런 음악가가 만들어내는 선율은 이런 기계에서 나오는 날것의 소리에 견주지 못한다. 이 기계들은 땅을 흔들고 공기를 소리로 가득 채운다.

직조 기계실은 창문 빛으로만 비춰져서 조명을 사용하는 요즘 공장에서는 볼 수 없는 깊이와 질감을 자아낸다. 움직이지 않는 모든 게 목화 섬유로 덮여 있다는 사실은 마치 다른 세상에 온 것 같은 느낌을 준다. 다른 사람들이 이런 공장이 아직 돌아가고 있을 때 방문할 수 있기를 희망한다. 지금은 그나마 이익을 내기 때문에 살아남아 있지만, 이런 공장은 중국에서도 인도에서도 심지어는 우리의 기억 속에서도 영원히 사라지게 될 것이다.

이 공장의 소리에 에너지를 가하는 게 무엇인지 처음 깨달았을 때, 나는 거의 믿을 수 없었다. 바로 셔틀 직조기였다. 우리가 이 책에서 다룬 유일한 직조기라서 내가 왜 이것에 놀랐는지 이해하지 못할 수도 있다. 하지만 솔직히 숱한 단점을 지녔는데도 이런 종류의 직조기가 아직도 쓰이고 있다고는 상상조차 하지 못했다. 잉아가 날실을 위아래로 한 칸씩 끌어올리는 순간 셔틀은 베틀의 양쪽에 있는 도킹구역 중 하나에서 정지되어 있다.

우리는 220페이지에서 광택이 나는 목제 셔틀을 본 적이 있다. 이 공장에서는 대신 실용적인 보트 셔틀을 쓰고 있다. 매끄러운 플라스틱으로 만들어졌고 (해머에 부딪힐 때를 대비해) 양쪽에 강한 금속 부분이 부착되어있다. 이 셔틀 역시 다른 셔틀들이 지니고 있는 근본적인 결함이 있는데, 바로 실이 위아래로 갈리고 그 틈새를 셔틀이 무리 없이 통과하게 하려면 실타래에 일정한 양 이상의 실을 감을 수 없다는 점이다. 날실 사이에 최대한 간격을 확보해야 하는 것도 직조기가 셔틀을 지속적으로 작동시킬 수 있는 시간을 제한하는 요인이 된다.

이 공장에는 통로를 가로질러 서로 마주보는 직조기 한 쌍 사이마다 한 명의 작업자가 서있었다. 그들의 임무는 셔틀에 감긴 실이 다할 때 셔틀을 빠르게 교체해서 두 직조기가 가능한 한 연속적으로 작동할 수 있게 하는 것이다. 한 작업자가 2개의 직조기만 처리할 수 있으니 기계가 얼마나 빠르게 셔틀에 감긴 실을 소비하는지 알만하다.

이 직조기는 유연한 금속 띠를 사용해 셔틀이 틈새에서 나올 때 그 아래를 둘러싸게 된다. 이렇게 하면 단단한 금속 셔틀이 초당 몇 차례씩 직조기 전체를 오고 가면서 씨실을 이동시키는 것보다 더 빠르게 작업할 수 있다.

▲ 보트 셔틀은 양쪽 끝에 강력한 금속을 부착한 플라스틱으로 만들어진다.

다른 기계실에서는 근대를 상징하는 레이피어 직조기(rapier loom)를 발견했다. 이것은 셔틀이 없다는 것을 제외하고는 셔틀 직조기와 모든 면에서 동일하다. 대신 레이피어라고 하는 유연한 금속 띠가 베틀의 양끝에 위치해 있다가 날실이 교차해 올라가고 내려가면 한쪽의 레이피어가 씨실을 저편의 다른 레이피어에 전달하게 된다. 이런 방식으로 씨실이 셔틀과 함께 이동하지 않아 얼마든지 많은 양의 씨실을 오고가게 할 수 있다.

씨실은 하루 종일 알아서 움직이기 때문에 작업자는 문제가 생길 때만 기계를 살펴보면 된다.

옷감을 사기 전, 스레드(THREAD) 확인은 필수

값비싼 침대 시트의 제작자들은 종종 '스레드 수(thread count, 1제곱인치 안에 교차된 날실과 씨실의 개수-옮긴이)'를 자랑하곤 한다. 200개면 괜찮고 300개는 상당히 좋은 편이며, '최고의' 브랜드는 600개 심지어는 1,000개의 스레드 수가 있다고 자랑한다. 하지만 이런 광고는 허구다. 220개 이상의 스레드 수를 장담하면 거의 확실하게 거짓이기 때문이다. 왜 그런지 살펴보자.

▲ '1000스레드 시트'는 침대산업체들이 꾸며낸 거짓말이다.

▶ 독자들이 볼 때 다음 중 무엇이 더 잘 짜인 시트처럼 보이는가? 위는 220개의 스레드 수이다. 마이크로미터(㎛) 수준의 눈금으로 증명된 것이다. 아래는 분명하게 더욱 거친 직물인데 1000개의 스레드 수라고 판매된다! 판매상들은 새틴 직물의 수 없이 많은 개별 가닥들을 마치 직조된 실인 것처럼 세고 있다. 말이 전혀 안 되는 난센스이다.

▲ 밧줄로 만든 평직 모델

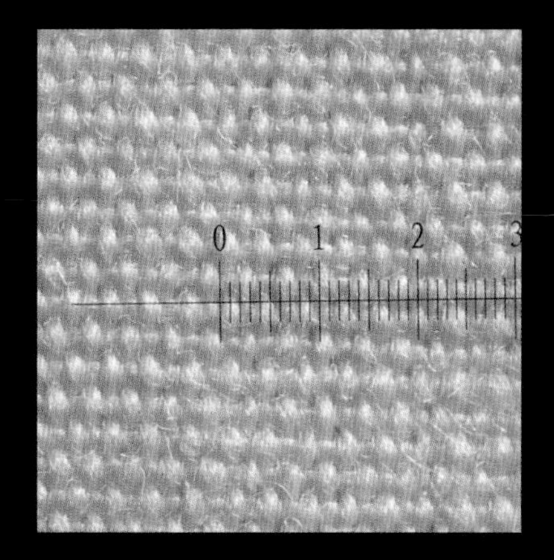

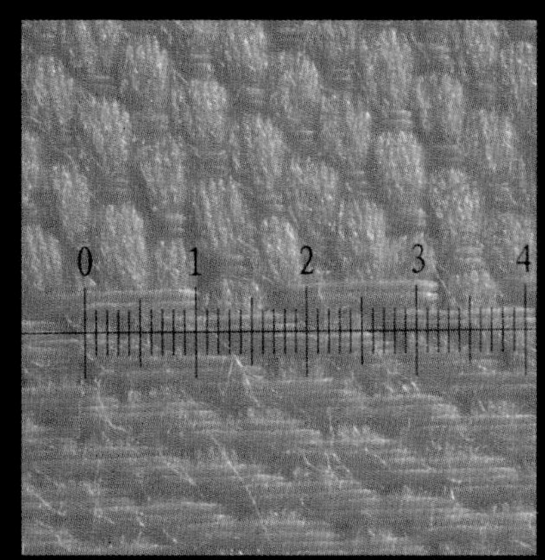

▲ 밧줄로 만든 새틴 직조 모델

모든 실이 양방향으로 교차점마다 오르내리는 패턴을 평직이라고 부른다. 가장 흔하고, 또 가장 강력하며 내구성이 뛰어난 직조 형태이다. 하지만 직조를 하는 유일한 방법은 아니다. 여기서 우리는 '새틴(sateen) 직조'를 볼 수 있다. 매번 교차하는 대신에 윗실은 3개 또는 4개의 교차점을 유지한 다음 아래로 내려가는 식이다.

나란히 비교해보면 알 수 있듯이 새틴 직조의 실은 평직보다 훨씬 더 단단히 묶여진다. 새틴 직물은 같은 실로 만든 평직보다 인치당 더 많은 실을 짤 수 있다. 이 밀집된 직물은 공기도 통과시키지 않을 정도로 조밀한데, 그렇다고 해서 항상 좋은 것만은 아니다. 가짜 베드시트(bedsheet) 마케팅 캠페인이 이루어지기 이전의 직조 산업에서는 하나의 교차점에 나란히 묶인 실의 숫자가 아니라 인치당 교차 숫자로 스레드 수를 정의한 바 있다.

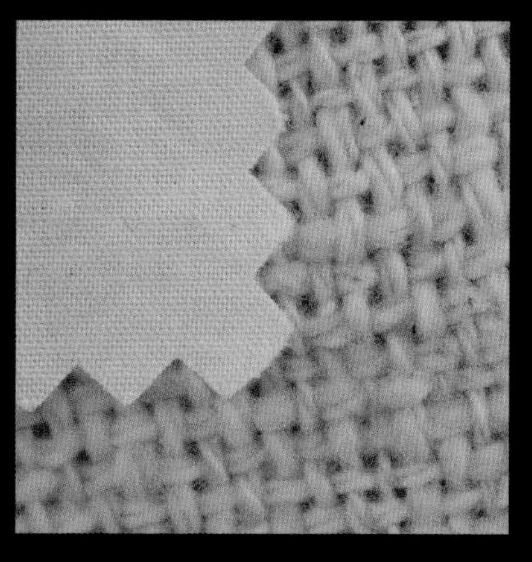

▲ 30스레드로 만든 수제 천과 기계로 만든 220스레드 천의 차이를 보라!

오른쪽은 200년 전 사람들이 흔히 사용할 수 있었던 수준의 천이고 왼쪽은 당시 왕도 누리지 못할 수준의 럭셔리 제품이다. 오늘날에는 왼쪽의 천은 티끌처럼 저렴하다. 반면 사람들은 오른쪽과 같은 수제 직물에 많은 비용을 지불한다(내가 아니라 제법 기술을 갖춘 사람이 만든 천을 말한다).

기계는 고급스럽지만 평범한 제품을 만들어내고 있다. 이에 따라 기계가 아니라 사람이 시간을 들여 만드는 수공업 제품이 희귀하고 비싸다고 알려져 가치가 높아졌다.

구리와 강철로 짠 셔츠

목화 외에도 양모, 아마, 사이잘(sisal)삼, 대마, 나일론 등 다양한 자연 또는 합성 섬유로 천을 만들 수 있다. 직조는 이제 '정말 그걸 할 수 있다고?' 의문시하는 영역에까지 들어서있다.

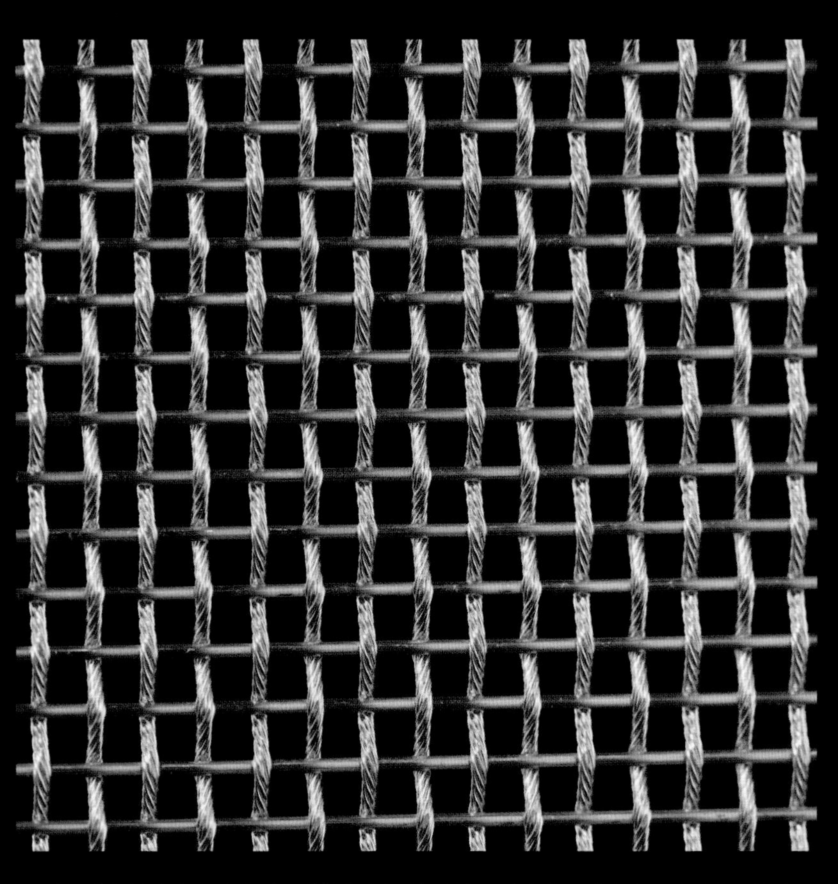

▲ 이국적인 분위기가 나게 직조된 '천'이다. 한 방향은 딱딱하고 단단한 스테인리스 철사로, 다른 방향은 작은 꼬인 청동 철사로 짜놓았다(청동은 구리와 주석의 합금이다). '실'은 금속이지만 보통 천처럼 짤 수 있다.

◀ 제지 산업에서는 정교하게 짠 청동 철사로 된 거대한 천을 사용해 목재펄프 슬러리(slurry, 액체 속에 고체 입자가 섞인 혼합물–옮긴이)에서 물을 빼낸다. 한 번이 아니라 반복적으로 제조 중인 종이를 눌러야 하기 때문에 천의 표면은 완벽하리라 할 만큼 촘촘해야 한다.

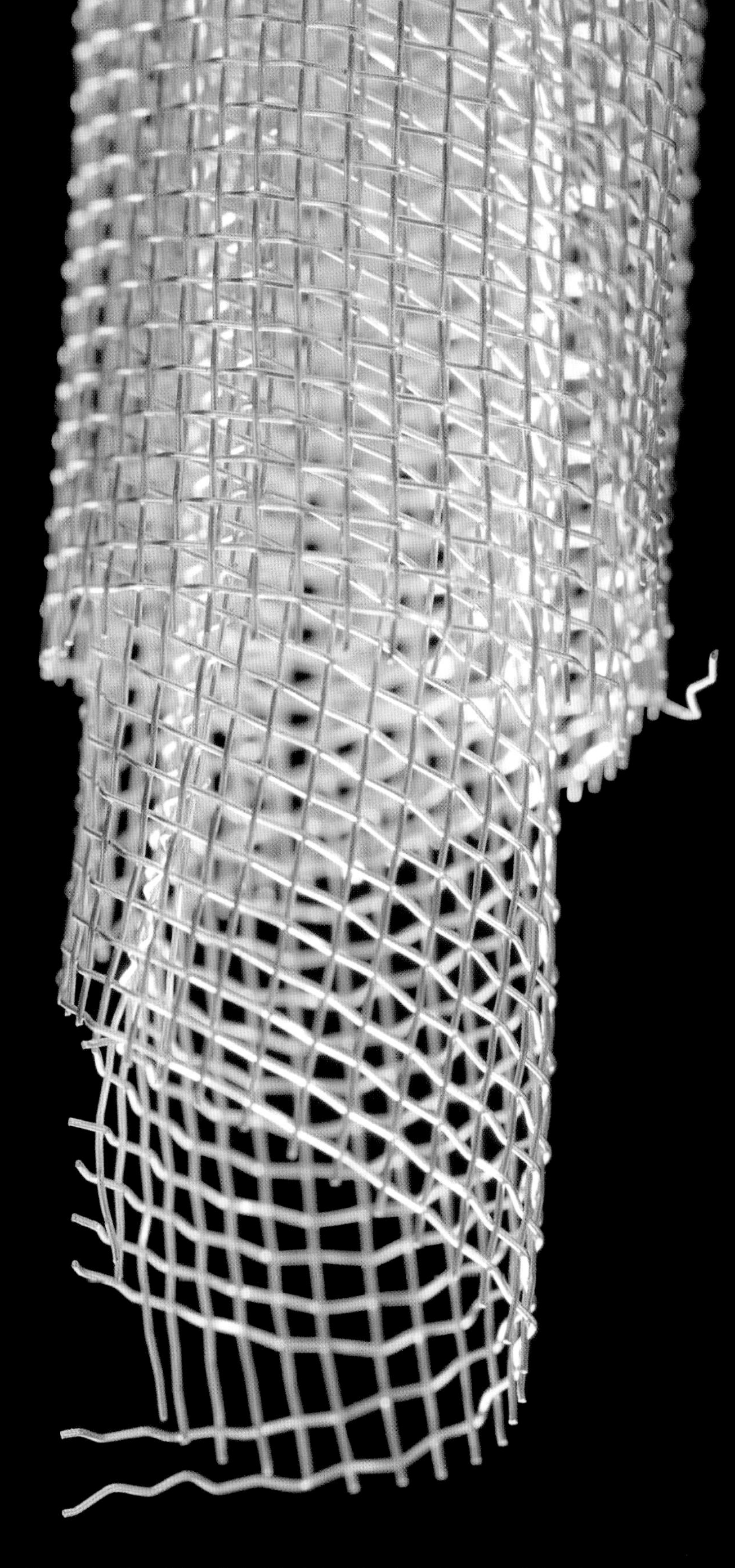

▲ 철사로 직조한 모기장은 세계 여러 지역 사람들이 산 채로 피를 빨리는 것을 막아준다.

철사의 직조법

철사를 사용하면 면보다 더 정교하고 세밀하게 천을 짤 수 있다. 면과는 달리 철사와 합성 필라멘트 직물은 놀랍게도 1,270스레드 수까지 시판되고 있다(양 방향으로 인치당 635개의 철사가 교차된다는 것을 뜻한다). 이는 상술이 아니라 엄연한 사실이다.

철사를 직조하기란 특히 어려워 30피트(9m) 너비를 지닌 독일의 철사 직조기(아래)처럼 거대한 기계들이 쓰인다. 이 기계는 약 25톤의 어마어마한 양의 강철로 만들어졌다. 면 직조기도 큰 편이지만, 이 기계는 보통 천을 만드는 기계들보다 정말 훨씬 크고 매우 무겁다. 30피트 너비의 철사 직물을 원한다면(물론 사람들이 원하기 때문에 만들어진 것이다.) 그 만한 너비로 기계를 만드는 게 가장 좋다. 하지만 이 기계가 이렇게 무거운 것은 그런 이유가 아니라 장력 때문이다.

철사는 면처럼 늘어나지 않아 실을 팽팽하게 유지하는 것보다 훨씬 더 많은 힘을 가해야 제대로 당길 수 있다. 30피트(9m)짜리 철사로 만든 천을 상상해보자. 이 천은 인치당 100개의 철사가 짜여 있다(cm당 40개 철사). 그렇게 하면 36,000개의 철사가 나오고 각각의 철사는 아주 강력하게 잡아당겨야 펼쳐진다. 이 직조기는 너비 1m당 8톤의 힘을 견딜 수 있어 총 72톤까지 버틸 수 있다. 그 모든 힘은 앞 쪽의 흡수 롤러와 뒤쪽의 날실빔 사이에 가해지는 장력이다. 이 36,000개의 철사는 각각 직조기의 후면에서 잉아의 눈과 빗을, 그리고 흡수 롤러를 통과해야 한다. 모두 수동으로 한 번에 하나씩 36,000차례나 이어져야 한다. 이렇게 하기 위해서는 두 남성이 (한 사람은 뒤에 서고 한 사람은 앞에 서서 서로에게 철사를 전달하는 방식으로) 하루에 2교대(16시간)로 8일간 일해야 한다. 그 기간 동안 이 비싼 기계는 아무것도 만들지 않는다.

▲ 모든 철사가 준비가 되면 약 3주 동안 밤낮을 쉬지 않고 작동해 약 600야드(550m)의 고 품질 철망을 완성한다. 물론 면 직조기보다 비교할 수 없을 만큼 느린 속도다. 면 직조기는 1초에 약 30개의 씨실을 넣을 수 있다. 하지만 철사 직조기의 경우 1초에 철사 1개를 넣는 속도로 느릿느릿 구동된다.

▼ 독일 공장의 철사 직조기

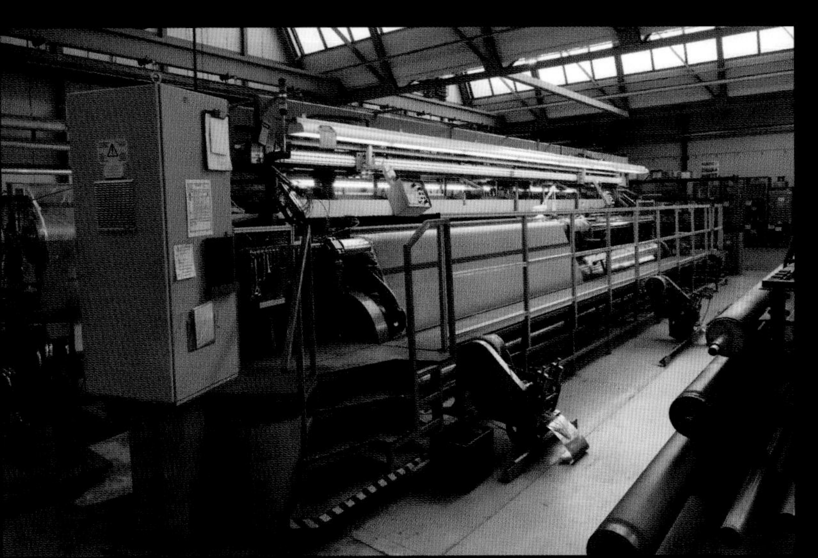

▲ 직조기 뒷면의 날실빔이다. 직조기로 들어가기 전에 날실용 철사를 감아놓은 롤이다. 면 직조기에서 이 빔은 직경이 약 10인치(25cm)인 강철 막대였고 면실이 그 주위에 약 4피트(120cm)의 직경으로 감쌌다. 그러나 철사 직조기에서는 장력이 너무 세 훨씬 더 크고 튼튼한 빔이 필요하다. 이 파이프는 직경이 32인치(80cm)이고 두께가 2.4인치(6cm)인 단단한 강철로 되어 있다. 직경이 워낙 커서 많은 철사를 감지는 못한다.

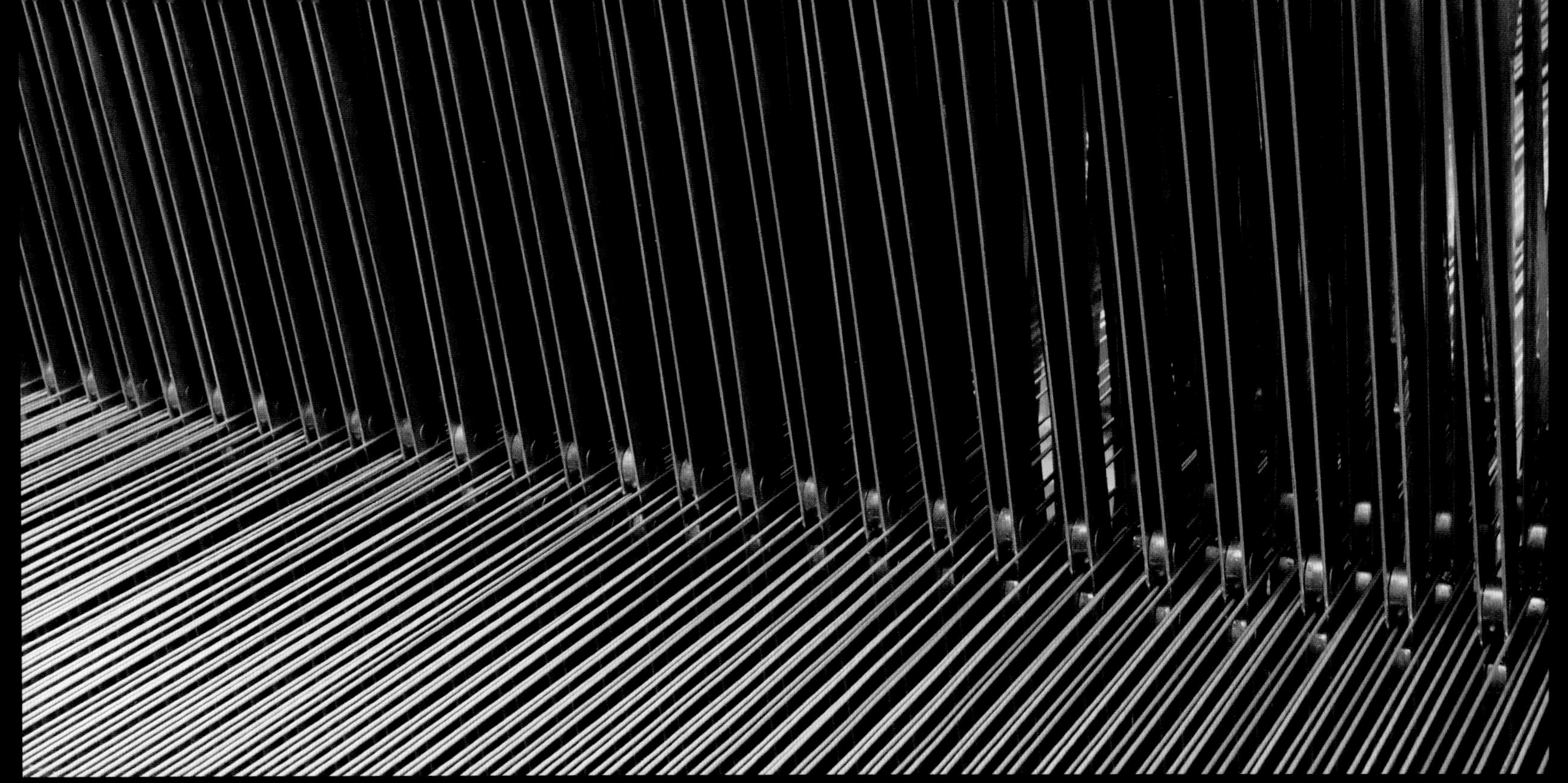

▲ 종종 기계의 내부를 속속들이 들여다볼 때면 기쁘다. 위는 천을 만들 때 날실(철사)을 교대로 들어 올리거나 내리는 것으로 잉아라고 부른다. 날실마다 잉아의 눈이 하나씩 있다. 얇고 매끄러운 철사 실이나 면실의 경우는 잉아의 눈이 단순한 바늘구멍이다. 하지만 이렇게 거대한 철사 직조기에서는 여러 겹으로 꼬인 철사가 통과해야 하기 때문에 울퉁불퉁한 철사를 매끄럽게 다루기 위해 모든 잉아에 한 쌍의 볼 베어링을 설치한다.

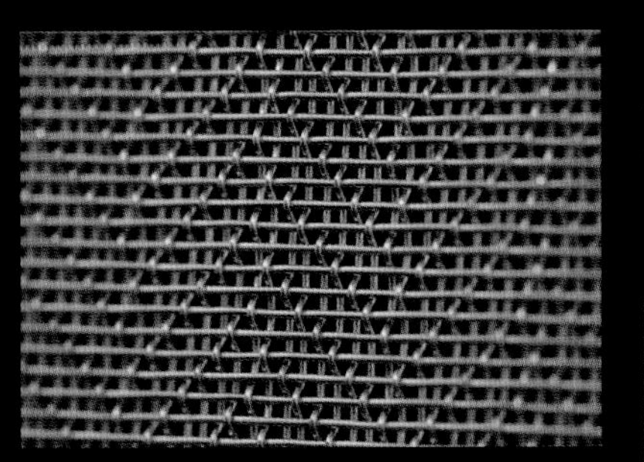

▲ 면처럼 철사를 직조하는 방법도 평직(단순한 위/아래 패턴) 외에 여러 가지가 있다. 이것은 스테인리스 철사를 사용한 새틴 직물이다(앞과 뒤).

◀ 천은 스테인리스 강, 황동, 또는 혼합 철사나 합성 나일론 모노 필라멘트 등으로 만들 수 있다. 응비톱세노, 식소 산법의 전통에 따라 어떤 재료를 사용하더라도 (꼬인 실이든, 여러 겹 겹쳐놓은 실이든, 압출 필라멘트든, 철사든 상관없이) 개별 가닥을 '실(yarn)'이라고 부른다.

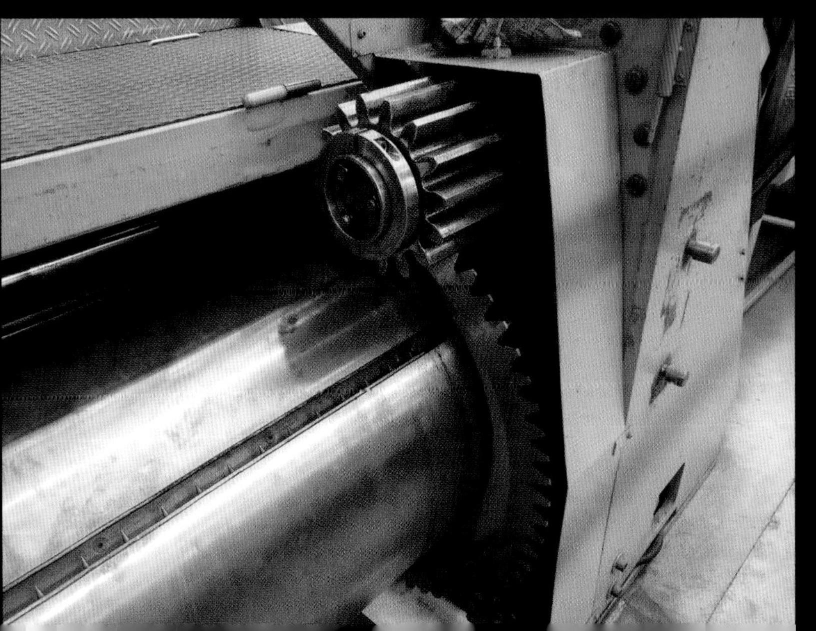

▶ 정말 거대한 기어들보다 더 멋진 것은 없다. 이 괴물들은 날실 철사의 장력을 적절하게 유지하는 데 필요한 어마어마한 힘을 제공한다.

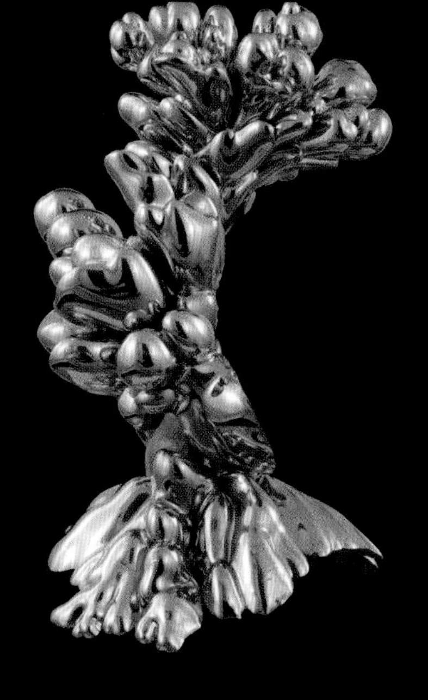

◀ 산업 생산물의 특장을 하나 꼽으라면 이렇듯 아름다운 폐기물이 있다. 가장 아름다운 산업폐기물에 수여되는 상이 전기 도금업체에서 생산된(무자비하게 재활용되는) 니켈/크롬 덩어리에 돌아갔다. 그러나 철 직물의 잘려 나간 모서리 또한 상당히 아름답다. 철사 천 조각으로 만든 이 멋진 왕관이 있는데 왜 가시 왕관이 필요하겠는가?

▶ 여러분은 철사로 옷을 만든다는 이 장의 주제를 농담이라고 생각했을지 모른다. 그러나 금속 실로 만든 셔츠, 모자, 바지, 속옷, 양말 등을 시중에서 얼마든지 구입할 수 있다. 실제로 대부분 철사를 단일 재료로 쓰기보다는 은으로 도금된 나일론 또는 폴리에스터로 만들지만, 나는 그런 종류의 재료 또한 철사에 포함된다고 여긴다. 오른쪽의 철 반바지는 송전선이나 휴대폰, 외계인 및 전자파 노출을 걱정하는 사람들을 위해 만든 것이다. 나는 개인적으로 그런 문제들에 신경을 쓰지 않지만 이 제품의 존재 자체가 멋지다고 생각해서 책에 수록했다.

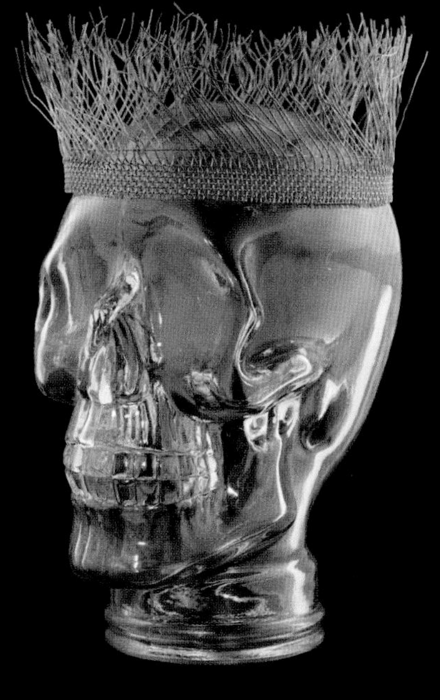

▼ 철사는 보호용 의류를 만드는 데도 사용된다. 이 장갑은 큰 칼로 물건을 자를 때 손가락의 상해를 막기 위한 용도로 판매된다.

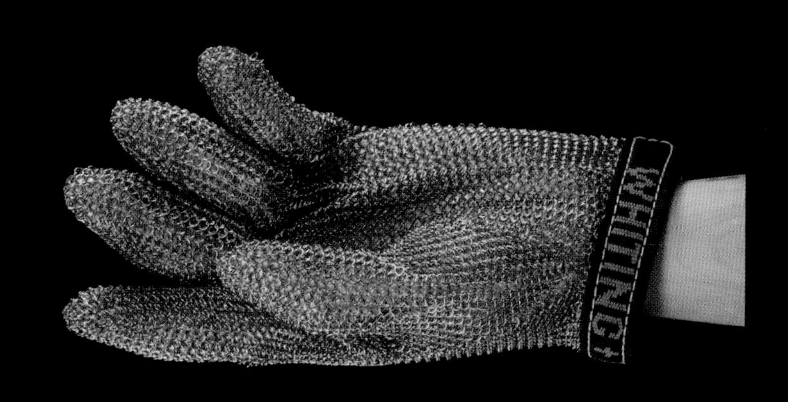

▼ 우아한 철사 직물의 가장자리를 잘라낸다. 레이피어가 각각의 씨실에 날실을 삽입한 후 절단하면 끝이 길게 남게 된다. 철사 직물이 말려들어감에 따라 가장자리의 몇 인치 또는 몇 센티미터 정도를 잘라내고 재활용한다. 값비싼 철사 직물을 이렇게 많이 벗겨내는 이유는 무엇일까? 바로 불완전하기 때문이다. 가장자리를 따라 씨실로 들어간 철사의 각도가 항상 정확하지 않을 수 있다.

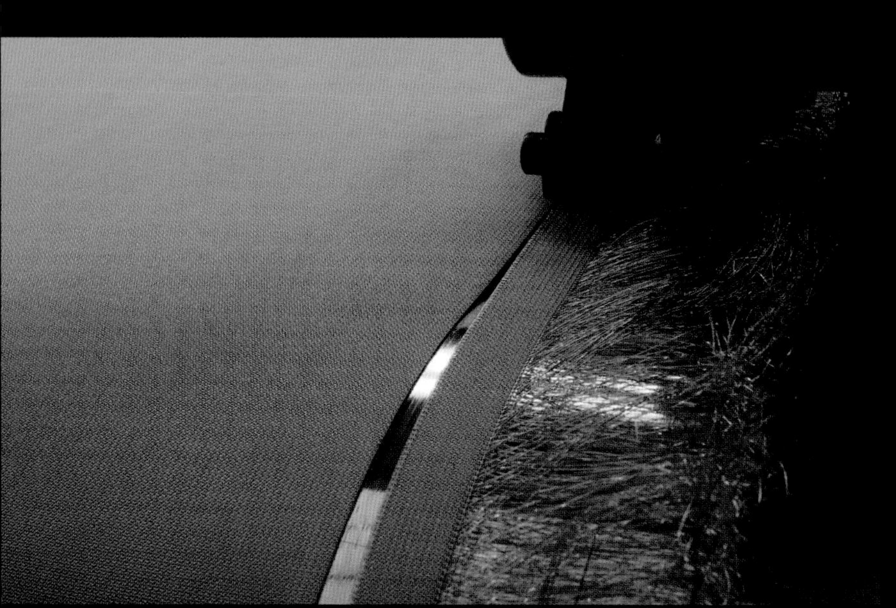

▼ 상당히 어색해 보이는 여러 곳에서 철사 직조를 발견할 수 있다. 예를 들어, 내 심장의 좌전하행동맥에도 들어있다. 스텐트(stent)는 매우 미세한 철사로 짜인 빈 튜브이다. 아래 그림에서 볼 수 없는데(철사가 너무나 얇아 엑스레이 이미지로도 잘 보이지 않는다.) 내 손목을 통해 튜브가 삽입되어 심장에 자리 잡은 뒤 제자리에서 확장되어 막힌 동맥을 뚫었다. 이게 없었다면 나는 이 책을 마무리하기 전에 죽었을 게 분명하다. 철사 직조물과 엑스레이, 그리고 노련한 의사에게 감사를 표한다.

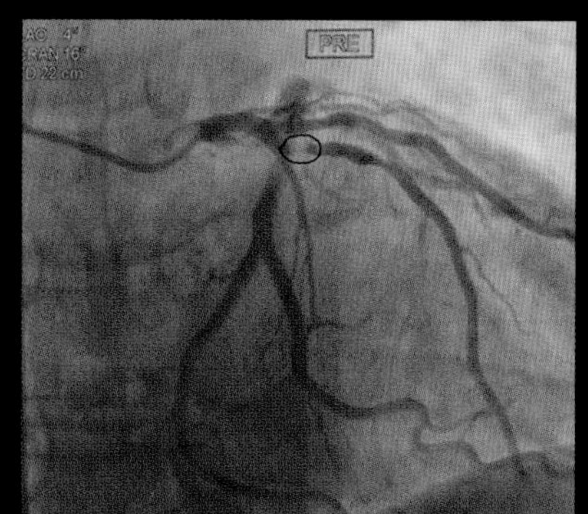

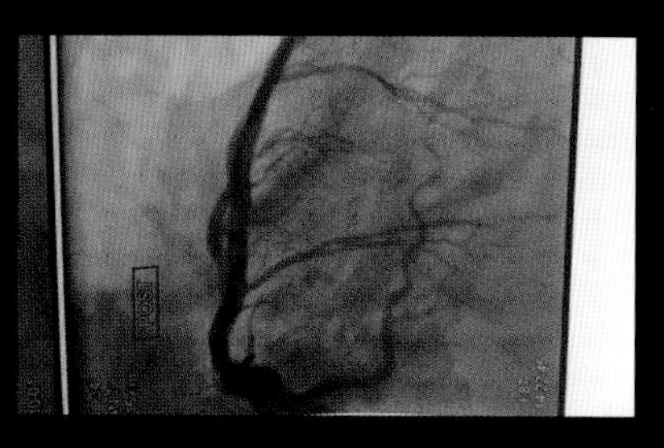

재봉(sewing)

우리는 이제 완성된 헝겊에서 한 걸음 떨어져 바느질을 할 차례를 맞았다.

재봉은 실로 직물 층을 서로 연결하는 과정이다. 간단하지만 헝겊으로 무언가를 만들기에 앞서 재봉의 위상수학(topology, 형태가 다른 도형들의 공통된 성질을 연구하는 기하학-옮긴이)을 살피고 여러 재봉 방법들을 알아보자.

재봉의 위상수학(Topology)

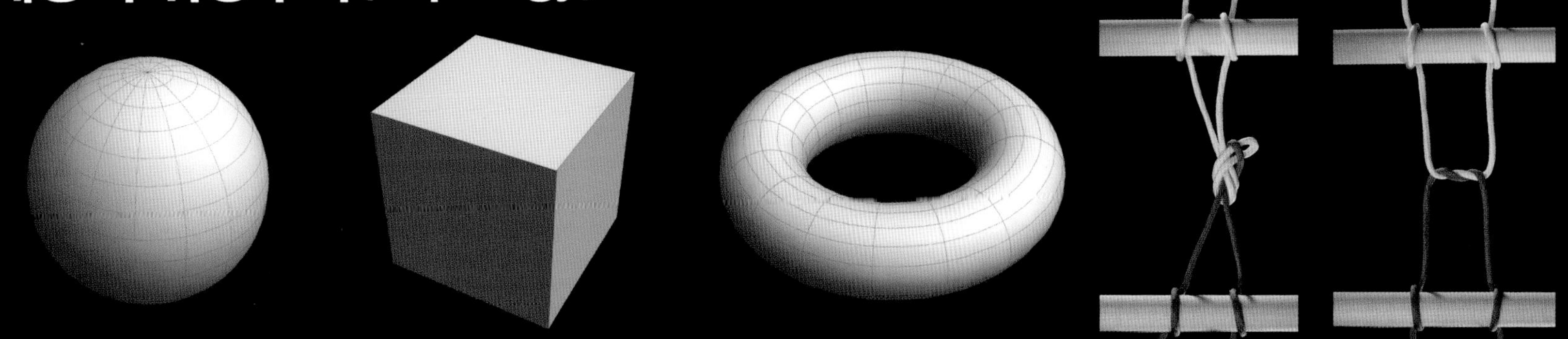

위상수학은 세세한 내부가 아니라 모양의 구조를 연구하는 수학의 분야이다. 예를 들어, 구는 위상이 정육면체와 동일하지만 도넛과는 다르다. 구멍을 지닌 도넛은 근본적으로 구와 다른 모양으로 정의된다.

매듭은 위상수학에서 다루는 아주 전형적인 주제이다. 여기 두 매듭 중 하나는 양쪽 끝에 있는 기둥에서 밧줄을 떼지 않고도 만들 수 있다. 다른 매듭은 밧줄이 느슨한 한쪽 끝에 묶여있지 않아야만 만들 수 있다. 양쪽 끝이 고정된 밧줄을 사용해 매듭을 만들 수 있는가, 아니면 만들 수 없는가라는 질문은 위상수학의 문제이면서 재봉의 근본적인 문제이기도 하다.

홈질(running stitch)

아래의 투명한 파란색 아크릴 시트는 직물의 층을 나타낸다. 보통 바늘땀(stitch)이 직물을 잡아당겨서 층들을 함께 고정하지만, 모든 것을 쉽게 볼 수 있게 분리해 놓았다.

각 바늘땀을 만든 뒤 실을 끝까지 잡아당겨 위 아래로 꿰매는 식으로 재봉을 하고자 한다. 이 기술은 누구도 정확한 기원을 모를 정도로 오랜 세월 사용되어 왔다. 위에서 볼 때 바늘땀이 띄엄띄엄 보이기 때문에 '홈질' 또는 '러닝 스티치(running stitch)'라고 한다. 이 방법은 천의 두 폭을 맞대고 꿰맨 탄탄한 솔기(seam)를 만들 수 있지만 셔틀을 사용해 직조하던 때와 비슷한 문제가 있다. 모든 바늘땀을 만들 때마다 실을 끝까지 잡아당겨야 하기 때문에 어느 정도의 땀을 만든 후에는 새로운 실을 바늘에 꿰어야 한다. 보통 실을 두 겹으로 잡아서 편안하게 당길 수 있는 만큼을 고려하면 한 번에 꿸 수 있는 길이의 한계는 사람 팔 길이의 2배에 몸의 너비를 더한 만큼일 것이다.

뼈바늘은 오늘날에도 나오지만 그저 역사를 거론할 때 쓰이는 정도이다. 현대식 손바느질용 바늘은 강철로 만들어져 훨씬 얇고 날카롭다. 손바느질에 대해서는 더 이상 할 말이 없다. 바느질에는 다양한 스타일이 있지만 모두 바늘을 꿰고 실을 당기기를 옷이 완성될 때까지 반복하는 단순한 과정으로 귀결된다.

매번 모든 실을 당겨야 하는 문제는 실제로 직조 과정의 셔틀보다 훨씬 심각하다. 셔틀을 사용하는 것이 불편하긴 하지만 그래도 기계화된 셔틀 직조기가 나와 문제를 해결했다. 그러나 손바느질에서 실을 당기는 과정을 대신할 기계는 그 어떤 것도 고안된 바 없다. 대신 긴 실타래를 사용해 바느질하는 방법이 있다(이는 레이피어를 쓰는 직조기가 매우 긴 씨줄 묶음을 이용하는 것과 유사하다).

▶ 유사 이래 최초의 재봉바늘은 뼈로 만들었다. 옆의 바늘은 프랑스의 한 동굴에서 발견된 것으로 약 12,000년에서 19,000년 전의 물건으로 추정된다. 뼈로 만든 바늘들이 세계 여러 곳에서 발견되어 뼈가 바늘 재료로 사용되었음을 알 수 있다. 어떤 바늘은 약 60,000년 전의 것으로 추정되기도 한다.

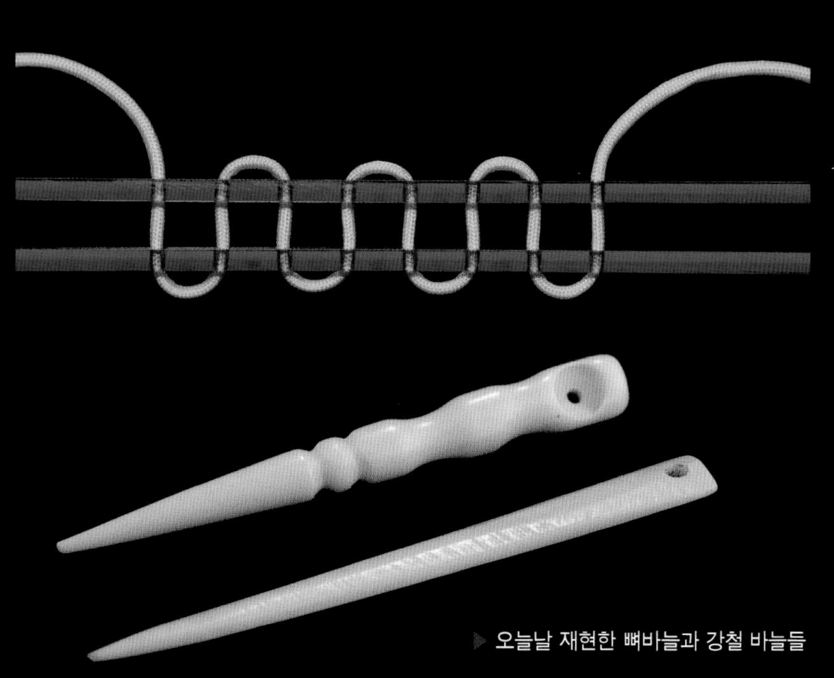

▶ 오늘날 재현한 뼈바늘과 강철 바늘들

사슬뜨기(chain stitch)

바느질을 기계화하려는 시도는 번번이 실패로 끝나곤 했다. 하지만 바늘구멍을 바늘의 뒷부분이 아니라 날카로운 앞부분에 두는 전향적인 방법이 발명되면서 새로운 국면을 맞게 된다.

바늘에 꿴 실 전체가 천을 통과하고 다음 지점으로 넘어가지 못하면 바늘을 찔러 넣은 뒤 그 구멍을 통해서 다시 실을 이어 가야 한다. 결국 무슨 작업을 하든 같은 구멍으로 나왔다가 다시 들어가는 고리를 형성하게 된다. 이는 위상수학에서 볼 때 틀림없는 현상으로 바느질의 기법을 심각하게 제한한다(물론 천의 모서리를 돌아서 다시 원래 위치로 돌아갈 수 있지만 편법일 뿐이다. 우리는 천의 한가운데서도 가능한 바느질 방법을 찾고자 한다).

사슬뜨기(chain stitch)는 하나의 실로 한쪽 면에만 솔기를 만드는 가장 간단한 방법이다. 바닥의 각 고리는 다음 고리를 제자리에 고정하고 실은 항상 같은 구멍을 통해 들어오고 나간다. 이 방법에는 아주 사소한 결함이 하나 있다.

손바느질을 한 실밥 솔기 위의 느슨한 실을 잡아당기면 아무런 일도 일어나지 않는다. 실이 원래 솔기를 만든 방법에 정확하게 반대로 나가지 않는 이상 실을 빼낼 수 없다. 홈질 솔기는 강하게 유지된다.

하지만 사슬뜨기로 솔기의 끝을 당기면 모든 게 그냥 분리되어 버린다. 솔기를 만드는 동안 실이 항상 같은 쪽에 머물러 있었기 때문에 실을 바로 빼내는 것을 막을 방도가 없다. 이런 결함으로 인해 사슬뜨기는 장식 자수나 쉽게 열 수 있는 곡물자루에만 사용된다.

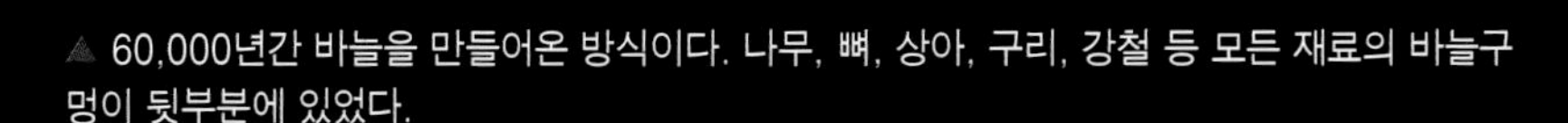

▲ 60,000년간 바늘을 만들어온 방식이다. 나무, 뼈, 상아, 구리, 강철 등 모든 재료의 바늘구멍이 뒷부분에 있었다.

▲ 1800년대에 드디어 바늘구멍을 앞으로 옮기면서 재봉이 기계화되었다.

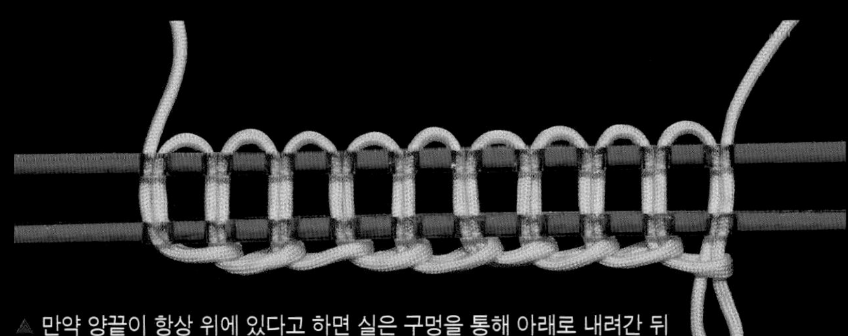

▲ 만약 양끝이 항상 위에 있다고 하면 실은 구멍을 통해 아래로 내려간 뒤 그 구멍을 통해 다시 올라와야 한다.

▼ 사슬뜨기 솔기는 간단하지만 너무 쉽게 풀리는 결함이 있다.

▲ 결함이 있는 방법일지라도 어떤 상황에서는 유용할 수 있다는 증거가 여기에 있다. 여러 종류의 곡물이나 쌀, 동물 사료, 비료 등은 사슬뜨기로 윗면을 가로질러 봉인된 큰 자루에 담겨 판매된다. 그것들을 열려면 간단하게 오른쪽 끝의 봉인된 부분을 찾아 당기면 된다. 몇 초 만에 모든 것이 풀리고 자루가 완전히 열린다(이 자루는 두 줄의 사슬뜨기가 있어 두 번 당겨서 열게 된다).

이 사슬뜨기 기법은 사료 자루를 여는 데 유용하기 때문에 바지에 사용할 생각은 안 하는 게 좋을 것이다. 더 실용적인 방법이 필요하다.

탄탄한 뜸질

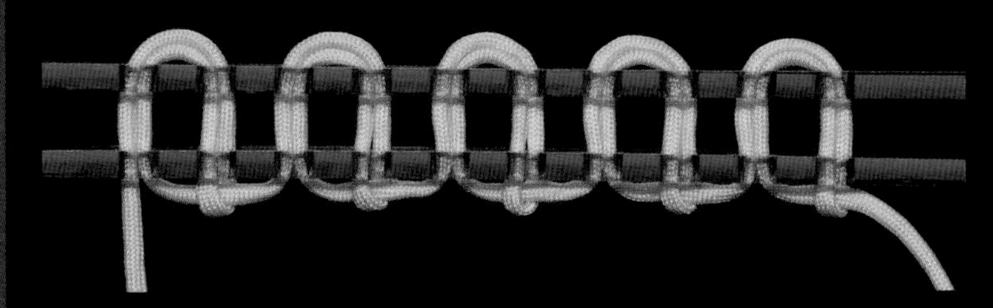

▲ 가짜 홈질
단실 기계 스티칭(single-thread machine stitching)을 변형한 이 흥미로운 기법은 '가짜 홈질(mock running stitch)'이라고 불린다. 위의 천에서 바늘땀을 뜰 때마다 손으로 실을 당겨 홈질해놓은 솔기처럼 보이기 때문이다. 하지만 기계식 뜨기 방식에서 실은 바닥에서 나온다. 그런 방식을 상용화한 기계가 바로 '베이비 록 사시코(Baby Lock Sashiko)'이다. 작동 방식이 복잡해 생각만 해도 머리가 아프다(좋다. 인정하지. 나도 이 기계의 구조를 이해하지 못했다. 하지만 다음에 설명하는 훨씬 일반적인 잠금 뜨기 방식과 같은 문제를 지니고 있어 여기에서 굳이 다룰 필요는 없을 것 같다).

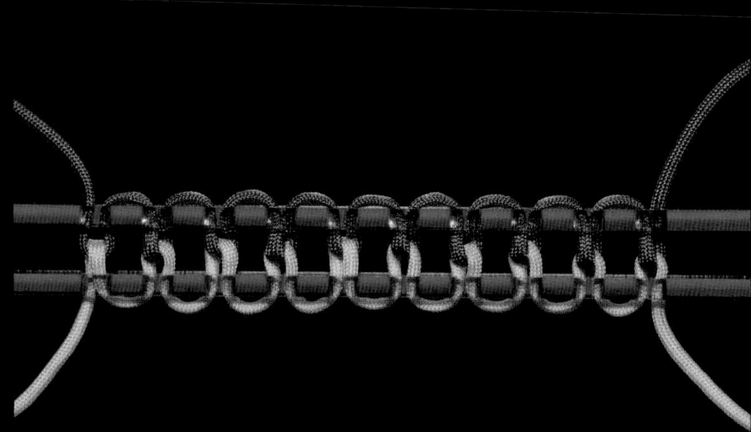

▲ 잠금 뜨기 (Lock Stitch)
'잠금 뜨기'는 거의 완벽한 기계로 솔기를 뜨는 방법이다. 2개의 다른 실이 있다. 하나는 천의 상단에 있고 다른 하나는 바닥에 있다. 각 뜸마다 두 실이 꼬아져 고리를 만들며 항상 같은 방향을 유지한다.

잠금 뜨기는 탄탄하다. 한 부분을 당기기 시작하면 몇 바늘이 빠질 수 있지만 윗실과 밑실이 서로 엉키게 되어 더 이상의 바늘이 풀리지는 않는다. 실이 바늘마다 하나씩 꼬여 있기 때문에 그런 현상이 발생한다. 천이 갑자기 소실이 되어도 두 가닥의 실은 밧줄처럼 나선형으로 묶여 있어 분리되지 않는다.

나는 사시코(Sashiko, 일본식 전통 자수 기법-옮긴이) 자수기계를 설명하지 않고 넘어가려 했다. 하지만 이러한 박음질 재봉틀은 대충 얼버무리고 넘어가기에는 너무 중요하다. 지금 설명하고자 하는 시스템은 모든 표준 재봉틀에 적용될 만큼 널리 쓰이고 있다. 재봉기술이 자동화된 이래 수년 동안, 그 누구도 특별한 용도 말고는 이보다 더 나은 홈질이나 그럴듯한 대안을 찾지 못했다.

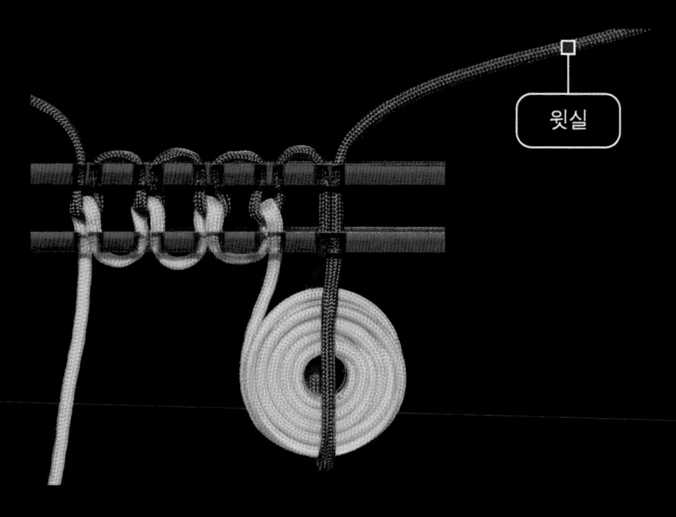

▲ 분리된 큰 실타래에서 바닥(아래) 쪽의 실이 나와 기계가 멈추지 않고 오래 재봉작업을 지속하는 게 가장 이상적인 작업이다. 하지만 안타깝게도 위상수학적으로 불가능한 일이다. 바닥의 실 또한 다 사용된 실타래에서 같이 풀려나오고 있던 거라면 두 실은 서로 교차할 수가 없다. 이는 연속적으로 꼬이는 잠금 뜨기가 힘을 받으려면 바닥 실의 실타래가 윗실에 완전히 감싸일 정도로 작아야 한다는 것을 뜻한다.

위의 실은 작동 범위 밖에 있는 커다란 실타래에서 풀려나온다. 실제로 상업용 재봉틀은 보통 약 6,000야드(3.4마일 또는 5.5km)의 실을 감을 수 있는 음료수 캔 크기의 실타래를 사용한다. 그러나 실타래가 재봉 과정에 직접 들어가는 것이 아니기 때문에 사용할 수 있는 실타래의 크기에는 제한이 없다. 이런 맥락에서 레이피어 직조기의 씨실과 같은 아이디어라고 할 수 있다.

잠금 뜨기의 방법을 다음과 같이 정리할 수 있다. 윗실이 천을 통해 아래로 꽂혀 내려간 다음 고리로 당겨진 후 실을 감는 실타래 주변을 완전히 감싸고 위를 향해 반대로 새 실이 꽉 조일 때까지 위로 당겨진다. 그러면 두 실이 꼬일 수 있게 윗실을 아래 실의 실타래 주변을 감싸게 된다. 천에서 조금씩 이동하면서 이 과정을 반복하면 잠금 뜨기의 솔기가 만들어진다.

이제 기계가 어떻게 이 마술을 연출하게 하느냐가 문제다. 특히 실타래를 제자리에 고정시킨 상태에서 윗실이 앞면 뒷면 및 실타래 주위를 완전히 통과해야 하는 조건을 어떻게 해결할 수 있을까? 이를 위해서는 이 모델에 몇 개의 부품을 추가해야 한다.

실타래를 감싸는 메커니즘을 찾는 데는 수많은 솔루션들이 나오고 거부되는 과정을 거치는 바람에 상당히 오랜 시간이 걸렸다. 지금부터 우리가 살펴볼 현대식 재봉틀 모델은 추후 개발되어 추가된 몇 가지 세부 요소들을 제외하고는 아래 모델과 동일하다. 재봉틀에는 두 가지 동작이 있다. 바늘은 부드럽게 진동하며 위아래로 움직인다. 그리고 실타래를 감싸고 있는 '고리 어셈블리(hook assembly)'는 시계 반대 방향으로 일정한 속도로 회전한다. 어떤 동작도 갑자기 시작되거나 멈추지 않고 균일한 속도로 벌어지기 때문에 기계가 진동을 아주 최소화하면서 빠르게 움직인다. 가장 빠르게 작동하는 상업용 재봉틀의 경우 초당 60번의 바느질이 가능하고, 고속 산업용 재봉틀은 초당 30바늘로, 가정용 재봉틀은 초당 10바늘 이하로 작동한다.

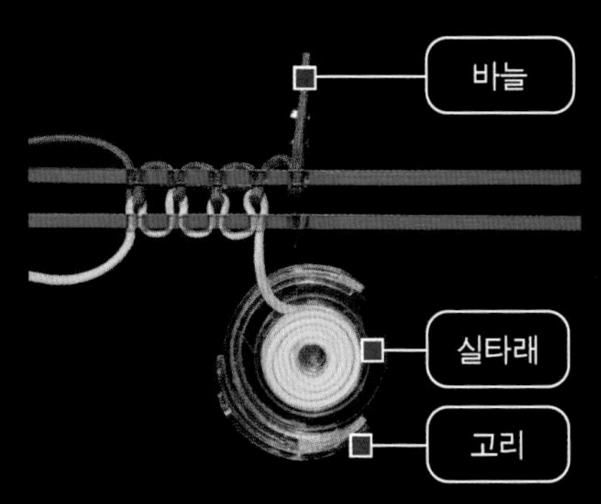

▲ 바늘이 천을 따라 내려가면서 재봉이 시작되고 고리가 오른쪽으로 올라온다.

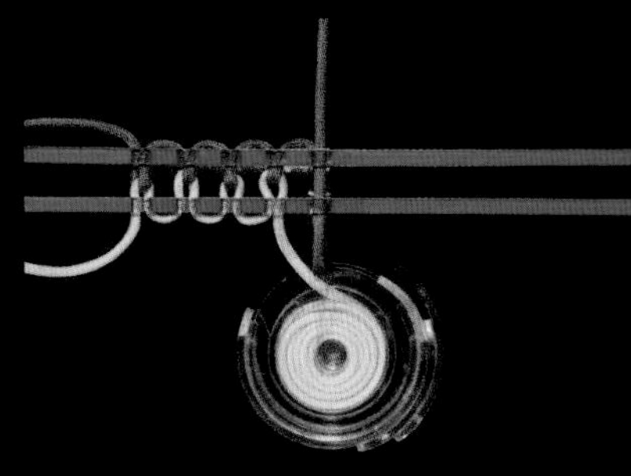

▲ 바늘이 구부러져 바늘구멍 바로 위에 있는 우리를 향해 약간 움푹 들어간 것처럼 보이는 것을 주목하라.

▲ 고리의 끝은 뾰족하게 각이 져 있어 바늘과 바늘의 구부러진 바로 위에 있는 실 사이에서 미끄러진다.

▲ 고리가 실타래 주위를 계속 돌면서 윗실을 고리 안으로 당긴다. 윗실의 양쪽이 여전히 실타래의 같은 방향에 위치한 것을 볼 수 있다. 아직 실들이 꼬여지지 않았다.

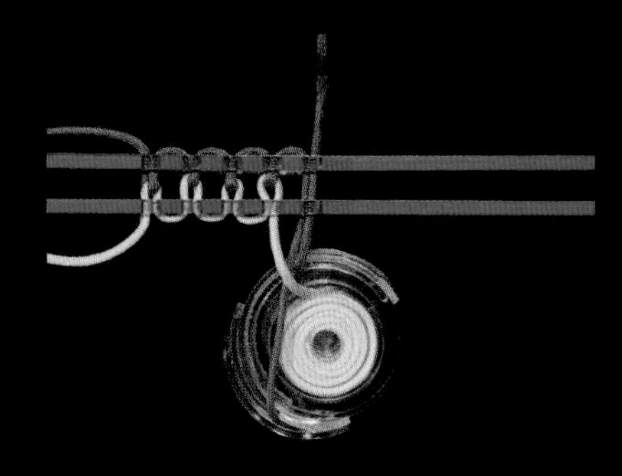

▲ 고리 뒤의 각진 구멍은 한쪽의 루프를 뒤로 움직이게 하고 다른 쪽은 앞쪽에 있게 한다.

▲ 고리가 최대한의 크기로 벌어져 실타래를 완전히 감싼다. 실타래는 케이스 속에 떠 있지만 충분한 공간이 있어 윗실이 모든 방향으로 움직일 수 있다.

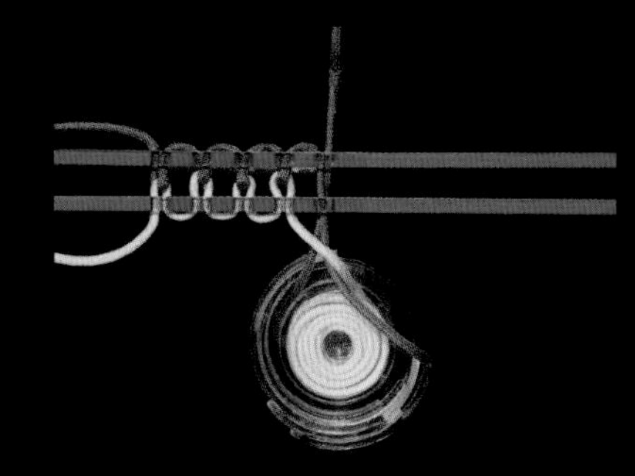

▶ 실타래에서 실이 모두 풀려나가면 기계 상단의 레버가 당겨지면서 루프가 조여져 재봉이 끝난다.

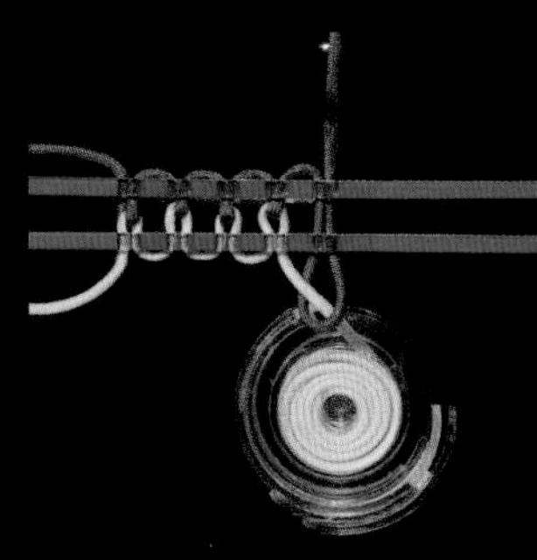

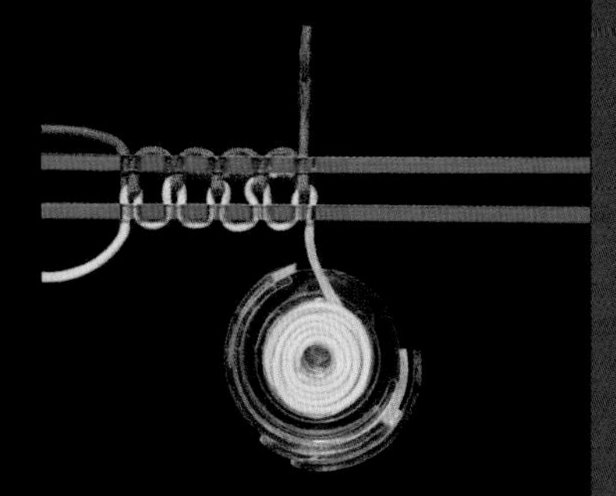

다양한 재봉틀

재봉틀 기계 내부를 사진으로 찍더라도, 기능이 불투명한 금속 부품들이 널려 있어 작동 원리를 이해하는 데 별 도움이 되지 않는다. 또한 실이 너무 얇아서 쉽게 볼 수 없는 것도 그렇다. 하지만 이 책에 수록된 실타래와 실타래 케이스, 고리 어셈블리의 사진들은 이 부품들이 어떻게 함께 작동하는지를 대략 이해하는 데 도움을 줄 것이다.

실타래 케이스는 앞서 소개한 모델에서는 보이지 않았다. 케이스는 회전하는 고리 어셈블리 안에서 실타래와 한 몸처럼 움직인다. 윗실의 루프는 실타래 케이스 전체를 감싸게 된다.

이 노치에는 손가락 모양의 돌기가 있어 실타래 케이스의 회전을 막아 실타래에서 실이 풀리지 않게 한다. 매 바늘뜸마다 실이 고리의 틈을 통과해서 고리 주위를 돌아야 하기 때문에 이 돌기가 노치에 느슨하게 걸려 있어야 한다. 이 부분의 가장자리가 거칠거나 접혀 있으면 실이 계속해서 끊어지는 문제가 발생할 것이다. 실이 몇 인치 길이의 루프로 잡아당겨져서 이 복잡한 실 경로를 거쳐 꽉 조여지는 과정을 초당 60회 반복한다고 생각해보라. 약간만 거칠거나 부드럽지 않아도 실이 쉽게 끊어질 것을 알 수 있다.

(투명한 모델을 만들어 보려고) 잠금 뜨기 재봉틀의 기능을 연구하고 복제해본 결과, 나는 이 기계의 작동방식을 쉽게 이해하기란 어렵다는 것을 알게 되었다. 인터넷을 찾아보면 이 메커니즘을 쉽게 설명한다고 주장하는 많은 동영상들이 있지만, 실제로 이 기계 속에 담겨 있는 부품 하나하나가 얼마나 엄청나며 미묘한지를 다루려는 시도조차 하지 않았다. 나 또한 이해했다고 생각했지만 실제로 기계를 만들어보려고 시도한 순간 절반도 이해하지 못했다는 것을 깨달았다. 내가 조면기를 설명하면서 이 정도면 천 년도 더 전에 발명될 수 있었을 것이라고 말한 바 있다. 이 기계의 경우는 발명되었다는 것 자체가 너무나 놀랍고 인상적이다.

실타래 케이스의 용도는 이 장력 스프링을 그 위에 감아 실타래에서 실을 당기는 데 필요한 힘을 조절하는 것이다. 실타래가 자유롭게 회전하면(이 모델처럼) 바늘뜸이 너무 느슨해진다.

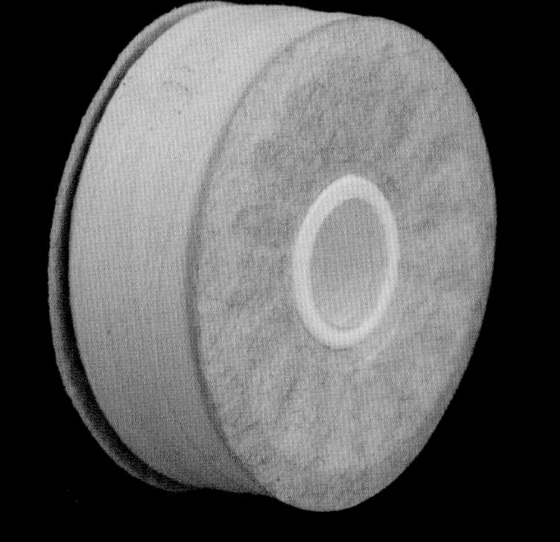

가정용이나 상업용으로 사용되는 다양한 크기의 실타래가 있지만, 위의 실타래는 모두 아주 작다. 가장 큰 실타래는 매우 두꺼운 실(실보다는 끈에 가까운 종류)을 꿰는 데 쓰기 때문에 비교적 느린 기계에서만 볼 수 있다. 아무리 강력한 산업용 모델일지라도 고속 재봉틀은 직경이 1인치(2.5cm) 미만인 실타래를 사용한다.

이러한 실타래는 보통 약 220야드(200m)의 실을 감고 있고, 최대 속도에서 10분 이내로 소모된다. 작업자는 이어 곧바로 기계를 정지시키고 새로운 실타래를 넣어야 한다. 생산 현장에서는 매우 귀찮은 일이다.

그렇다면 대체 왜 실타래를 크게 만들지 않는 것일까? 초창기의 몇몇 제조업체들은 꽤 큰 실타래를 만들려고 했지만 기계가 제대로 작동하지 않았다. 문제는 바로 실타래가 클수록 윗실이 더 큰 고리를 잡아당겨서 움직여야 했다는 것이다. 그렇다면 최대 속도가 느려지고 실에 더 많은 압력이 가해져 더 빨리 마모가 발생한다. 1/8인치(3mm)의 실뜨기를 한다고 할 때 커다란 실타래를 감싸려면 5인치(125mm)의 실을 사용해 루프를 만들어야 한다. 윗실의 모든 부분들이 바늘땀을 뜨게 될 때까지 총 40번 실타래를 감싸는 데 쓰여야 한다.

관련 업계에서는 여러 세대의 시행착오를 바탕으로 오늘날 사용중인 실타래의 크기를 결정했고 그 이상의 크기는 고려하지 않고 있다.

235페이지의 모델에서 보았듯이, 바늘과 실타래 고리 사이의 정렬이 중요하다. 고리는 바늘과 윗실 사이의 작은 공간을 통과하면서 바늘에 살짝 닿아야 하고 바늘이 천을 통해 다시 움직이기 시작해야 한다. 따라서 시간을 정확히 맞춰 이 과정이 이루어져야 한다. 모든 재봉틀은 이러한 정렬 구조를 확실하게 유지할 수 있도록 되어 있다. 보통 견고한 금속 틀과 기어 또는 톱니 벨트를 사용하지만 다른 방법들 또한 존재한다.

듀얼 스풀(DUAL SPOOL) 머신

이 '듀얼 스풀' 기계는 실제는 쓰이지 않은 하나의 실험도구였다. 이것은 가정용 실타래의 표준으로 디자인되었다. 상단의 거대한 레버는 전체 실타래를 둘러싸는 네 필요한(일반 재봉틀보다 훨씬 더 길어야 하는) 실 고리를 만들 수 있을 만큼 크다. 이 기계를 사용하면 몇 시간 동안 실타래를 갈 필요 없이 재봉틀을 가동할 수 있다. 하지만 내내 작은 실타래를 쓰는 게 나을 뻔했다며 후회하게 될 것이다.

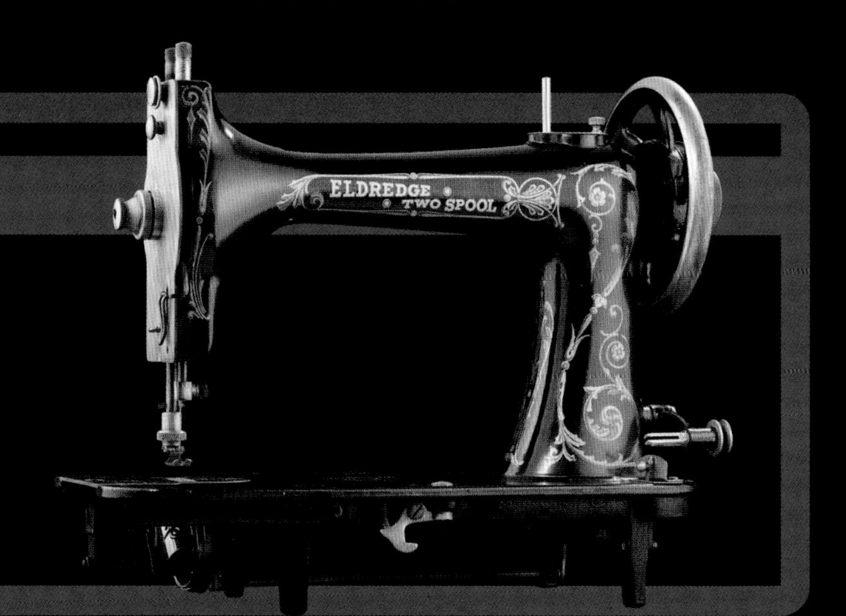

천태만상(千態萬象) 재봉틀

재봉틀의 모양과 크기는 다양하다. 초창기의 재봉틀은 두꺼운 주철로 튼튼하고 무겁게 만들어져 거의 영구적으로 쓸 수 있었다. 내가 수집한 몇 종류는 백 년도 더 넘는 것들이었지만 약간의 오일과 조정만으로 다시 작동할 수 있었다. 오늘날의 재봉틀은 값싼 플라스틱으로 만들어져 불과 몇 년을 쓰지 못한다. 하지만 더 복잡하고 많은 일들을 처리할 수 있게끔 진화했고 이전만큼 무겁지도 않다.

▶ 장난감만한 크기이지만 매우 무거운 재봉틀이다. 주철시대에 제조된 이 재봉틀은 분명 훌륭한 기계이다. 싱어(Singer) 사의 이 중량급 기계들은 부드럽게 작동하고 작은 크기와 견고한 품질로 인해 재봉틀 애호가들에게 호평을 받고 있다. 약 30여 년 정도 미국에서 절찬리에 팔리다가 1969년에 절판되었다.

▼ 소련 시절 러시아에서 만든 견고한 사슬뜨기 재봉틀이다. 높이가 겨우 몇 인치밖에 되지 않는다. 별로 잘 만든 물건은 아니지만 단순하고 실제로 사용할 수 있다.

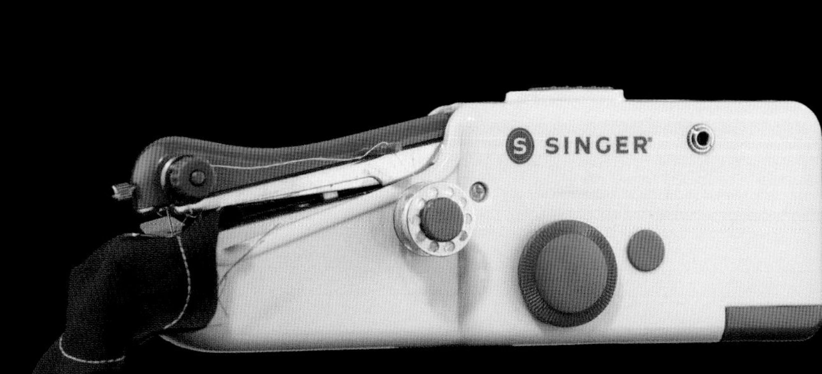

▲ 러시아제 사슬뜨기 재봉틀의 현대 버전은 바로 이 값싼 플라스틱 물건이다. 장난감보다 그저 한 단계 높은 수준이다. 사슬뜨기를 하는 용도라서 임시방편으로 수리하기에 적합하다.

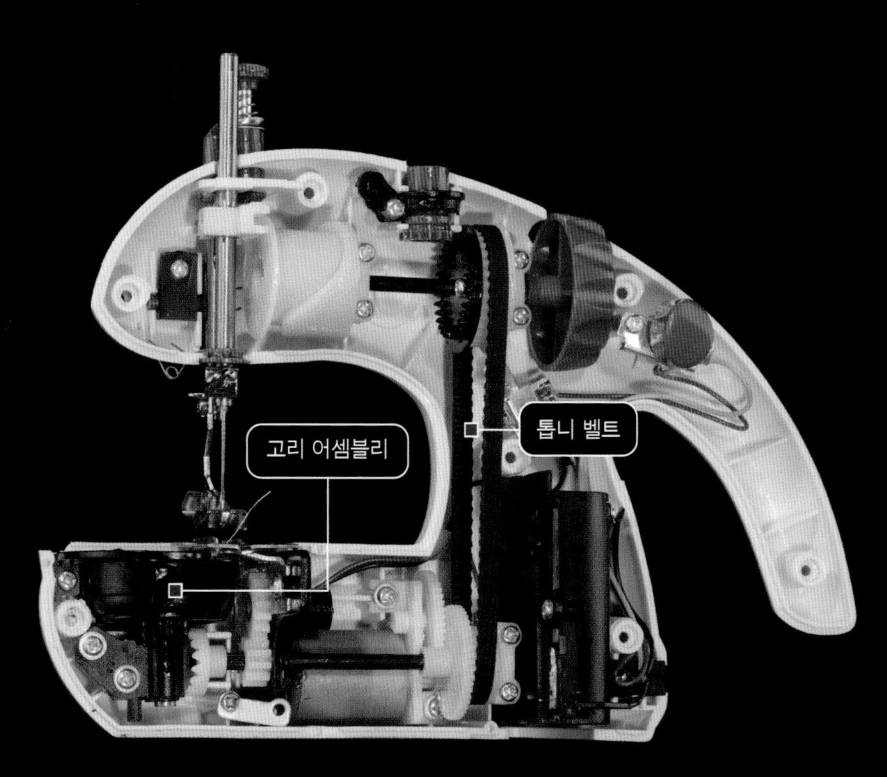

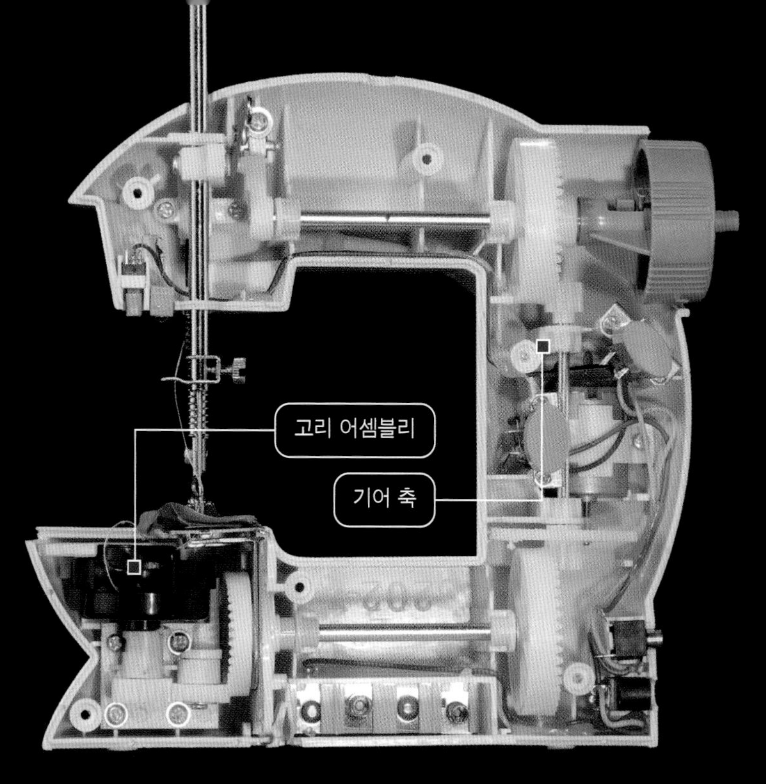

▲ 장난감처럼 보이는 이 2개의 재봉틀은 가격 또한 그렇다(20달러 이하). 박음질용 재봉틀이다. 별로 진지하지 않게 만들어진 것이다.

▲ 정말 최소의 가격으로 제조된 모델이다. 고리 어셈블리마저 플라스틱을 사용하다니! 그렇지만 아무리 싼 제품이라도 바늘과 고리 어셈블리가 함께 작동하는 방법을 잘 보여준다(각각 상단과 하단의 수평축). 하나는 톱니 벨트를, 다른 하나는 체인 기어 축을 각각 사용한다.

▲ 약 100년 동안 가정용 재봉틀은 이런 식으로 디자인되었다. 기본적으로 현대 버전과 같은 크기로 기능이 동일했지만 그저 조금 더 단순하고 (멋진 지그재그 뜨기 같은 기능은 없다) 훨씬 더 내구성이 강했다.

▲ 1960년대 언젠가, 재봉틀 제조업체들은 사람들이 재봉틀을 너무 오래 (거의 영구적으로) 쓰다시피 하자 새로운 시장을 개척하기로 했다. 말 그대로 몇 년 사용하면 부서지는 형편없는 제품들을 만들기 시작한 것이다. 재봉틀 업체들의 이런 움직임은 '계획된 퇴보'라고 해서 눈총을 샀다. 그래서 어떤 업체는 자신들이 만든 형편없는 제품이 시장을 망치고 있다고 생각한 나머지 직접 제품을 중고로 구매해 파괴하기도 했다는 소리가 있다.

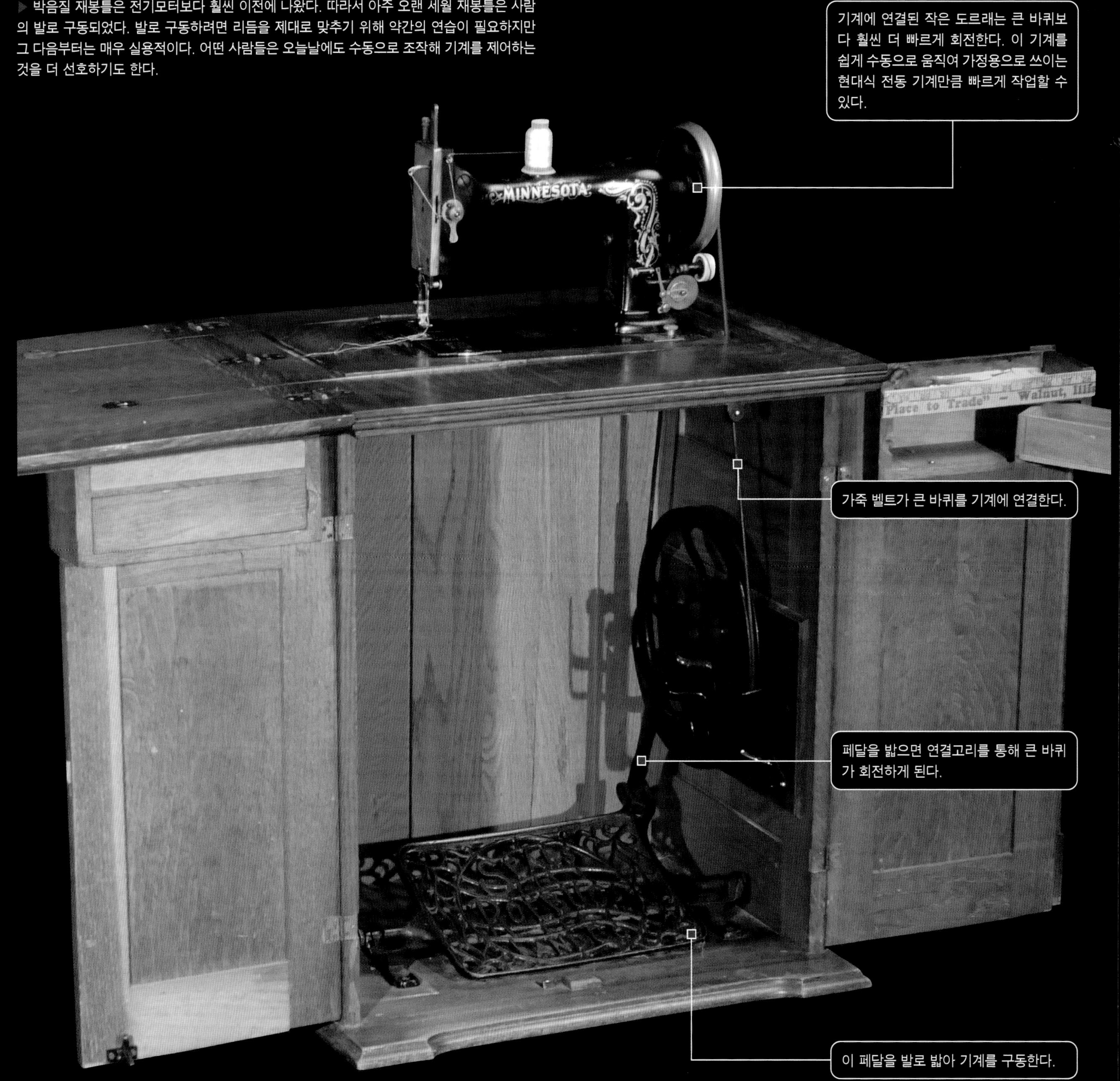

▶ 박음질 재봉틀은 전기모터보다 훨씬 이전에 나왔다. 따라서 아주 오랜 세월 재봉틀은 사람의 발로 구동되었다. 발로 구동하려면 리듬을 제대로 맞추기 위해 약간의 연습이 필요하지만 그 다음부터는 매우 실용적이다. 어떤 사람들은 오늘날에도 수동으로 조작해 기계를 제어하는 것을 더 선호하기도 한다.

▲ 이 중저가의 가정용 재봉틀에서 플라스틱 및 금속기어, 레버, 캠(cam, 맞물린 부품이 회전운동이나 왕복운동을 하도록 바깥쪽에 특수한 모양이나 홈이 있는 장치-옮긴이)에다 기발한 메커니즘을 갖추고 실리콘과 니켈로 합금해 우아하고 상당히 견고한 알루미늄 프레임을 볼 수 있다. 이것들은 어느 정도 예측 가능한 기간 동안 사용하고 나면 망가지게 되어있다. 물론 반영구적인 기계가 좋겠지만 그렇게 내구성이 있다는 것은 비싸면서도 같은 기계를 계속 써야함을 뜻한다. 값싼 기계들을 쓰다보면 몇 년 뒤 새로운 기능을 지닌 보다 기발한 기계로 바꿀 수 있지 않겠는가? 컴퓨터로 제어해 정해진 몇 년 정도만 작동하는 재봉틀이 나온다면 어떨까?

▲ 세상에는 특수 목적을 위해 만들어진 수많은 종류의 재봉틀이 있다. 위는 스위스의 구둣가게에서 아직도 사용중인 오래된 독일제 신발 제조 기계이다. 이 기계의 용도는 신발 밑창의 윗부분을 꿰매는 것이다. 말 그대로 신발 가죽의 여러 층을 두꺼운 실로 꿰매는데, 신발 안쪽과 바깥쪽 모서리 주위의 매우 좁은 공간에서 그런 작업이 이뤄진다.

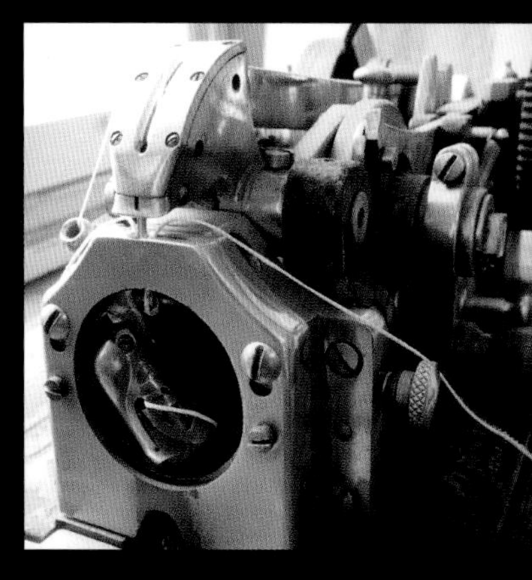

▲ 바늘이 매우 두껍고 구부러져 있어 측면에서 들어올 수 있다(일반 재봉틀처럼 직선으로 위아래를 움직이는 게 아니라 원호를 그리며 움직인다). 아래에는 보통 것보다 훨씬 큰 실타래 장치가 있다. 이 기계를 사용할 때에는 매번 바늘땀의 위치를 조심스럽게 배치해야 해서 수동 크랭크의 방식으로 매우 느리게 재봉한다.

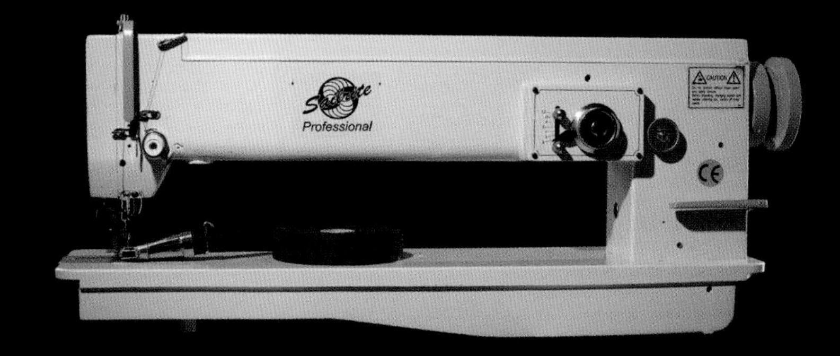

▲ 오늘날에는 반영구적인 탄탄한 스타일의 가정용 재봉틀을 구매하기 어렵다. 그러나 오랜 기간 고강도로 기계를 굴려야 하는 상업용 시장에서는 낡거나 저렴한 플라스틱을 써서는 곤란하다. 그렇기 때문에 상업용 재봉틀은 그 어느 때보다 더 단단하고 무겁다. 이 주철기계는 아주 깊은 구조를 지니고 있으며 수십 겹의 거친 합성 직물에다 지그재그 모양으로 바늘땀을 뜰 수 있다. 보트의 돛을 만들기 위해 디자인되었지만 가정용으로도 사용이 가능하다. 실이 그저 가정용보다 훨씬 더 강하게 박힐 뿐이다. 물가 상승을 따져서 추산해보면, 이 제품의 가격은 과거의 반영구적 가정용 재봉틀과 비슷하다(수천 달러). 제품 가격이 비싸게 느껴지는 것은 오늘날의 값싼 플라스틱 대체품들을 기준으로 삼았기 때문이다.

▼ 이 현대식 중국 신발 수선기계는 공장의 환경에 적합하지 않지만 가끔 구두를 수선하는 용도로 쓰기에는 괜찮다(그러나 아직도 신발을 수선하는 사람들이 있을까?). 저렴한 플라스틱이 아니라 단단한 금속으로 만들어졌으며 화려한 장식이 없는 제품이라서 사업용으로 좋다. 값어치를 하는 제품이다. 나는 100달러짜리 신발 수선기계나 80달러짜리 드릴 프레스, 500달러짜리 밀링 머신 같은 기계들이 좋다. 저렴한 산업용 기계는 조잡하지 않지만 다듬어지지 않은 제품이라서 속을 다 드러내고 있는 셈이다(기계를 부드럽게 작동하려면 약간 연마할 필요가 있는 경우가 많다).

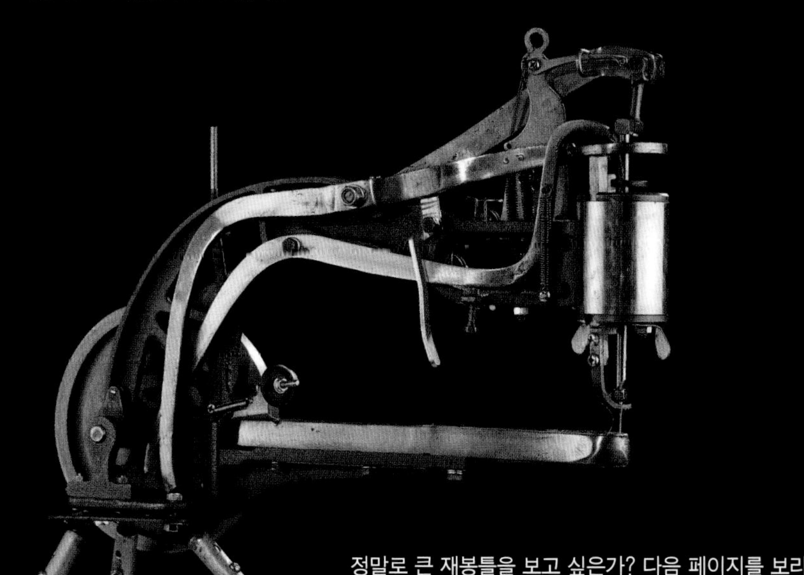

정말로 큰 재봉틀을 보고 싶은가? 다음 페이지를 보라

누비질(quilting) 머신

내가 아는 한 가장 큰 재봉틀이다. 복잡한 사정으로 인해 지금 내 스튜디오에 보관하고 있다(내 전 여자 친구의 것이지만 그녀가 짐을 싸서 집을 나갈 때 너무 커서 두고 갔다). 이 제품은 두 기계를 혼합한 것이다. 내가 이 기계에 대해 갖고 있는 감정 또한 복합적이다. 고속 상업용 재봉틀과 X-Y플로터(plotter)를 혼합해 놓은 것이다. 일반적인 플로터는 앞쪽에 펜이 있고 잉크로 종이에 선을 그린다. 이것은 펜 대신 재봉틀을 설치해 천위에 실로 선을 그리는 기계이다. 작업 속도가 무척 빨라서 평평하거나 약간 굽은 표면에 분당 2,000바늘땀을 뜰 수 있고, 초당 30회 이상의 바늘땀을 뜨게 된다. 말 그대로 1톤에 달하는 대들보 때문에 움직이기 시작하고 멈추는 것이 매우 어렵다. 그로 인해 날카로운 코너를 다룰 때는 매우 천천히 구동해야 한다.

이 괴물 같은 기계의 중심에는 겉보기에 평범한 재봉틀이 있다. 내가 자랑할 만한 몇 가지 차이가 있는데 그중 하나는 이 재봉틀이 매우 빠른 속도로 몇 시간씩 작동할 수 있다는 것이다.

앞서 보았듯이 가장 싼 가정용 제품부터 가장 비싼 산업용 제품까지 거의 모든 재봉틀은 두 가지 공통점이 있었다. 견고한 금속 프레임이 바늘과 실타래를 연결해 완벽하게 정렬하는 것과 또 다른 것은 한 쌍의 구동축이 연결되어 기어가 완전히 동기화된다는 것이다. 이 기계에는 그 두 가지 모두 존재하지 않는다.

대신 바늘과 실타래는 각각 자체 톱니 벨트를 사용해 옆으로 움직이는 완전히 분리된 주행 헤드들에 장착된다. 이 헤드들은 각각 자체 서브모터로 구동되고 일종의 '전기 비행제어(fly by wire)' 방식으로 동기화된다.

내가 기계를 구입하기 전에 이 디자인에 대해 읽으면서 가졌던 생각은 아무래도 기계가 작동할 것 같지 않다는 것이었다. 나는 대들보의 규격과 무게, 두 헤드들이 걸려 있는 직선 베어링의 정밀도를 보고 나서야 "아 이렇게 작동하는구나"라고 깨달았다. 이 기계가 넓디넓은 직물을 가로 질러 날아다니면서 밀리초 단위의 타이밍과 10분의 1mm의 정확성을 유지하는 능력에 경외감이 든다.

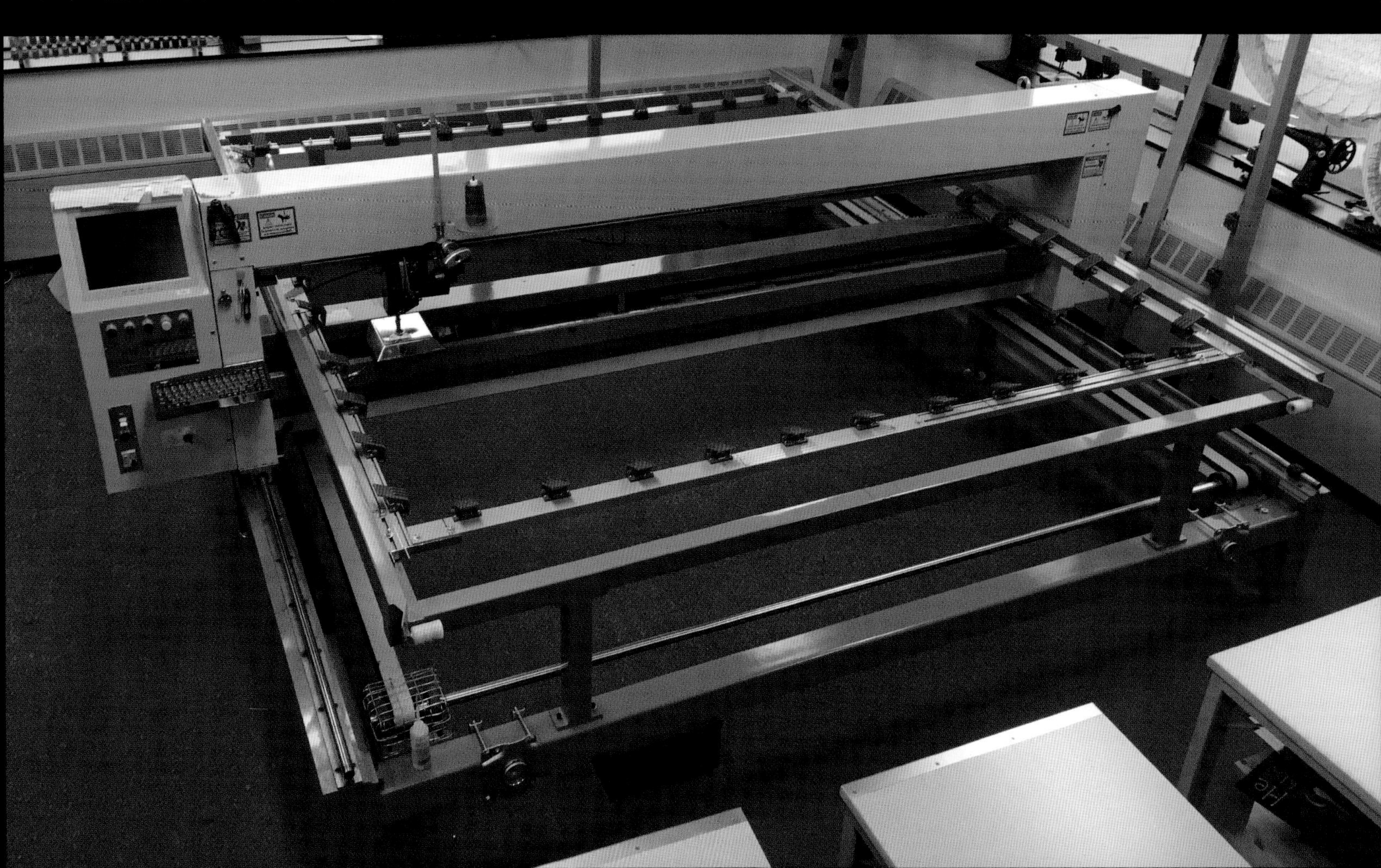

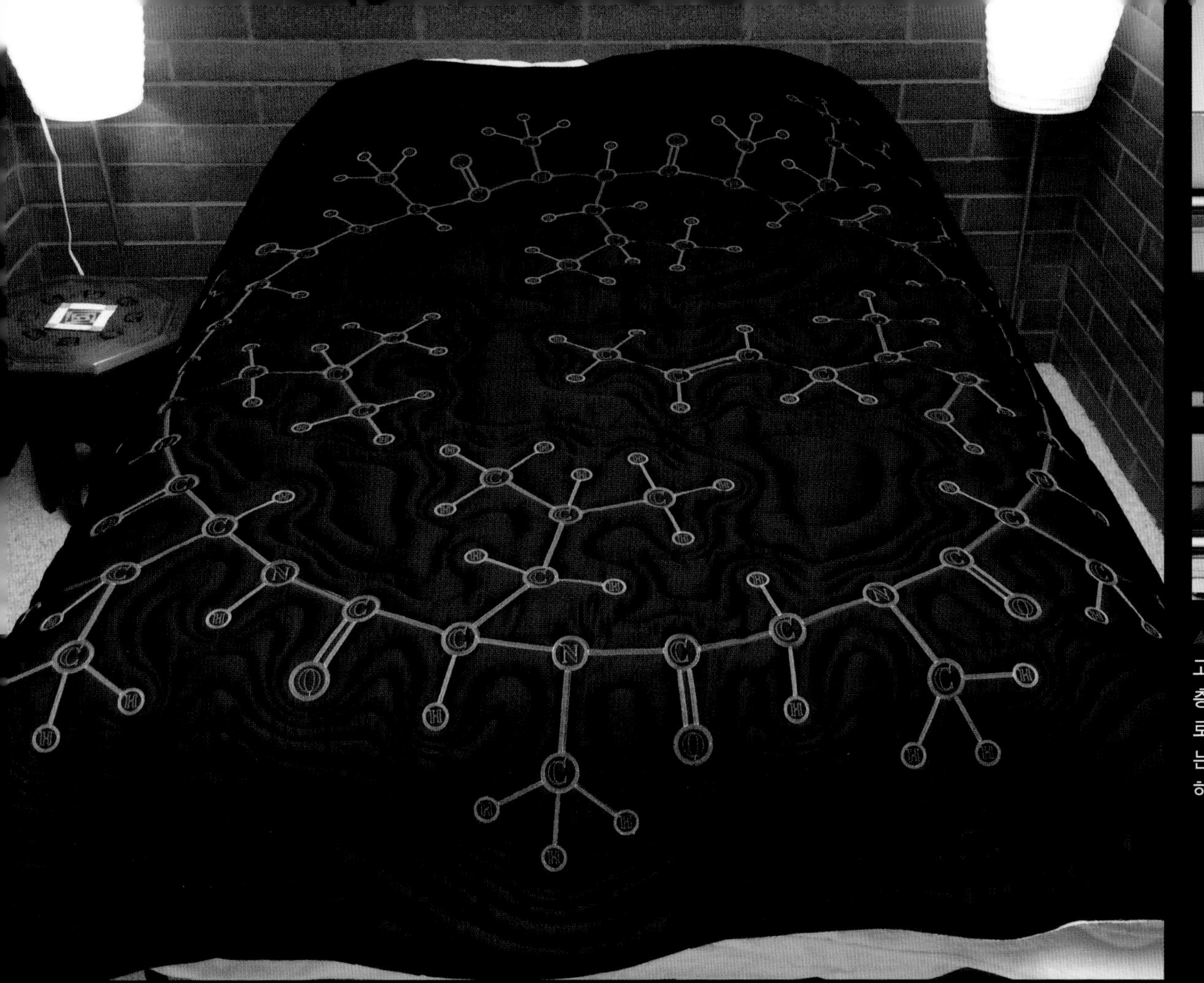

▲ 이 기계의 놀라운 정밀성 비결 중 하나는 고무 톱니벨트로 보이는 게 실제는 얇은 고무층으로 감싼 항공기용 강철 케이블을 연속으로 나란히 쌓아 만들었다는 사실이다. 이 벨트는 더 이상 늘어날 수 없을 정도로 아주 팽팽하게 늘려져 있다.

나는 주기율표 이미지로 장식한 식탁보나 면역억제제인 시클로스포린의 분자 퀼트(quilt) 같은 다양한 현대식 디자인의 퀼트를 기계로 만들 수 있다. 이런 디자인을 만드는 데 최소 한 시간 정도 걸리고 보통 몇 시간이면 작업을 완료할 수 있다. 이렇게 시간이 걸리는 것은 디자인의 각진 코너들을 재봉할 때 기계가 느려지기 때문이다.

▷ 퀼트 하나를 만드는 데 수 시간이 걸린다면 내가 어느 정도 기계를 잘못 작동하고 있는 듯하다. 이 기계의 원래 목적은 매우 많은 퀼트를 빠르게 만드는 것이다. 중국의 이 공장은 같은 기계를 헤아리기 어려울 정도로 많이 구비하고 (만약 믿을 수 있다면) 매일 1,300개의 퀼트를 만든다고 한다. 하루 생산량치고 환상적이라 할 만큼 많은데, 그 이유는 부드러운 곡선과 긴 직선으로 간단한 패턴의 퀼트를 만드는 데 단 몇 분이면 충분하기 때문이다. 월마트에서 값싼 퀼트나 침대보를 샀다면(또는 백화점에서 비싼 것을 샀다면) 그 제품들이 이런 기계를 사용해 만

헝겊, 2,000달러 vs 1달러

우리는 대량생산용 재봉틀의 여러 종류들을 숨 막힐 정도로 돌아본 후 다시 헝겊으로 돌아왔다. 이 헝겊은 아주 힘을 들여 내가 직접 손으로 재봉한 것이다. 두 직물 층 사이에는 속 솜이라고 불리는 느슨한 면섬유를 넣어 단열 효과를 높였다. 전체 헝겊 면에 걸쳐 안으로 바늘땀을 떠서 속 솜을 고정시켰다.

이 헝겊을 만들게 된 목적은 냄비를 잡기 위한 것으로서 실제로 사용해 보았다. 또 이 장 도입부에 필요한 사진을 얻기 위한 목적도 있었다. 그런 다음 천방지축처럼 보낸 내 삶 중 1년 반을 차지했던 이 헝겊에 그 어떤 일도 일어나지 않게 조심스레 안전한 곳에 그것을 보관했다.

독자 여러분은 내가 헝겊을 만드는 과정의 곳곳에서 소규모로 재미 삼아 일하는 것과 광대한 산업 규모로 일하는 것이 어떻게 다른지 잘 이해할 수 있었을 것이다. 매우 중요한 차이다.

내가 이 헝겊을 만드느라 사용한 돈을 모두 더해보면 최소한 1천 달러가 넘는다. 실제는 멋진 컨트리송인 '천 달러 자동차(Thousand Dollar Car)'에 맞추어 아마 2천 달러에 더 가까울 가능성이 높다. 모두 더해보자. 로토틸러(rototiller) 경운기 임대비용, 밭을 갈고 목화를 심느라 고용한 사람들의 인건비, 내 관개용 펌프가 빼낼 수 없을 만큼 호수 바닥에 빠져서 추가로 300피트의 배관으로 밭에 물을 대는 데 사용한 비용, 스프링클러 비용, 경운기 뒤로 걸으며 목화 열 사이를 청소해 사진이 예쁘게 나오게 하기 위해 노력한 비용…. 그냥 계속 불어난다. 그 모든 게 그저 몇 파운드의 면을 얻기 위해서였다니…. 조면과정, 소면과정, 방적과정, 직조과정 등의 비용을 더 추가한다면 끔찍하게 늘어날 것이다.

월마트에서 1~2달러에 구입할 수 있는 제품보다 객관적인 관점에서 훨씬 부실한 헝겊을 만드는 데 수천 달러가 들었다. 기업농이나 산업체들은 지독할 정도로 효율적이다. 그들은 사람의 노동을 되도록 적게 사용하면서 멋지게 마무리된 제품을 아주 저렴한 비용으로 만들 수 있다.

이런 게 좋은 것일까? 내 생각에는 그렇다. 왜 그렇게 생각하는지 말하고자 한다.

나는 천연 남색염료로 염색하고 수작업으로 방적한 실을 수동 직조기로 짠 천으로 자신의 셔츠를 만들었다고 자랑하던 한 패션디자이너의 강의를 들은 적이 있다. 이 정도면 작은 마을 사람들이 동원되어 두 달간 손작업을 해야 한다. 결과물은 고작 그녀의 셔츠 하나다.

이것이 무슨 의미인지 생각해보자. 그녀의 사업은 어느 마을 사람들 전체가 두 달 동안 노동을 한 결과로 만든 셔츠를 누구나 충분히 구매할 수 있는 다른 사람들이 있는 세상에서 살고 있다는 사실을 전제로 한다. 나는 그런 세상에 살고 싶지 않다.

이 디자이너는 사람들이 손으로 직접 셔츠를 만들기를 원했다. 다른 말로 하면, 그녀는 이 사람들이 계속 가난하기를 원한 것과 다르지 않다. 난탕투안췐 마을은 다른 길을 택했다. 그들은 대규모 자동화에 투자해, 판매할 수 있는 고품질의 상품을 생산하는 능력을 크게 향상시켰다. 오늘날 그들은 농작물을 심고 조면하고 방적하는 과정을 모두 자동화했다. 어쩌면 언젠가는 수확도 자동화할지 모른다. 그런 각 단계마다 개인의 생산성이 높아지고 더 나은 삶을 살 수 있으며 더 많은 자원을 자신들의 지역사회로 가져올 수 있다.

나는 기본적으로 낙천주의자이다. 물론 기계가 사람들의 일자리를 빼앗는다. 하지만 모든 대륙의 모든 국가에서 그런 일이 발생해도 시간이 지나면 그 결과로 새로운 일자리가 생겨났고, 더 나은 교육과 삶의 환경이 조성되었다. 물론 그 과정이 쉽지 않고 항상 어려웠지만 언제나 그것을 감수할 만한 가치가 있는 것으로 입증되었다. 요즘에는 부자는 점점 더 부자가 되는데 열심히 일하는 많은 사람들의 소득과 삶은 점점 더 후퇴하는 양상으로 돌아가고 있다. 내 낙관론이 심각한 시험에 빠져들고 있지만 이런 현상은 위험하기에 반드시 끝내야 한다.

나는 이 모든 부조리가 언젠가는 종식될 것이며 다시 모든 사람들에게 기회가 부여되는 시대로 옮겨갈 것이라고 믿는다. 그렇지 않으면 지구의 공멸까지 걱정해야 하는 너무 끔찍한 일이 일어날 것이다. 그래서 나는 우리 인류가 절망보다 희망을 선택했고 기계와 기술로 생산성을 꾸준히 높여나가리라고 믿는다. 나는 그런 미래가 오기를 희망한다. 내가 사라지더라도 내 자녀들과 난탕투안췐의 아이들을 위해서라도, 또 전 세계 모든 아이들을 위해서 그런 미래를 함께 엮어나가기를 소망한다.

▲ 난탕투안췐 마을의 아이들이 드론을 날리고 있다. 이 드론은 내가 마을 부모들의 목화밭 사진을 찍기 위해 가져온 것이었다.

▲ 여러분, 이제 다 끝났다. 헝겊을 직접 만들어보았으니 집에 가도 좋다.

후기

사물에게 속삭이는 자

옛 여자 친구는 언젠가 나를 사물과 속삭이는 사람이라고 말한 적이 있다. 이는 내가 얼핏 한 마리의 말과 속삭이는 사람처럼 들리겠지만, 그렇다고 제법 의젓한 동물과 깊은 정서적 유대를 나눌 수 있음을 뜻하는 게 아니다. 그녀는 고장 난 물건들을 척척 고치는 나를 그렇게 표현했던 것이다. 나는 (물건을 고치는) 작업이 (동물에) 속삭이는 것과 상당히 유사하다고 생각한다.

한 마리 말의 내적 삶을 이해하는 게 사물을 고치는 것과 같다고 하면 조금 이상하게 들릴 법도 하다. 하지만 작업을 순조롭게 끝냈을 때, 말을 길들이는 것이나 기계를 고치는 것이 유사하게 깊은 유대감을 자아낸다. 이는 곧 인간이 두뇌를 최대한 활용해 문제를 해결해내는 유일한 길이 아닐까 생각된다.

마술의 속임수를 배우거나 공을 던지고 어려운 단어를 발음하는 법을 배우는 상황을 떠올려보자. 누군가가 하는 것을 보고 따라 해보면 된다. 우선 몸이 마술이든 공을 던지든 그 행동에 따라 움직이는 것을 상상한 다음에 직접 시도한다. 이후 관련된 영상을 다시 보면서 무엇을 잘못 했는지 확인하고 다시 시도한다. 모방은 당신이 따라하고 있는 영상 속의 그 사람을 보면서 그 사람의 몸이 당신의 몸이라고 생각하는 어떤 정신적인 연결이 생겨나야 가능하다. 당신이 영상을 보는 동안 뇌가 그 동작들을 내적으로 경험하며 뉴런 회로를 통해 실제로 움직임을 지시한다. 뇌에는 정확하게 이런 기능에 쓰이는 특별한 '거울 뉴런(mirror neurons)'이 존재한다.

나는 말을 다루는 사람들 또한 같은 거울 뉴런을 사용한다고 확신한다. 그들은 사람이 아니라 말 에 자신의 정체성을 입히는 과정을 거치면서, 말과 하나가 되고 말의 느낌을 받아들이며 말의 동기를 감지해 소통하는 법을 터득하고 있다.

기계와 속삭이는 사람 또한 다르지 않다. 그냥 기계나 전기, 또는 컴퓨터와 얽혀 작동하는 기기들과 유대를 갖는다는 사실만이 다르다. 어떤 사물을 완전히 이해하려면 유대의 형성이 무엇보다 우선이다. 당신 역시 기기의 하나하나에 자신의 정체성을 입혀서 그 기기를 당신 몸의 일부로 만들어 놓는 게 중요하다.

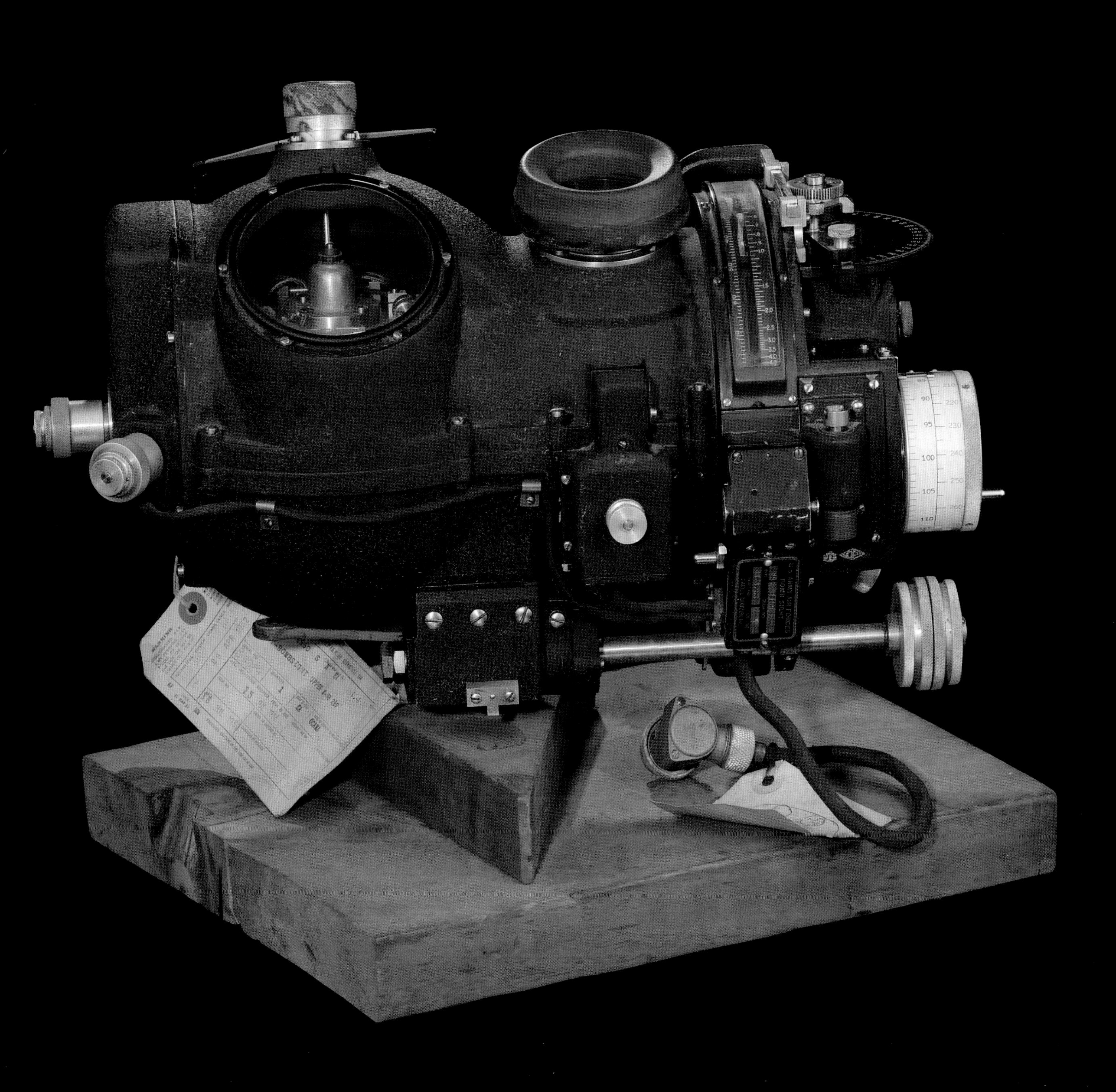

자동차 운전이나 자전거 타는 법을 배우는 것은 아주 훌륭한 예시이다. 당신이 운전을 잘하거나 자전거를 잘 타면 당신의 정신은 자동차나 자전거와 한 몸으로 통합된 셈이다. 자연스럽게 자신의 몸을 느끼듯이 자동차와 자전거의 크기나 움직임을 느낄 수 있다. 당신이 차선 안에 있는지 또는 얼마나 기울여 회전해야 하는지는 계산이나 생각으로 결정하는 게 아니다.

이런 능력을 더 넓은 범위의 메커니즘으로 확장하는 것은 단지 연습의 문제일 뿐이다. 특정 레버가 다른 레버와 맞물려 움직일 때 어떤 일이 일어나는지 알고 싶다고 생각해보자. 어렴풋이 그 레버를 자신의 팔에 투영한 다음 팔이 어떻게 움직이는지를 이미지로 떠올리면 된다. 우리의 두뇌는 몸의 움직임을 그려내고 예측하는 일을 정말 그럴듯하게 수행한다. 이러한 투영법은 사물을 이해하는 그 어떤 종류의 지적인 방법보다 기기를 이해하는 데 훨씬 강력하다.

손가락을 뻗어 끝으로 무언가를 감지하는 것은 아이 때 배우는 행동이다. 이렇게 몇 년이 지나면 생각할 필요 없이 매번 실패하지 않고 언제 어디서나 원하는 위치로 손가락을 뻗어 정확하게 그 물건을 만질 수 있게 된다. 목수에게 망치는 이미지로서 확장된 신체의 일부이다. 마치 손가락 끝으로 못을 두드리는 것 같아 그가 망치를 놓칠 가능성은 거의 없다.

외부의 내재화. 이 아이디어는 전문가인 사람들에게도 동일하게 적용된다. 화가의 붓이나 외과의사의 칼은 지성이 통제하는 게 아니다. 우리가 달리고 뛰고 한발로 균형을 잡는 것처럼 뇌의 동물적인 기능에 따라 연장된 몸

이러한 활동들은 고난도일지라도 필요를 따라가다 보면 힘을 들이지 않아도 된다. 자전거 타는 방법을 열심히 생각하며 타려한다면 그것은 잘못 타고 있는 것이다. 생각하지 말고 느껴야 한다. 환자의 가슴을 갈라 심장의 철사를 갈아 끼워야 하는 외과의사도 마찬가지다(이 역시 틀림없으나 덜 그렇게 느껴질 수 있겠지만). 그가 수술에 대해 너무 많은 생각을 하고 있다면, 좋지 않은 조짐이다. 그가 어깨 너머로 노련한 선배 의사들의 집도 장면을 배우고 있는 수련의이기를 바랄 뿐이다. 수술을 하면서 생각을 별로 하지 않는 외과의사일수록 실수를 덜 한다.

자전거를 타는 닉

위대한 기술은 그 어떤 분야든 보기에 아름답다. 우리의 마음은 완벽을 인지한다. 숙련된 손의 움직임은 효율적이고 수월해 보여 좋다. 왜냐하면 그 자체가 좋기 때문이다. 우리의 잠재의식에는 아름답고 효율적인 이러한 움직임들이 마땅히 그래야 하는 것으로 들어 있다.

이런 현상은 사람의 몸과 완전히 다른 것들도 투영법을 통해 학습할 수 있을 만큼 인간의 두뇌가 힘을 지니고 유연함을 보여주는 증거이다. 더욱 주목할 점은 뇌가 몸뿐만 아니라 추상적인 아이디어에도 투영될 수 있다는 것이다. 수학자나 컴퓨터 프로그래머는 수학시험을 볼 때 으레 그렇듯이 '생각하지 않는데' 상당한 시간을 보낸다. 대신 그들은 익숙하지 않은 모형들이 변형되는 것이나 빛과 어둠의 패턴들을 떠올리느라 시간을 보내곤 한다. 그들이 까다로운 문제를 해결하는 과정을 지켜보면 종종 손을 꼼지락하거나 손가락을 앞뒤로 난해하게 움직이는 것을 볼 수 있다. 이러한 동작들은 목수의 망치나 외과의사의 메스에 작용하는 동일한 뇌 시스템이 분주하게 움직이면서 새어 나오는 것이다. 그들은 연결 형성 및 행동 예측을 담당하는 두뇌 부분을 사용해서 알고리즘 또는 수학적 증명의 단서를 찾아낸다.

리처드 파인만(Richard Feynman)은 자신의 저서 《파인만 씨, 농담도 잘하시네!》에서 다음과 같이 말했다. "수학자들은 끔찍한 정리(theorem)를 하나 가져와서 흥분에 들떠 있다. 나는 그들이 말하는 정리의 조건들을 듣고서 그 모든 조건을 충족시키는 무언가를 만들어본다. 하나의 집합(공 1개)과 1 외에는 공약수가 없는 서로소 집합(공 2개). 그리고 수학자들이 계속 조건을 추가할 때마다 공들은 색이 달라지고 머리털이 자라거나 비슷한 무엇인가가 일어난다. 마침내 그들은 정리를 읊는데, 그것은 망가질 대로 망가진 공을 설명하고 있다. 털투성이의 초록색 공처럼 변질된 내 물건을 설명해야 하는데도 말이다. 그래서 나는 '틀렸어!' 라고 말한다."

물론 프로그래밍이나 수술, 음악, 목공 등의 작업을 하려면 집중력이 필요하다. 자연스레 기진맥진해진다. 그러나 익숙하지 않은 일을 해서 힘들 때는 '힘들다'는 생각이 들지는 않는다. 대신 일이 최고조의 순간에 이르면, 쾌감을 느끼게 된다. 내가 아는 그 어떤 일을 할 때보다 더 깊은 충족감을 준다. 때로는 이런 순간에 '그루브를 탄다(in the groove)'라거나 '흐름을 탄다'라고 말한다. 인간이 이룰 수 있는 최고의 성취를 표현한 것이다. 이는 곧 우리 자신의 의식에다 외부의 다른 것을 구체화하는 것이라 할 수 있다. 일을 자신의 일부로 만들어서 몸 경계 바깥의 그 일이 몸의 연장선에 놓이도록 자신을 확장하는 그런 느낌말이다.

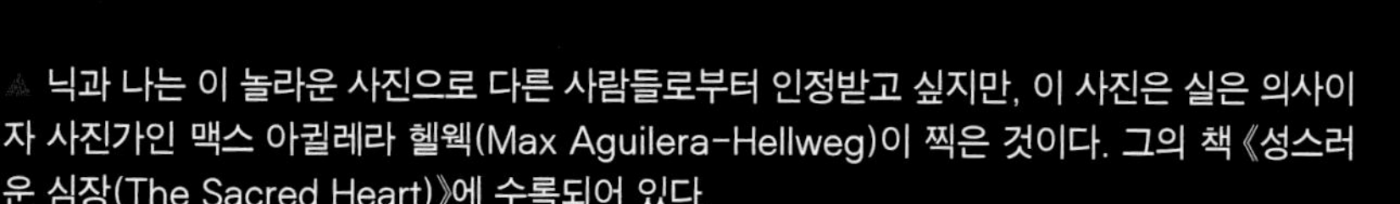

닉과 나는 이 놀라운 사진으로 다른 사람들로부터 인정받고 싶지만, 이 사진은 실은 의사이자 사진가인 맥스 아길레라 헬웩(Max Aguilera-Hellweg)이 찍은 것이다. 그의 책《성스러운 심장(The Sacred Heart)》에 수록되어 있다.

말 가능한 일인지는 모르겠다. 나는 적어도 아직까지는 세상과 하나가 된 것을 느껴본 적이 없다. 그러나 나는 망치, 자전거, 몇몇 컴퓨터 언어, 그리고 한 번은 모든 배관 및 전기 시스템을 포함한 집 전체와 하나가 된 느낌을 받은 적이 있다. 다시 더 하고 싶었던 경험처럼 기분이 좋았고 나에게 꼭 맞는 것 같았다. 언젠가는 클리블랜드 전체를 껴안을 만큼 나를 확장할 수 있는 날이 오지 않을까? (만약 내가 클리블랜드에 살았다면 그랬을 수 있지만 나는 그곳에 살고 있지 않다. 독일의 빌레펠트 외에 유일하게 터무니없는 도시이기 때문에 그 이름을 골랐다.)

나는 몇몇 악기를 연주해보았지만 악기의 흐름을 충분히 느낄 만큼 연주를 하지 못한다. 하지만 나는 음악의 악상(樂想)을 좋아해서 고등학생 시절 옆의 키보드(touch-sensitive keyboard)를 만들었다.

회로를 설계하는 데 몇 주 또는 몇 달이 걸렸던 것 같지만 정확하게 기억나지는 않는다. 25개의 각 키마다 해당키의 오디오 파형(waveform)의 어택(attack), 디케이(decay), 서스테인(sustain), 릴리즈 커브(release curve) 기능을 수행하는 독립적인 채널이 존재한다. 각 키의 주파수는 오늘날에도 여전히 통용되는 멋진 집적회로인 CD4040 주파수 분배기 칩으로 만들었다.

작동 방식에 관한 더 이상의 세부 내용은 모두 기억하지 못한다. 하지만 설계 및 제작 과정에서 느꼈던 흐름은 기억한다. 또한 몇 년 후, 그것을 잃어버렸던 기억 또한 새록새록 하다. 내가 왜 그랬는지는 모르겠다. 나는 더 이상 그 프로젝트에 완전하게 몰입하지 못했다. 대학입시 때문이었던가, 아니면 마땅한 여자 친구가 없기 때문이었던가…. 정확하게는 모르겠다. 운 좋게도, 그 이후로도 느낌의 흐름이 여러 차례 되돌아왔다. 나는 그래서 느낌을 일시적으로 잃어버렸던 것이었고, 다시 그런 느낌이 오게 될 것이라고 기대한다. 나는 세상의 모든 사람들이 때때로 이런 식으로 느낄 수 있기를 바란다.

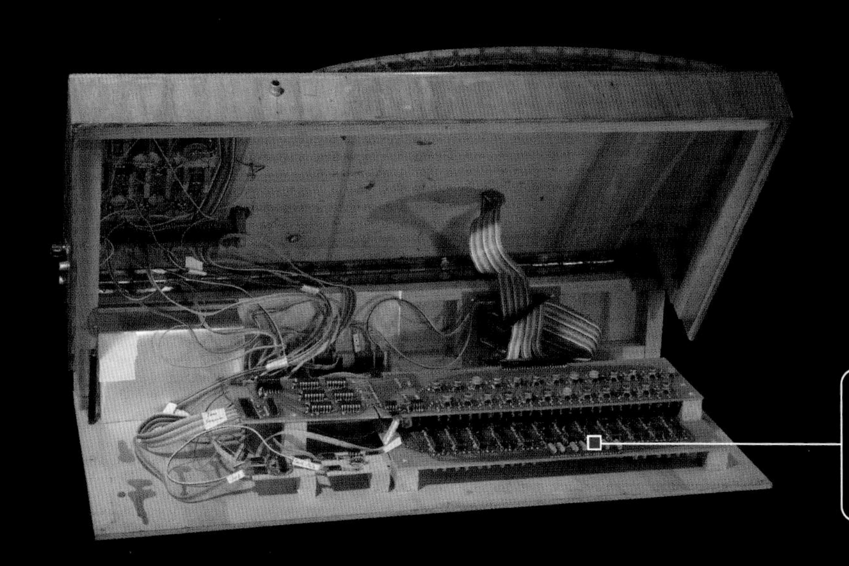

이 회로기판은 레지스트 잉크(resist-ink) 펜을 사용해 빈 인쇄 회로기판(구리 시트로 코팅된 유리섬유 보드)에 패턴을 손으로 그려서 만든 것이다. 패턴을 추출한 후 보드를 염화제2철 용액에 담그면 레지스트 잉크로 덮이지 않은 모든 구리가 용해된다. 그런 다음 다양한 구성 요소를 구리 흔적 위에 납땜한다.

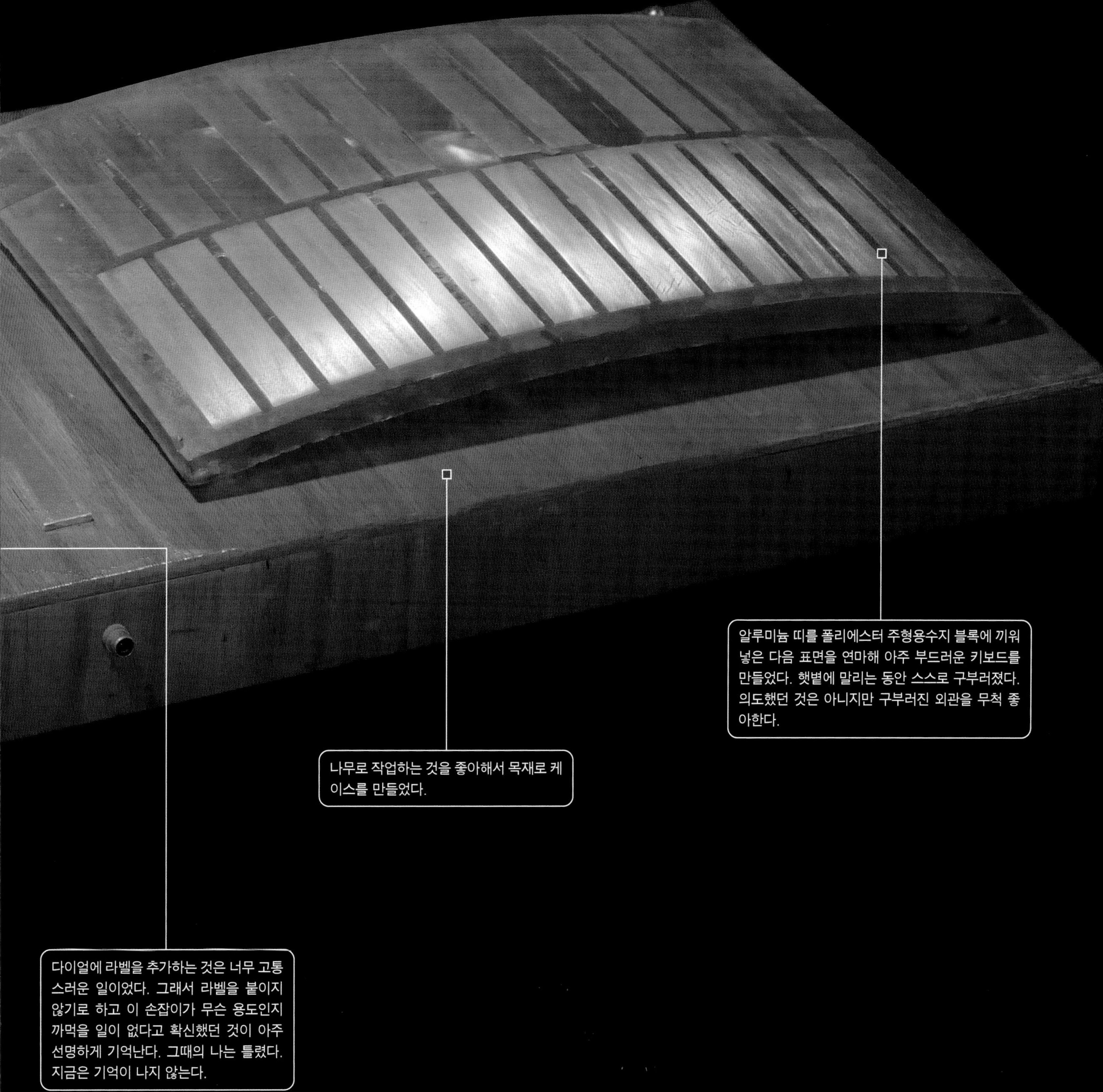
알루미늄 띠를 폴리에스터 주형용수지 블록에 끼워 넣은 다음 표면을 연마해 아주 부드러운 키보드를 만들었다. 햇볕에 말리는 동안 스스로 구부러졌다. 의도했던 것은 아니지만 구부러진 외관을 무척 좋아한다.
나무로 작업하는 것을 좋아해서 목재로 케이스를 만들었다.
다이얼에 라벨을 추가하는 것은 너무 고통스러운 일이었다. 그래서 라벨을 붙이지 않기로 하고 이 손잡이가 무슨 용도인지 까먹을 일이 없다고 확신했던 것이 아주 선명하게 기억난다. 그때의 나는 틀렸다. 지금은 기억이 나지 않는다.

당신도 사물에 속삭이는 사람인가?

세상의 모든 사람들은 각자 잘 할 수 있는 게 있고, 그것을 잘 하기 위해서 노력하고 있다. 예를 들어, 어떤 사람은 학교에서 인기를 끄는 것에 능수능란하다. 사실 남들로부터 인기를 끌려면 많은 노력이 필요하다. 물론 노력을 해도 노력하지 않는 것처럼 보이도록 노력하기 때문에 독자 여러분은 그것을 쉽게 알아차리지 못한다. 아마 당신은 학교에서 인기가 많은 학생이 자신의 의도를 숨겨가며 숱한 시간을 유행에 맞춰 옷을 고르고 입느라 고민하고 연구하는 것을 볼 수 없을 것이다.

물론 인기를 끈다는 게 나쁜 것이 아니다. 하지만 나는 분명 인기 있는 학생이 아니었다. 가끔 누군가가 당시의 나에게 인기가 없는 이유가 충분히 노력하지 않아서였음을 알려 주었다면 좋았을 것이라고 생각한다. 물론 인기를 끌기 위해 더 노력하고 싶어서 그런 게 아니라 그 반대로 인기를 끄는데 시간을 투자하는 게 의미가 없다고 여겼던 내 신념을 더 강하게 했을 것이기 때문이다. 고등학교에서 인기를 끈다는 것은 일시적이고 그러한 기술을 세상에서는 잘 사용하기 어렵다.

나는 대신, 무엇인가를 만들고 고치는 법을 배우고 컴퓨터 프로그래밍을 하며 화약을 만드는 등 잡다한 일들에 몰두했다. 나는 그러한 세월을 단 1분도 후회하지 않는다. 만약 독자 여러분 또한 사물로 둘러싸인 삶을 살고 있다면, 만약 당신 또한 사물에 속삭이는 사람이라면 스스로 자랑스럽게 여기기를 바란다. 세상에서 우리 같은 사람들을 언젠가 만날 것이고, 그들은 당신을 이해할 뿐만 아니라 크게 반겨줄 것이다.

감사의 말

이 책은 다른 모든 내 책들과 마찬가지로 나와 내 주변 사람들이 참여해 완성한 공동작품이다. 나와 오랜 세월 동고동락을 해온 사진작가 닉 만(Nick Mann)은 이 책에 수록된 거의 모든 사진을 찍어 그 이상의 의미를 지닌 인물이다(내가 중국과 루이지애나에서 찍은 것을 제외한 거의 모든 사진이 그의 손에서 나왔다. 내 사진은 질이 그리 높지 않다).

이 책은 나와 내 편집자인 베키 고(Becky Koh)와 디자이너 맷 코켈리(Matt Cokeley)의 공동 작품이기도 하다. 그들의 기여가 없었다면 이 책은 그저 내 컴퓨터의 보잘 것 없는 워드 파일에 불과했을 것이다. 나를 너무 오랫동안 보조하느라 고생한 그레첸(Gretchen) 역시 없었다면 아마 나는 세금을 까먹고 납부하지 못해 지금쯤 감옥에 있을지 모른다.

이렇게 내가 의지했던 측근들 말고도 나에게 버팀목이 되었다가 떠났거나 내 인생에 목적을 부여하며 활력을 불어넣어주었던 사람들이 있다. 전 여자 친구는 여기서 거론하지 않겠다. 하지만 버팀목이라 할 만한 사람들에는 내 아이들 애디(Addie), 코너(Connor), 그리고 엠마(Emma)가 있다 (보는 관점에 따라서 알파벳 순서나 키 순서일 수 있다). 그리고 책이 만들어지는 동안 내 인생과 새롭게 연을 맺은 사람들로는 마리벨(Maribel)과 토비(Toby)가 있고, 오래 알고 지낸 바비(Bobbie)와 트리스탄(Tristan), 코아티(Koatie), 알렉서스(Alexus), 브리아나(Brianna), 퀸튼(Quinton)이 있다(이번에는 분명 키 순서대로 적은 것이다). 또한 맥스(Max)와 피오나(Fiona)는 더 이상 나와 앱 사업을 같이 하고 있지는 않지만 내게 지속적으로 조언하며 영감의 원천이 되어주고 있다.

중국인 친구들이 감사해야 할 인물 목록에 새로 들어왔다. 나는 뉴턴 프로젝트의 쑤 지제(Xu Jizhe)와 칭화대학의 벤 쿠(Ben Koo)의 초청으로 중국을 자주 방문했다. 이 책 연구의 핵심 부분을 간접적으로 후원한 그들에게 감사를 표한다. 그들을 방문하면서 여러 농장과 공장, 시장을 둘러 볼 수 있었고, 그곳에서 책에 수록한 많은 이야기들과 물건들을 구할 수 있었다.

데비 왕(Debbie Wang)은 중국 내 도시와 시골 곳곳으로 나를 안내해주었다. 그녀의 부모와 형제, 자매가 목화 농업에 종사하고 있어서 중국 면제품 제조 공정을 직접 볼 수 있는 절호의 기회가 되었다. 여러 날 동안 후베이성에 위치한 자신의 유창 고시계 회사 곳곳을 구경시켜준 저우닝(Zhou Ning)에게도 감사를 표한다.

면화 생산 공정의 촬영을 허락한 루이지애나주 카도 패리시의 로건(Logan) 농장과 질리언(Gillian) 면화 회사에 감사를 표한다. 샴페인-어바나 방적/방직 동호회의 수(Sue)에게도 감사의 뜻을 전한다. 그녀는 내게 방직 방법을 가르쳤고 내가 제대로 배우지 못하자 대신 실을 방직해줬다. 토비와 알렉서스 또한 방직 과정을 도왔고, 퀸튼은 불법 아동 노동 혐의로 처벌을 받을 수도 있었던 오랜 시간 동안 내 수동 조면기를 관리했다.

책이 만들어지는 내내 목화밭을 일구고 씨앗을 심은 코아티와 바비, 퀸트렐, 퀸튼, 브리아나, 알렉서스의 노고에 감사의 뜻을 전한다. 목화가 자라는 시기에 밭을 살피고 필요할 때 물을 주면서 곤충 재해가 임박했던 순간 내게 귀띔을 해준 제이슨(Jason)과 신디(Cindy)에게 감사를 표한다.

코아티가 감옥에서 주로 쓰는 투명 사물들을 소개하지 않았다면 첫 장은 존재할 수 없었을 것이다. 그에게 특별히 더 감사를 표현하고자 한다. 우리가 정확한 사진을 찍을 때까지 인내심을 갖고 톨레도 저울 위에 서 주었던 개비(Gabby)에게도 감사를 표한다.

브루스 해넌(Bruce Hannon)은 내가 다룬 시계의 작동과 기원에 대해 소중한 통찰력을 주었다. 희귀한 톨레도 저울을 선뜻 내주었을 뿐만 아니라 내 마음을 무겁게 했던 녹슨 베어링의 짐에서 나를 해방시켜준 그 은혜로운 러시아인 이고르 푸디스작(Igor Pudiszak)에게 감사를 표한다.

GU 이글 레이저 절단기 회사의 대니엘(Daniel)과 에릭(Eric)은 고성능의 레이저 절단기를 제공해 이 책에서 볼 수 있는 모든 아크릴 모델을 만드는데 큰 도움을 주었다. (내 스튜디오에서 만들고 코아티와 바비, 그레첸이 사랑을 담아 포장한 제품들은 mechanicalgifts.com에서 구매가 가능하다).

마지막으로, 이 훌륭한 제품들을 만든 회사들과 그 제품들을 설계하고 제조해 판매한 회사의 모든 사람들에게 감사를 표한다. 특히 우리 동네의 베르그너 백화점이 문을 닫는 바람에 내가 파격적으로 싼 값에 마네킹들을 구할 수 있었다. 역시 감사해야 할 일이다. 독자 여러분은 마네킹들 가운데 너무나 오싹해 이 책에 수록되지 못한 사진이 얼마나 많았는지는 모를 것이다. 하지만 책에 수록된 사진들만으로도 충분히 즐길 수 있으리라 믿는다.

사진 출처

이 책에 나와 있는 모델들을 직접 만들어 보려면 mechanicalgifts.com에서 관련 제품들을 구매할 수 있다. 실제 물건을 완성해 들여다 볼 때 그 작동원리를 완전히 새로운 시각에서 이해하게 된다. 이 투명한 아크릴 모델들을 사용하면, 그 기기의 내부 작동 모습을 실제로 볼 수 있을 만큼 모든 것을 투명하게 드러낸다.

아래에 표기한 것 외의 모든 사진은 닉 만 또는 시어도어 그레이의 작품으로, ©2019 시어도어 W. 그레이가 저작권을 가진다.

P31: 조프 갤리스의 유리 개구리 사진, Creative Commons Attributions license.

P37: 유리식탁과 의자들, courtesy of the Corning Museum of Glass, used with permission: 2004.2.13, Collection of the Corning Museum of Glass, Corning, NY; 2014.2.5, Collection of the Corning Museum of Glass, Corning, NY.

P75: 에릭 웨이스테인의 Wolfram MathWorld, used with permission.

P84: 로버트 태커 사후 프란시스 플레이스가 조각한 작품. 약 1676년경, courtesy of the Royal Observatory Greenwich. 공공저작물.

P85.: 런던 그리니치의 왕립 천문대 꼭대기의 보시구(報時球, a time ball). Wikimedia Commons의 유저 Reptonix 제공. Used under Creative Commons Share-Alike License.

P85: 트로튼의 10피트 자오의. J. 페리 그림. T. 브래들리 조각. 피어슨의《An introduction to practical astronomy》(런던, 1829) 수록. Image courtesy of Roberty B. Areiail Collection of Historical Astronomy, Irvin Departemnt of Rare Books and Special Collections, University of Sourth Carolina Libraries, via the Royal Observatory Greenwich. 공공저작물.

P85: 안티키테라 기계. 저작권 ©Tony Freeth PhD, Images First Ltd., used with permission.

P93: 존 해리슨의 항해용 시계, H1. L5695-002. 저작권 ©National Maritime Museum, Greenwich, London, Ministry of Defence Art Collection, used with permission.

P131: 루이스 에센과 J.V.L. 패리가 영국의 국립 물리 연구소에서 1955년 개발된 세계 최초의 세슘 원자시계 옆에 선 사진. Courtesy of the UK National Physical Laboratory. 공공저작물.

P132: IERS가 측정한 광주기 변화량 그래프. 공공저작물.

P133: 세슘 분수 시계. courtesy of the UK National Physical Laboratory. 공공저작물.

P140: 대영박물관에 소장된 아니의 파피루스 일부. 원본을 충실히 재현한 것. 공공저작물.

P143: 영국 의회 조각상, 25 Edward III st. 5c.9 (1350).

P163: 아르민 위스의 사진, 사진가 미상.

P172-173: 저작권 ©2018 Brian Resnick, Courtesy Vox.com and Vox Media, Inc.

P178: 배 충돌 사고, 저작권 HAD-Depo Photos via AP, used with permission.

P179: 국제 우주정거장 위의 나사 과학자 빌 맥아더. image courtesy of NASA. 공공저작물.

P200: 노예 사슬. 스미소니언 국립 아프리칸 아메리칸 역사 문화 박물관 소장. 소장품 번호 2008.10.4. 공공저작물.

P207: 켐니츠의 리하르트 하르트만 공장의 기계실, 사진가 미상. 공공저작물.

P249: 저작권 ©2019 Max Aguilera-Hellweg

찾아보기